Schlunegger • Garefalakis

Einführung in die Sedimentologie

Fritz Schlunegger
Philippos Garefalakis

Einführung in die Sedimentologie

Mit 156 Abbildungen
sowie 12 Zeichnungen von
Stefan Werthmüller

2. überarbeitete Auflage

Schweizerbart Stuttgart 2024

Schlunegger, F. & Garefalakis, P.: Einführung in die Sedimentologie

Fritz Schlunegger studierte Geologie an der Universität Bern. Seine Forschungs- und Lehrtätigkeit führten ihn an die Cornell und Penn State University (beide in den USA), die Friedrich-Schiller Universität Jena und die ETH Zürich. Seit 2001 unterrichtet und forscht er an der Universität Bern in den Fächern Alpine Geologie, Sedimentologie und Geomorphologie.

Philippos Garefalakis studierte Erdwissenschaften an der Universität Bern. Zur Zeit richtet sich seine Forschung auf den Transport und die Ablagerung klastischer Sedimente. Er untersucht zusammen mit Spezialisten aus dem Imperial College London (Großbritannien), wie solche Prozesse, aufgezeichnet in Konglomeraten, quantifiziert werden können.

Anschrift der Autoren:
Institute of Geological Sciences
University of Bern
Baltzerstrasse 1+3
CH-3012 Bern
Schweiz
fritz.schlunegger@geo.unibe.ch
www.geo.unibe.ch

2. Auflage 2024 (Schlunegger & Garefalakis) ISBN 978-3-510-65550-2
1. Auflage 2023 (Schlunegger & Garefalakis) ISBN 978-3-510-65539-7

Gerne nehmen wir Hinweise zum Inhalt und Bemerkungen zu diesem Buch entgegen:
editors@schweizerbart.de

ISBN 978-3-510-65550-2
Informationen zu diesem Titel: www.schweizerbart.de/9783510655502

Verlag: E. Schweizerbart'sche Verlagsbuchhandlung
Johannesstraße 3A, 70176 Stuttgart, Germany
mail@schweizerbart.de, www.schweizerbart.de

♾ Gedruckt auf alterungsbeständigem Papier nach ISO 9706-1994

Printed in Germany by in Poland by Totem, Inowroclaw

Inhalt

Das Sedimentologie-Team beim Besprechen des Buches – Eine typische Szene. Von links nach rechts: **Maya Plakoudakis**, Lektorin (schaut prüfend auf den Text und weist auf einen Widerspruch hin); **Fritz Schlunegger**, Autor (formuliert einen Vorschlag, wie der Widerspruch gelöst werden könnte); **Irène Herwegh**, Grafikerin/Illustratorin (unterbreitet einen Vorschlag, wie die Änderung in die Abbildung graphisch übertragen werden könnte); **Philippos Garefalakis**, Autor (hört kritisch zu, ob der Vorschlag in den Gesamtkontext passt und für Bachelorstudierende verständlich ist); **Stefan Werthmüller**, Künstler (macht sich Gedanken, wie die neue Textpassage künstlerisch interpretiert werden könnte).

Danksagung

Die Autoren bedanken sich bei Herrn Stefan Werthmüller, Künstler, für die Zeichnungen am Beginn jedes Kapitels, und bei der Redaktion in Stuttgart für das Setzen des Textes und der Abbildungen sowie für die professionelle redaktionelle Begleitung des Buches. Ein großes Dankeschön geht an Frau Irène Herwegh, Grafikerin und Illustratorin, für die Erstellung der Abbildungen, und an Frau Maya Plakoudakis, Gymnasiallehrerin im Ruhestand, für das sorgfältige Lektorat des Textes.

Erweiterte Zusammenfassung – Grundlagen der Sedimentologie im Überblick

Im Fach ‚Sedimentologie' befassen wir uns mit einem breiten Spektrum von Prozessen, welche auf der Erdoberfläche ablaufen. Dabei handelt es sich um die Entstehung, den Transport und die Ablagerung von Sedimentkörnern und chemischen Stoffen, welche im Wasser gelöst sind. Das Ergebnis dieser Prozesskette (Kapitel 1) ist Sedimentgestein.

Sedimentkörner und chemische Stoffe werden meistens als Folge verschiedenster Verwitterungs- und Abtragungsmechanismen gebildet. Dabei entstehen Gesteinsbruchstücke und Tonminerale, welche zur Bodenbildung beitragen (Kapitel 2). Ein bedeutender Anteil der Verwitterungsprodukte wird aber meistens im Wasser entweder in gelöster Form als Anionen und Kationen oder als mechanische Fracht abtransportiert. Die Ablagerung der mechanischen Fracht führt zur Bildung der Trümmer- oder klastischen Sedimente. Die Ausfällung von Kationen und Anionen erfolgt durch chemische oder organische Prozesse und hat die Bildung von Salzmineralen (chemische Ausfällung) oder die Entstehung von Kalkschalen und Kalkpartikeln (organische Bildung von Muschelschalen, Schneckenschalen, Kalk in Kotpillen etc.) zur Folge. Diagenetische Prozesse, welche nach der Ablagerung stattfinden, führen zur Verfestigung der Sedimentkörner und schließen den Kreislauf auf der Erdoberfläche mit der Bildung eines Sedimentgesteins ab.

Große Volumina von Sedimentpartikeln entstehen vorwiegend in Gebirgen (Kapitel 3). Dort sind Gletscher und Massenbewegungen wie zum Beispiel Rutschungen und Bergstürze (Kapitel 3.1. und 3.2) die wichtigsten sedimentbildenden Prozesse. Dabei entsteht viel Erosionsschutt, welcher anschließend durch Bäche und Flüsse vom Gebirge ins Flachland verfrachtet wird. In Gebirgszügen wie zum Beispiel in den Anden sind vulkanische Eruptionen ebenfalls wichtig für die Bildung von Sedimentpartikeln (Kapitel 3.3). Dabei handelt es sich um Bomben, Lapilli und Asche, die aus dem Vulkanschlot herausgeschleudert werden. Ein Teil dieser Partikel fällt anschließend zu Boden und wird so zum pyroklastischen Sediment. Der andere Teil vermischt sich mit vulkanischem Gas und heißer Luft zu einem pyroklastischen Strom und fließt in dieser Mischung mit hoher Geschwindigkeit den Vulkankegel herunter. Dieser Strom kommt schließlich am Fuß des Vulkankegels zur Ablagerung.

Der Transport von Sedimentkörnern aus einem Gebirgszug ins angrenzende Flachland erfolgt vorwiegend durch Wasser (Kapitel 4). Dieses transportiert den Erosionsschutt entweder als mechanische Fracht (Boden- und Suspensionsfracht) oder in gelöster Form (Lösungsfracht). Bei der Ablagerung der mechanischen Fracht entstehen im Sediment diagnostische Strukturen, deren Bildung primär von den hydraulischen Eigenschaften des Wassers (laminares oder turbulentes Fließen, unteres oder oberes Fließregime; Kapitel 4.1) abhängt. Tonpartikel können dabei sowohl bei turbulentem als auch bei laminarem Fließen in der Suspension getragen werden. Sie lagern sich erst dann als millimeterdünne Laminae ab, wenn die Strömung zum Erliegen kommt. Der Transport von Sandpartikeln bedingt, dass das Wasser turbulent fließt. Bei langsamer Strömung und geringer Wassertiefe bilden sich kleine Schichtformen (Rippel), die bei zunehmender Strömungsgeschwindigkeit und Wassertiefe zu Großrippeln anwachsen (Kapitel 4.3). In beiden Fällen bleibt die Strömung im unteren Fließregime. Dabei ordnen sich die Sandkörner zu einer Schräg- und Kreuzschichtung. Nimmt die Fließgeschwindigkeit weiter zu, dann vollzieht das Wasser einen Wechsel vom unteren ins obere Fließregime. Das Wasser schießt dann mit einer hohen Geschwindigkeit und einer fast glatten Oberfläche über den Grund und glättet die Rippel und Großrippel zu parallellaminierten Sandlagen (Kapitel 4.3). Eine solche Struktur ist diagnostisch für eine Strömung im oberen Fließregime. Während das Wasser in Fließgewässern eine gerichtete Strömung hat, bewegt es sich in stehenden Gewässern wie zum Beispiel in einem See oder im Meer oszillierend hin und her. Auf dem See- oder Meeresgrund bilden sich Wellenrippel mit einem symmetrischen Querschnitt (Kapitel 4.4).

Wo Flüsse und Wildbäche das Gebirge verlassen (Kapitel 5), bilden sie radialförmige Fächer unterschiedlicher Größe. Darauf setzt sich ein bedeutender Teil der Bodenfracht ab (Kapitel 5.1 und 5.2). Am Gebirgsrand beobachten wir ein zopfartiges Muster aus Rinnen und Kiesbänken, welches ein diagnostisches Merkmal eines verwilderten Flusses ist. Weiter flussabwärts wird die Bodenfracht in den Flussläufen sukzessive feinkörniger, und aus den Schuttfächersystemen entwickelt sich eine Auenlandschaft mit breiten Überflutungsebenen und mäandrierenden Flüssen. Diese strecken sich im flachsten Bereich des Festlandes zu geraden Flüssen und verzweigen sich zum letzten Mal in einer vielfältigen Landschaft aus Rinnen und Sümpfen, bevor sie ins Meer münden (Kapitel 5.3, 5.4 und 5.5). Flüsse enden aber auch in Seen, wo sie ihre mechanische Fracht ablagern (Kapitel 5.6). Dabei bleibt die Bodenfracht bei der Flussmündung liegen und trägt so zur Bildung eines Deltas bei. Die Suspensionsfracht wird dagegen durch die Wellen weit in den See getragen. Dort sinken die Partikel in Abhängigkeit von der jahreszeitlichen Temperaturschichtung des Wassers langsam auf den Grund und bilden so eine Abfolge feinlaminierter Warven. Große Bereiche unseres Globus sind jedoch zu trocken, als dass sich eine Vegetationsdecke bilden könnte. Dort kann der Wind ohne Hindernis Sand- und Staubpartikel zu Dünenfeldern und mächtigen Staubakkumulationen zusammenwehen. So entstehen weitläufige Landschaften mit Löss (Staubablagerungen), äolischen Rippeln und komplexen Winddünen (Kapitel 5.7).

Ein großer Anteil der Sedimentpartikel gelangt letztendlich ins Meer (Kapitel 6) und wird dort durch Wellen und Gezeitenströmungen entlang der Küste verfrachtet (Kapitel 6.1). Ist die Küstenform durch einen starken Wellengang geprägt, dann sprechen wir von einer wellendominierten Küste (Kapitel 6.2). Wellen entstehen während eines Sturms oder bei schönem Wetter auf hoher See. Von dort breiten sie sich in alle Richtungen aus und treffen schließlich auf eine Küste. Dabei werden sie gegen den Strand hin sukzessive höher und steiler (Wellentransformation), bis sie sich in der Wellenbrecherzone überschlagen. In der Transformationszone entstehen am Meeresgrund symmetrische Rippel oder Wellenrippel. Nach dem Brechen der Welle schwappt das Wasser am Strand hin und her. In dieser Surf- und Schwappzone entstehen parallellaminierte Sande, welche für einen wellendominierten Strand diagnostisch sind. Im Gegensatz dazu führen starke Gezeitenströmungen zur Bildung eines Strandes mit einem Watt, Prielen und Gezeitendeltas – charakteristische Merkmale einer gezeitendominierten Küste (Kapitel 6.3). Solche Strömungen entstehen als Folge einer komplexen Wechselwirkung aus Kräften, die aus der Anziehung zwischen Mond, Sonne und Erde resultieren. Die Gezeitenströmungen verlaufen in entgegengesetzte Richtungen, entweder zur Küste als Flutströmung oder ins offene Meer als Ebbströmung. Daraus entstehen Sedimente, deren Schichtformen oft gegenläufig orientiert sind. Solche Ablagerungen finden wir insbesondere in Prielen, wo Flut- und Ebbströmungen den Sand hin und her bewegen und so Großrippel mit gegenläufigen Schrägschichtungen bilden.

Gezeitenablagerungen werden auch auf der Wattoberfläche gebildet. Dort ist das Sediment vorwiegend feinkörnig (Ton, Silt und Feinsand). Daraus entstehen gegenläufige Strömungsrippel und Schlicklagen (Kapitel 6.3).

Wo ein Fluss eine hohe Sedimentfracht zum Meer führt, bildet sich ein Delta. Wir unterscheiden zwischen fluss-, wellen- und gezeitendominierten Deltas, welche aber in ihrem Aufbau ähnlich sind (Kapitel 6.4). Ist eine meerwärts gerichtete Flussmündung ersichtlich und lässt sich die dreieckförmige Deltageometrie bereits von weitem erblicken, dann handelt es sich mit großer Wahrscheinlichkeit um ein flussdominiertes Delta. Wirken die Mündungsbereiche jedoch abgeplattet und geglättet, dann wird die Form des Deltas sehr wahrscheinlich durch Wellen verändert. Wenn das Delta schließlich durch Inseln und Sandbänke gegliedert wird, welche quer zum Küstenverlauf orientiert sind und der Küste deshalb eine ausgefranste Form geben, dann handelt es sich mit großer Wahrscheinlichkeit um ein gezeitendominiertes Delta.

Vom Strandbereich kann das Sediment zum äußeren Schelf und von dort in die Tiefsee-Ebene verfrachtet werden (Kapitel 7). Bei diesen Prozessen handelt es sich um Trübeströme. Diese haben aufgrund ihrer großen Sedimentfracht eine höhere Dichte als das Umgebungswasser. Trübeströme fließen deshalb, getrieben durch ihre relative Schwere, am Meeresgrund zu den submarinen Schuttfächern. Diese bilden den Übergang vom Kontinentalhang zur Tiefsee-Ebene und bestehen aus Rinnen, Uferwällen und zungenförmigen Loben. Dort werden die Sedimentpartikel schließlich als Turbidite mit charakteristischen und deshalb diagnostischen Abfolgen von Sedimentstrukturen abgelagert.

In größerer Entfernung von der Küste wird der klastische Sedimenteintrag vom Kontinent ins Meer sukzessive geringer, so dass das Ablagerungsvolumen von Sedimentpartikeln aus dem offenen Meer mengenmäßig bedeutender wird. Dort entstehen dann pelagische oder auch offenmarine Sedimente (Kapitel 8). Dabei handelt es sich einerseits um Staubpartikel oder auch um vulkanische Asche, welche vom Festland her durch starke Winde auf das offene Meer geweht werden. Andererseits tragen auch mikroskopisch kleine Schalen von Organismen zur Bildung pelagischer Sedimentpartikel bei. Diese Mikroorganismen schweben als Plankton im Meer umher, oder sie leben als Benthos direkt auf oder in den obersten Schichten auf dem Meeresgrund. Nach dem Absterben der planktisch lebenden Organismen sinken die Kalk- und Kieselschalen zusammen mit dem Staub auf den Meeresgrund und bilden dort zusammen mit den Schalen der abgestorbenen benthischen Organismen die pelagischen Sedimente.

Kalksteine (Kapitel 9) bestehen weitgehend aus dem Mineral Kalzit oder Aragonit (Kapitel 9.1). Sie treten auf allen Kontinenten unseres Globus auf und bilden in Gebirgszügen oft scharfe und steile Felsklippen. Diese großräumige Verbreitung der Kalksteine erstaunt, wenn wir sie mit dem schmalen Saum auf dem Schelf oder dem Festlandsockel zwischen den Wendekreisen (23°S und 23°N) vergleichen, wo heute Kalkpartikel gebildet werden. Diese Eingrenzung auf warme Klimagürtel hängt vermutlich mit der sukzessiven Abkühlung der Atmosphäre während des Quartärs zusammen. Das Quartär umfasst die letzten 2,6 Millionen Jahre der Erdgeschichte und schließt auch die heutige Zeit ein. In dieser Epoche könnte ein kühles globales Klima zu einer stärkeren physikalischen Verwitterung und damit zu größeren Einträgen klastischer Sedimentpartikel von den Kontinenten in die Ozeane geführt haben, was die Entstehung von Kalksteinen stark beeinträchtigt haben könnte.

Kalkpartikel werden heute vorwiegend auf Kalkplattformen in tropischen und subtropischen Gebieten gebildet (Kapitel 9.2). Dabei handelt es sich um einen flachen Ablagerungsraum, worin Kalkpartikel gebildet, umgelagert und schließlich abgelagert werden (Kapitel 9.3). Eine solche Plattform hat eine scharfe, dem offenen Meer zugewandte Kante, den Plattformrand, sowie einen inneren, vom offenen Meer abgeschnürten und deshalb energiearmen Bereich, die Lagune. Am Plattformrand siedeln sich Korallen an und bilden ein Riff. Das Korallenriff wird durch eine seichte Schwelle gesäumt, an der die Wellenenergie gebrochen wird und wo Gezeitenströmungen zur kontinuierlichen Verlagerung der Kalkpartikel führen. Hier entstehen komponentengestützte Kalksteine mit einem Kalzitzement zwischen den Kalkpartikeln. In der Lagune ist die Meeresenergie gebrochen, so dass keine oder nur eine sehr geringe Strömung vorkommt. Damit liegen ideale Bedingungen für die Ablagerung von Kalkschlamm vor. Der Übergang von der Lagune zum Festland wird häufig durch ein Kalkwatt gebildet. Priele durchziehen diesen Bereich, und Gezeitenströmungen verlagern den Schlamm von der Lagune auf die flache Wattoberfläche. Gegen das Festland hin, also im oberen Intertidal, verdunstet das Meerwasser, so dass dort Salzkristalle gebildet werden. Dort befindet sich auch der Bereich, wo Kalkpartikel im Boden diagenetisch zu Dolomitmineralen rekristallisieren, denn dort mischt sich das Grundwasser aus dem Festland mit dem salzigen Wasser des oberen Intertidals zu einer Lösung, in welcher eine solche Dolomitisierung stattfinden kann (Kapitel 9.4).

In ariden Klimagürteln ist die Verdunstung von Wasser bedeutend größer als der Niederschlag. Daraus resultiert eine negative Wasserbilanz, welche dazu führt, dass ein See oder auch randmarine Zonen vollständig austrocknen. Dabei werden die im Wasser gelösten Kationen und Anionen als Salzminerale ausgefällt. Beim kontinuierlichen Verdampfen von Seewasser entsteht zuerst eine Sole, anschließend ein Salzwassersee und schließlich eine Salzpfanne oder ein Salar (Kapitel 10). Diese Salzpfanne besteht weitgehend aus Verdampfungs- oder Evaporitmineralen (Kalzit, Steinsalz, Gips und Anhydrit), die sich zu Evaporitgesteinen, Verdampfungsgesteinen oder chemischen Sedimenten anreichern. Sogar ein Meer, in welchem der Austausch von Meerwasser mit den Ozeanen als Folge einer Verengung eingeschränkt ist (Kaspisches Meer, Schwarzes Meer und das Mittelmeer), kann vollständig oder teilweise austrocknen, wenn die Wasserzufuhr für eine längere Zeit unterbrochen wird.

Während längerer geologischer Zeiträume von Tausenden bis Millionen von Jahren bilden sich durch die Akkumulation von Sedimentpartikeln mehrere hundert Meter mächtige Sedimentabfolgen. Diese werden hinsichtlich sedimentologischer (Lithostratigraphie), paläontologischer (Biostratigraphie) und chronologischer Kriterien (Chrono- und Magnetostratigraphie) beschrieben (Kapitel 11.1). Die Bildung solcher Abfolgen wird sehr häufig durch Veränderungen des Meeresniveaus gesteuert. Bei einem steigenden Meeresspiegel beobachten wir eine Transgression und die Bildung einer transgressiven Sedimentabfolge. Ein sinkender Meeresspiegel dagegen führt zu einer Regression und zur Bildung einer regressiven Abfolge (Kapitel 11.2). Dabei erweist sich die Gruppierung einer Sedimentabfolge in Parasequenzen und Sequenzen (Sequenzstratigraphie) als hilfreiche Methode, um solche Entwicklungen in einem Sedimentstapel zu erkennen (Kapitel 11.3). In einer solchen Sedimentabfolge kann sich zudem ein bestimmtes Sedimentationsmuster in regelmäßigen Abständen wiederholen (Zyklostratigraphie; Kapitel 11.4), welche durch Gezeiten und saisonale sowie langperiodische Schwankungen der Sonneinstrahlung gesteuert werden. Bei Veränderungen der Sonneinstrahlung spielen insbesondere die Neigung der Erdachse sowie die Geometrie der Erdbahn eine Rolle, denn diese ändern sich in regelmäßigen Zeitabständen.

Exkursion

1 Kreislauf der Gesteine und Nomenklatorisches

1.1 Kreislauf der Gesteine in der Übersicht

Die Bildung von Gesteinen und die damit verbundenen Mechanismen können in zwei Kreisläufe unterteilt werden, den endogenen und den exogenen. Der endogene Kreislauf beschreibt Prozesse, die im Erdinnern ablaufen; exogene Prozesse umfassen die Kreisläufe an der Erdoberfläche. Beim endogenen Kreislauf sind insbesondere plattentektonische und geothermische Prozesse wirksam. Durch Plattenbewegungen werden die ozeanischen Platten unter kontinentale Platten geführt und damit subduziert (aktiver Kontinentalrand auf Abbildung 1-1). Die subduzierten Gesteine werden unter erhöhte Drucke und Temperaturen gesetzt. Dabei werden sie deformiert, und eine Gesteinsumwandlung, die Metamorphose, setzt ein. Als Folge davon bilden sich Gneise und Schiefer (z.B. Glimmerschiefer, Amphibolite). Sind die Temperaturen hoch genug und ist genügend H_2O in den Mineralen der Gesteine eingebunden, dann können Teile der subduzierten ozeanischen, aber auch der darüberliegenden kontinentalen Kruste aufgeschmolzen werden. Ein Teil dieser Schmelzen dringt dabei als flüssige Lava an die Erdoberfläche. Ein anderer Teil wird explosiv als Pyroklasten aus dem Vulkanschlot herausgeschleudert. Die erstarrten Laven bilden dabei die vulkanischen Gesteine (z.B. Rhyolite, Basalte), und das Auswurfmaterial lagert sich als pyroklastisches Sediment ab. Der weitaus größte Teil der Schmelzen bleibt jedoch in der kontinentalen Kruste stecken und erstarrt in größerer Tiefe, wo sie sich als plutonische Gesteine ausbilden (z.B. Granite, Granodiorite und Diorite).

Tektonische Prozesse im Untergrund sowie Erosion an der Oberfläche führen zur Freilegung tieferliegender Gesteine (z.B. Granite). Dieser Prozess wird auch als Exhumation bezeichnet. Sind die Gesteinspakete einmal an der Oberfläche aufgeschlossen, dann werden sie dem Einflussbereich der Atmosphäre, Hydrosphäre, Kryosphäre und Biosphäre ausgesetzt und durchlaufen ab dann den exogenen Kreislauf der Gesteine (Abbildungen 1-1 und 1-2). Dieser umfasst verschiedenste Verwitterungs- und Abtragungsmechanismen (Erosion). Dabei entstehen durch mechanische Zerkleinerung Gesteinsbruchstücke unterschiedlicher Größe. Chemische Reaktionen führen zudem zur Auflösung oder auch zur Um- und Neubildung von Mineralen. Bei diesen Prozessen gruppieren sich Kationen und Anionen zu neuen Mineralen, oder sie gehen vollständig im Boden- und Grundwasser in Lösung. Ein Teil dieses Materials bleibt am Verwitterungsort als Neubildungen und Resistate (unverwitterte Gesteinsfragmente) liegen, welche wichtige Bestandteile der Böden sind. Der andere Teil wird als Bodenfracht, Suspensionsfracht und Lösungsfracht abtransportiert. Die Ablagerung der Boden- und Suspensionsfracht erfolgt gravitativ und

Kapitelbild 1: *Exkursion (Stefan Werthmüller, 2021).*

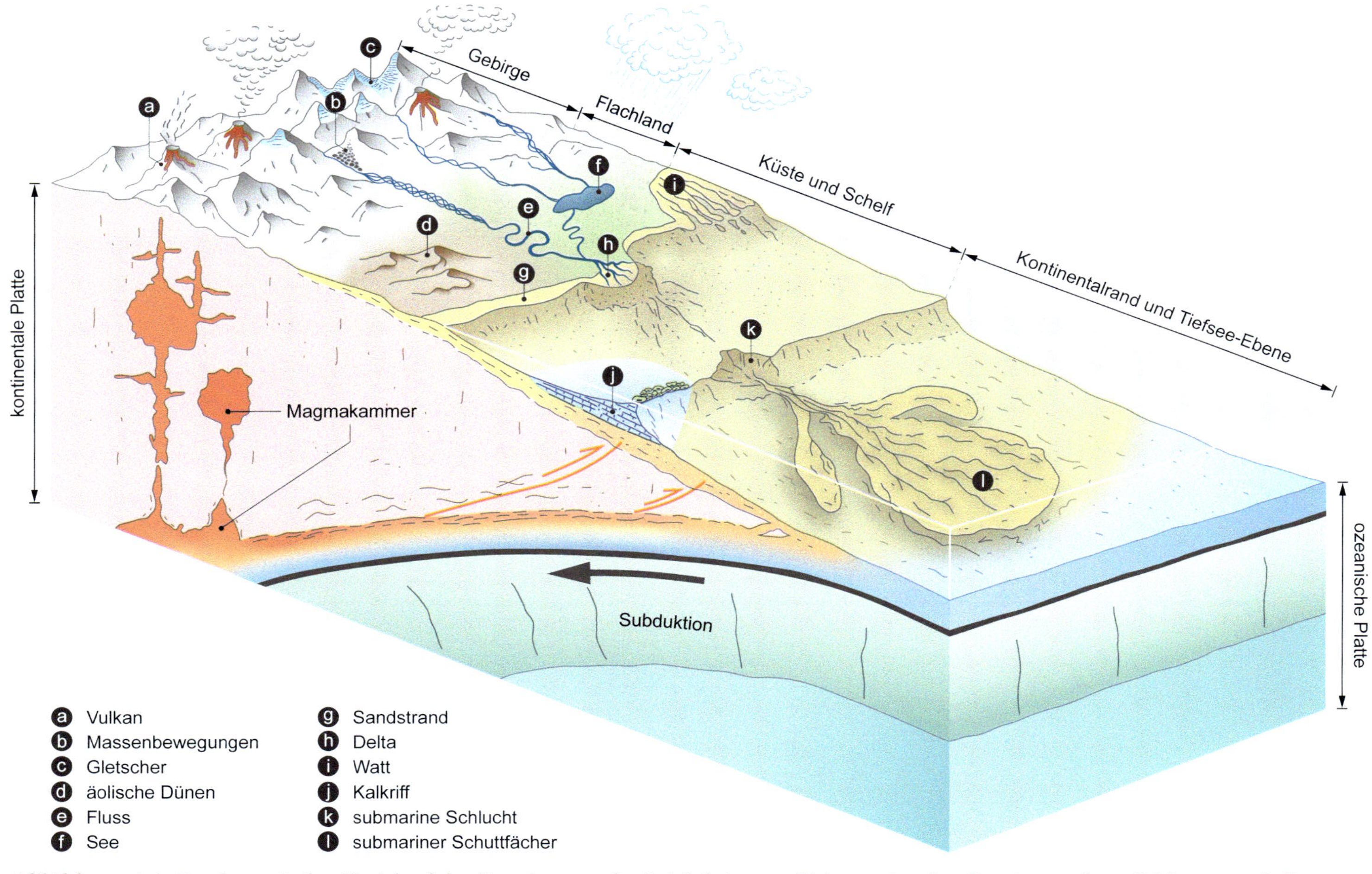

Abbildung 1-1: *Geodynamischer Kreislauf der Gesteine von der Subduktion zur Exhumation der Gesteine und zur Bildung von Sedimentpartikeln, dargestellt am Beispiel eines aktiven Kontinentalrands. Die Partikel werden auf der Erdoberfläche vom Gebirge ins Flachland und weiter ins Meer transportiert und tragen so zur Entstehung der Ablagerungsräume bei. Reinterpretiert nach Romans et al. (2016).*

führt zur Bildung der Trümmer- oder klastischen Sedimente. Diese werden je nach Korngröße als Ton-, Silt- und Sandsteine oder auch als Konglomerate bezeichnet. Bei den Konglomeraten handelt es sich um verfestigte und damit zu Stein gewordene Kies- und Geröllablagerungen. Die Kationen und Anionen, die im Wasser gelöst sind, können durch chemische und organische Prozesse wieder ausgefällt werden, was zur Bildung von Sedimentpartikeln beiträgt. Zu den chemischen Prozessen gehören Verdunstung oder auch chemische Fällungsreaktionen (Evaporite, chemische Sedimente). Die Bildung von Schalen, Gerüsten und Skeletten (z.B. kalkige Muschelschalen, Schneckengehäuse, Korallenstöcke, Knochen) wird dagegen den organischen Prozessen zugeordnet. Tierische und pflanzliche Organismen extrahieren dabei Anionen und Kationen durch biochemische Reaktionen aus dem Wasser und bilden fein gegliederte kalkige und kieselige Feststoffe. Fische, Schnecken und andere Tiere scheiden Kalkpartikel auch in ihrem Kot aus und bilden so kalkige Kotpillen oder auch Pellets. Nach der Ablagerung können die Sedimentpartikel durch Druckbelastung zusammengebacken werden. Porenwasserströme führen zudem zur Zementation und zur Verfestigung der Sedimentkörner und schließlich zur Entstehung eines Sedimentgesteins. Die Summe der Prozesse nach der Ablagerung wird als Diagenese bezeichnet und schließt den exogenen Kreislauf mit der Bildung eines Sedimentgesteins ab (Abbildung 1-2).

1.2 Vom Ursprung der Sedimentpartikel bis zu ihrer Ablagerung

1.2.1 Verwitterung und Bodenbildung

Unter dem Einfluss des Klimas (Temperatur, Niederschläge) werden die Gesteine an der Oberfläche vorerst verwittert (Abbildung 1-2, Kapitel 2). Bei der physikalischen Verwitterung führen Temperaturschwankungen (Frostsprengung), Wurzeldruck und Salzsprengung zur Zerkleinerung und mechanischen Zerrüttung des Gesteins. Die chemische Verwitterung dagegen hat eine Veränderung des Mineralbestands der Gesteine zur Folge. So werden die Minerale unter dem Einfluss von Feuchtigkeit an der Oberfläche und im Grundwasser entweder gelöst oder verändert. Es bilden sich einerseits neue Bestandteile, wie zum Beispiel Tonminerale und Eisen-, Aluminium- und Mangan-Verbindungen. Andererseits werden Kationen und Anionen aus den Mineralen gelöst und als Lösungsfracht in den Boden, ins Grundwasser und in Flüsse abgeführt. Die wichtigsten Produkte dieser Verwitterungsprozesse sind Böden, die aus Neubildungen (Tonminerale, Eisenoxide und Hydroxide), unverwitterten Gesteinsfragmenten (Resistate) und organischem Material bestehen (Abbildung 1-2).

1.2.2 Erosion und Bildung von Sedimentpartikeln im Gebirge

Der Begriff Erosion fasst die Abtragung des Verwitterungsschutts und Festgesteins durch Wind, Wasser und Eis zusammen. Im Gebirge führen zudem episodische (kurzzeitig auftretende) Massenbewegungen zur schnellen Erosion der Oberfläche. Dabei handelt es sich um Bergstürze, Rutschungen und Schuttströme (Kapitel 3). Diese Prozesse treten entlang steiler Flanken auf und werden insbesondere durch Starkniederschläge und Erdbeben ausgelöst. Sie führen zur Bildung großer Schuttmassen, die zu den Flüssen in der Talsohle

***Abbildung 1-2:** Exogener Kreislauf der Gesteine, dargestellt in einem Fließdiagramm.*

(Vorfluter) verfrachtet werden. Die Erosion durch die Flüsse selbst hat eine weitere Tieferlegung der Talsohle zur Folge, was wiederum eine intensivere Abtragung der angrenzenden Talflanken auslösen kann. Am Gebirgsrand dagegen ist das Gelände meistens hügelig, und die Talflanken sind relativ flach. Das hat zur Folge, dass dort die Böden sukzessive zur Talsenke hinuntergleiten (Hangkriechen) und episodische Massenbewegungen weitgehend fehlen. Die Bildung einer Hügellandschaft mit flachem Gewölbe und gegen die Talsohle hin zunehmend steileren Talflanken ist die Folge dieser Kriechprozesse. Die Bildung von Sedimentpartikeln erfolgt also weitgehend durch Hangkriechen und Massenbewegungen, was schließlich zur Erosion der Talflanken führt. Die Geschwindigkeit dieser Abtragung wird aber letztendlich durch Rinnen- und Flussprozesse in der Talsohle gesteuert. Je schneller also die Tieferlegung einer Talsohle erfolgt, umso schneller werden die Hänge und die Talflanken abgetragen (und umgekehrt).

Im Flachland bleibt ein bedeutender Anteil der neugebildeten Minerale sowie der Gesteinsfragmente in der Regel im Boden zurück. Dort können allerdings starke Niederschläge zur Erosion der Böden führen. Diese Art der Abtragung führt zur Bildung feinkörniger Partikel und zu einer hohen Suspensionsfracht in den Flüssen, was sich in der braunen Farbe des Flusswassers äußert. Die weitaus wichtigsten Erosionsmechanismen im Flachland sind jedoch Lösungsprozesse durch chemische Reaktionen. Flüsse enthalten hier hohe Konzentrationen an gelösten Kationen (Na^+, K^+, Ca^{2+}, Mg^{2+}, Fe^{2+}) und Anionen (HCO_3^-) und führen diese als Lösungsfracht dem Meer zu.

In Zeiten globaler Abkühlung stoßen Gletscher weit ins Flachland vor und führen so zu mächtigen Moränenablagerungen. Moränen entstehen durch Erosion und Transport des Gesteins durch Gletscher. Unterhalb des Gletschertors wird das Moränenmaterial von Wildbächen weiter umgelagert und talwärts verfrachtet (Kapitel 3).

1.2.3 Transport und Ablagerung der Sedimentpartikel im Flachland

Die verwitterten und erodierten (abgetragenen) Gesteinsfragmente werden in den Flüssen als mechanische (Ton, Silt, Sand, Kies und Steine) und gelöste Fracht (Kationen und Anionen) transportiert (Kapitel 4). Wo Flüsse das Gebirge verlassen, bilden sich radiale Schuttfächer (Kapitel 5). Diese können sich mehr als zehn Kilometer weit ins Flachland erstrecken und bestehen weitgehend aus Geröllablagerungen – wir sprechen dann von Megaschuttfächern. Kleinere Wildbäche, welche unmittelbar am Gebirgsrand entspringen, lagern ihre Fracht in Form von relativ steilen und kleinen Schuttschürzen – den Bajada-Fächern – direkt am Fuß des Gebirges ab.

Im Flachland verändert sich mit zunehmender Distanz zum Ursprung das Fließverhalten der Flüsse (Abbildung 1-1). Diese führen Ton und Silt als Suspensions- oder Schwebefracht und Sand, Kies und Steine als Bodenfracht. Sie fließen am Gebirgsrand zuerst verwildert in mehreren, verflochtenen Rinnen. Weiter flussabwärts beginnen sie zu mäandrieren. Gegen das Meer hin werden die Flussläufe sukzessive gerade, und sie enden in einem breit gefächerten Flussdelta an der Meeresküste (Abbildung 1-1). Zwischen Schuttschürzen und Megaschuttfächern am Gebirgsrand und der entfernten Meeresküste können sich Seen bilden (Kapitel 5). Ist das Klima im Flachland trocken, so kann das Wasser im See vollständig verdunsten. Die gelösten Kationen und Anionen kristallisieren dort als Salzminerale aus, wie heute zum Beispiel im Death Valley (USA) oder auch im Salar de Uyuni (Altiplano in Bolivien) beobachtet werden kann (Kapitel 10). Wo die Vegetation fehlt, führen Winde zur Verfrachtung von Sand und Staub und bilden dabei äolische Dünen (Kapitel 5). Solche säumen häufig auch die Küstenstreifen Europas (z.B. in der Normandie in Frankreich).

1.2.4 *Prozesse an der Küste*

Wo ein Fluss ins Meer mündet, bildet sich ein breit gefächertes Delta mit flachem Dach, einem flachen Hang (Deltahang mit einer Neigung von ca. 2°) und einem graduellen Übergang zum Meeresgrund – dem Deltafuß. Dieser reicht bis in eine Meerestiefe von ca. 130 bis 200 Metern. Das Delta liegt damit auf dem äußeren, mit Meerwasser bedeckten Bereich der kontinentalen Kruste, welcher als Schelf bezeichnet wird (Kapitel 6). Auf dem Dach sowie an der Front des Deltas lagert sich die Bodenfracht der Flüsse als Sandschicht ab. Die Suspensionsfracht und die gelösten Stoffe dagegen werden weiter ins offene Meer transportiert. Die feinkörnige Fracht setzt sich langsam aus der Wassersäule ab und verteilt sich auf dem Deltahang bis weit in den Schelf. Entlang der Küste wird Sand zudem durch Wellen und Gezeiten um- und abgelagert (Kapitel 6). Es entstehen Sandstrände (wellendominierte Küste) sowie Wattoberflächen, die von Kanälen – den Prielen – durchzogen sind (gezeitendominierte Küste).

1.2.5 *Transport zum Kontinentalfuß und Ablagerungen auf der Tiefsee-Ebene*

Die Ablagerung der Sedimentfracht durch Flüsse kann zu steilen Böschungen an der Deltafront führen. Hochwasserereignisse sowie Erdbeben können hier Rutschungen auslösen, die meistens nicht wahrgenommen werden, da sie unter der Meeresoberfläche stattfinden. Da jedoch submarine Rutschungen auch Tsunamiwellen verursachen können, ist ihr Gefahrenpotential nicht zu unterschätzen. Diese Rutschungen sind häufig die Quelle von Trübeströmen (Kapitel 7), welche mit hoher Geschwindigkeit in tief eingeschnittenen submarinen Canyons (Schluchten) den Kontinentalhang hinunterströmen und ihre Fracht als submarine Schuttfächer ablagern (Abbildung 1-1).

In der Tiefsee-Ebene, weit außerhalb des Einflussbereiches der submarinen Schuttfächer, lagern sich kieselige und kalkige Schalen ab, welche von abgestorbenen planktischen Organismen stammen (Kapitel 8). Zusammen mit der Ablagerung feinster Sedimentpartikel, welche durch Winde als Staub in die Ozeane getragen werden, bilden sie den Schlamm in der Tiefsee, welcher insbesondere auch eine große Anzahl an seltenen Erden enthält (Takaya et al., 2018).

1.2.6 *Bildung von Kalksteinen*

Die Ablagerung von Kalkpartikeln und die Bildung reiner Kalksteine bedingt, dass der Eintrag von Boden- und Suspensionsfracht sehr gering ist (Kapitel 9). Diese Situation finden wir heute vorwiegend in größerer Distanz zu Deltas wie zum Beispiel an der Schelfkante (Abbildung 1-1). Des Weiteren ist die Bildung von Kalkpartikeln an riffbildende Organismen wie zum Beispiel Korallen gebunden. Diese leben in der euphotischen oder photischen, d.h. lichtdurchfluteten Zone des Meerwassers zwischen dem nördlichen und südlichen Wendekreis, also vorzugsweise im Bereich des Äquators. Die Korallen entziehen dem Meerwasser Ca^{2+}-Kationen und CO_3^{2-}-Anionen und bauen diese in Form von Kalkmineralen in ihr Gerüst ein. Dabei bilden Korallen wichtige ökologische Nischen für weitere Organismen wie zum Beispiel Muscheln, Schnecken, Seeigel, Seepocken und andere. Nach dem Absterben der Korallen und der dort lebenden Organismen werden die Kalkgerüste und Schalen durch Wellen und Gezeitenströmungen mechanisch zerkleinert und umgelagert und schließlich als Kalkpartikel abgelagert (Kapitel 9). Viele Korallenstöcke überstehen aber die erosive Wirkung der Wellen, so dass ganze Korallen-Gerüste auch nach dem Absterben der Organismen erhalten bleiben und so zu Gestein werden können.

In der Literatur findet man auch die Bezeichnungen ‚Karbonatpartikel' sowie ‚Kalkgesteine' und ‚Karbonatgesteine'. Diese werden aber eher selten verwendet, und die weitaus gebräuchlichsten Begriffe sind ‚Kalkpartikel' für die einzelnen Kalkkomponenten sowie ‚Kalkstein' für den entsprechenden Gesteinstyp.

1.3 Klassifikationen der Sedimentpartikel und Sedimentgesteine

1.3.1 Klassifikation nach Korngröße

Die Größe der Partikel, aus denen ein Sedimentgestein besteht, ist weitgehend namensgebend (Abbildung 1-3). Dies hat einerseits damit zu tun, dass Korngrößen relativ einfach zu bestimmen sind, und andererseits bestimmt das Kornkaliber auch die Art des Wasser- und Windtransportes (Kapitel 4). Die Klassifikation berücksichtigt aber oft auch die mineralogische Zusammensetzung der Sedimentkörner (z.B. Kalksandstein). Bestehen diese weitgehend aus SiO_2-Bestandteilen (wie zum Beispiel Quarz, Feldspat, Hornblende, Pyroxen

SILIKATISCHE PARTIKEL		GRÖßE mm	KALKPARTIKEL	PARTIKELTYP NICHT SPEZIFIZIERT
	Steine			
		63		
Grob-			**Rudit**	**Psephit**
		20		
Mittel-	**Kies**			
		6,3		
Fein-				
		2		
Grob-				
		0,63		
Mittel-	**Sand**			**Psammit**
		0,2		
Fein-				
		0,063	**Arenit**	
Grob-				
		0,02		
Mittel-	**Silt**			
		0,0063		**Pelit**
Fein-				
		0,002		
	Ton		**Lutit**	

***Abbildung 1-3:** Klassifikation des Sedimentgesteins nach Korngröße. Modifiziert nach Füchtbauer (1988).*

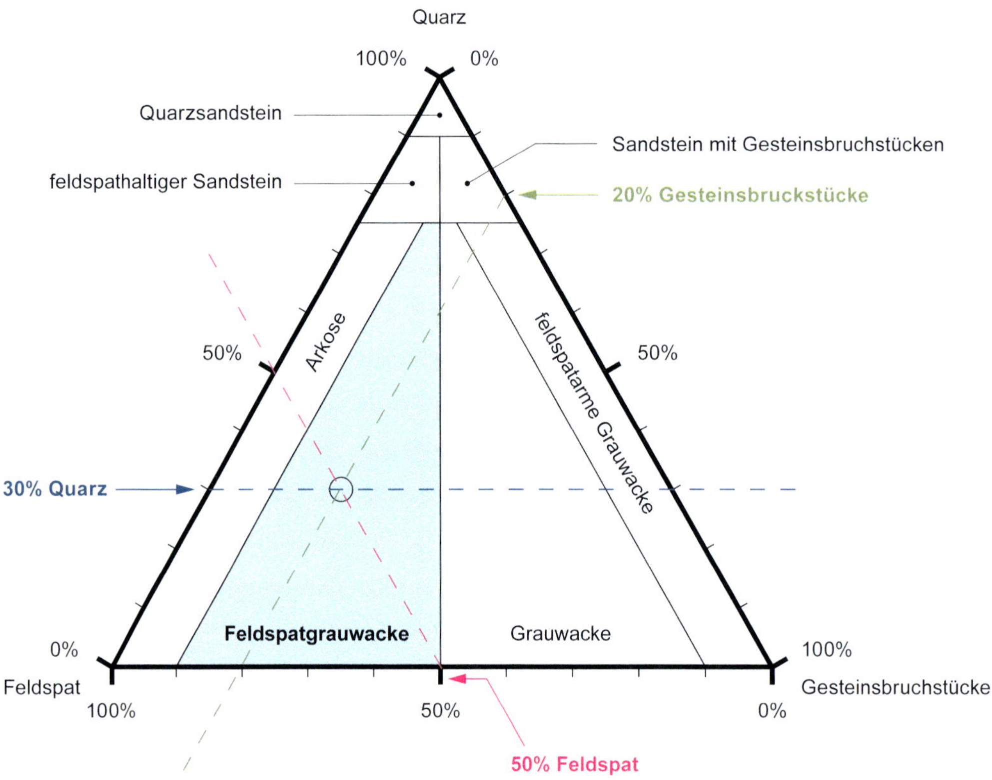

Abbildung 1-4: *Mineralogische Zusammensetzung eines Sandsteins und Namensgebung. Dreieck nach Homrighausen (1979). So widerspiegelt die Grundlinie des Dreiecks einen Quarzanteil von 0%, während die gegenüberliegende Ecke einen Mengenanteil von 100% Quarz darstellt (Vol.-%).*

und Tonminerale), dann verwenden wir die silikatische Nomenklatur mit Begriffen wie: Ton (durchschnittliche Korngröße < 0,002 mm), Silt (durchschnittliche Korngröße zwischen 0,002 und 0,063 mm), Sand (durchschnittliche Korngröße zwischen 0,063 und 2 mm), sowie Kies (Korngröße > 2 mm) und Steine (Korngröße > 6,3 cm) (Abbildung 1-3). In der Tonfraktion bilden dabei die Tonminerale wie zum Beispiel Smektit, Illit und Kaolinit den weitaus größten volumetrischen Anteil. Die entsprechenden Sedimentgesteine heißen dann Tonstein, Siltstein, Sandstein und Konglomerat.

Besteht das Sediment zu fast 100% aus Kalkpartikeln und Karbonatmineralen, dann kann eine andere Nomenklatur verwendet werden. Dabei wird Kalkschlamm mit mikroskopisch kleinen Partikeln (< 0,002 mm) als Lutit bezeichnet (Abbildung 1-3). Körner mit einem Durchmesser zwischen 0,002 und 2 mm fallen in die Korngrößenfraktion des Arenit, und größere Körner können in der Ruditklasse zusammengefasst werden.

Werden die Partikel mineralogisch nicht weiter charakterisiert (materialunabhängig), dann können die Körner in die Korngrößenklassen des Pelit (< 0,063 mm), Psammit (0,063–2 mm) und Psephit (> 2 mm) zusammengefasst werden. Die entsprechenden Gesteine werden dann als pelitisches, psammitisches und psephitisches Sedimentgestein bezeichnet.

1.3.2 *Klassifikation der Sandsteine nach mineralogischer Zusammensetzung*

Die Sandsteine sind wichtige Sedimentgesteine, da sie einerseits weit verbreitet sind und andererseits geschätzte Baumaterialien darstellen. Die genauere Charakterisierung der Sandsteine erfolgt anhand der mineralogischen Zusammensetzung der Sedimentpartikel. Hier ist der relative Anteil der Quarzminerale und -aggregate, Feldspäte und Gesteinsbruchstücke ausschlaggebend (Vol.-%). Als Gesteinsbruchstücke bezeichnen wir dabei Sedimentkörner, die aus einem Aggregat mehrerer Komponenten bzw. Minerale bestehen. Körner dagegen, welche sich aus mehreren Quarzmineralen zusammensetzen, werden den Quarzen zugerechnet. Die Namensgebung der Sandsteine erfolgt dann im Bestimmungsdreieck mit den Endgliedern Quarz, Feldspat und Gesteinsbruchstücke (Abbildung 1-4). Die Verwendung dieser Nomenklatur bedingt aber, dass diese drei Komponenten (Quarz, Feldspatkörner und Gesteinsbruchstücke) quantitativ, zum Beispiel unter dem Mikroskop mittels Zählverfahren, erfasst werden.

1.3.3 *Klassifikation der Kalksteine im Hinblick auf die Energie im Ablagerungsraum*

Weitere wichtige Sedimente sind die Kalksteine, welche die Sandsteine mengenmäßig übertreffen. Die Namensgebung für Kalksteine kann nach Dunham's (1962) Charakteristika hinsichtlich der energetischen Verhältnisse bei der Ablagerung erfolgen (s. auch Kapitel 9 und Abbildung 9-3). Diagnostisch entscheidend ist das Fehlen oder Vorhandensein von Kalkschlamm – dem sogenannten Mikrit (Abkürzung für mikrokristalliner Kalkschlamm). Dabei handelt es sich um mikroskopisch kleine Kalkpartikel, die der Lutit-Korngrößenfraktion (< 0,002 mm) zugerechnet werden (Abbildung 1-3). Die Ablagerung dieser feinstkörnigen Partikel kann nur in ruhigem Wasser erfolgen, wenn keine Energie – und damit keine Strömung – am Ablagerungsort vorherrscht. Ein Kalkstein, welcher sich nahezu vollständig aus Kalkschlamm zusammensetzt, wird dabei als ‚Mudstone' (Schlammstein) bezeichnet. Sind vereinzelte Bruchstücke (ca. > 10%) von Kalkschalen (Gastropoden, Pelecypoden und andere) im Schlamm eingebettet, dann wird der Kalkstein als ‚Wackestone' (Wacke) angesprochen (Abbildung 1-5). Berühren sich die Kalkpartikel und bilden dabei ein komponentengestütztes Gefüge (‚grain support') und befindet sich zwischen den Körnern zudem Mikrit, dann wird der Kalkstein als ‚Packstone' (Packstein) bezeichnet.

Ganz anders ist die Situation, wenn am Ablagerungsort eine Strömung vorherrscht. Dann wird der Kalkschlamm wegen seiner geringen Korngröße bei der kleinsten Bewegung aufgewirbelt und weggespült – der Schlamm kommt nicht zur Ablagerung. Zurück bleiben jedoch die größeren Kalkkörner, welche aufeinander abgelagert werden und sich somit gegenseitig berühren. Dabei bildet sich ein komponentengestütztes Gefüge. Nach der Ablagerung der Körner fließt Porenwasser durch den Porenraum (Hohlraum zwischen den Körnern). Dabei werden Kalkminerale aus dem Porenwasser ausgefällt. So beginnt ein Zementationsprozess, der schließlich zur Verkittung der Körner durch Kalk- oder Karbonatminerale und damit zur Bildung eines festen Gesteins führt. Der Kalkzement zwischen den Körnern ist in der Regel durchsichtig und ermöglicht mit der Lupe den Blick in den Porenraum. Der entsprechende Kalkstein wird als ‚Grainstone' bezeichnet (Abbildung 1-6).

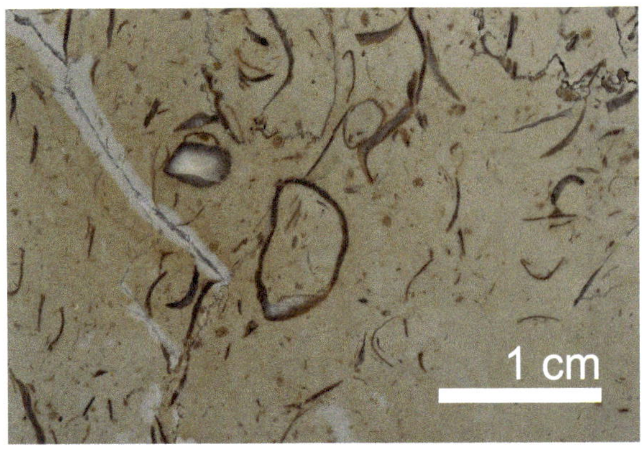

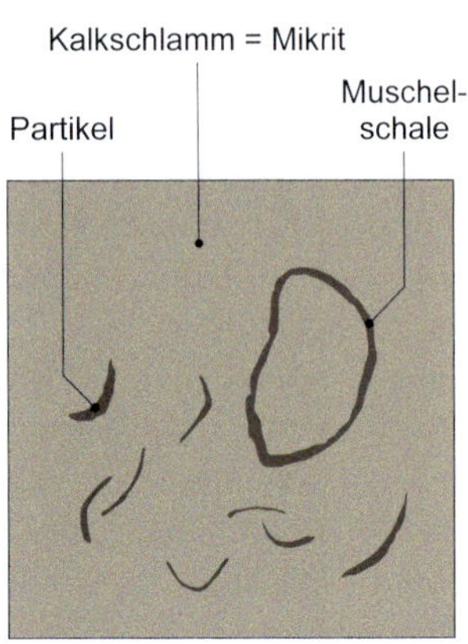

Abbildung 1-5: *Wackestone oder Biomikrit, bestehend aus Kalkschlamm (Mikrit) und Muschelschalen (Bioklasten).*

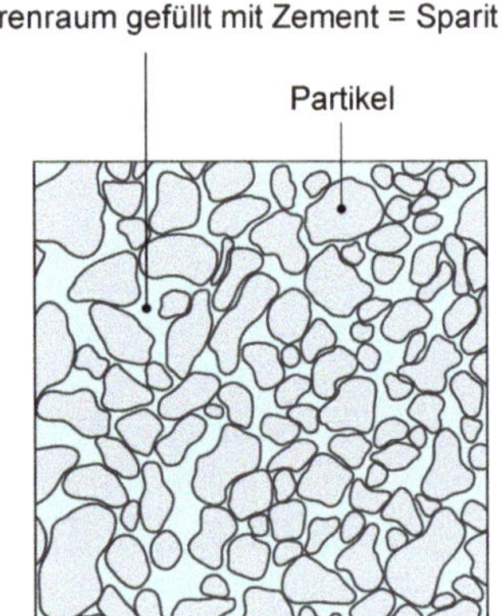

Abbildung 1-6: *Grainstone oder Oo-Intrasparit, bestehend aus Zement (Sparit) und runden Partikeln. Haben diese runden Kalkkörner einen Nukleus (Kern), dann werden sie Ooide genannt. Fehlt ein Kern, dann handelt es sich beim Korn wahrscheinlich um einen Intraklasten (s. Abbildung 9-5d und Kapitel 9.1.2).*

Korallen und andere kalkbildende Organismen wie zum Beispiel inkrustierende Grünalgen können zur Bildung ganzer Strukturen führen, welche eine Größe von mehreren Metern erreichen können. Dabei handelt es sich um ‚Boundstones'; das Gestein ist organisch, das heißt durch ein Kalkskelett, gebunden.

1.3.4 *Klassifikation der Kalksteine nach Art der Körner*

Eine Alternative zur Klassifikation der Kalksteine nach Dunham (1962) bildet das nomenklatorische Schema von Folk (1974). Hier steht die Art der Sedimentpartikel sowie die Verfüllung des Porenraums im Vordergrund (s. auch Kapitel 9 und Abbildung 9-3). Diese besteht entweder aus einem Kalkzement – wir sprechen dann von Sparit – oder aus Kalkschlamm (Mikrit, s. Abbildung 1-5). Die Kalkpartikel ihrerseits werden in vier Klassen eingeteilt: Ooide, Intraklasten (beide in Abbildung 1-6), Bioklasten (Abbildung 1-5) und Pellets oder auch Kotpillen. Die Kalksteine heißen dann Oosparit oder Oomikrit, und entsprechend Intrasparit/Intramikrit, Biosparit/Biomikrit und Pelsparit/Pelmikrit. Ooide haben in der Regel einen Kern, den Nukleus, um den sich Lage für Lage mikroskopisch dünne Schichten bilden, was zum zwiebelschaligen Aufbau der Ooide führt. Die Bildung dieses Gefüges bedingt, dass Ooide im Meerwasser regelmäßig umgelagert werden. Folglich deutet das Vorhandensein von Ooiden (Abbildung 1-6) auf bewegtes Meerwasser hin. Es ist deshalb nicht erstaunlich, dass Ooide meistens als Oosparite vorkommen. Bioklasten (Abbildung 1-5) bestehen aus Bruchstücken von Organismen, wie z.B. Muschelschalen und Schneckenschalen. Als Intraklasten werden Kalkkörner bezeichnet, welche durch Abtragung bereits abgelagerter Kalksteine entstehen. Pellets bestehen dagegen aus mm-kleinen Kotpillen (Pellets) von Fischen und anderen Organismen. Weiter können gerüstbildende Organismen (wie z.B. Korallen) mehrere Meter große Kalkstöcke bilden. Wenn diese gesteinsbildend werden, dann bezeichnen wir den entsprechenden Kalkstein als Biolithit. Weil die Nomenklatur von Folk facettenreicher ist als das Namensgerüst von Dunham, werden wir in der Folge die Kalksteine nach Folk benennen (Kapitel 9 und Abbildung 9-3a).

1.4 Größenverteilung, Gradierung, Rundung und Sortierung von Sedimentkörnern

Die Sedimentkörner sowie die Matrix können zwei oder mehrere Korngrößenklassen bilden. Es handelt sich dann entweder um eine bimodale oder eine polymodale Korngrößenverteilung (Abbildung 1-7). Im Fall der bimodalen Verteilung ist das Gefüge meistens korngestützt, d.h. die Körner berühren sich gegenseitig und bilden einen stützenden Rahmen. Bei der Bildung eines Sediments mit einem solchen Gefüge werden zuerst die größeren Körner abgelagert. Die Porenräume werden anschließend durch die feinkörnigere Matrix aufgefüllt. Im Gegensatz dazu bildet sich ein matrixgestütztes Gefüge immer dann, wenn Körner und Matrix gemeinsam transportiert und abgelagert werden, wie dies meistens bei Schuttströmen oder Murgängen der Fall ist (s. Kapitel 3.2.3). Die Korngrößenverteilung eines solchen Sediments ist dann meistens polymodal (Abbildung 1-7). Zwischen diesen Endgliedern liegt der Fall, wo die Körner sich gegenseitig berühren und dennoch eine polymodale Größenverteilung aufweisen (Abbildung 1-7). Bei der Bildung eines solchen Sediments erfolgt die Ablagerung der feinkörnigeren Matrix unmittelbar nach der Absetzung der größeren Körner, wie das zum Beispiel in einem Fluss beim Rückgang eines Hochwassers der Fall ist.

Eine abnehmende Strömungsenergie bildet eine normale Gradierung der Körner, d.h. die Partikelgrößen nehmen von unten nach oben ab (Abbildung 1-7). Beim umgekehrten Fall handelt es sich um eine inverse Gradierung. Liegt keine Gradierung vor und sind die Körner regelmäßig im Sediment verteilt, dann handelt es sich um ein massiges Gefüge.

Sedimentpartikel können schließlich auch anhand ihrer Form charakterisiert werden. Rundung und Kugeligkeit hängen dabei primär von der Transportlänge sowie vom Ur-

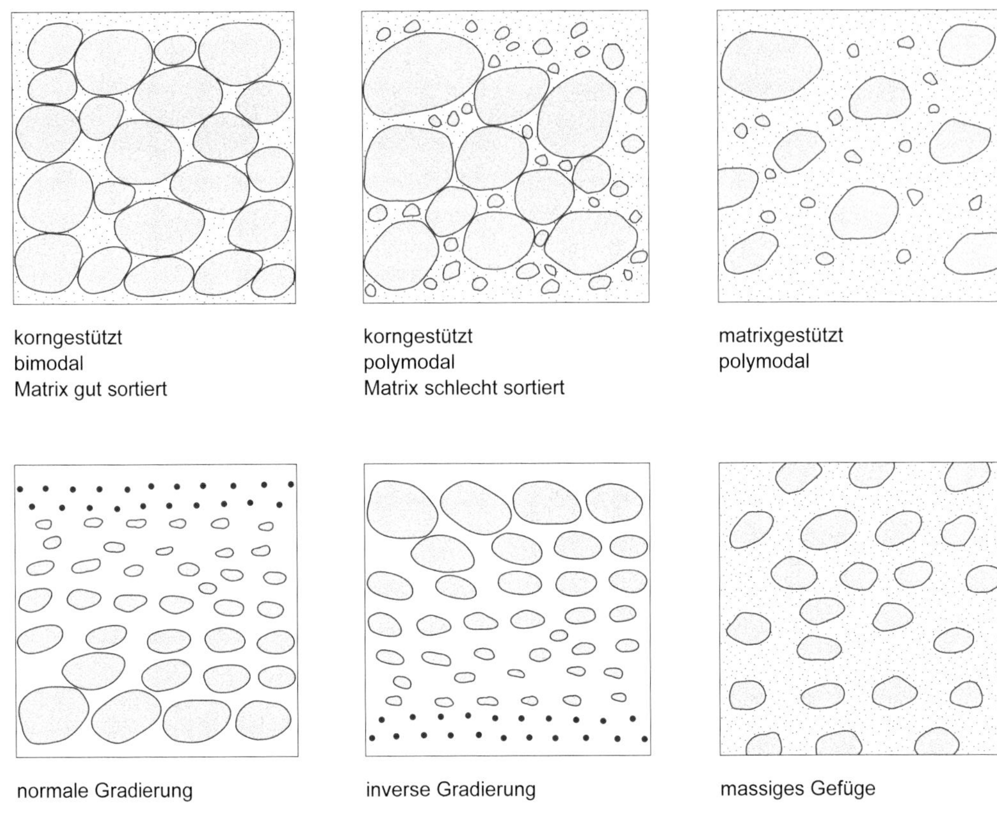

Abbildung 1-7: *Texturelle Eigenschaften eines Sedimentgesteins. Modifiziert nach Tucker (1988). In dieser Abbildung sind die Sedimente an der Basis jeweils älter als im Dach.*

sprungsmaterial ab. Dabei führt ein langer Transport zu gut und gleichmäßig gerundeten Körnern. Ein kurzer Transport lässt sich dagegen an eckigen Körnern erkennen. Granitpartikel sowie Quarzkörner nehmen beim Transport häufig kugelige (diskoidale) Formen an. Gneise und stängelige Minerale dagegen bilden prismoidale Körner aus. Zur Klassifikation dieser Eigenschaften (Rundung und Kugeligkeit) werden häufig Vergleichstabellen verwendet (Abbildung 1-8).

Während die Kornrundung folglich als Kriterium für die Länge des Transports beigezogen werden kann, gibt die Kornsortierung Auskunft über die Kontinuität der Transportenergie im Ablagerungsraum. Die qualitative Klassifizierung der Sortierung von Körnern erfolgt ebenfalls anhand von Vergleichstabellen (Abbildung 1-9). Dabei wird die Art der Kornsortierung in 5 Klassen unterteilt. Diese umfassen das ganze Spektrum von sehr gut sortiert bis sehr schlecht sortiert. Anhand der Sortierung können wiederum Rückschlüsse auf den Ablagerungsort und insbesondere auf die dort vorherrschenden Ablagerungsprozesse gezogen werden. Eine schlechte Sortierung kann zum Beispiel ein schnelles, episodisches Ereignis aufzeichnen, bei dem die schnelle Ablagerung keine hydraulische Sortierung der Sedimentkörner zulässt (s. auch Kapitel 4).

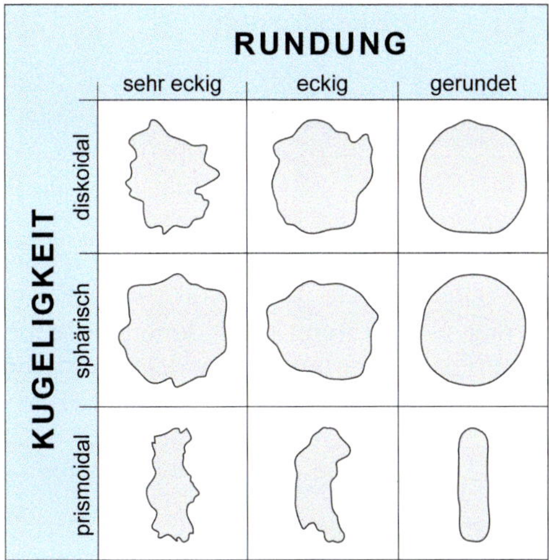

***Abbildung 1-8**: Die Form eines Sedimentkorns. Modifiziert nach Tucker (1988).*

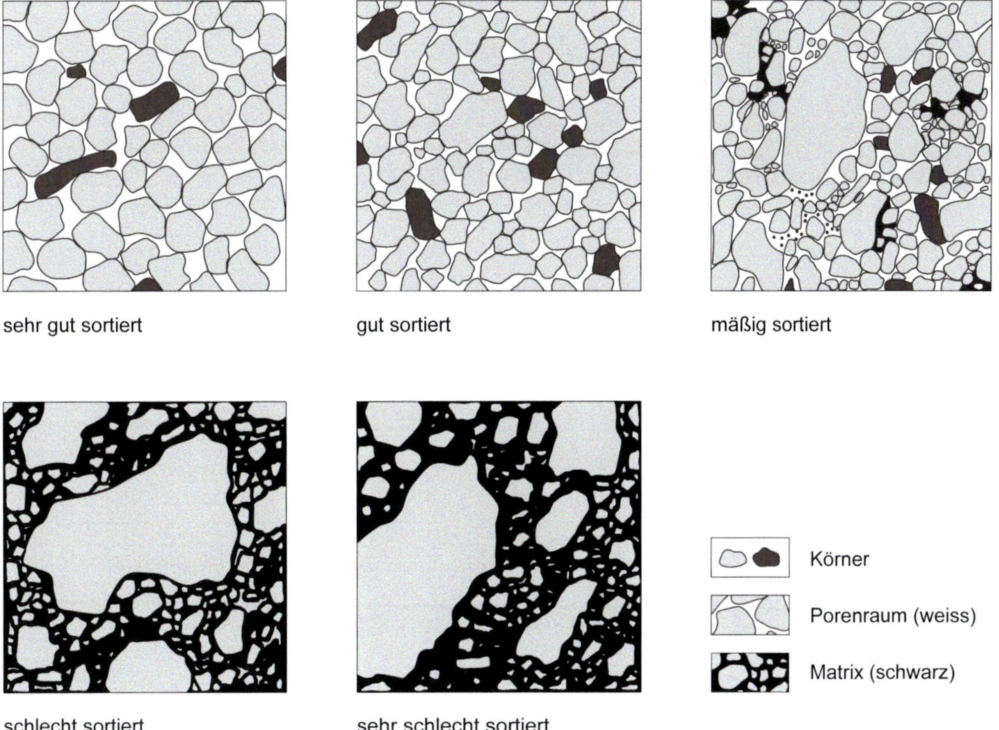

***Abbildung 1-9:** Sortierung der Sedimentkörner. Modifiziert nach Tucker (1988).*

1.5 Von der Lamina zu den Schichtformen

Die Klassifizierung und insbesondere die Beschreibung von Sedimentgesteinen erfolgt nicht nur anhand der Größe der Sedimentpartikel oder hinsichtlich der Energie im Ablagerungsraum (siehe Kapitel 1.3.3), sondern auch anhand der Größe der Schichtformen. Dabei dokumentiert eine Lamina die Ablagerung unter gleichen physikalischen, chemischen und biologischen Bedingungen und stellt deshalb die kleinste sedimentologische Einheit dar. Eine einzige Lamina kann wenige Millimeter dünn und bis mehrere Zentimeter dick sein. Mehrere Laminen oder Laminae (Plural von Lamina, vom Lateinischen her abgeleitet) können an ihrer lagigen Anordnung im Sedimentgestein erkannt werden. Jeder Wechsel zu einer weiteren Lamina erfolgt durch eine kleine Änderung der Korngröße oder der Sedimentzusammensetzung und dokumentiert damit kleinste Wechsel der Ablage-

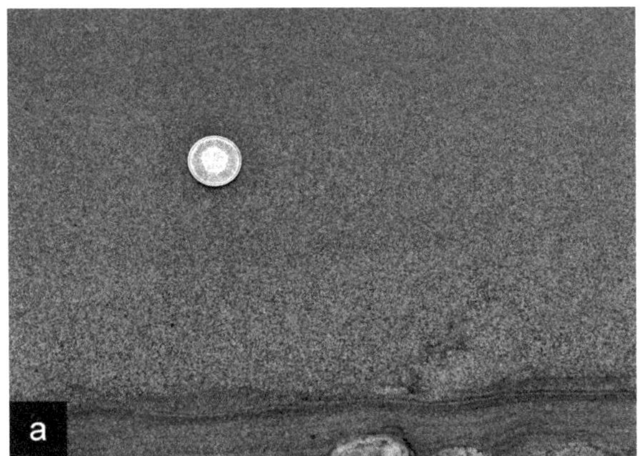

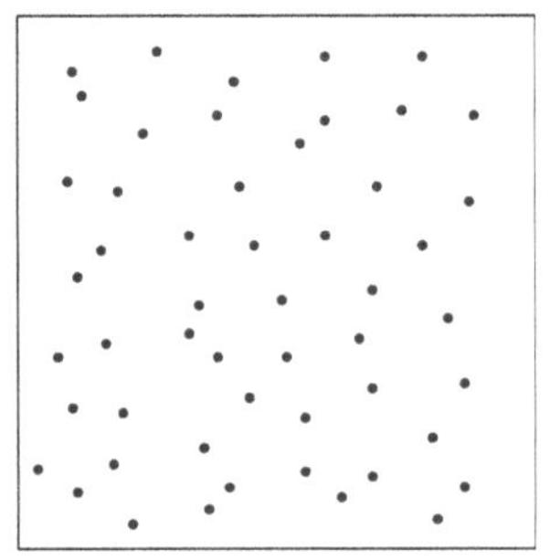

***Abbildung 1-10:** Sedimentstrukturen und ihre Darstellungen: **a)** Massige Sedimentstruktur. Am unteren Bildrand sind zusätzlich feine, leicht wellige Laminationen sichtbar. **b)** Parallellamination.*

rungsbedingungen. Das interne Gefüge der Laminae wird anhand ihres Erscheinungsbildes weiter charakterisiert. Sind zum Beispiel im Sedimentgestein keine Laminae zu erkennen (Abbildung 1-10a), dann handelt es sich um ein massiges Gefüge oder eine massige Sedimentstruktur. Sind die Laminae horizontal angeordnet, dann wird die Struktur als Parallellamination bezeichnet (Abbildung 1-10b).

Eine schräge Anordnung der Laminae wird als Schrägschichtung bezeichnet, wobei Änderungen des Winkels zwischen den Laminae und der Basalfläche als zusätzliche Charakteristika verwendet werden. Stoßen die Laminae relativ steil auf die Basalflächen und ist dieser Winkel deshalb deutlich erkennbar, dann handelt es sich um eine angulare Schrägschichtung (Beispiel s. Abbildung 4-12). Sind dagegen die Laminae einer Schrägschichtung leicht konkav gewölbt und schmiegen sich die Leeblätter an die Basalfläche, dann handelt es sich um eine tangentiale Schrägschichtung (Abbildungen 1-11 und 4-12).

Sind die Basalflächen nicht horizontal, sondern schräg angeordnet und plan, dann liegt eine planare Kreuzschichtung vor (Abbildung 1-12a). Die Basalflächen können dabei gegenläufig einfallen. Gewölbte, kreuzartig angeordnete Basalflächen bilden analogerweise eine Struktur mit einer trogförmigen Kreuzschichtung (Abbildung 1-12b).

Laminae gleicher Lagerung bilden ein ‚Set' oder auch einen Satz von Laminae. Experimente zeigen, dass ein Satz von Laminae zu einer sedimentologischen Schichtform gehört, zum Beispiel einer Strömungsrippel (Abbildung 1-13). Dabei richten sich die Laminae in einer Schnittlage parallel zur Fließrichtung zu einer Schrägschichtung aus. Dagegen liegt in einer Schnittlage senkrecht zur Fließrichtung eine trogförmige Kreuzschichtung vor. Je nach Schnittlage dokumentieren folglich schräggeschichtete und trogförmig kreuzgeschichtete Sandsteine eine Abfolge von Strömungsrippeln.

Die Art der Schichtformen, die Korngröße und deren Verteilung, die Anordnung und Dicke der Laminae sowie die Basalkontakte zwischen den Laminae enthalten wichtige Informationen über die Ablagerungsmechanismen im Sedimentationsraum. Schichtformen und damit mehrere ‚Sets' oder auch Sätze von Laminae werden deshalb zu einer Lithofazies zusammengefasst. Die Lithofazies bildet dann die kleinste Einheit, die bei der Bearbeitung eines sedimentologischen Profils beschrieben wird (s. auch Kapitel 11).

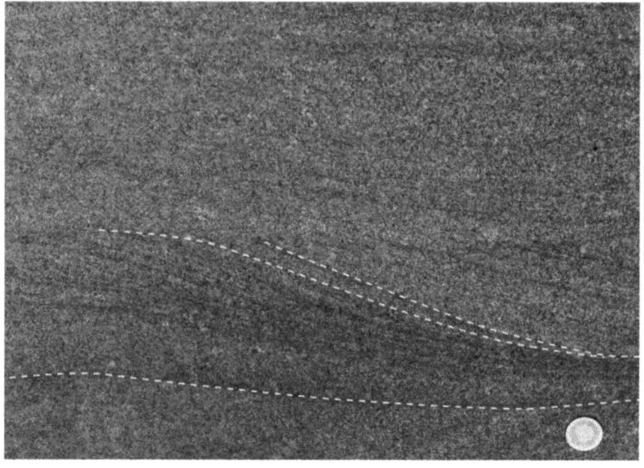

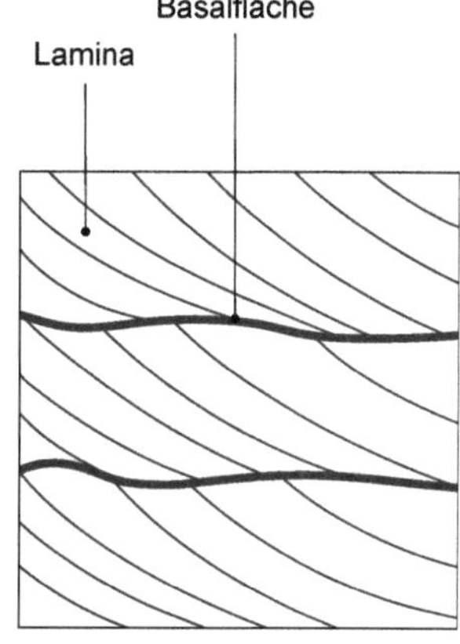

Abbildung 1-11: *Tangentiale Schrägschichtung.*

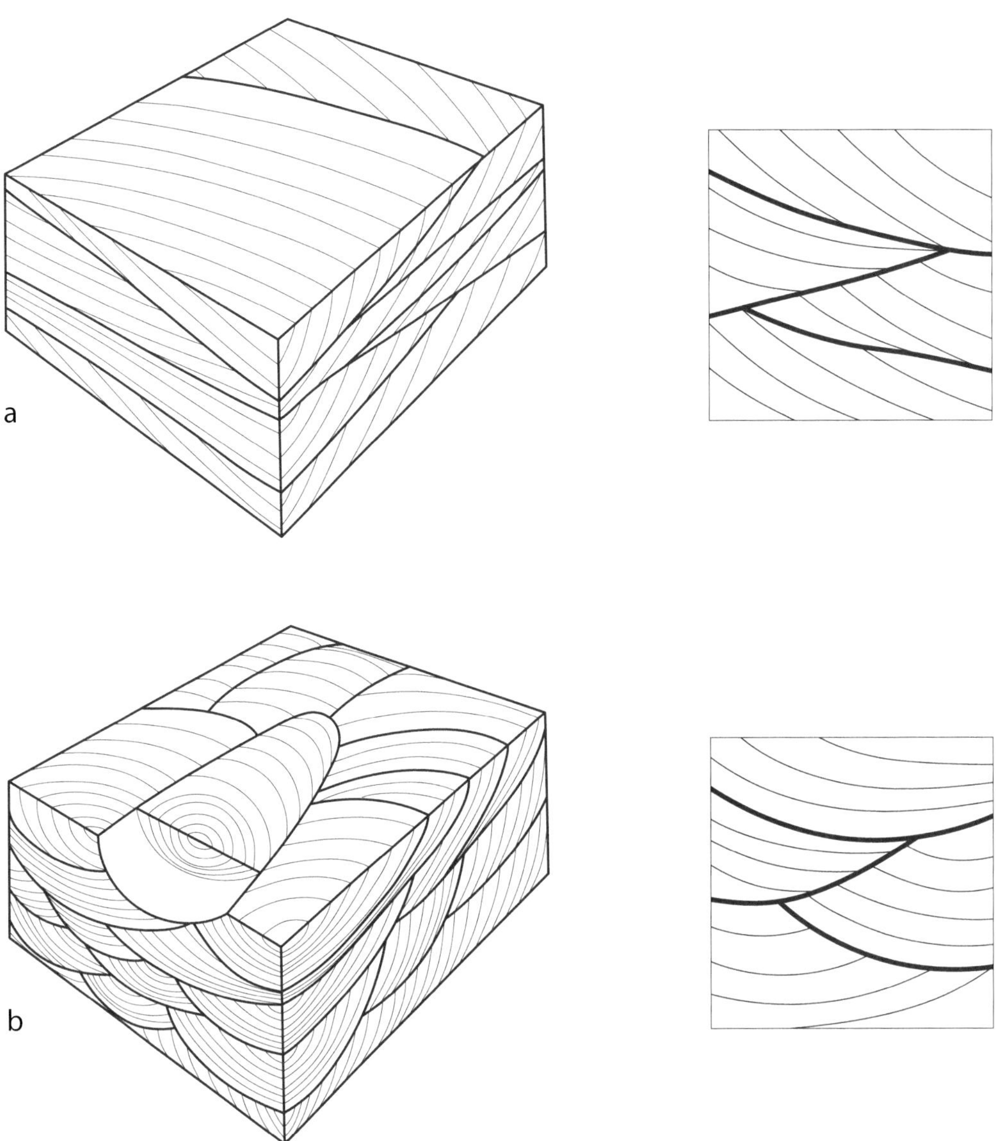

Abbildung 1-12: *Sedimentstrukturen:* ***a)*** *Planare und* ***b)*** *trogförmige Kreuzschichtung. Der Sedimenttransport erfolgt in beiden Beispielen von rechts oben nach links unten, siehe Abbildung 1-11 für Angaben zu Basalflächen und Laminae. Modifiziert nach Reineck und Singh (1980).*

1.6 Vom Sedimentkorn zu Schichtsequenzen: Darstellung sedimentologischer Beobachtungen

Sedimentgesteine zeichnen unterschiedliche Prozesse auf, und zwar in Abhängigkeit vom Maßstab, in dem sie betrachtet werden. Unter dem Mikroskop können einzelne Körner im

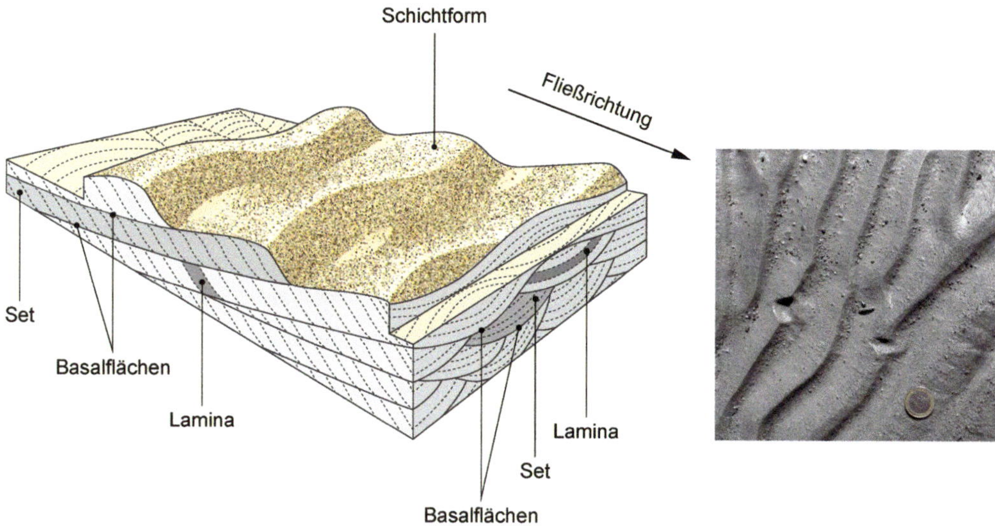

Abbildung 1-13: *Sedimentstrukturen: Planare und trogförmige Kreuzschichtung und dazugehörige Schichtform. Ein Set entspricht der Ablagerung einer Schichtform, in diesem Fall einer Strömungsrippel. Modifiziert nach Reineck und Singh (1980).*

Detail analysiert werden. Dabei können die mineralogische Zusammensetzung der Sedimentpartikel und die Eigenschaften der Zementminerale und des Porenraumes eingehend betrachtet und analysiert werden. Damit kann die Herkunft des Sedimentmaterials entschlüsselt werden, und es können Rückschlüsse auf die Zementations- und Versenkungsgeschichte nach der Ablagerung der Sedimentpartikel gezogen werden.

Informationen über den Ablagerungsraum erschließen sich bei der Betrachtung der Sedimentgesteine im Maßstab eines Aufschlusses (Abbildung 1-14). Hier wird der Frage nachgegangen, welche Sedimentgesteine am Schichtaufbau beteiligt sind (z.B. Tonsteine, Sandstein und andere), welche Dicke, welches Gefüge und welche Struktur die entsprechenden Schichten aufweisen und in welchen Kontaktverhältnissen sie zueinander stehen (z.B. Erosionskontakte oder graduelle Übergänge von der einen Schicht zur anderen). Die entsprechenden Beobachtungen werden in einem sedimentologischen Profil dargestellt (Abbildung 1-14).

Schließlich zeichnen Sedimentgesteine auch tektonische Prozesse und klimatische Veränderungen auf, welche die Entwicklung von Ablagerungen in größeren räumlichen und zeitlichen Bereichen gesteuert haben. Um diese Fragen anzugehen, werden Sedimentabfolgen häufig in größeren Maßstäben analysiert und in einem stratigraphischen Profil dargestellt (Abbildung 1-14, s. auch Kapitel 11.1). Dabei untersucht man zeitliche und auch räumliche Veränderungen des lithologischen Aufbaus, Zunahme oder auch Abnahme der Anzahl und der Dicke der Sandsteinbänke etc. Analysen in diesen Maßstäben erlauben dann auch, Sedimentabfolgen über größere regionale Bereiche hinweg miteinander zu korrelieren und so kausal miteinander zu verknüpfen (Kapitel 11).

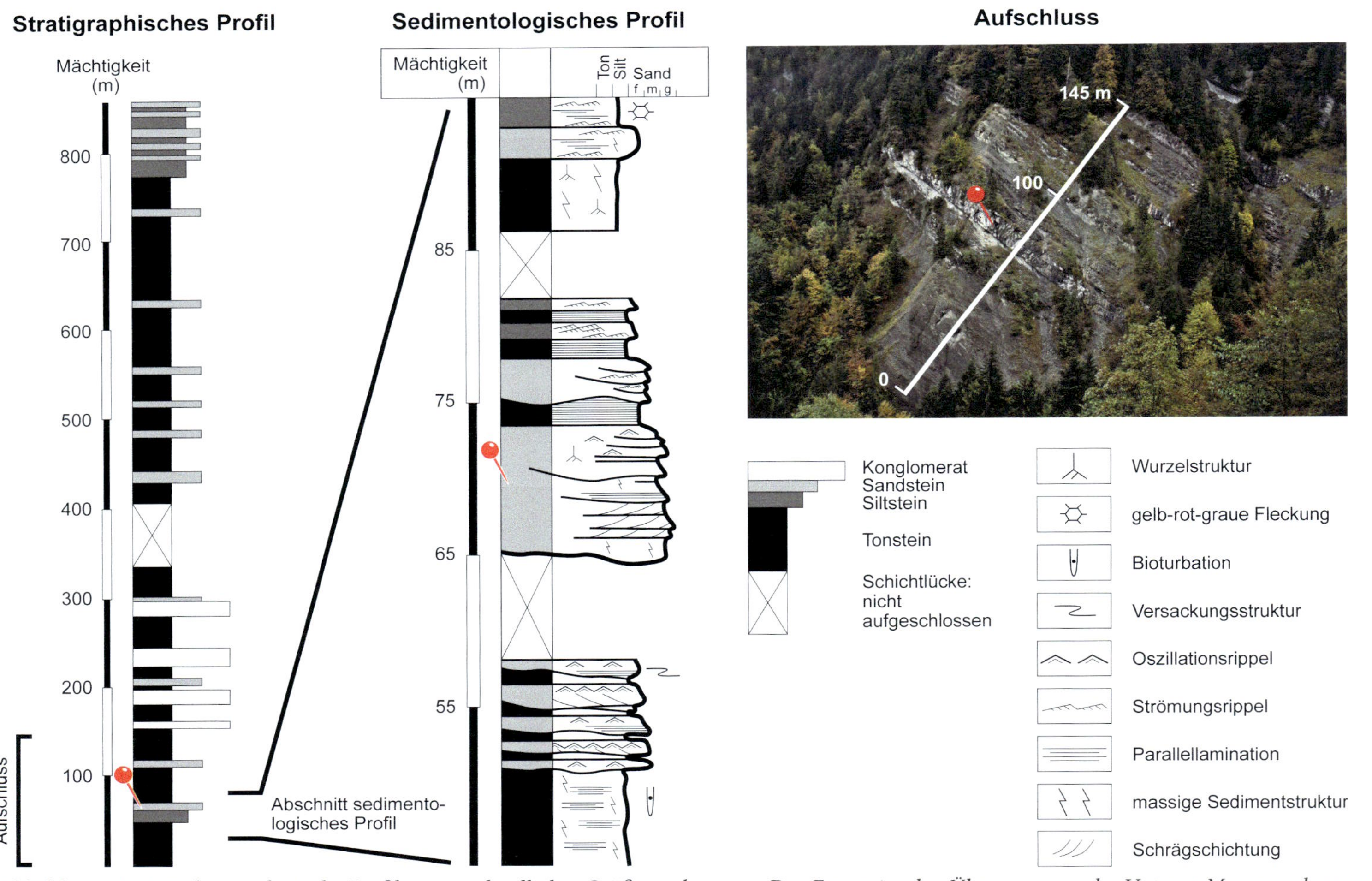

Abbildung 1-14: *Sedimentologische Profile unterschiedlicher Größenordnungen. Das Foto zeigt den Übergang von der Unteren Meeresmolasse in die Untere Süßwassermolasse bei Marbach südwestlich von Luzern. f: feinkörnig; m: mittelkörnig; g: grobkörnig (s. Abbildung 1-3).*

Für die Darstellung einer Abfolge von klastischen Sedimenten in einem vertikalen Profil (Abbildung 1-14) erweist sich eine auf der Korngröße basierende Klassifikation als zweckmäßig. Grund dafür ist einerseits die bessere Zementation von grobklastischen Sedimenten im Vergleich zu feinkörnigen Lagen, denn als Folge davon bilden die groben Lagen herauswitternde Bänke, also Schichten, die im Gelände hervorstehen. Andererseits bieten Korngrößen ideale Informationen, um Transportmechanismen und die damit verbundene Transportenergie abzuleiten (Kapitel 4). Die Korngrößendarstellung wird beiden Ansprüchen am besten gerecht (Abbildung 1-14). Zur Darstellung von Kalksteinsequenzen wird allerdings vorzugsweise auf Verwitterungsprofile zurückgegriffen. Dabei werden verwitterungsresistentere Gesteinslagen (z.B. Kalksteine) als hervorstehende Bänke dargestellt, und weniger resistente Gesteine (z.B. Mergel, Mischung aus Kalkschlamm und Ton- und z.T. auch Siltpartikeln, s. Kapitel 9.6) als zurückwitternde Lagen (s. auch Abbildung 11-9).

Mit Informationen über die Lithologie, die Mächtigkeit, die Art des Basalkontaktes, die laterale Ausdehnung und die sedimentäre Struktur ist eine Sedimentschicht vollständig beschrieben. Die Darstellung einer Abfolge von klastischen Sedimentgesteinen gestaltet sich deshalb in den meisten Fällen sehr ähnlich. Diese erfolgt in der Regel von unten nach oben, wobei die unteren Schichten zuerst abgelagert wurden und deshalb älter sind als die Schichten weiter oben. In der vertikalen Achse wird dabei die Mächtigkeit (Dicke) der Sedimentabfolge abgebildet. So kann die Schichtmächtigkeit direkt abgelesen werden. Anschließend – und ebenfalls in der vertikalen Achse – werden die Lithologien der einzelnen Schichten in einer separaten Spalte dargestellt (z.B. Sandstein, Tonstein etc.). Die Darstellung der Korngrößen erfolgt dagegen auf der horizontalen Achse. Je größer die Breite, mit der die Schichten in horizontaler Richtung dargestellt werden, umso gröber ist das Korn der entsprechenden Schicht (s. Sedimentologisches Profil in Abbildung 1-14). Zwischen der Lithologiespalte und dem Kopf der Schichtdarstellung ist Platz für Symbole zur Beschreibung der sedimentären Strukturen (z.B. Kreuzschichtung, Parallellamination etc.). Schließlich runden Darstellungen der Art der Basalkontakte einzelner Schichten (z.B. erosiv, graduell oder planar) die sedimentologischen Profile ab.

1.7 Struktur und Gefüge

In der sedimentologischen Literatur treten die Begriffe ‚Struktur' und ‚Gefüge' sehr häufig auf, und einige Autorinnen und Autoren trennen beide Begriffe strikt voneinander. So wird der Begriff ‚Gefüge' dann verwendet, wenn die räumliche Anordnung der einzelnen Bestandteile eines Gesteins beschrieben wird (z.B. das komponentengestützte Gefüge). Der Begriff ‚Struktur' wird dagegen vorzugsweise für die Charakterisierung von Schrägschichtungen, Kreuzschichtungen, Parallellamination etc. verwendet (z.B. im Sandstein tritt eine Kreuzschichtung als deutliche Sedimentstruktur in Erscheinung). Wir übernehmen weitgehend diese Terminologie (s. auch weiter oben), aber wir finden allerdings, dass eine strikte Trennung nicht überall möglich ist und verwenden deshalb den einen oder anderen Begriff je nach Kontext und zum Teil auch als Synonyme, um zum Beispiel Wortwiederholungen zu vermeiden.

1.8 Spezielle Sedimentgesteine

Zu den speziellen Sedimentgesteinen zählen wir in diesem Buch die Kohle, den Travertin und den Kalktuff. Speziell sind sie deshalb, weil sie einerseits nicht den klassischen Gruppen (klastische Sedimente, Kalksteine und Evaporite, s. Abbildung 1-2) zugeordnet werden können, wie das bei der Kohle der Fall ist, oder weil sie andererseits nur lokal gebildet werden und kein großes Erhaltungspotential haben. Dies trifft insbesondere auf den Travertin und Kalktuff zu.

1.8.1 Kohle

Bei der Kohle handelt es sich um ein Sedimentgestein, welches eine dunkelbraun-schwarze bis schwarze Farbe hat und weitgehend aus organischem Kohlenstoff und Kohlenstoffverbindungen besteht. Um Kohle bilden zu können, braucht es einen Ablagerungsraum, in welchem der Pflanzenwuchs sehr üppig ist. Als Beispiel kann hier der Ablagerungsbereich eines anastomosierenden Flusses erwähnt werden. Dort finden wir zahlreiche flache, aber doch relativ große Tümpel, welche die verzweigten Flussarme säumen (Kapitel 5.5.4). Pflanzen, welche in diesen Wasserlachen prächtig gedeihen, bilden aus anorganischen Stoffen und insbesondere aus Kohlendioxid (CO_2) und Wasser (H_2O) durch Photosynthese organische Verbindungen. Nach dem Absterben der Pflanzen werden Blätter und zum Teil auch ganze Stämme in den Sümpfen und flachen Tümpeln eingebettet und so dem Zersetzungsprozess durch Oxidation entzogen. Auf diese Art entsteht zuerst Torf, welcher einen Wassergehalt bis zu 75% aufweist (Füchtbauer, 1988). Die soeben gebildete Schicht mit viel organischem Material kann im Verlaufe von Hunderttausenden bis Millionen von Jahren durch weitere Sedimente überlagert und so eingebettet werden. Damit verbunden ist eine Absenkung des geologischen Untergrundes. Die organisch-reiche Schicht erreicht dann also eine tiefere Lage unter der Oberfläche - wir sprechen dabei von einer ‚Versenkung'. Weil mit größerer Tiefe sowohl die Umgebungstemperatur als auch der Druck durch die darüberliegenden Sedimente zunehmen, erfährt der Torf eine kontinuierliche Veränderung, welche mit einer Anreicherung des Kohlenstoffs verbunden ist. Dieser Prozess wird als Inkohlung bezeichnet. Dabei entsteht aus dem Torf zuerst eine Braunkohle (Wassergehalt zwischen 75% und 10%) und dann eine Steinkohle (Wassergehalt ca. 2,5%). Die Umwandlung von Torf zu Braunkohle erfolgt bei einer Temperatur bis zu 70 °C und in einer Tiefe zwischen ungefähr 2000 und 2500 Metern. Wird das organische Material weiter in eine Tiefe von über 3000 Metern versenkt und nimmt die Temperatur dabei bis > 100 °C zu, dann verändert sich die Braunkohle zu einer Steinkohle (Füchtbauer, 1988). Am Schluss des Inkohlungsprozesses bildet sich der Anthrazit. Diese Kohlesorte wird wegen des hohen Kohlenstoffgehalts von mehr als 90% und der günstigen Verbrennungseigenschaften immer noch sehr geschätzt. Aus der Sicht des Klimaschutzes sollten wir allerdings diesen Energieträger dringend durch erneuerbare Energien ersetzen, damit der CO_2-Ausstoß in die Atmosphäre reduziert werden kann.

1.8.2 Travertin und Kalktuff

Beim Travertin und Kalktuff handelt es sich um Süsswasserkalke. Diese entstehen insbesondere bei Quellen als Folge der Erwärmung des Wassers beim Quellaustritt (Füchtbauer,

1988). Weil die Löslichkeit von CO_2 im kühlen Wasser und damit im Grundwasser größer ist als im warmen Wasser (s. Kapitel 8.2.2), gibt das Wasser beim Quellaustritt gelöstes CO_2 in die Atmosphäre ab. Damit ist eine Fällung von $CaCO_3$ und die Bildung eines Kalksteins verbunden. Hat dieser eine dichte Struktur, dann nennen wir ihn Travertin. Entsteht der Kalkstein unter dem Einfluss von Pflanzen (Moose, Blaugrünalgen und andere, s. auch Füchtbauer, 1988) und bildet sich so ein lockeres, poröses Gefüge, dann bezeichnen wir den Kalkstein als Kalktuff.

Travertine können aber auch bei hydrothermalen und damit heißen Quellen entstehen, und häufig sind bei der Kalkausscheidung auch Blaugrünalgen beteiligt. Dabei bilden sich gebänderte und zum Teil mit Knöllchen durchsetzte Aragonit-Sinter (Füchtbauer, 1988).

Erosion
5.4/21

2 Entstehung von Sedimentpartikeln und Bodenbildung

Die Bildung von Sedimentpartikeln beginnt mit der Verwitterung des Ausgangsgesteins. Diese führt zur Bildung von Körnern sowie gelösten Stoffen, die anschließend im Grundwasser, in Fließgewässern oder entlang von Talflanken und Hängen z.B. als Rutschung abtransportiert werden können. Die Verwitterung umfasst somit alle Prozesse, welche zur Zerrüttung des geologischen Untergrundes oder des Festgesteins führen, und zwar unter dem Einfluss von Atmosphäre, Hydrosphäre, Kryosphäre und Biosphäre. Einige Beispiele dafür sind stetige Winde, Temperaturänderungen (Atmosphäre) und damit verbundene Eisbildung und Frostsprengung (Kryosphäre), Auflösung des Kalkes durch sauren Regen (Hydrosphäre) oder Wurzelsprengung durch Pflanzenwachstum, sowie Durchwühlen des Bodens durch Organismen (Biosphäre). Die Umwandlung der Gesteine und ihrer Minerale erfolgt dabei durch mechanische Fragmentierung (Kapitel 2.1) und chemische Veränderung der Minerale im Ausgangsgestein (Kapitel 2.2). Mechanische Verwitterungsprozesse führen meistens zur Bildung von Gesteinsbruchstücken und einzelnen Sedimentkörnern. Die chemische Umwandlung des Ursprungsgesteins dagegen hat die Neubildung von Tonmineralen sowie Oxiden und Hydroxiden zur Folge. Durch deren Anreicherung in den Böden tragen sie aktiv zur Bodenbildung bei (Kapitel 2.3). Zudem entstehen bei der chemischen Veränderung der Minerale Kationen und Anionen, die im Grundwasser und Oberflächenwasser gelöst sind und so in den Flüssen als Lösungsfracht zusammen mit der mechanischen Fracht weiter transportiert werden und schließlich ins Meer gelangen (Kapitel 2.4). Nicht von ungefähr schmeckt das Meerwasser salzig – denn im Verlaufe der Jahrmillionen hat die Zufuhr gelöster Stoffe zur sukzessiven Versalzung des Meerwassers geführt.

2.1 Mechanische Verwitterung

Die mechanische Fragmentierung der Gesteine an der Erdoberfläche steht am Anfang aller Verwitterungsprozesse. Bei dieser Verwitterungsart wird die Oberfläche des noch frischen Gesteins vergrößert, so dass chemische Prozesse eine größere Angriffsfläche haben und wirksamer ablaufen können.

Bei der mechanischen Verwitterung wirken Tauen und Gefrieren des Wassers im Porenraum und in Klüften beschleunigend. Dieser auch als Frostsprengung (oder Frostverwitte-

***Kapitelbild 2:** Erosion (Stefan Werthmüller, 2021).*

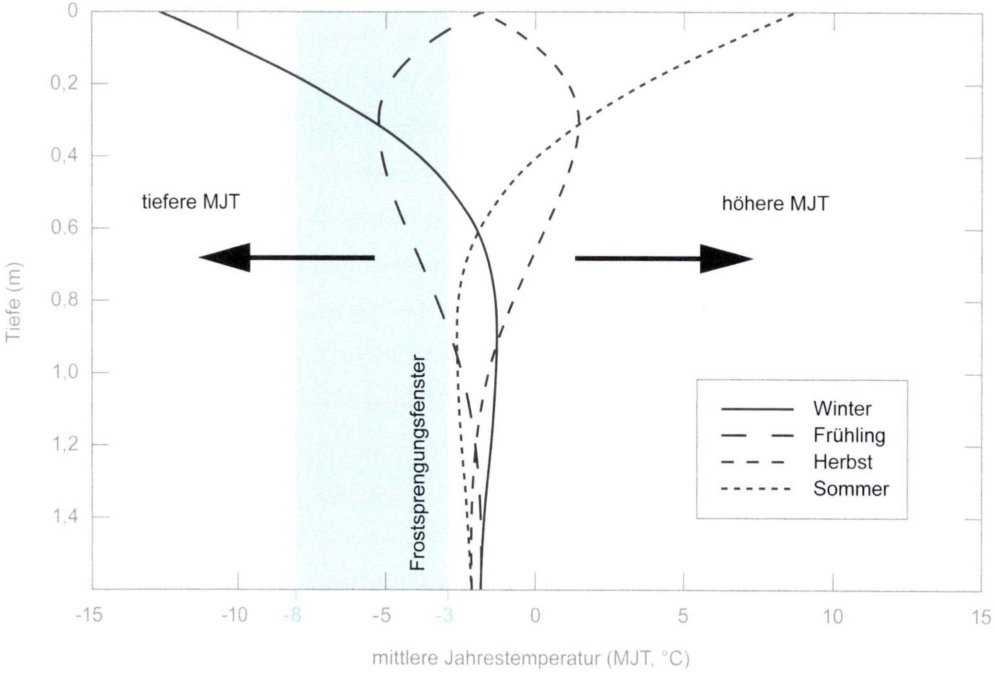

Abbildung 2-1: *Saisonale Schwankungen der Temperatur im Fels. Die Frostprengung ist am effektivsten zwischen −3 und −8 °C (Frostsprenungsfenster) bis in ca. 90 cm Tiefe. Modifiziert nach Hales und Roering (2007) sowie Savi et al. (2015).*

rung) bezeichnete Mechanismus kommt vor allem in gemäßigten Breiten und Permafrostgebieten vor. Weil Eis ein bis zu 10% größeres Volumen als die gleiche Menge Wasser hat, werden Gesteine von innen her ‚gesprengt'. Sie verlieren damit ihre Festigkeit. Tatsächlich ist die Frostsprengung aber ein langandauernder Prozess, bei dem im Gestein immer wieder Spannungen, im Rhythmus der Temperaturschwankungen, auf- und abgebaut werden. Ein ähnlicher Prozess wird beim Wachstum von Evaporitmineralen beobachtet. Dieses ist insbesondere in ariden und semiariden Klimagürteln weit verbreitet (Kapitel 10). Dort führen hohe Temperaturen und trockene Luft zum Austrocknen der Böden und damit zum kapillaren Aufstieg von Poren- und Grundwasser, welches auf seinem Weg nach oben verdunstet. Dabei werden Minerale im Boden und in Klüften aus dem Wasser ausgefällt. Diese Minerale brauchen Platz und zerrütten beim Wachstum das umgebende Gestein (Evaporit- oder Salzsprengung). Des Weiteren haben verschiedene Minerale eines Gesteins unterschiedliche thermische Ausdehnungskoeffizienten. Die Ausdehnung bei Sonneneinstrahlung und Erwärmung ist also nicht homogen. Kann diese Ausdehnung nicht durch elastische Verformung aufgefangen werden, kommt es zum Bruch und damit zur mechanischen Zerrüttung des Gesteins (Temperaturverwitterung). Schließlich kann der Gesteinsverband unter dem Einfluss der Durchwurzelung durch Pflanzen sukzessive geschwächt und so der geologische Untergrund zerrüttet werden (Wurzelsprengung).

Unter den verschiedenen physikalischen Verwitterungsarten spielt die Frostsprengung wohl die wichtigste Rolle (Delunel et al., 2010). Dieser Mechanismus ist im Temperaturfenster zwischen –3 °C und –8 °C am effektivsten (Hales und Roering, 2007). Deshalb wird dieser Temperaturbereich auch als Frostsprengungsfenster bezeichnet. Ist das umgebende Gestein auf diese Temperaturen heruntergekühlt, dann erfolgt die Bildung von Eis offenbar am schnellsten, und die Volumenzunahme ist am größten.

Abbildung 2-1 (Hales und Roering, 2007; Savi et al., 2015) illustriert den Temperaturverlauf unmittelbar unterhalb einer Felsoberfläche in den vier Jahreszeiten. Dieses Modell entspricht etwa den Verhältnissen, wie sie heute in den europäischen Zentralalpen auf einer Höhe von 2200–2500 m über Meer vorliegen. Das Diagramm zeigt, dass im Winter die größte Frostsprengungsintensität in einer Tiefe zwischen 20 und 40 cm unterhalb der Oberfläche zu erwarten ist. Im Frühling dagegen umfasst das Fenster intensivster Frostsprengung den gesamten Bereich zwischen der Oberfläche und hundert Zentimeter Tiefe. Im Herbst und Sommer findet in diesen Höhenlagen jedoch keine Frostsprengung statt. Dieses einfache Modell zeigt also, dass maximale Frostsprengungseffekte im Frühling zu erwarten sind. Deshalb ist in den Alpen die Steinschlaggefahr im Frühling am größten.

Mechanische Verwitterungsprozesse sind also dort besonders wirksam, wo Temperaturschwankungen hoch sind und die Temperaturen sich um den Gefrierpunkt bewegen. Dies ist auf den Hochplateaus unseres Globus (Altiplano, Tibet), in den Alpen und anderen Gebirgen, den arktischen Bereichen sowie im Gletscherumfeld der Fall. Dagegen sind chemische Verwitterungsprozesse an Niederschlag und höhere Temperaturen gebunden. Tropische Gürtel mit hohen Niederschlagsraten sind deshalb bevorzugte Bereiche für chemische Verwitterungsprozesse.

2.2 Chemische Verwitterung

Die chemische Verwitterung umfasst Prozesse, welche zur chemischen Veränderung oder zur Lösung von Mineralen im Gestein, im Boden oder an der Erdoberfläche führen. Dabei ist das Verwitterungspotential eines Minerals umso größer, je höher seine Kristallisationstemperatur (Liquidustemperatur) in einem Magma ist. Folglich verwittern Olivinminerale am schnellsten, gefolgt von Pyroxen, Hornblende und Biotit. Bei den Plagioklasen erfolgt die Verwitterung des Ca-Endglieds (Anorthit) am schnellsten, gefolgt vom Natrium- (Na) und Kalium- (K) Endglied (Albit bzw. Kalifeldspat). Muskowit und vor allem Quarz sind relativ verwitterungsresistent (Abbildung 2-2). Bei der chemischen Verwitterung entstehen zum Teil neue Minerale, besonders die Tonminerale Kaolinit, Illit und Smektit. Andere Bestandteile werden als Ionen im Wasser gelöst und im Grundwasser und in Oberflächengewässern abtransportiert, wie folgende chemische Reaktion schematisch verdeutlicht:

$$\text{Feldspat (s)} + H^+ \text{(aq)} + H_2O \text{(l)} \Leftrightarrow \text{Kaolinit (s)} + \text{Kieselsäure (s)} + K^+/Na^+/Ca^{2+} \text{(aq)}.$$

Ein Spezialfall ist die Lösungsverwitterung, bei welcher das Ausgangsmaterial vollständig im Wasser gelöst wird. Diese Art der Verwitterung ist insbesondere bei einem Kalkstein wichtig, welcher durch den sauren Regen langsam aufgelöst wird. Dabei wird atmosphärisches CO_2 in den Regentropfen gelöst, und es bildet sich eine schwache saure Lösung (H_2CO_3):

$$CO_2\text{(g)} + H_2O\text{(l)} \Leftrightarrow H_2CO_3 \text{(aq)},$$

$$H_2CO_3 \Leftrightarrow H^+ \text{(aq)} + HCO_3^- \text{(aq)} \text{ (Bikarbonation), und}$$

$HCO_3^- \Leftrightarrow H^+ (aq) + CO_3^{2-} (aq)$ (Karbonation).

Die Kohlensäure reagiert dann mit dem Kalkstein ($CaCO_3$) und löst diesen vollständig auf:

$CaCO_3 (s) + H_2CO_3 (aq) \Leftrightarrow Ca^{2+} (aq) + 2\ HCO_3^- (aq)$.

Aus den chemischen Formeln wird ersichtlich, dass eine saure Lösung den Verwitterungsprozess im Kalkstein maßgeblich fördert. Neben dem sauren Regen tragen auch die Huminsäuren zur Bildung einer sauren Lösung im Boden bei.

Das Lösungsverhalten von Oxiden hängt stark vom pH-Wert des Bodenwassers ab (Abbildung 2-3). SiO_2 und damit Quarz ist über einen sehr breiten pH-Bereich stabil und geht erst in einer sehr basischen (pH > 10) oder sehr sauren (z.B. in Flusssäure mit ei-

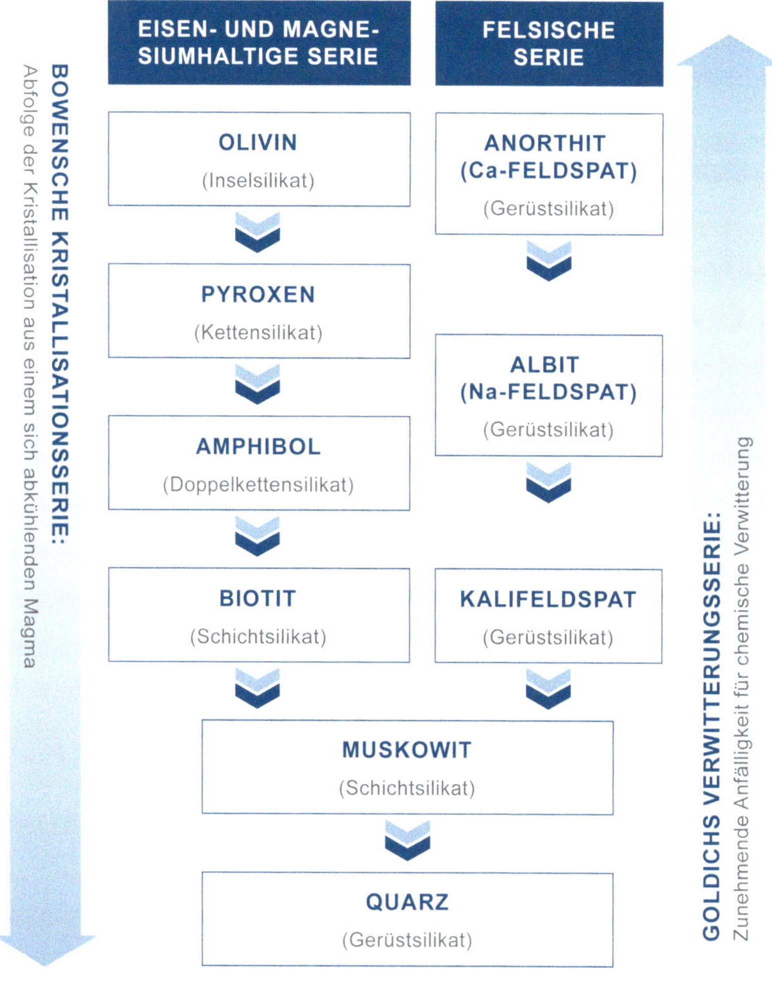

Abbildung 2-2: *Auskristallisation und Verwitterung der wichtigsten gesteinsbildenden Minerale. Je höher die Kristallisationstemperatur, desto anfälliger ist ein Mineral für chemische Verwitterung.*

nem pH-Wert < 3,27) Umgebung in Lösung (chemie.de). Aluminiumoxide und -hydroxide [Al_2O_3; $Al_2O(OH)$] verhalten sich ähnlich wie Quarz: Beide Phasen sind über einen breiten pH-Bereich stabil und werden nur in einer sehr sauren oder sehr basischen Umgebung im Wasser gelöst. Ähnlich lösungsresistent verhält sich Eisen in seiner dreiwertigen Form (Fe^{3+}), welches entweder als Magnetit oder als Eisenhydroxid [Fe_2O_3; $FeO(OH)$] vorkommt. Diese Phasen werden nur gelöst, wenn das Umgebungswasser einen geringen pH-Wert (< 3) aufweist und somit sehr sauer ist. Anders verhalten sich zweiwertige Kationen wie Mg^{2+}, Ca^{2+}, Fe^{2+}, und Mn^{2+}. Diese Kationen können schon in sehr schwach sauren Lösungen (pH-Werte zwischen 6 und 7) gelöst werden.

Der pH-Wert der meisten Böden bewegt sich zwischen 5 und 7. Böden haben deshalb ein leicht saures Milieu, und so hat das Sickerwasser unmittelbar unter der organischen Deckschicht häufig einen pH-Wert < 7. Zweiwertige Kationen werden deshalb unmittel-

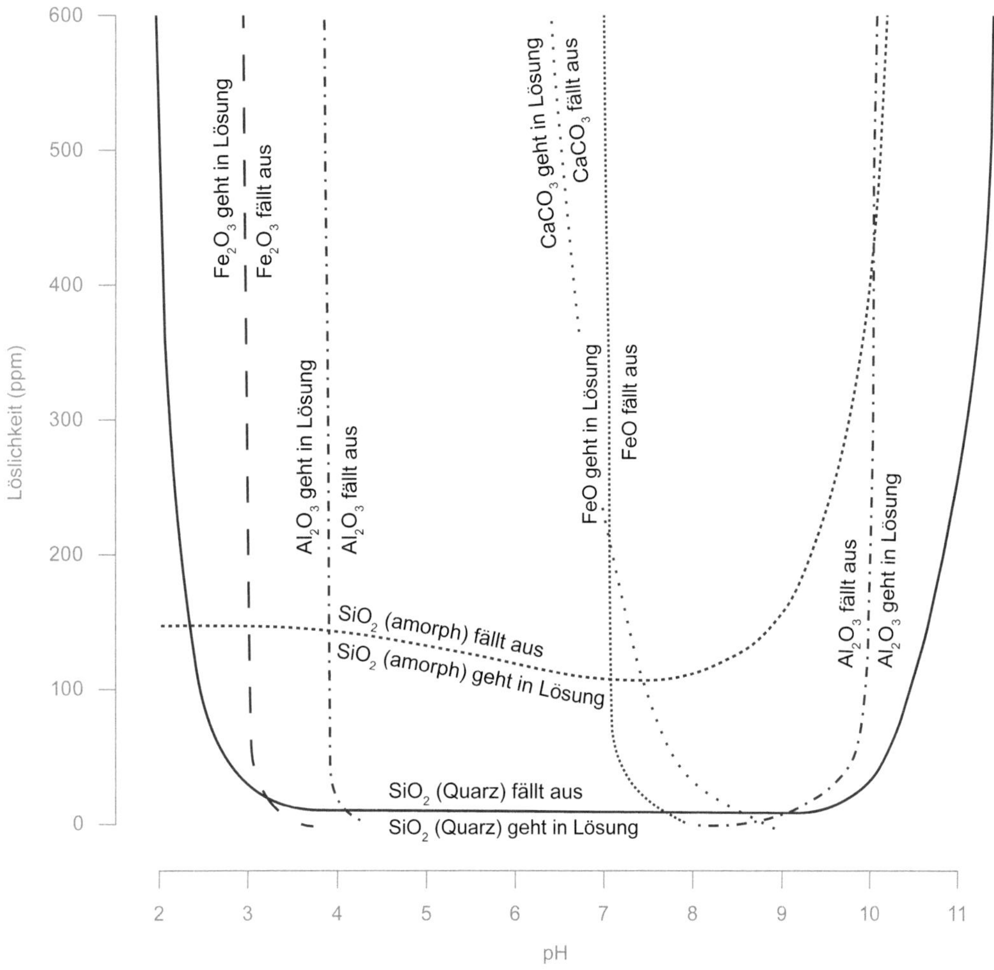

Abbildung 2-3: *Löslichkeit verschiedener chemischer Verbindungen in Abhängigkeit des pH-Wertes. Modifiziert nach Allen (1997).*

bar unterhalb der Humusschicht gelöst. Damit verbunden ist eine Sauerbleichung oder Podsolidierung, d.h. der Boden verliert unterhalb der Humusschicht seine rötliche oder ockergelbe Farbe und bleicht aus. Grundwasser dagegen ist häufig leicht alkalisch und weist pH-Werte zwischen 7 und 8 auf (Allen, 1997). Die zweiwertigen Kationen, welche im Boden in Lösung gehen, werden in der Umgebung des Grundwassers deshalb als Oxide wieder ausgefällt (Verockerung).

2.3 Verwitterung und Bodenbildung

Böden sind der oberste Teil der Erdkruste und bilden sich durch Akkumulation von Verwitterungsmaterial (mineralogischen Substanzen) und organischen Stoffen unter dem Einfluss von Bodenwasser, Bodenluft und Organismen. Böden entstehen also primär durch Verwitterungsprozesse und durch Anreicherung von organischem Material. Der Verwitterungsschutt wird in der geomorphologischen Literatur auch als Regolith bezeichnet. Das Profil eines Bodens kann als Vierschichtenmodell beschrieben werden (Abbildung 2-4) und wird in die Horizonte O, A, B und C eingeteilt. Die oberste Schicht – der O-Horizont – umfasst den organischen Horizont (Gras, Laub etc.), welcher auf dem eigentlichen Boden liegt und einige Millimeter bis wenige Zentimeter dick ist. Die darunterliegende Schicht – der A-Horizont – wird dem mineralischen Oberboden zugeordnet. Er ist an seiner schwarz-braunen Farbe gut zu erkennen (A_0) und ist meistens mehrere Zentimeter bis wenige Dezimeter dick. Der Oberboden setzt sich aus Humus, Mineralkörnern, abgestorbenem pflanzlichem und tierischem Material sowie Verwitterungsrückständen – den

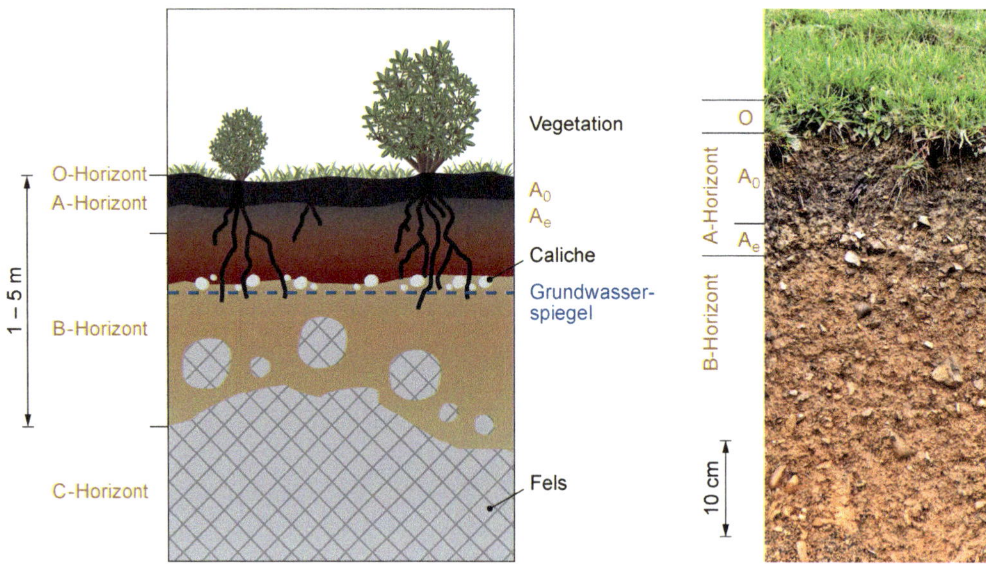

Abbildung 2-4: *Schematischer Aufbau eines Bodens, rechts daneben ein Beispiel aus der Ostschweiz.*

Resistaten – zusammen. Wegen des sauren Milieus fehlen lösliche Ionen weitgehend. Man spricht dann auch von Auslaugung der Böden: Ionen werden als Folge des sauren Milieus gelöst und aus dem A-Horizont wegtransportiert. Dieser Prozess kann sehr intensiv ablaufen, so dass der Bereich unmittelbar unterhalb der Humusschicht gebleicht wird (Sauerbleichung oder Podsolidierung). Diese meist dünne Schicht mit grauer Färbung (A_e, von eluvial = lat. herauslösen) wird ebenfalls dem A-Horizont zugeordnet und kann mehrere Dezimeter dick sein.

Der B-Horizont umfasst den mineralischen Unterboden. Dort reichern sich wasserunlösliche Verbindungen wie Quarz, Eisenoxide (mit Eisen in dreiwertiger Form), Eisenhydroxide und Aluminiumoxide mit der Zeit sukzessive an. Der B-Horizont ist auch der Bereich, wo neugebildete Minerale, wie zum Beispiel Tonminerale, angereichert werden. Im B-Horizont finden wir auch einen hohen Anteil an unverwittertem Material (Resistate), welches aus dem C-Horizont stammt (s. unten). Bleiben Böden über Zeiträume von mehreren hunderttausend Jahren ungestört, dann kann die Konzentration unlöslicher Kationen sehr hohe Werte annehmen. Der B-Horizont erhält dann eine tiefrote Farbe – ein Hinweis auf hohe Gehalte an Eisen-, Aluminium- und Manganverbindungen. Solche Böden werden auch als Laterit-Böden bezeichnet und sind in den Tropen sehr verbreitet. Oft erreichen sie dort sogar eine Mächtigkeit von einigen Metern.

Im B-Horizont fließt sehr häufig auch das Grundwasser (Abbildung 2-4). Oberhalb des Grundwasserspiegels enthalten die Porenräume des Bodens meistens Sauerstoff. Unterhalb des Grundwasserspiegels dagegen ist der Porenraum mit Porenwasser ausgefüllt. Dieses Wasser wirkt reduzierend, so dass das Sediment unter dem Grundwasserspiegel gebleicht wird und eine gelb-gräulich gefleckte Farbe annimmt. Dagegen wird der

Abbildung 2-5: *Beispiel eines Paläobodens, aufgezeichnet in miozänen Sedimenten.*

B-Horizont oberhalb des Grundwasserspiegels im Verlaufe der Zeit als Folge der Oxidation von Eisen und Mangan zunehmend rot bis weinrot gefärbt. Fehlt der Regen und wird der Boden deshalb ausgetrocknet, beginnt der kapillare Aufstieg von Grundwasser. Dieses enthält gelöste Substanzen (Anionen und Kationen), die beim kapillaren Aufstieg aus dem Wasser ausgefällt werden können. Dadurch bilden sich oberhalb des Grundwasserspiegels Kalkknollen (Caliche, Abbildung 2-4).

Der C-Horizont, der mineralische Untergrund, umfasst das teilweise zerrüttete Ausgangs- oder Muttergestein. Dieser Horizont geht mit zunehmender Tiefe graduell in das verfestigte, unverwitterte Ausgangsgestein über.

In sedimentologischen Profilen sind einzelne Horizonte oft nur spärlich erhalten. Das gilt insbesondere für den A-Horizont, der oft nur als cm-dünne, dunkelbraun bis schwarze Lage vorkommt. Meistens fehlt er aber, da organisches Material ein geringes Erhaltungspotential hat. Erkennbar sind Paläoböden aber meistens am rot gefärbten B-Horizont (Abbildung 2-5) sowie an vertikalen Bleichungsstrukturen, die meistens auf eine Durchwurzelung hindeuten.

Die Dicke von Böden ist auf ungefähr 1–5 Meter limitiert. Die Zeitdauer, um diese Mächtigkeiten zu erreichen – in der Regel mehrere hunderttausend Jahre – hängt von den durchschnittlichen Abtragungs- und Niederschlagsraten (Klima) sowie vom Ausgangsgestein ab. Jüngste Untersuchungen haben gezeigt, dass Böden vollständig abgetragen werden, wenn die Erosionsraten Werte von 0,2–0,3 mm pro Jahr über mehrere tausend Jahre überschreiten (Dixon und von Blanckenburg, 2012). In diesem Fall verschwinden die Böden, und der Fels kommt zum Vorschein (z.B. in den Alpen). Liegt die durchschnittliche Erosionsgeschwindigkeit einer Landschaftsoberfläche unterhalb dieses Wertes, dann bleibt ein Teil der Verwitterungsprodukte als Mineralneubildungen und Resistate in Böden; es bildet sich eine Verwitterungsdecke (ein Regolith) mit einem Boden aus.

2.4 Klima, Böden und Erosion – eine globale Perspektive

Verwitterung und Bodenbildung, aber auch Erosion sind eng miteinander verbunden und hängen vom Klima (Niederschlag und Temperatur), dem Ausgangsgestein und dem Relief einer Landschaft ab. Es erstaunt deshalb nicht, dass die höchsten Raten mechanischer Verwitterung in der subpolaren Zone, also im Bereich der Polarkreise und gegen die Pole hin vorgefunden werden. Dort liegen die durchschnittlichen Jahrestemperaturen unterhalb des Gefrierpunktes, was Frostsprengung und damit die mechanische Verwitterung begünstigt (Delunel et al., 2010). In Wüstengürteln, wo ablandige Passatwinde zur Austrocknung ganzer Landstriche führen, wird der Felsuntergrund weitgehend durch Temperaturschwankungen zerrüttet (Temperaturverwitterung). Diese Prozesse laufen sehr langsam ab. Hohe Raten mechanischer Verwitterung werden dagegen in den Gebirgsgürteln gemessen, wie zum Beispiel in den europäischen Alpen, den Südalpen Neuseelands, den Anden, den Rocky Mountains sowie im Himalaya und dem Zagros-Gebirge. Dort führen hohes Relief und steile Talflanken zu Rutschungen und Hangbewegungen und damit zur intensiven mechanischen Zerrüttung des Gesteins. Allerdings erstaunt es, dass der Sedimentertrag insbesondere in den Alpen und den Anden doch relativ bescheiden ist (Abbildung 2-6; 18–150 t km^{-2} a^{-1}). Für den Fall der Anden Perus und Nordchiles liegt der Grund dafür darin, dass das Klima für eine schnelle Abtragung und einen effektiven Sedimentaustrag zu

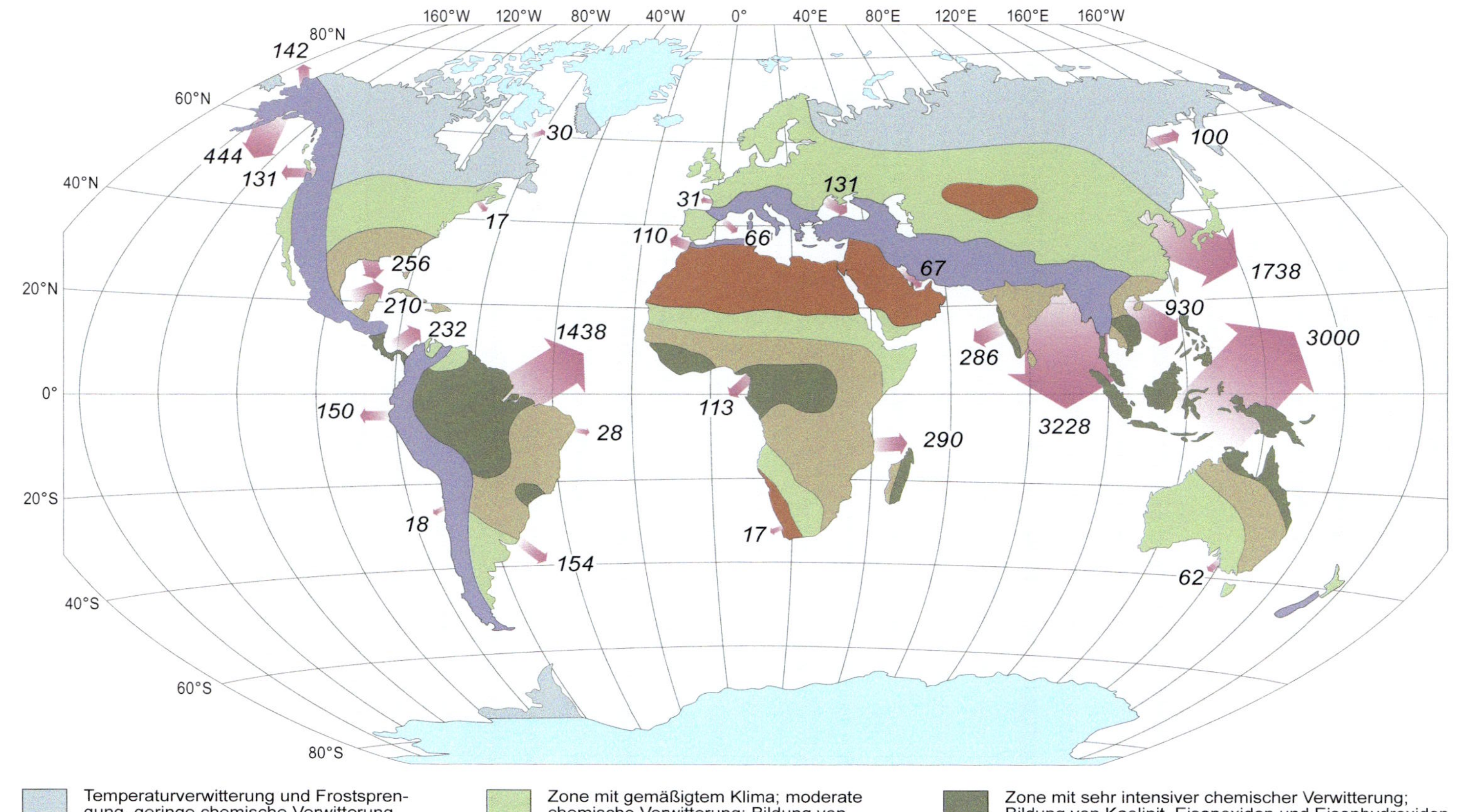

Abbildung 2-6: *Verwitterungsart und Sedimenteintrag in die Ozeane. Die Zahlen widerspiegeln die Sedimenterträge einzelner Regionen, ausgedrückt als: Anzahl Tonnen Sediment pro Quadratkilometer Einzugsgebiet, gemittelt für ein Jahr. Modifiziert nach Milliman und Meade (1983).*

trocken ist. In anderen Regionen, insbesondere in den gemäßigten und subpolaren sowie polaren Zonen, erfuhren die Gebirge (also auch die Alpen) während der letzten 800 000 Jahre mehrere intensive Vergletscherungen, was zu Talübertiefungen und damit zur Bildung von mehreren hundert Meter tiefen Seen führte. Darin lagert sich zur Zeit der Erosions- und Verwitterungsschutt aus den Gebirgen ab und erreicht die Ozeane deshalb (noch) nicht. Ausnahmen bilden aber die Flüsse aus dem nördlichen Teil der Anden (Amazonas) und dem südlichen Rand des Himalaya (Ganges und Brahmaputra). Steiles Relief, monsunartiges Klima, aktive Tektonik sowie das Fehlen von Seen am Rande dieser Gebirge ermöglichen einen effektiven Sedimentaustrag.

Die chemische Verwitterung läuft insbesondere im tropischen Flachland sehr intensiv ab, wie zum Beispiel im Gebiet des Amazonas oder des Kongo-Beckens, oder auch auf dem indischen Subkontinent (Abbildung 2-6). Hohe Temperaturen und insbesondere hohe Niederschlagsraten begünstigen dort die chemische Veränderung des geologischen Untergrundes. Des Weiteren führt ein geringes Relief in diesen Landschaften dazu, dass sich Böden über längere Zeit ungestört bilden können. Als Folge davon werden Eisen-, Mangan- und Aluminiumoxide im B-Horizont sukzessive angereichert und geben den Böden die charakteristische rote Färbung (Laterit-Böden).

Das tropische Klima führt – neben der Oxidation von Kationen – zur Bildung von Kaolinit. Dabei handelt es sich um ein Tonmineral, das bei der Verwitterung von Feldspat unter tropisch-subtropischen Bedingungen entsteht (Kapitel 2.2). Schließlich werden sehr hohe chemische Verwitterungsraten auf den Inseln Indonesiens und auf den Philippinen beobachtet. Dort schaffen ein starkes Relief, hohe Niederschlagsmengen und große Hangbewegungen günstige Voraussetzungen für die chemische Veränderung des bereits zerrütteten Felsuntergrundes. So liegen ideale Bedingungen für starke Erosion, hohen Sedimentaustrag und große Sedimenterträge vor. Diese erreichen in der Tat sehr hohe Werte in Indonesien, auf den Philippinen, in Taiwan sowie im weiter nördlich gelegenen Japan. Diese Inseln befinden sich zudem an einer tektonischen Plattengrenze, wo Erdbeben sowie tektonische Hebung den Erosionsprozess beschleunigen. Im gemäßigten Klimagürtel hingegen ist die chemische Verwitterung moderat. Den B-Horizonten fehlt deshalb die für das tropische und subtropische Klima charakteristische weinrote Farbe. Die Feldspäte verwittern zu Illit- und Smektitmineralen, die für diese Klimazonen typisch sind. Das Vorkommen dieser Tonminerale in Paläoböden wird deshalb auch als Paläoklima-Indikator verwendet.

Bergsturz
S.W/21

3 Gletscher, Massenbewegungen und vulkanische Ausbrüche

Im Gebirge sind Gletscher und Massenbewegungen (z.B. Bergstürze, Rutschungen und Schuttströme oder Murgänge) die wichtigsten Prozesse, die Verwitterungsschutt von den Hängen zum Vorfluter in der Talsohle verfrachten. Gletscher und Massenbewegungen sind nicht nur effiziente Transportmechanismen, sie sind ebenso für die Bildung von Sediment durch Abschleifen des Felsens – die Abrasion – verantwortlich. Zudem können beide Prozesse (d.h. Gletscher und Massenbewegungen) einzelne Brocken aus einem Felsverband herauslösen und hangabwärts transportieren. Dieser Abtragungsprozess wird als ‚Plucking' bezeichnet. Jüngste wissenschaftliche Untersuchungen führten zum Schluss, dass während der letzten 2,7 Millionen Jahre, als das Klima auf der Erde sukzessive kälter wurde, die Abtragungsraten zunahmen (Herman und Champagnac, 2015). Offenbar ist die Sedimentproduktion während kälterer Zeitperioden größer als in Zeiten eines wärmeren Klimas. Dies hängt offenbar mit effizienter Gletschererosion, verbunden mit bedeutenderer Frostsprengung zusammen. Der geomorphologischen Umgebung rund um einen Gletscher kommt also eine große Bedeutung für die Sedimentproduktion zu: Frostsprengung führt zur Zerrüttung des Gesteins; Gletscher zermürben den Untergrund, bilden durch ihre Erosionskraft viel locker gelagerten Schutt und übersteilen die seitlichen Talflanken, was zu Massenbewegungen führen kann.

Wo die Gebirgsbildung durch Subduktionsprozesse kontrolliert wird, also an aktiven Kontinentalrändern, treten häufig Vulkane im Gebirge auf (Abbildung 1-1). Als prominentes Beispiel seien hier die Anden erwähnt. Dort führt die ostwärtsgerichtete Subduktion der ozeanischen Nazca-Platte unter die kontinentale südamerikanische Platte zur Bildung von aufgeschmolzenem Gestein, dem Magma. In solchen Subduktionszonen ist das Magma relativ zähflüssig, und die Schmelze ist reich an Gasen. Ein solches Magma führt deshalb zu explosiven Eruptionen und zur Bildung steiler Vulkankegel. Ein Teil der Eruptionsmasse erstarrt bereits in der Luft und setzt sich anschließend als pyroklastische Sedimentpartikel (in Form vulkanischer Tuffe, Bomben und Lapilli) am Fuße des Vulkankegels ab. Der andere Teil gleitet mit hoher Geschwindigkeit dem Talboden entgegen, getrieben durch die Eigengeschwindigkeit und die kinetische Energie der Gaswolke. Es entsteht ein pyroklastischer Strom, der aus einem Gemisch von Gesteinspartikeln, Magma, Staub, vulkanischem Gas und heißer Luft besteht.

Kapitelbild 3: *Bergsturz (Stefan Werthmüller, 2021).*

Dieses Kapitel widmet sich diesen sedimentbildenden Prozessen im Gebirge. Diese umfassen Gletscher und ihre Ablagerungen (Kapitel 3.1), Massenbewegungen (Kapitel 3.2) sowie vulkanische Eruptionen und die daraus resultierenden pyroklastischen Ablagerungen (Kapitel 3.3).

3.1 Gletscher – ihre Bildung und Bewegung

Ein Gletscher besteht aus Eismassen, die sich durch Fließen talwärts bewegen. Diese Bewegung erfolgt aufgrund einer Schubspannung, welche entweder aus der Neigung eines Gletschers oder aus der Überlast der darüber liegenden Eismasse resultiert. Das Eis selbst entsteht aus einem Metamorphoseprozess, verursacht durch die Auflast von Schnee. Dabei wird der Anteil der Luft, der im Neuschnee noch 90 Volumenprozente ausmacht, herausgepresst und auf 2% reduziert. Die Schneekristalle wachsen dabei zu Eis zusammen. Dabei bleibt die hexagonale Kristallstruktur der Eiskristalle erhalten.

Gletscher bilden sich im Nährgebiet, wo die Akkumulation von Schnee und die Bildung von Eis den Massenverlust durch Schmelzen und Sublimation übertrifft. Im Bereich der Gleichgewichtslinie (Abbildung 3-1) halten sich Eisakkumulation und Eisverlust die Waage. Unterhalb der Gleichgewichtslinie liegt das Zehrgebiet eines Gletschers. Dort ist der Massenverlust von Eis größer als die Eisakkumulation. Die Höhenlage der Gleichgewichtslinie hängt dabei von der durchschnittlichen Jahrestemperatur, der Niederschlagsmenge und der Größe der Akkumulationsfläche ab. Ein trockenes Klima, wie zur Zeit in den Zentralanden, führt zu kurzen Gletschern mit einer Gleichgewichtslinie, welche in großen Höhen liegt. Ein zunehmend warmes Klima hat den gleichen Effekt – die Gleichgewichtslinie verschiebt sich in höhere Lagen und die Gletscher werden kurz. Ein kaltes und zugleich niederschlagreiches Klima dagegen führt zur Verlagerung des Akkumulationsgebietes und damit der Gleichgewichtslinie in tiefere Bereiche und zum Wachstum der Eismassen. In den euro-

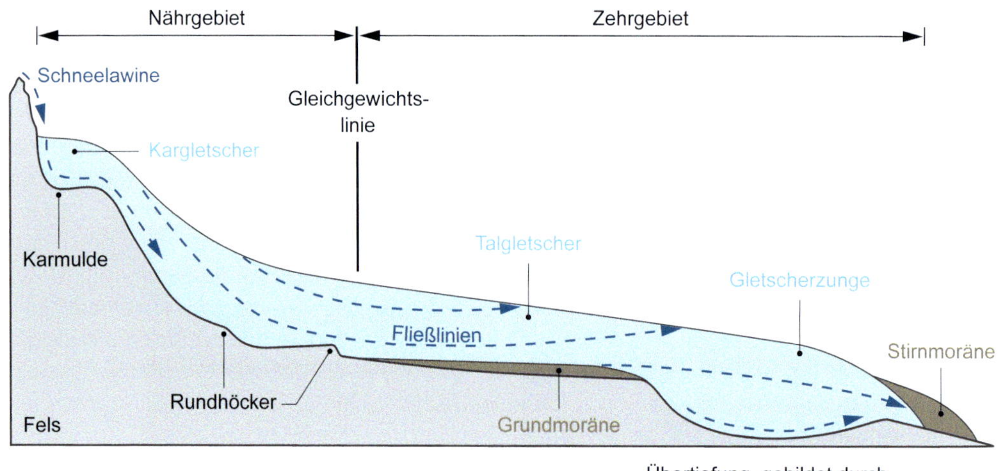

***Abbildung 3-1:** Schematischer Querschnitt durch einen Gletscher und den darunter liegenden Fels.*

päischen Zentralalpen befindet sich die Gleichgewichtslinie zur Zeit auf einer Höhe von ungefähr 3000 Metern über dem Meeresspiegel. Vor ca. 20 000 Jahren, also während der letzten großen Vereisung, lag die Gleichgewichtslinie etwa tausend Meter tiefer. Mehrere hundert Meter dicke Talgletscher erstreckten sich damals bis weit in das alpine Vorland und breiteten sich dort aus (Preusser et al., 2011).

Gletscher gleiten an der Sohle zumindest partiell auf einem Schmelzwasser‚teppich' – wir sprechen dann von einem warmen Gletscher. Dieses Gleiten führt zu Scherspannungen entlang der Gletscherbasis und den Talflanken. Diese Spannungen verursachen dann auch die großen Abtragungen in den Talsohlen und entlang der Talflanken. Scherspannungen resultieren jedoch auch aus der Last der aufliegenden Eismasse, was zur Rekristallisation von Eiskristallen im Gletscher führen kann. Aus diesen Rekristallisationsprozessen resultiert schließlich eine Bewegung der Eismassen. Deshalb kann sich Eis bewegen, auch wenn die Basis am Untergrund angefroren ist – es handelt sich in diesem Fall um einen kalten Gletscher. Solche Gletscher, die an der Sohle kalt sind, fließen lediglich im festen, eisigen Zustand.

3.1.1 Erosion und Sedimentproduktion durch Gletscher

Die Gletscher schmirgeln den Felsuntergrund durch ihre Scherbewegung ab. Untersuchungen am Franz-Josef-Gletscher in Neuseeland haben gezeigt, dass die Abtragungsraten vorwiegend von der Gleitgeschwindigkeit des Gletschers abhängen. Je schneller ein Gletscher über den Untergrund gleitet und je dicker die Eismasse ist, umso größer ist die Schergeschwindigkeit der Eismasse an ihrer Basis, und umso höher sind die Erosionsraten (Herman et al., 2015).

Gletscher bilden sich typischerweise in konkaven, löffelförmigen Mulden. Darüber ragt ein Kranz von hohen Gipfeln. Dieser bildet eine imposante und auch natürliche Grenze für das Einzugsgebiet eines Gletschers. Die steilen Bergflanken führen zu zahlreichen Schneelawinen, die schließlich zu einer dicken Schneeakkumulation in diesen Mulden führen. Dort sammelt sich also Schnee sukzessive an und wird zu Eis, das schließlich zu gleiten beginnt. Dabei sinkt das Eis – als Folge der Auflast – in die Tiefe und beschreibt eine nach unten und hinten gerichtete Rotationsbewegung. Daraus resultieren Scherbewegungen entlang der Bergflanken. Dadurch wird der Fels abgeschliffen und sukzessive erodiert. Die Mulde wächst somit nach hinten, also in die entgegengesetzte Richtung des Gletscherflusses. Dabei wird die Akkumulationsfläche vergrößert, und die Bergflanken werden zusätzlich versteilt (Nishiyama et al., 2019). Das Ergebnis sind charakteristische, löffelförmige Landschaftsformen im Ursprungsgebiet eines Gletschers, welche auch als Karmulden bezeichnet werden (Abbildung 3-2).

Talwärts vereinigen sich verschiedene kleinere Gletscher aus Seitentälern zu einem Talgletscher im Haupttal und wachsen oder schrumpfen in Abhängigkeit von der Temperatur, der Menge des Niederschlags sowie der Größe der Akkumulationsfläche. Hochgelegene Plateaus bieten deshalb ideale Voraussetzungen, um große und lange Talgletscher zu bilden. Dies war insbesondere vor ca. 20 000 Jahren während der letzten großen Vereisung der Fall, als eine globale Abkühlung zu einem markanten Absinken der Gleichgewichtslinie führte. So waren damals weite Teile des europäischen Kontinents und der Alpen vereist, und auf hochgelegenen Plateaus bildeten sich ausgedehnte Gletscher. Im Gebirge tragen solche Talgletscher den Fels seitlich wie auch an der Basis ab. Es bilden sich Täler mit einem U-förmigen Querschnitt (Abbildung 11-11). Im Flachland breiten sich

Abbildung 3-2: *Stark ausgeprägte Karmulden im Gebiet der Jungfrau (Zentralalpen Schweiz; Blickrichtung SE). DEM und Satellitenfoto © Swisstopo.*

diese Eismassen seitlich aus und bilden breite Vorlandgletscher (oder auch Piedmontgletscher), sobald sie die Täler im Gebirge verlassen. Weitere charakteristische Landschaftselemente sind Felsstufen entlang der Talachse (Rundhöcker) und übertiefte Talsohlen – wir sprechen dann von glazialen Übertiefungen (Abbildung 3-1). Dort befindet sich der tiefste Felsbereich unterhalb der heutigen Talsohle. Oft bildet sich darin nach dem Rückzug der Eismassen ein See.

3.1.2 Gletscher und ihre Ablagerungen

Gletscher hinterlassen Ablagerungen in Form von Moränen, welche sich an der Basis (Grundmoräne), der Seite (Seitenmoräne) und auch an der Front (Stirn- oder Endmoräne) eines Gletschers bilden können (Abbildungen 3-1 und 3-3). Hügelige Anhäufungen von Grundmoränen werden als Drumlins bezeichnet. Fließen zwei Gletscher zusammen, dann vereinigen sich die beiden benachbarten Seitenmoränen zu einer Mittelmoräne. Diese wird aber am Gletschertor durch das Schmelzwasser abgetragen und umgelagert. Deshalb haben Mittelmoränen ein sehr geringes Erhaltungspotential und kommen als geologische Archive kaum vor. Moränen bestehen meistens aus einer matrixgestützten Brekzie. Grundmoränen sind in der Regel dichter gepackt und haben einen höheren Anteil an feinkörniger Matrix als Stirn- und Seitenmoränen. Die dichtere Packung wird dabei auf die Überlast des Gletschers zurückgeführt. Das Gefüge ist unsortiert, Schichtungen sind kaum zu erkennen,

Abbildung 3-3: *Charakteristische Gletschermorphologien rund um den Findelgletscher (Schweiz; Blickrichtung SE). Die Gleichgewichtslinie befindet sich auf ca. 3100 m ü.M.*

und viele Gerölle und Gesteinsbrocken sind geritzt und zeigen keine Einregelung (Schlüchter, 1997). Moränenablagerungen haben deshalb ein Gefüge, welches Schuttstromablagerungen (Abbildung 3-7) zum Verwechseln ähnlich ist.

Im Zehrgebiet führt das Abschmelzen der Eismassen dazu, dass die klastischen Sedimentpartikel im Gletscher sukzessive liegen gelassen und in Form von Moränen abgelagert werden. Das erste Auftreten von Moränen entlang eines Gletschers, entweder in Form einer Seitenmoräne oder auch als Grundmoräne, wird deshalb häufig als Kriterium verwendet, um die Höhenlage der Gleichgewichtslinie zu bestimmen.

3.2 Massenbewegungen

Massenbewegungen bilden – neben Verwitterungsprozessen – die wichtigsten Erosions- und Transportmechanismen in Gebirgen, die zur Bildung von Gesteinsfragmenten und Sedimentpartikeln führen. Bei Massenbewegungen wird grundsätzlich zwischen Sturzprozessen, Rutschungen, Schuttströmen und Hangkriechen unterschieden. Dabei handelt es sich primär um Prozesse, deren Ablauf durch die Gravitationskraft gesteuert wird; sie werden deshalb auch als gravitative Erosions- und Transportmechanismen bezeichnet. Es handelt

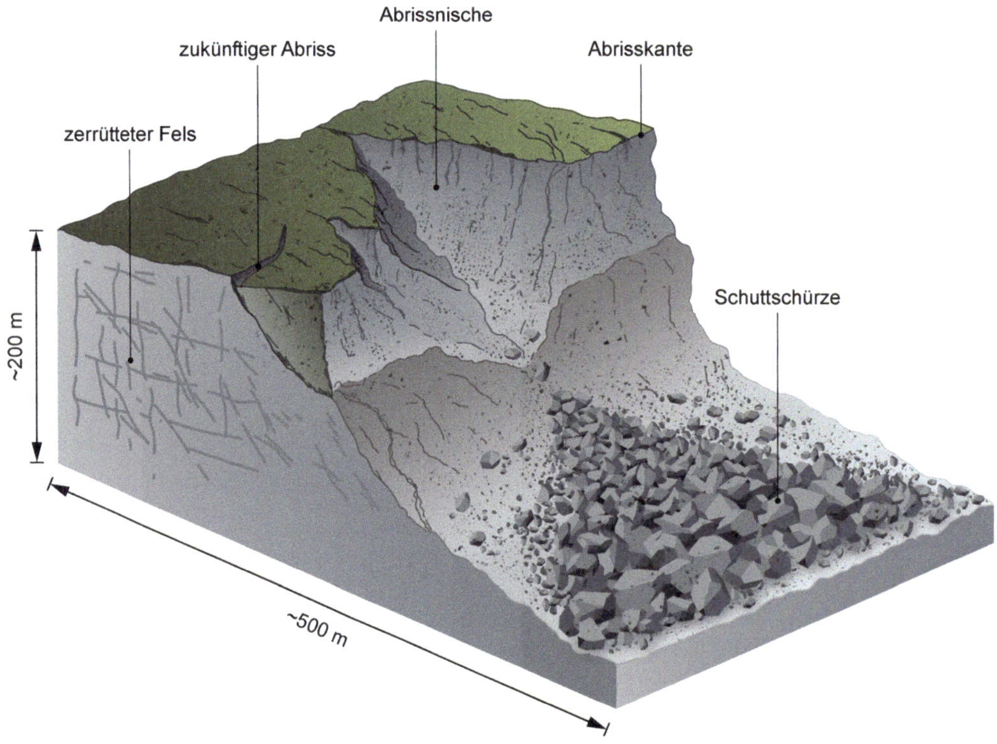

Abbildung 3-4: *Bergsturzablagerung: Die groben Blöcke kommen weiter talwärts zu liegen.*

sich dabei vorwiegend um episodische Ereignisse. Gravitative Erosions- und Transportprozesse können jedoch auch kontinuierlich ablaufen, wie das zum Beispiel bei Schuttrutschungen der Fall ist. Bei diesem Prozess bewegt sich ein Gemenge aus feinkörniger Matrix und Gesteinsbrocken kontinuierlich talwärts.

Massenbewegungen können durch Erdbeben, Übersteilung der Hänge oder auch durch heftige Niederschläge ausgelöst werden. Faktoren, welche die Auslösung von Massenbewegungen begünstigen, sind steile Hänge, die Neigung von Schichten, tonige Lagen sowie erhöhter Porenwasserdruck. Wie es der Name schon sagt, führen Massenbewegungen zur Abtragung und Umlagerung großer Gesteinsvolumina. Sie verursachen deshalb oft große Schäden.

3.2.1 Sturzprozesse

Bei Sturzprozessen wird der Gesteinsverband vollständig zerstört und während des Transports und der Ablagerung in Komponenten unterschiedlicher Durchmesser zerlegt. Sind dabei größere Felsbewegungen involviert (> 1 Mio. m^3), dann handelt es sich um einen Bergsturz (Abbildung 3-4). Sturzbewegungen, bei denen einzelne Blöcke beteiligt sind, werden als Felssturz (wenige m^3 bis 100 000 m^3) oder Steinschlag oder Blockschlag (< 1 m^3) bezeichnet. Die entstehenden Ablagerungen haben in der Regel ein komponentengestütztes Gefüge aus Blöcken unterschiedlicher Größe. Diese haben unmittelbar am Hangfuß die

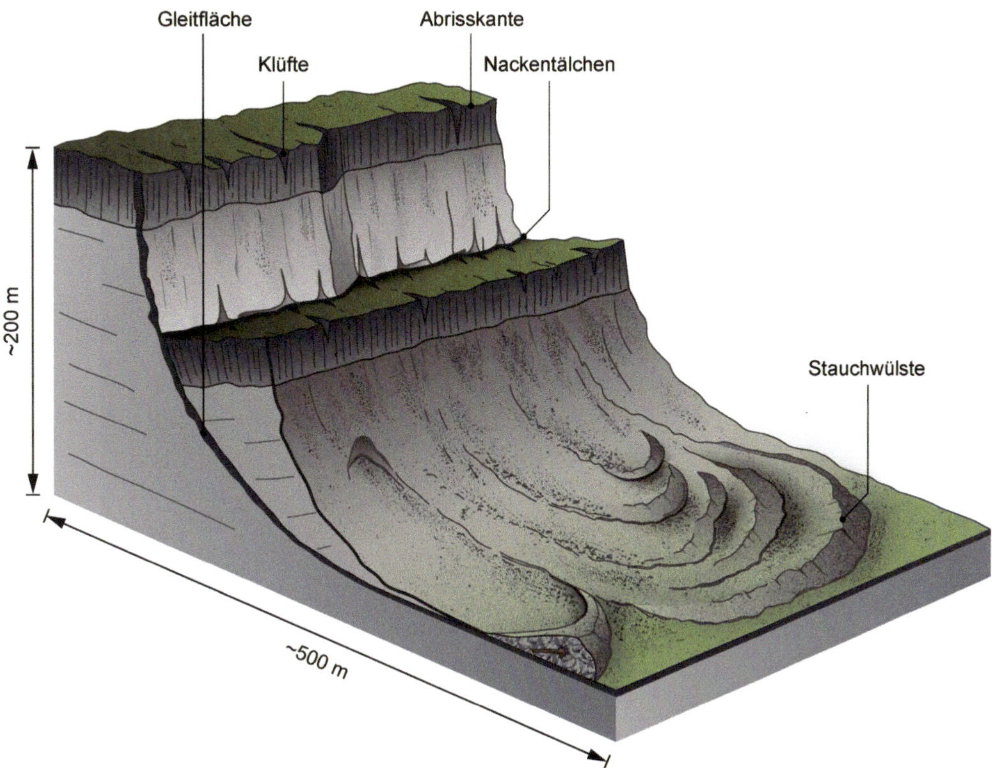

Abbildung 3-5: *Sackung: Durch das Zusammenstauchen des Untergrundes bilden sich mondförmige Schuttmulden (Stauchwülste) am Fuße der Sackung.*

kleinsten Durchmesser und werden in weiter entfernten Bereichen sukzessive größer. Diese räumliche Tendenz in der Korngrößenverteilung entsteht dadurch, dass der Sturz von großen Blöcken mit einer relativ hohen kinetischen Energie verbunden ist. Dadurch rollen und stürzen größere Brocken über eine längere Distanz als kleinere Partikel (Abbildung 3-4).

3.2.2 ***Rutschungen***

Rutschungen sind hangabwärts gerichtete, gleitende Bewegungen von Hangteilen aus Fest- und/oder Lockergestein sowie Bodenmaterial. Sie sind das Ergebnis eines Bruchs mit Scherbewegungen (Scherbruch) und treten an mäßig geneigten bis steilen Böschungen und Hängen auf. Rutschungen lassen sich in Sackungen, Rotationsrutschungen, Translationsrutschungen und Schuttrutschungen unterteilen. Allen Prozessen ist gemeinsam, dass die Gleitebenen und Abrissnischen an geologische Randbedingungen (Schichtneigung, Gleitflächen resp. Schichtgrenzen, Wasseraustritt entlang von Tonsteinschichten) gebunden sind (Korup et al., 2010).

Sackungen und Schuttrutschungen stellen die häufigsten Massenbewegungen dar. Sackungen (Abbildungen 3-5 und 3-6a) sind dadurch charakterisiert, dass der Gesteinsverband beim Gleitprozess erhalten geblieben ist. Die Abrissnische ist im Gelände an Stufen erkenn-

Abbildung 3-6: *Beispiele von Erosions- und Transportprozessen in den Alpen.* ***a)*** *Sackung,* ***b)*** *Solifluktion (Foto © Hermann Hammer, in Wikipedia.commons), und* ***c)*** *Schuttrutschung.*

bar. Durch das Abgleiten entlang einer gekrümmten Gleitebene wird der Gesteinsverband gekippt. Dabei bildet sich auf der Oberfläche zwischen Gleitebene und Sackungsmasse eine topographische Vertiefung, welche als Nackentälchen bezeichnet wird (Abbildung 3-5). Dort kann sich Wasser und Erosionsschutt ansammeln. Die Entwicklung von Nackentälchen muss gut beobachtet werden, da insbesondere das Ansammeln und Eindringen von Wasser in den Untergrund den Sackungsprozess beschleunigen kann. An ihrem Fuß gehen die Sackungsmassen in Schuttrutschungen über. Die Gesteins- und Schuttmasse wird in diesem Bereich gestaucht und bildet mondförmige Stauchwülste aus. Da dieser Bereich in einem hauptsächlich kompressiven Spannungsfeld steht, besteht die Gefahr, dass aufgrund des gespannten Wassers ein Schuttstrom (Kapitel 3.2.3) entstehen kann.

Schuttrutschungen (Abbildung 3-6c) bestehen aus einer feinkörnigen Matrix mit zentimeter- bis dezimetergroßen Blöcken. Die mechanischen Eigenschaften verändern sich, wenn der Schlamm zwischen den Komponenten, also die Matrix, die stützende Funktion der Gleitmasse übernimmt. Es gilt also zu unterscheiden zwischen einem Gefüge, das durch den Gesteinsverband gestützt ist, und einem solchen, wo eine Matrix die Rutschungsmasse stützt und damit das Fließverhalten kontrolliert. Ist das Gefüge matrixgestützt, dann hängt die Fließgeschwindigkeit v an der Oberfläche der Rutschungsmasse von der Mächtigkeit y der Rutschung, der dynamischen Viskosität der Rutschungsmasse μ und vom Neigungswinkel α ab (Allen, 1997):

$$v = \frac{1}{2\mu} \rho_s g y^2 \sin\alpha$$

In dieser Gleichung beschreiben g und ρ_s die Gravitationsbeschleunigung sowie die Dichte der Rutschungsmasse. Mit zunehmender Mächtigkeit nimmt also die Fließgeschwindigkeit einer Schuttrutschung zu. Demgegenüber ist die Beziehung zwischen dynamischer Viskosität und Fließgeschwindigkeit gerade umgekehrt. Ein geringer Wassergehalt erhöht die Viskosität der Gleitmasse, was das Fließen erschwert. Der Tiefgründigkeit und dem Wassergehalt von Schuttrutschungen kommt deshalb eine große Bedeutung zu – vor allem im Hinblick auf ingenieurgeologische Maßnahmen zur Stabilisierung von Rutschungen. Dies erklärt auch, wieso sich Schuttrutschungen im Herbst und Frühling (nass-feuchte Jahreszeiten) schneller bewegen als im Sommer, wenn der Boden relativ trocken ist.

3.2.3 Schutt- und Schlammströme, Hangkriechen und Solifluktion

Eine episodische Mobilisation eines Schlamm-Sand-Geröllgemisches wird als Schuttstrom, Murgang oder Mure (im Englischen auch ‚debris flow') bezeichnet. Besteht das Material nur aus einer feinkörnigen lehmigen Masse und damit nur aus Matrix, so wird der Begriff Schlammstrom (mudflow) verwendet. Einen Strom, welcher aus Kies und Steinen (Abbildung 1-3) sowie Porenwasser besteht, nennen wir Kiesstrom. Ein Schutt-, Schlamm- und Kiesstrom bildet sich dann, wenn der Porenwasserdruck im Lockermaterial hoch genug ist (z.B. nach anhaltenden Niederschlägen) und die Geländeoberfläche eine Neigung von 20–30° übertrifft. Diese Umstände können dazu führen, dass der Untergrund zu gleiten beginnt. Dabei entstehen Vibrations- und Schwingungsbewegungen in der Gleitmasse, die sich auf das Porenwasser übertragen, was die Kohäsion der Gleitmasse zusätzlich verringert. Durch diesen Prozess kann schließlich die rutschende Masse verflüssigt werden, woraus dann ein Strom entsteht.

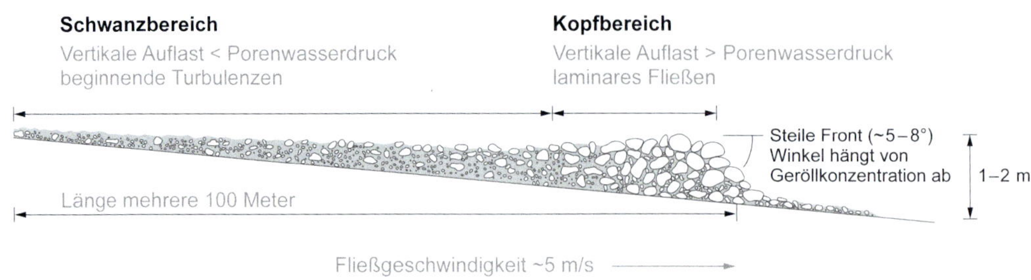

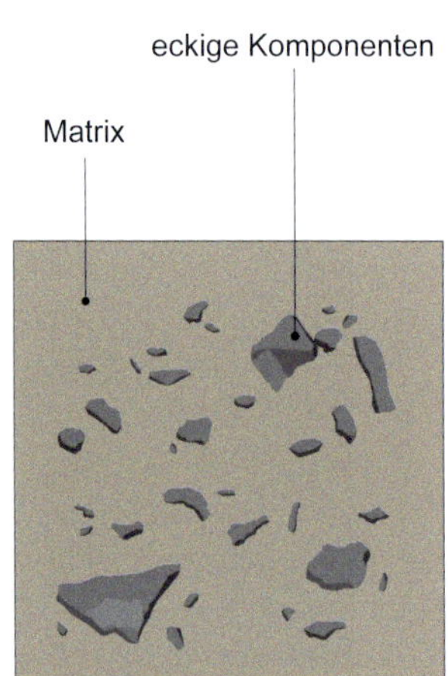

Abbildung 3-7: *Oben: Schematisches Profil eines Schuttstroms/Murganges (gezeichnet nach Costa, 1984 und Pierson, 1986). Unten: Beispiele von Murgangablagerungen.*

Die Architektur von Schuttströmen ist gut bekannt (Abbildung 3-7): Ihre Front, oder auch der Schuttstromkopf, ist steil und mit groben Blöcken gesäumt – je größer die Konzentration an Blöcken im Kopf, umso steiler ist die Front und umso dicker ist der Strom. Im Kopfbereich ist der Vertikaldruck der Gesamtmasse größer als der Porenwasserdruck (McArdell et al., 2007). Das verhindert das Auftreten von Turbulenzen (Kapitel 4.1.2). Im Kopfbereich verhalten sich Schutt- und Schlammströme deshalb wie Bingham-plastische Materiale, d.h. sie beginnen erst dann zu fließen, wenn die angelegten Spannungen und Kräfte einen Schwellenwert überschreiten (Allen, 1997). Dabei ist das Fließverhalten laminar, und die Fließgeschwindigkeit nimmt mit den wirksamen Scherkräften linear zu. Wegen des laminaren Fließens wirken im Schuttstrom starke Auftriebskräfte. Dies führt dazu, dass auch große Gesteinsbrocken transportiert werden können. Im hinteren Teil des Stroms – im Schwanzbereich – ist der Porenwasserdruck größer als die vertikale Last der Masse. Dies führt zu Turbulenzen und zum Verlust von Auftriebskräften (Kapitel 4.2). Größere Blöcke bleiben dann liegen und können zur Verstopfung der Rinne führen.

Schlamm- und insbesondere Schuttströme wirken wie ein Pflug und schieben Blöcke und Matrix zur Seite und gegen die Front hin (Abbildung 3-8). Dadurch entsteht ein Uferwall, welcher den Strom seitlich säumt, sowie Ablagerungsloben oder auch Ablagerungs-

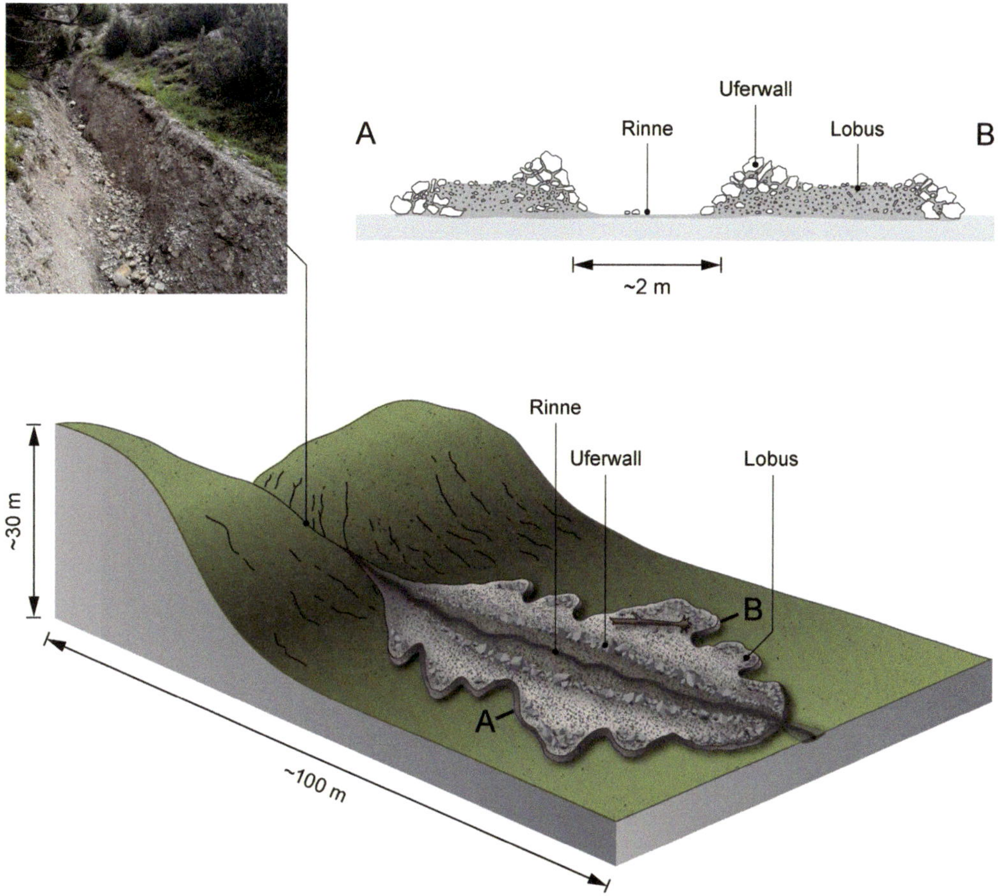

Abbildung 3-8: *Murgangprozesse und ihre Ablagerungen: Murgangrinne im Oberlauf (oben links) sowie Querschnitt durch eine Murgangablagerung (oben rechts) und zungenförmige Geometrie des Ablagerungskörpers (unten).*

lappen am Ende des Stromes. Uferwälle wie auch Ablagerungsloben weisen eine hohe Konzentration von groben Klasten auf, welche in einer sedimentären Matrix eingebettet sind. Damit entsteht eine matrixgestützte Brekzie – ein Gefüge, welches für diesen Prozess diagnostisch ist (Abbildungen 3-7 und 3-8).

Gleitet der Verwitterungsschutt kontinuierlich einen Hang hinunter, dann sprechen wir von Hangkriechen oder auch Solifluktion. Dieser Prozess wird hauptsächlich durch Gravitationskräfte gesteuert. Die Kriechgeschwindigkeit hängt dabei primär vom Hangneigungswinkel sowie der Dicke und damit der Schwere des Verwitterungsschuttes ab. Des Weiteren steuern Wassergehalt im Boden sowie Tauen und Gefrieren des Porenwassers die Kriechgeschwindigkeiten. Im Gelände bilden zungen- oder auch lobenförmige Anhäufungen von Verwitterungsschutt diagnostische Merkmale, um Hangkriechen oder Solifluktion zu erkennen (Abbildung 3-6b).

3.3 Vulkane und ihre Ablagerungen

Die imposanten und leider oft zerstörerischen Ausbrüche von Vulkanen versprühen seit jeher eine große Faszination (Abbildung 3-9). Der wohl berühmteste Vulkanausbruch ist derjenige des Vesuvs im Jahre 79 n. Chr., dessen Auswürfe und Ablagerungen die Stadt Pompeji zusammen mit ihrer Bevölkerung begruben. Heutzutage lassen sich Vulkanausbrüche in einigen Fällen bereits wenige Tage voraussagen, und Tragödien können so verhindert werden. Trotzdem haben solche Eruptionen auch heute noch verheerende Folgen. Sie können zum Beispiel den Flugverkehr über mehrere Monate lahmlegen, wie das beim Ausbruch des Eyjafjallajökulls im Jahre 2010 der Fall war.

3.3.1 Die Entstehung einer Vulkaneruption

Eine klassische Situation, wo Vulkane entstehen, finden wir entlang von Subduktionszonen, wo eine ozeanische Platte unter eine kontinentale Platte geschoben wird (Abbildung 1-1). Bei diesem Prozess, der Subduktion, gelangen auch die Sedimente auf der ozeanischen Platte unter die kontinentale Platte. Dabei handelt es sich um Gesteine mit Ton- und Karbonatmineralen (Kapitel 8), welche Wasser- und Kohlendioxidmoleküle im Kristallgitter enthalten. Diese Minerale werden beim Subduktionsprozess sukzessive höheren Drücken und Temperaturen ausgesetzt. Dabei erfahren sie eine Umwandlung zu neuen Mineralen

Abbildung 3-9:* *a) *Ein explosiver Vulkanausbruch des Sinabungs im Jahre 2019, begleitet von einer dichten Eruptionswolke (Foto © Marc Szeglat).* ***1)*** *Ein Teil der Wolke wird in die Atmosphäre geschleudert. Die Aschepartikel steigen dabei weiter hoch, und die grobklastischen Anteile fallen anschließend wieder zu Boden.* ***2)*** *Ein bedeutender Teil der Eruptionswolke fällt in sich zusammen und fließt mit hoher Geschwindigkeit als pyroklastischer Strom an der Flanke des Vulkankegels herunter.* ***b)*** *Bildung einer Aschewolke, welche hoch in die Atmosphäre steigt, sowie Bildung eines pyroklastischen Stroms an der rechten Vulkanflanke. Dieser Ausbruch stammt ebenfalls vom Sinabung (Foto © Suhairy Tyadhi).*

(Metamorphose), was mit ihrer Entgasung und Entwässerung verbunden ist. Die Wasser- und Kohlendioxidmoleküle (H_2O und CO_2) entweichen dabei als Fluide und begünstigen so die Entstehung einer Gesteinsschmelze oder eines Magmas, weil ein Fluid die Temperatur für die Entstehung einer Gesteinsschmelze senkt. Als Folge davon beginnt ein Teil der Platte zu schmelzen. Das so entstandene Magma hat eine relativ geringe Dichte. Es fließt deshalb als zähflüssige Masse in Spalten und Hohlräume der darüber liegenden kontinentalen Platte und reichert sich dort in einem komplexen System von Magmakammern an (Abbildung 1-1). Ist eine Kammer mit Magma gefüllt und nimmt der Druck darin weiter zu, dann steigt das Magma in Gängen und Förderschloten zur Oberfläche auf und wird schließlich während einer Vulkaneruption zur Erdoberfläche gefördert.

Das Magma hat je nach Herkunft und Entstehung eine unterschiedliche chemische Zusammensetzung, welche schließlich die Art der Vulkaneruption beeinflusst. Wir unterscheiden dabei zwischen einem sauren und basischen Magma als Endglieder. Das saure bzw. felsische Magma hat einen Siliciumdioxid (SiO_2)-Gehalt von mehr als 65%. Es ist zähflüssig und hat eine hohe Konzentration an gelösten Gasen. Ein solches Magma führt deshalb eher zu einem explosiven Vulkanausbruch. Dabei werden Partikel (Pyroklasten) unterschiedlicher Größe in die Luft geschleudert und anschließend als Sedimente wieder abgelagert. Das basische Magma hingegen enthält weniger als 45–50% SiO_2 und wird deshalb auch als mafisches Magma bezeichnet. Dieses ist dünnflüssiger als das saure Magma, verlässt deshalb den Vulkantrichter effusiv als laminar fließende Lava und erstarrt zu einem vulkanischen Gestein. Im Gegensatz zum explosiven Vulkanismus entstehen beim effusiven Vulkanismus deshalb keine Sedimentgesteine.

3.3.2 *Abfolge von vulkanischen Prozessen*

Ein explosiver Vulkanausbruch wird von einer Abfolge verschiedenster Prozesse begleitet, welche in primäre, sekundäre sowie tertiäre Prozesse gegliedert werden. Zu den primären Prozessen zählen wir insbesondere die Eruption mit der Bildung einer Eruptionswolke, welche aus Partikeln (Pyroklasten) unterschiedlicher Größen besteht. Dabei bleiben die gröberen Partikel nur über kurze Distanzen in der Luft und fallen kurz nach der Eruption wieder auf den Grund. Die feinkörnigen Partikel können dagegen bis zu 20–25 km hoch in die Stratosphäre geschleudert werden, wo sie sich über weite Distanzen rund um den Globus verteilen (Abbildung 3-10). Fallen Pyroklasten auf den Grund und bleiben dort liegen, dann entsteht ein Sediment, welches wir als pyroklastische Fallablagerung bezeichnen. Ist die Eruptionswolke dagegen an grobkörnigen Partikeln stark gesättigt, dann fällt sie bereits nach wenigen hundert Metern in sich zusammen, und die Partikel fließen anschließend je nach Korngröße als Staub-, Asche- oder auch als pyroklastischer Strom den Vulkankegel herunter (Abbildung 3-9). Es entstehen pyroklastische Fließablagerungen. Beide Ablagerungskategorien, also sowohl die pyroklastischen Fallablagerungen als auch die pyroklastischen Fließablagerungen, werden zur Gruppe der Pyroklastika oder der pyroklastischen Ablagerungen zusammengefasst und bilden die sedimentären Produkte der ersten Prozesskette.

Die weitere Umlagerung dieser pyroklastischen Sedimente leitet die zweite Prozesskette ein. Dabei können die primär gebildeten Pyroklastika entweder unmittelbar nach ihrer Ablagerung oder auch längere Zeit danach eine Umwandlung und Umlagerung erfahren. Bei diesen sekundären Prozessen handelt es sich um die Verwitterung sowie um den Transport

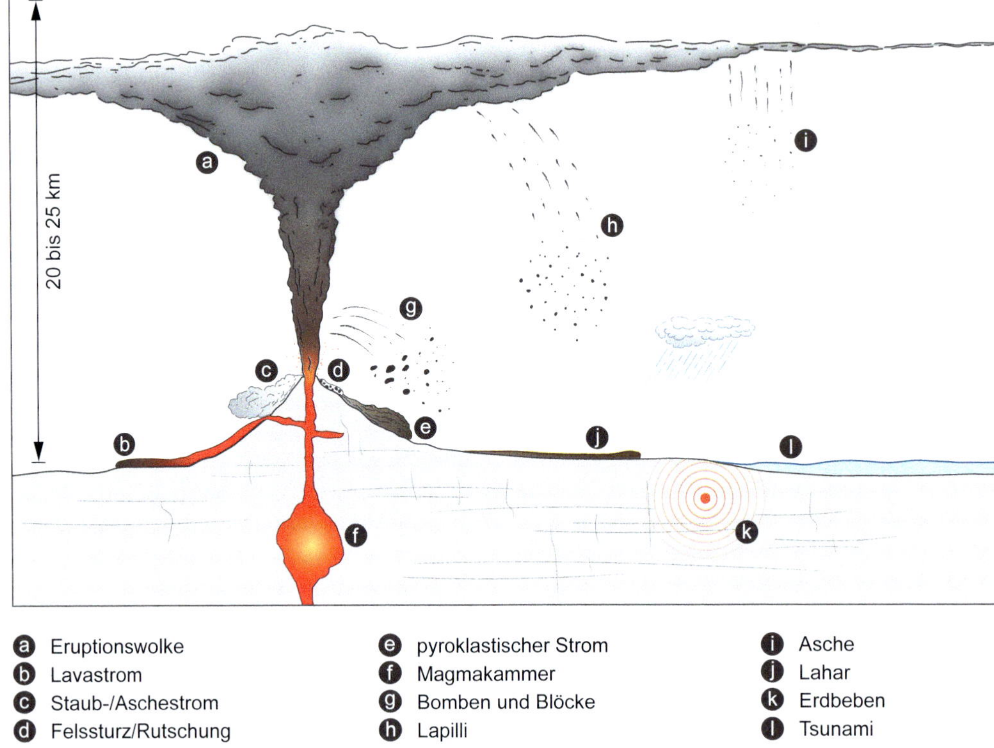

Abbildung 3-10: *Schematische Gliederung und Darstellung der vulkanischen Prozesse und Produkte (nicht maßstabsgetreu).*

und die Ablagerung durch Wind, Wasser und Eis. Des Weiteren sind auch Massenbewegungen wie zum Beispiel Schlamm- und Schuttströme von großer Bedeutung. Die daraus resultierenden sekundären Produkte bezeichnen wir als vulkanoklastische Ablagerungen oder vulkanoklastische Sedimente (Abbildung 3-10). Dabei handelt es sich also um ein Sediment, welches trotz der Umlagerung immer noch einen hohen Anteil an vulkanischen Fragmenten enthält.

Schlussendlich kann ein Vulkanausbruch auch tertiäre oder Folgeprozesse verursachen. Dabei handelt es sich um Folgebeben oder auch Tsunamis, welche durch Erdbeben während einer Eruption verursacht werden (Kapitel 6.2.1). Auf die Folgeprozesse und deren Ablagerungsprodukte gehen wir hier nicht weiter ein.

3.3.3 ***Erste Prozesskette***

Bildung von Pyroklasten und pyroklastischen Ablagerungen

Die Partikel, welche direkt aus einem Vulkan herausgeschleudert werden, bezeichnen wir als Pyroklasten. Diese werden je nach ihrer Korngrösse als Bomben und Blöcke (> 64 mm), Lapilli (64–2 mm), Asche (2–0,063 mm) oder Asche-Staub (< 0,063 mm) klassifiziert. Die

Bomben haben eine runde Form und dokumentieren so, dass der Pyroklast während des Auswurfs noch heiß und plastisch verformbar war. Die Blöcke dagegen sind sehr eckig bis eckig (Abbildung 1-8) und enthalten oft zahlreiche Hohlräume. Diese Struktur lässt darauf schließen, dass der Pyroklast unmittelbar nach dem Auswurf schnell entgast und dabei erstarrt ist.

Wie oben bereits erwähnt, bezeichnen wir die Sedimente, die aus einer Akkumulation von Pyroklasten entstehen, als pyroklastische Ablagerungen oder als Pyroklastika. Dabei handelt es sich um Sedimente, bei denen der Anteil an Pyroklasten und damit an primär gebildetem vulkanischem Material > 75% beträgt. Bleiben die Klasten nach ihrer Ablagerung locker gelagert, dann wird die pyroklastische Ablagerung als Tephra bezeichnet. Wird die Tephra nach ihrer Ablagerung verfestigt, dann entsteht ein vulkanischer Tuff oder ein pyroklastisches Gestein.

Die weitere Nomenklatur der pyroklastischen Gesteine richtet sich nach der granulometrischen Zusammensetzung der Pyroklasten. Besteht das Gestein dabei aus > 75% Bomben, dann handelt es sich um ein Agglomerat. Sind dagegen Blöcke die wichtigsten Pyroklasten und beträgt ihr Anteil ebenfalls > 75%, dann nennen wir die Ablagerung eine vulkanische Brekzie. Ist der Anteil der Blöcke und Bomben < 75%, dann unterscheiden wir je nach Korngrößenzusammensetzung zwischen Tuff-Brekzien (Anteil an Bomben und Blöcken 25–75%), Lapilli-Tuffen (Anteil an Bomben und Blöcken < 25%, Lapilli und Asche/Asche-Staub > 75%) oder Asche-Tuffen (Anteil an vulkanischer Asche/Asche-Staub > 75%).

Pyroklastische Fallablagerungen

Pyroklastische Fallablagerungen entstehen, wenn Pyroklasten auf den Grund fallen und dort liegen bleiben. Dabei nimmt die Korngröße der Fallablagerungen mit zunehmender Distanz zum Vulkanschlot kontinuierlich ab, denn je nach Größe und Dichte werden die Pyroklasten unterschiedlich weit aus dem Vulkankegel herausgeschleudert (Abbildung 3-10). So setzen sich Bomben und Blöcke und insbesondere die grobklastischen Komponenten in unmittelbarer Nähe des Vulkankegels aus der Eruptionsmasse ab. Die feinkörnigeren Lapilli dagegen können mehrere Kilometer vom Förderschlot entfernt abgelagert werden. Asche- und Asche-Staubpartikel können sogar über den ganzen Globus verteilt werden.

Die Struktur der pyroklastischen Fallablagerungen ist meistens massig, was darauf hinweist, dass die Akkumulation der Pyroklasten relativ schnell erfolgt ist. Dabei sind Tuff-Brekzien häufig sehr schlecht bis schlecht sortiert (Abbildung 1-9), und Blöcke sowie Bomben sind in einer feinkörnigen Matrix aus Lapilli und Asche eingebettet und bilden so ein matrixgestütztes Gefüge (Abbildung 1-7). Handelt es sich bei den Fallablagerungen um große Mengen an Lapilli- und Aschepartikeln, dann sind diese ebenfalls massig strukturiert. Allerdings bilden Lapilli und Asche zum Teil auch millimeterdünne parallellaminierte Lagen (Abbildung 3-11).

Pyroklastische Fließablagerungen

Pyroklasten können ebenfalls in einem Gemisch aus Partikeln, Magma und Gas den Vulkankegel hinunter fließen. Solche Ströme entstehen, wenn die Eruptionswolke unter ihrem Eigengewicht in sich zusammenfällt und die Partikel zusammen mit dem Gas-Asche-Staubgemisch auf einem sehr heißen Gaskissen mit hoher Geschwindigkeit den Vulkankegel hin-

unterströmen. (Abbildung 3-9). Je nach Korngrößenzusammensetzung entsteht entweder ein Staub- oder Aschestrom, wenn der Anteil an Asche- und Asche-Staubpartikeln sehr groß ist, oder es bildet sich ein pyroklastischer Strom, wenn Bomben, Blöcke und Lapilli das Gas-Magma-Sedimentgemisch mengenmäßig dominieren. Ist der Gasanteil dagegen sehr hoch, dann werden die pyroklastischen Ströme auch als ‚surges' oder als Glutlawinen bezeichnet. Die hohen Temperaturen innerhalb einer Glutlawine können zum Verschweißen einzelner Pyroklasten führen – es entstehen sogenannte Ignimbrite.

Allen Strömen ist gemeinsam, dass sie sehr hohe Fließgeschwindigkeiten von bis zu 700 km/h erreichen können (USGS) und dass das Gemisch aus Gas, Magma und vul-

***Abbildung 3-11:** Beispiele von pyroklastischen Ablagerungen. **a)** Sequenz vom Laacher See (Deutschland). **1)** Tuff-Brekzie, mit horizontalen Lagen. Diese implizieren eine Strömung. Damit ist die Tuff-Brekzie vermutlich durch einen pyroklastischen Strom abgelagert worden. **2)** Feinlaminierte Asche-Tuffe, welche eine Bombe (Bildmitte) zudecken. Dabei handelt es sich vermutlich um pyroklastische Fallablagerungen. **3)** Lapilli-Tuffe mit Schrägschichtungen, die auf eine Strömung zurückzuführen sind. Es könnte sich hier wieder um eine Ablagerung eines pyroklastischen Stroms handeln. **b)** Abfolge von Pyroklastika am Fuß des Pululahua Vulkans (Ecuador). Sequenz **1)** zeigt eine Tuff-Brekzie mit einem massigen Gefüge. Dabei handelt es sich vermutlich um eine Fallablagerung oder um die Ablagerung eines pyroklastischen Stroms. Die Bildung von Sequenz **2)** (Lapilli-Tuff) war mit einer Strömung verbunden. Deshalb handelt es sich vermutlich um Ablagerungen eines pyroklastischen Stroms. Bei der Sequenz **3)** handelt es sich wiederum um eine Tuff- Brekzie. **c)** Abfolge von Pyroklastika aus Teneriffa (Kanarische Inseln). Bei **1)** handelt es sich um Lapilli-Tuffe. Wegen der sichtbaren Lamination kann auf eine Strömung geschlossen werden. Damit dürfte es sich um Ablagerungen eines pyroklastischen Stroms handeln. Dagegen handelt es sich bei **2)** und **3)** um Fallablagerungen oder allenfalls auch um Ablagerungen eines pyroklastischen Stroms (wegen des massigen Gefüges). Fotos © G. Douillet (a und b) sowie M. Nyfeler (c).*

kanischen Partikeln eine relativ hohe Dichte hat. Solche Ströme haben deshalb eine sehr hohe kinetische Energie und entfalten eine große zerstörerische Wirkung. Wegen der relativ hohen Dichte wirken in solchen Strömen auch bedeutende Auftriebskräfte, was zur Folge hat, dass auch große Pyroklasten über weite Strecken transportiert werden. Diese Ströme weisen damit Fließeigenschaften auf, wie sie bei Schuttströmen beobachtet werden (Kapitel 3.2.3). Die Ablagerungen eines Staub-/Aschestroms oder eines pyroklastischen Stroms sind deshalb massig strukturiert, mäßig bis schlecht sortiert (Abbildung 1-9) und haben ein matrixgestütztes Gefüge (Abbildungen 1-7 und 3-11). Hat allerdings das Gas-Magma-Sedimentgemisch eine geringe Dichte, dann können die pyroklastischen Partikel beim Transport saltieren (Kapitel 4.2.4 und 4.3.3). Dabei entstehen Schichtformen (Douillet et al., 2013) mit schräg- und horizontalgeschichteten Laminen (Abbildung 3-11). Solche Strukturen und insbesondere die Laminen bieten damit diagnostische Informationen, um daraus einen Fließprozess abzuleiten und um eine pyroklastische Ablagerung als Produkt eines pyroklastischen Stroms zu interpretieren.

3.3.4 *Zweite Prozesskette*

Bildung von vulkanoklastischen Sedimenten

Werden Pyroklastika nach ihrer Ablagerung weiter umgelagert, dann nimmt der Anteil pyroklastischer Partikel im Sediment zwar häufig ab, aber die vulkanische Herkunft des Materials ist dabei immer noch deutlich erkennbar. Es entsteht ein Ablagerungsgestein, welches wir als vulkanoklastisches Sediment oder vulkanoklastische Ablagerung bezeichnen. Als wichtigste Umlagerungsmechanismen kommen Massenbewegungen (Kapitel 3.2) sowie Transport durch Wind (Kapitel 5.7) und Wasser (Kapitel 4.2, 4.3 und 4.4) auf dem Festland (Kapitel 5) sowie im Meer vor (Kapitel 6 und 7). Wir erwähnen in der Folge lediglich zwei von vielen möglichen Prozessen und Mechanismen, welche zur weiteren Umlagerung der pyroklastischen Ablagerungen führen. So kann, als erstes Beispiel, die Erschütterung eines

Erdbebens mehrere Rutschungen, Felsstürze und andere Massenbewegungen an den Vulkanflanken auslösen. Die primär gebildeten Pyroklastika werden dabei umgelagert. Winde können, als weiteres Beispiel, bereits abgelagerte, aber noch nicht verfestigte Lapilli- und Aschepartikel über weite Distanzen verfrachten und anschließend wieder ablagern (Cas and Wright, 1987). Solche sekundär abgelagerte Lapilli- und Aschelagen zeichnen sich dadurch aus, dass die Körner häufig eine bessere Sortierung aufweisen als die primär gebildeten Fallablagerungen.

Eine weitere wichtige Prozessgruppe stellen schließlich Lahare dar, also Schlamm- und Schuttströme (Kapitel 3.2.3) mit vorwiegend vulkanischen Komponenten. Ein Lahar entsteht zum Beispiel bei starkem Regen oder beim Ausbruch eines Kratersees. Beide Situationen führen zu einem erhöhten Abfluss und damit zur Erosion entlang der Vulkanflanke, was dann die Bildung eines Lahars ermöglicht. Daraus bildet sich je nach Korngrößenzusammensetzung eine matrix- oder komponentengestützte Brekzie mit Partikeln, welche die vulkanische Herkunft noch deutlich erkennen lassen.

Bildung eines hyaloklastischen Gefüges

Eine bedeutende Veränderung eines vulkanischen Ablagerungsgefüges entsteht beim Kontakt mit Wasser. Sind dabei die pyroklastischen Partikel und die Lava noch heiß, dann führt eine rasche, schockartige Abkühlung mit Wasser (z.B. bei Vulkanergüssen im Meer) zur Fragmentierung und Verglasung der Partikel- und Lavaoberfläche und damit zur Bildung eines hyaloklastischen Gefüges. Ein solcher fragmentierter und verglaster Gesteinsrand ist insbesondere bei Kissenlavas oder ‚pillow lavas' sehr ausgeprägt.

3.3.5 Datierung von Schichten und Massensterben wegen Vulkanausbrüchen

Vulkanische Ablagerungen erreichen oft Volumina von mehreren 100 km^3. Es erstaunt deshalb nicht, dass ein einzelner Ausbruch sein Material in einem Umkreis von mindestens 20 bis 40 Kilometern, also großräumig, verteilen kann. Zusätzlich werden die feinkörnigen Asche- und Asche-Staubpartikel während einer einzigen Eruption oft kilometerhoch in die Stratosphäre geschleudert, wo sie dann durch Winde über den ganzen Erdball verteilt werden. Wegen der großen räumlichen Verbreitung der vulkanischen Partikel bietet sich die Gelegenheit, die pyroklastischen Ablagerungen miteinander zu korrelieren. Eine solche Korrelation bedingt aber, dass die Ablagerungen jeder vulkanischen Eruption eine charakteristische und einzigartige chemische Zusammensetzung aufweisen. Des Weiteren enthalten diese Pyroklastika einen hohen Anteil an Zirkon- und Glimmermineralen, deren Kristallisationsalter mit Hilfe radiometrischer Datierungsmethoden bestimmt werden kann. Damit erhalten die pyroklastischen Sedimente einen Leitcharakter, wenn sie in Schichtsequenzen (Kapitel 1.6 und 11.1.4) eingebettet sind.

Eine ebenfalls wichtige Bedeutung wird den sogenannten «Large Igneous Provinces» (kurz LIPs) zugeordnet. Dabei handelt es sich um vulkanische Ergüsse mit einem Volumen von über 100 000 km^3. Die Ablagerungen solcher Eruptionen können dabei eine Fläche von über 100 000 km^2 zudecken (Bryan and Ernst, 2008). Bei diesen großen Ereignissen handelt es sich oft um effusive Ergüsse von Lava. Solche LIP-Ausbrüche waren häufig auch die Ursache für die großen Massensterben im Verlauf der Erdgeschichte (Ernst und Youbi, 2017). Die kausalen Zusammenhänge sind noch nicht im Detail geklärt. Man vermutet allerdings, dass nach solchen Ausbrüchen die Konzentrationen der vulkanischen Asche und der Gase in der Atmosphäre sehr hoch waren. Dies führte zur Reduktion der Sonneneinstrahlung und zur Bildung von saurem Regen. Als Folge davon verschlechterten sich die Lebensbedingungen, und das Nahrungsangebot nahm ab, was ein solches Massensterben erklären könnte.

4 Sedimenttransport durch Wasser

Der Transport von Sedimentkörnern aus dem Gebirge ins angrenzende Flachland erfolgt vorwiegend durch Wasser. Deshalb hat der weitaus größte Teil aller Sedimentkörner einen Wassertransport hinter sich. Damit kommt diesem Medium für das Verständnis der sedimentären Prozesse eine bedeutende Rolle zu. Wasser transportiert den Erosionsschutt entweder als mechanische Fracht (Boden- und Suspensionsfracht) oder in gelöster Form (Lösungsfracht). Beim Transport und insbesondere bei der Ablagerung der mechanischen Fracht entstehen im Sediment diagnostische sedimentäre Strukturen. Diese hängen primär von den hydraulischen Bedingungen ab. Eine Interpretation der sedimentären Strukturen hinsichtlich der Transportprozesse bedarf deshalb einiger grundlegender Kenntnisse über die mechanischen Eigenschaften und das Fließverhalten von Wasser (Kapitel 4.1) sowie über die Wechselwirkung zwischen fließendem Wasser und Sediment (Kapitel 4.2) und die daraus resultierenden Schichtformen und Sedimentstrukturen (Kapitel 4.3 und 4.4).

4.1 Fließen von Wasser

4.1.1 Fließgeschwindigkeit

Die Fließgeschwindigkeit von Wasser stellt wohl die wichtigste Einflussgröße insbesondere für den Sedimenttransport dar. Diese hängt primär von der Neigung des Untergrundes ab, denn ist das Gefälle gleich null, dann bewegt sich das Wasser nicht. Ist der Untergrund dagegen geneigt, fließt das Wasser in Richtung der Neigung. Die Fließgeschwindigkeit nimmt dabei mit steilerem Gefälle zu. Die zweitwichtigste Einflussgröße ist die Wassertiefe. Je tiefer das Wasser, umso schneller fließt es an seiner Oberfläche (Abbildung 4-1). Dagegen bremsen die Sedimentpartikel am Grund das fließende Wasser. Die Bremswirkung nimmt dabei mit gröberen und schlechter sortierten Sedimentpartikeln zu. Für geröllführende Flüsse wird die Reibung des Untergrundes durch die Manning-Zahl n – eine Art Rauheitsbeiwert und deshalb ein Maß für den Reibungskoeffizienten – beschrieben (s. Kapitel 4.2.1).

Kapitelbild 4: *Kanu-Flussfahrt (Stefan Werthmüller, 2021).*

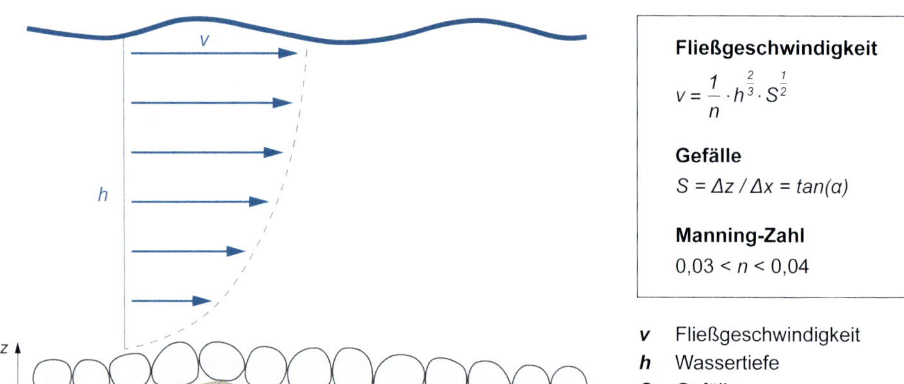

Abbildung 4-1: *Fließgeschwindigkeit des Wassers als Funktion der Wassertiefe (h), des Gefälles (S) und der Manning-Zahl (n).* ***x:*** *Referenzrichtung;* ***z:*** *Referenzhöhe;* ***α:*** *Neigungswinkel. Mit der Gleichung in dieser Abbildung wird die durchschnittliche Fließgeschwindigkeit in einem Fluss berechnet (Chanson, 2004).*

4.1.2 Laminares und turbulentes Fließen

Wasser fließt entweder laminar (Strömungslinien sind parallel, Abbildung 4-2a) oder turbulent (Strömungslinien teilen sich auf, Abbildung 4-2b). Laboruntersuchungen zeigen, dass das Fließverhalten einer Flüssigkeit (zum Beispiel Wasser, Öl und andere) von fünf unabhängigen Variablen abhängt (Allen, 1997). Dies sind die Kornform (z.B. kugelig oder stängelig), die Korngröße D, die Fließgeschwindigkeit v, die Dichte ρ und die dynamische Viskosität μ des fließenden Mediums. Ein grobes Korn, eine hohe Fließgeschwindigkeit und eine hohe Dichte des fließenden Mediums begünstigen die Bildung von Turbulenzen. Eine größere dynamische Viskosität dagegen verhindert das Auftreten von Turbulenzen – was zum Beispiel bei zähflüssigen Transportmedien wie Schlamm der Fall sein kann. Diese Beziehungen führen schließlich zur Definition der dimensionslosen Reynolds-Zahl Re:

$$Re = \frac{D\rho v}{\mu} .$$

Bei der Anwendung dieser Gleichung geht man davon aus, dass die Form des Korns (zum Beispiel kugelig oder stängelig) sich nicht verändert. Deshalb kommen nur vier Variablen in dieser Gleichung vor. Die Reynolds-Zahl, oder auch hydraulische Zahl oder Re-Zahl, kann folglich als Verhältnis zwischen Variablen verstanden werden, die entweder die Bildung von Turbulenzen fördern (Zähler) oder verhindern (Nenner). Experimente haben ergeben, dass eine Flüssigkeit dauerlaminar fließt, wenn die Re-Zahl kleiner als eins ist. Erste kleine Turbulenzen treten dann bei einer Re-Zahl von ungefähr eins auf. Nimmt die Re-Zahl weiter zu, dann werden die Turbulenzen immer häufiger und stärker. Ist die Re-Zahl größer als 3500, dann ist die Strömung vollständig turbulent. Beim Beispiel in Abbildung 4-2a ist

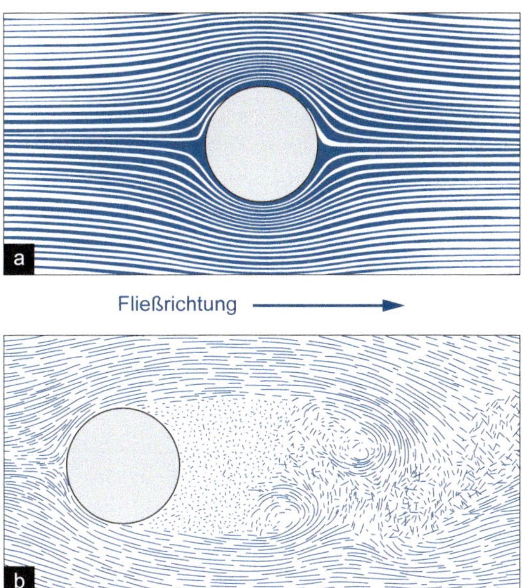

Abbildung 4-2: *Strömungslinien um ein Sedimentkorn bei* ***a)*** *laminarem und* ***b)*** *turbulentem Fließen. Modifiziert nach Allen (1997).*

die *Re*-Zahl kleiner als eins, weil beim Umfließen des Sedimentkorns die Strömungslinien parallel bleiben und keine Turbulenzen auftreten. In Abbildung 4-2b ist die Strömung auf der strömungszugewandten Seite (Luvseite) des Korns laminar und auf der strömungsabgewandten Seite (Leeseite) turbulent. Bei diesem Beispiel treten also sowohl laminare als auch turbulente Bereiche auf, und deshalb erwarten wir eine *Re*-Zahl zwischen eins und 3500. Wäre die Strömung sowohl auf der Luv- als auch auf der Leeseite vollständig turbulent, dann wäre die *Re*-Zahl größer als 3500.

Experimente haben ebenfalls gezeigt, dass der Übergang vom laminaren zum turbulenten Fließen von der Form des Hindernisses abhängt. Ist der Gegenstand ein Zylinder oder ein stängeliges Korn, dann treten erste Turbulenzen bei einer kleineren *Re*-Zahl auf, als wenn das Hindernis zum Beispiel ein kugeliges Sedimentkorn ist. In der Praxis ist es allerdings nicht möglich, solche Unterschiede zu berücksichtigen. Es hat sich deshalb als zweckmäßig erwiesen, eine Strömung dann als vorwiegend laminar zu bezeichnen, wenn die *Re*-Zahl kleiner als 2000 ist. Übersteigt diese hydraulische Zahl dagegen den Wert von 3500, dann wird die Strömung als turbulent betrachtet (nach N. Connor, 2020, in thermal-engineering.org). Überträgt man diese Erkenntnisse auf natürliche Gewässer, dann zeigt sich, dass in den meisten Fällen mit turbulentem Fließen zu rechnen ist.

Die *Re*-Zahl wird insbesondere bei hydraulischen Versuchen verwendet, in denen der Sedimenttransport im Labor simuliert wird. Bei diesen Experimenten werden die Bedingungen in natürlichen Fließgewässern auf die wenigen Meter herunterskaliert, die im Labor überhaupt möglich sind. Die Reynolds-Zahl dient bei dieser Skalierung als Kontrollgröße, da sie in der Versuchsanordnung im Labor und in natürlichen Fließgewässern identisch sein sollte.

4.1.3 Unteres und Oberes Fließregime

Turbulentes Fließen kann zwei Zustände annehmen, welche entweder subkritisch oder superkritisch sind. Man bezeichnet diese Fließzustände auch als unteres (subkritisch) und oberes Fließregime (superkritisch). Der Unterschied zwischen unterem *uFr* und oberem Fließregime *oFr* kann anhand eines hydraulischen Experimentes verstanden werden, welches in Abbildung 4-3 dargestellt ist. Bei diesem Experiment trifft ein Wasserstrahl auf ein Spülbecken, wo sich das Wasser nach dem Auftreffen auf den Beckenboden zuerst als dünner Film (Wassertiefe h_1) mit hoher Geschwindigkeit v_1 seitlich in alle Richtungen ausbreitet. In diesem Abschnitt befindet sich das Wasser im oberen Fließregime und schießt über die Oberfläche hinweg. Nach einer bestimmten Distanz nimmt die Wassertiefe sprunghaft zu (neue Wassertiefe h_2), und die Fließgeschwindigkeit nimmt proportional zur Zunahme der Wassertiefe schlagartig ab (neue Fließgeschwindigkeit v_2). Dieser abrupte Übergang wird als hydraulischer Sprung bezeichnet (Abbildung 4-3). Das Wasser wechselt dort seinen hydraulischen Zustand vom oberen ins untere Fließregime und strömt anschließend im unteren Fließregime weiter. Beim hydraulischen Sprung wird häufig beobachtet, dass das Wasser gegen die Fließrichtung rotiert (Abbildung 4-3) und sich zum Teil auch überschlägt. Das sich im oberen Fließregime befindende Wasser schießt offenbar mit voller Wucht in eine trägere sowie tiefere Wassersäule, die sich im unteren Fließregime befindet und damit wie eine Art Wand wirkt. Das hineinströmende Wasser wird dabei plötzlich abgebremst, und die Oberflächenwellen überschlagen sich. Dabei können sich Schaumkronen bilden, die für den hydraulischen Sprung charakteristisch sind. Der hydraulische Sprung trennt somit die Bereiche mit subkritischem (unteres Fließregime) und superkritischem Fließverhalten (oberes Fließregime) voneinander ab. Die Abflussmenge pro Zeiteinheit bleibt dabei konstant, da mit abnehmender Fließgeschwindigkeit die Wassertiefe zunimmt (Massenerhaltungsgesetz).

Das Fließregime lässt sich mit der Froude-Zahl *Fr* charakterisieren. Diese dimensionslose Variable beschreibt das Verhältnis zwischen der Fließgeschwindigkeit v des Wassers und der Phasengeschwindigkeit c der Oberflächenwelle. Dabei handelt es sich um eine Eigenbewegung der Wasseroberfläche. Diese Bewegung wird ausgelöst, wenn die Wasseroberfläche uneben ist und damit das Gravitationspotential ungleich verteilt ist. Die Phasengeschwindigkeit c hängt dabei von der Wassertiefe h und der Gravitationsbeschleunigung g ab:

$$c = \sqrt{gh}$$

Die Froude-Zahl berechnet sich dann wie folgt:

$$Fr = \frac{v}{c} = \frac{v}{\sqrt{gh}}$$

Im oberen Fließregime ist $Fr \geq 1$; im unteren Fließregime dagegen ist die Froude-Zahl geringer als eins, d.h. $Fr < 1$. Experimente haben allerdings gezeigt, dass in der Praxis der Wechsel vom unteren ins obere Fließregime bereits bei einer Froude-Zahl zwischen 0,8 und 0,9 erfolgt (Koster, 1978). Bitte beachten Sie, dass wir uns in diesem Kontext auf die Theorie von Flachwasserwellen beziehen. Für den Fall einer Tiefwasserwelle werden andere Ansätze und Gleichungen verwendet (s. Kapitel 4.4.1).

Ob der Abfluss im unteren oder oberen Fließregime erfolgt, kann folglich berechnet werden, wenn Wassertiefe und Fließgeschwindigkeit bekannt sind (s. Abschnitt oben). Es

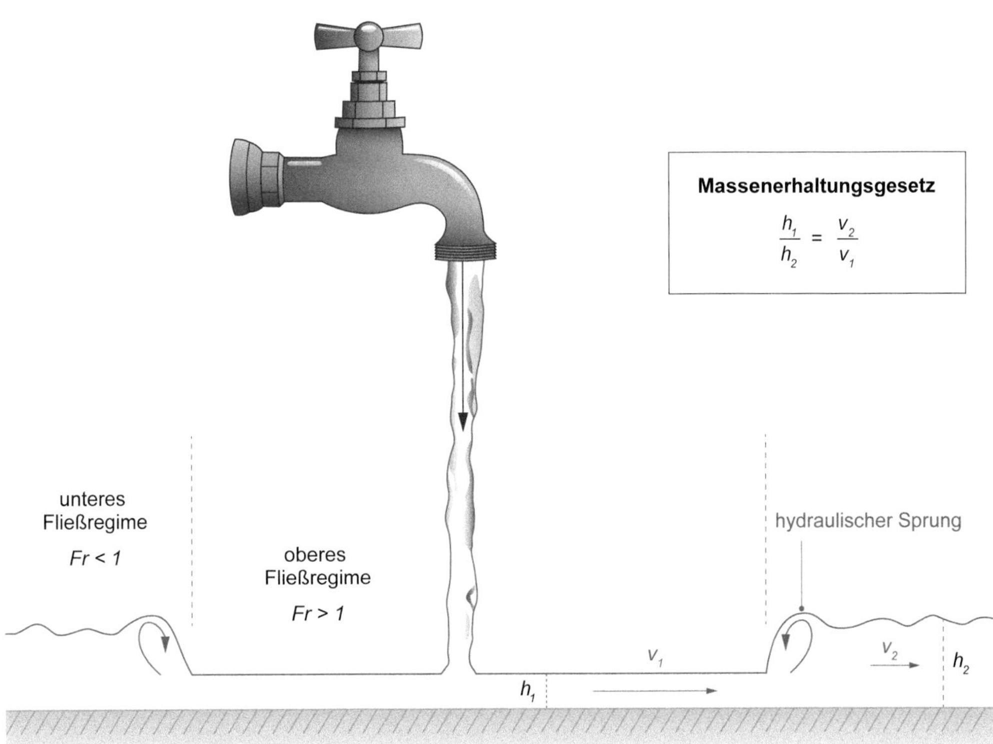

hS hydraulischer Sprung
oFr oberes Fließregime
uFr unteres Fließregime

Abbildung 4-3: *Hydraulisches Experiment mit Wasserhahn und Spülbecken sowie Bildung eines hydraulischen Sprungs. Beim Übergang vom superkritischen zum subkritischen Fließverhalten (hydraulischer Sprung) verringert sich die Geschwindigkeit schlagartig. Da die Abflussmenge pro Zeiteinheit konstant ist, muss die Wassertiefe dabei zunehmen. Modifiziert nach Allen (1997).*

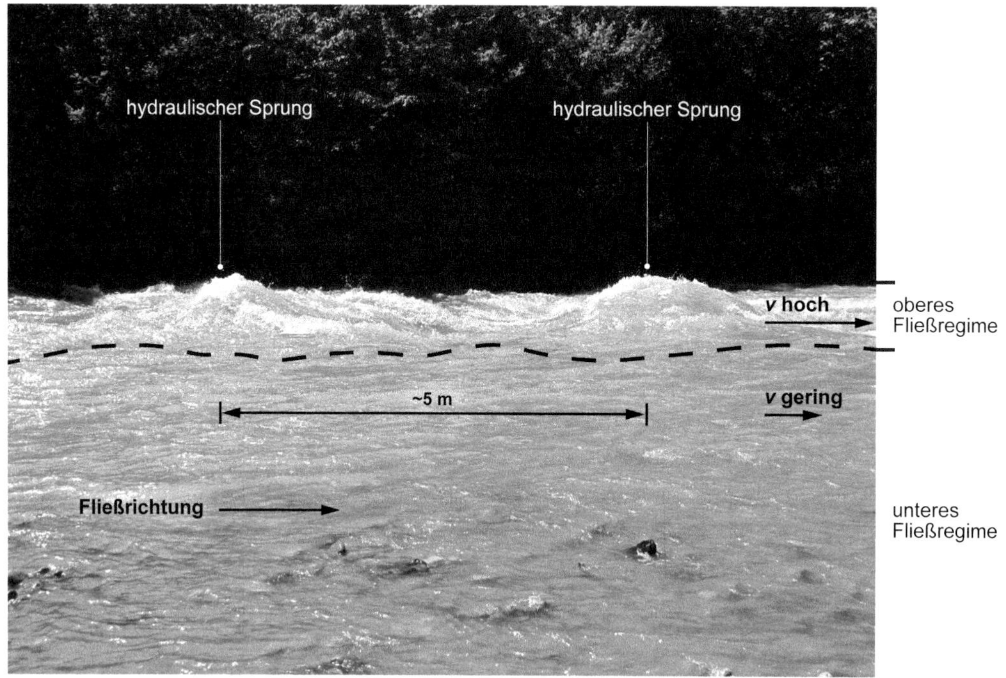

Abbildung 4-4: *Hydraulisches Fließregime in einem alpinen Fluss. Im Vordergrund wirkt die Wasseroberfläche relativ glatt ohne Hinweise auf Schaumkronen, und Oberflächenwellen bewegen sich in alle Richtungen und sogar senkrecht zur Fließrichtung (unten rechts). Hier fließt das Wasser im unteren Fließregime. In der Bildmitte dagegen bilden sich deutlich sichtbare Wellen mit einer Wellenlänge von bis zu 5 Metern. Diese Wellen sind durchsetzt mit zahlreichen Schaumkronen. Dabei handelt es sich um hydraulische Sprünge. Hier fließt das Wasser vorwiegend im oberen Fließregime. Foto © Schlunegger et al. (2020).*

ist aber auch möglich, den hydraulischen Zustand des Wassers anhand seiner Oberflächenmorphologie zu bestimmen. Um dies zu zeigen, verwenden wir das Beispiel auf dem Foto in Abbildung 4-4. Darauf ist ein Abschnitt eines Alpenflusses (die Kander in der Schweiz) zu sehen, in dem die Fließgeschwindigkeit sehr hoch ist (Bildmitte, *v* hoch). Dort bilden sich deutlich sichtbare Wellen, und Schaumkronen deuten darauf hin, dass sich diese Wellen gegen die Fließrichtung überschlagen. Dabei handelt es sich um hydraulische Sprünge, was ein Hinweis dafür ist, dass mehrere abrupte Wechsel vom oberen ins untere Fließregime stattfinden. Diese sind jeweils mit einem sprunghaften Anstieg der Wassertiefe und einer schlagartigen Reduktion der Fließgeschwindigkeit verbunden (s. auch Abbildung 4-3). Dieses Beispiel zeigt, dass ein oberes Fließregime nur über kurze Distanzen stabil ist. Das Wasser versucht immer wieder, den Zustand des unteren Fließregimes zu erreichen, bevor es dann wieder ins obere Fließregime wechselt. Deshalb entstehen entlang eines Flussabschnittes auch mehrere hydraulische Sprünge (Abbildung 4-4).

Ganz anders verhält es sich, wenn das Wasser im unteren Fließregime fließt. Dieser Zustand ist hydraulisch stabiler, so dass er über längere Strecken beobachtet werden kann.

Das Beispiel in Abbildung 4-4 zeigt, dass in der unteren Bildhälfte das Wasser viel langsamer als in der Bildmitte fließt (Bereich mit *v* gering). Die Wasseroberfläche wirkt über den ganzen Bildausschnitt glatt, und hydraulische Sprünge fehlen weitgehend. Das Wasser befindet sich dort im unteren Fließregime. In diesem Zustand bewegen sich Oberflächenwellen sogar flussaufwärts und damit gegen die Fließrichtung oder allenfalls auch senkrecht zur Fließrichtung wie auf Abbildung 4-4. Man muss aber schon genau hinschauen, damit man dies in der Natur sieht. Abbildung 4-4 illustriert zudem, dass oberes und unteres Fließregime nebeneinander vorkommen können. In der Flussmitte scheint die Fließgeschwindigkeit hoch genug zu sein, so dass ein oberes Fließregime möglich ist. In der unteren Bildhälfte dagegen ist die Fließgeschwindigkeit für ein oberes Fließregime zu gering, und das Wasser befindet sich weitgehend im unteren Fließregime.

Während der Wechsel vom oberen ins untere Fließregime meistens abrupt erfolgt und mit hydraulischen Sprüngen verbunden ist (Abbildung 4-3), erfolgt der Übergang vom unteren ins obere Fließregime in der Regel gleitend und kontinuierlich. Abbildung 4-5 illustriert eine solche Situation am Beispiel der Sense (Schweiz). Oberhalb der kleinen Flussrampe fließt das Wasser sehr langsam. Es befindet sich im unteren Fließregime. Über der Rampe nimmt die Fließgeschwindigkeit kontinuierlich zu, und die Wassertiefe nimmt ab. Damit ist ein gradueller Übergang ins obere Fließregime verbunden. Am Fuß der Rampe wird das Wasser abgebremst, und die Wassertiefe nimmt schlagartig zu. Dort befindet sich ein hydraulischer Sprung, welcher andeutet, dass das Wasser seinen hydraulischen Zustand vom oberen ins untere Fließregime wechselt.

4.2 Gerichtete Strömung und Sedimenttransport

4.2.1 Der Widerstand des Untergrundes und das Stokes-Gesetz

Die dimensionslose Manning-Zahl *n* (Abbildung 4-1) quantifiziert die Rauheit des Untergrundes und damit die Reibung der Sohle auf das fließende Wasser. Im Flachland liegt die Größe dieser Zahl zwischen 0,03 und 0,04 (z.B. in mäandrierenden Flüssen, Kapitel 5.5.2); in verwilderten Flüssen mit groben Geröllagen (Kapitel 5.5.1) werden dagegen Werte zwischen 0,05 und 0,07 erreicht. Die Manning-Zahl wird insbesondere bei der Berechnung des Geschiebetransportes in Flüssen verwendet. In Laborexperimenten werden ebenfalls Reibungseffekte zwischen dem Wasser und der Sedimentlage am Grund beobachtet (Abbildung 4-6). Diese Wechselwirkung wird als dimensionsloser Reibungskoeffizient C_D erfasst und ist um etwa eine Magnitude (10er Potenz) größer als die Manning-Zahl, da im Labor das Fließverhalten (laminar, turbulent) sowie die Fließregime (*uFr, oFr*) unter idealisierten Bedingungen analysiert werden. Komplizierte Muster von Turbulenzen, wie sie unter natürlichen Bedingungen beobachtet werden, treten deshalb im Labor weniger häufig auf. In Laborexperimenten werden deshalb direktere Wechselwirkungsmechanismen zwischen Sedimentpartikeln und Flüssigkeit beobachtet, und vermutlich deshalb ist der im Labor gemessene Reibungskoeffizient C_D in der Regel größer als die Manning-Zahl *n*, die für natürliche Abflüsse verwendet wird.

Laboruntersuchungen zeigen, dass der Reibungskoeffizient bei laminarem Fließen am größten ist. Des Weiteren nimmt der Reibungskoeffizient und damit der Reibungseffekt – bei immer noch laminarem Fließen – mit zunehmender Reynolds-Zahl *Re* ab. Beim Wechsel

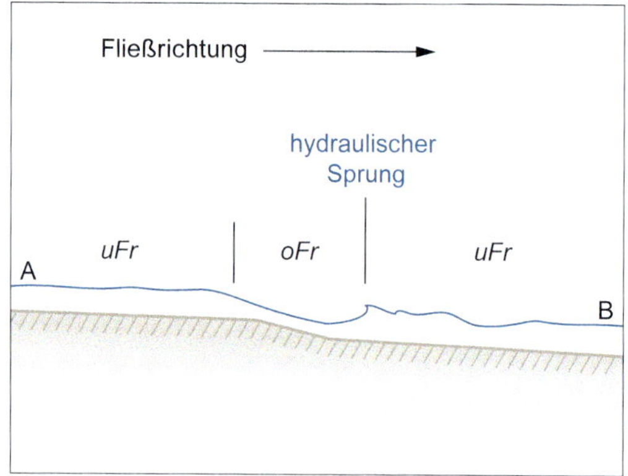

Abbildung 4-5: *Wechsel vom unteren ins obere Fließregime und Bildung eines hydraulischen Sprungs mit kleinen Schaumkronen. Ein lokal steileres Gefälle bewirkt, dass die Fließgeschwindigkeit kontinuierlich zu- und die Wassertiefe abnimmt. Das Fließverhalten wechselt dabei graduell vom unteren ins obere Fließregime. Am Fuß der Versteilung nimmt die Fließgeschwindigkeit ab, und das Wasser wechselt ins untere Fließregime. Dieser Wechsel ist mit der Bildung eines hydraulischen Sprungs verbunden. oFr: oberes Fließregime; uFr: unteres Fließregime. (Foto: Sense in der Westschweiz).*

von laminarem zu turbulentem Fließen pendelt sich der Reibungskoeffizient C_D auf einen konstanten Wert zwischen 0,5 und 1 ein. Übersteigt die *Re*-Zahl einen Wert zwischen 10^5 und 10^6, dann sinkt der Reibungskoeffizient auf einen Wert von ca. 0,1 für ein kugeliges Korn und auf 0,3 für ein stängeliges oder zylindrisches Korn. Der Grund dafür ist nicht abschließend geklärt. Es ist aber durchaus möglich, dass es sich dabei um den Wechsel vom unteren ins obere Fließregime handelt, denn im oberen Fließregime schießt das Wasser mit einer hohen Geschwindigkeit und einer fast glatten Oberfläche über einen flachen Grund oder eine Ebene (s. Rampe in Abbildung 4-5, wo das Wasser im *oFr* fließt). Dabei könnte eine geringere Haftreibung zwischen dem Grund und dem schießenden Wasser wirken als im Zustand des unteren Fließregimes, was die Reduktion des Reibungskoeffizienten erklären könnte. Bei dieser Begründung handelt es sich allerdings um eine Hypothese, welche getestet werden müsste.

Erfolgt der Abfluss einer Flüssigkeit bei laminarem Fließen und ist die *Re*-Zahl kleiner als eins, dann findet das Gesetz von Stokes (benannt nach George Gabriel Stokes, 1819–1903)

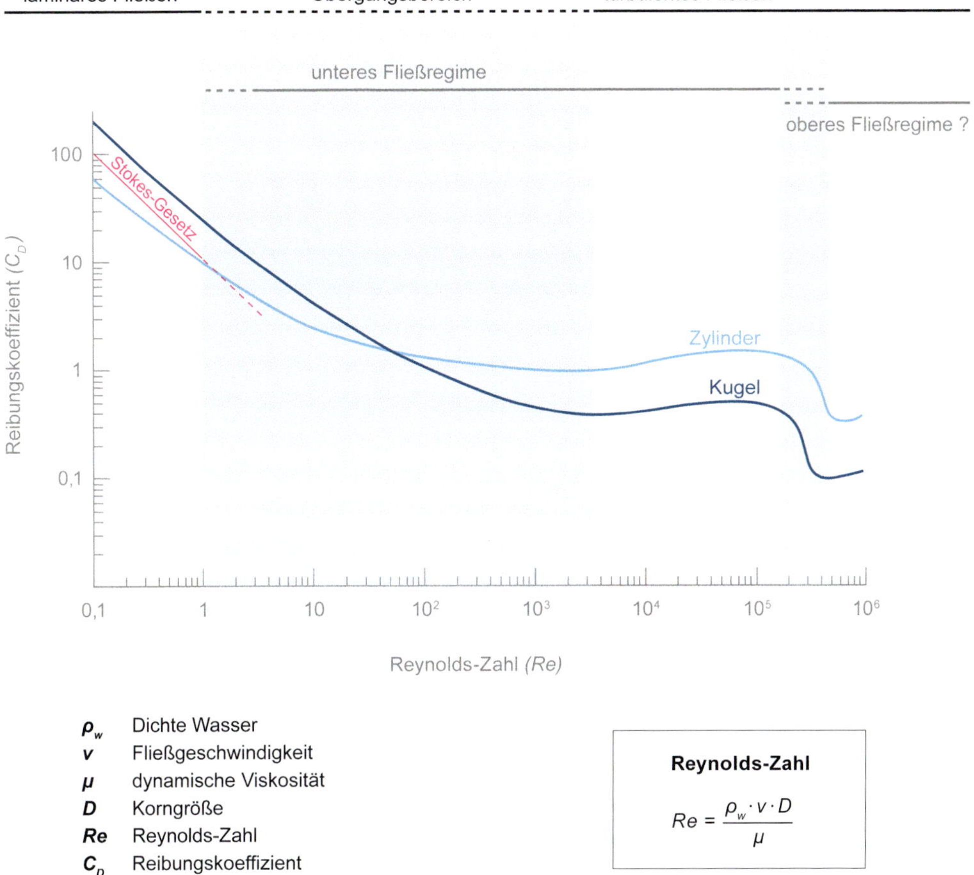

Abbildung 4-6: *Beziehung zwischen Fließverhalten, Reynolds-Zahl (Re) und Reibungskoeffizient C_D, welche für eine Kugel und einen Zylinder experimentell hergeleitet wurden. Bei laminarem Fließen ist der Reibungseffekt am größten und damit auch die Interaktion zwischen Sedimentpartikel und fließendem Medium. In diesem Fließregime nimmt der Reibungseffekt mit zunehmender Reynolds-Zahl ab und bleibt dann bei auftretenden Turbulenzen über einen großen Bereich der Reynolds-Zahl konstant. Eine weitere Abnahme wird beim Wechsel ins obere Fließregime beobachtet. Modifiziert nach Allen (1997).*

seine Anwendung (Abbildung 4-6). Es beschreibt, wie der Reibungswiderstand (oder die Reibungskraft F_w) eines Korns von seiner Größe D und von der Fließgeschwindigkeit v sowie der dynamischen Viskosität μ der Flüssigkeit abhängt (bei Raumtemperatur hat Wasser eine dyamische Viskosität von etwa 0,001 Pa s), in der sich das Korn befindet (Stokes, 1851):

$$F_w = 3\pi D \mu v.$$

Treten Turbulenzen auf und ist die *Re*-Zahl deshalb größer als eins, dann hängt der Reibungswiderstand hauptsächlich von der Fließgeschwindigkeit ab:

$$F_w = v^2.$$

Mit Hilfe des Stokes-Gesetzes kann schließlich die Sink- oder Sedimentationsgeschwindigkeit v_s eines Korns mit dem Durchmesser D und der Dichte ρ_s berechnet werden. Diese ergibt sich aus dem Ansatz, dass die Reibungskraft F_w, welche auf das sinkende Korn wirkt, aus dem Unterschied zweier Kräfte berechnet werden kann, welche ebenfalls von der Korngröße D abhängen. Dabei handelt es sich um die Differenz zwischen der Gravitationskraft F_G, die auf das Korn wirkt, und der Auftriebskraft F_A, welche das gleiche Korn in einer Flüssigkeit mit der Dichte ρ_w (zum Beispiel für Wasser) erfährt:

$$F_w = F_G - F_A .$$

Weil nun:

$F_w = 3\pi D \mu v_s$ (Gleichung nach Stokes, 1851),

$F_G = \frac{1}{6}\rho_s g \pi D^3$ und

$F_A = \frac{1}{6}\rho_w g \pi D^3$, ergibt sich durch Umformen:

$$v_s = \frac{1}{18}\frac{D^2 g(\rho_s - \rho_w)}{\mu} .$$

Die Sinkgeschwindigkeit eines Korns hängt also direkt von der Korngröße ab: Je größer das Korn ist, umso schneller sinkt es auf den Grund. Die Stokes-Gleichung liefert folglich die experimentellen Grundlagen, um ein Grundgesetz in der Sedimentgeologie quantitativ zu beschreiben. Das Stokes-Gesetz kann im Labor aber auch dazu verwendet werden, um im Atterberg-Zylinder die unterschiedlichen Feinfraktionen (Silt, Ton) durch Sedimentation voneinander zu trennen, denn die Sedimenttationszeit hängt von der Sinkgeschwindigkeit (s. Formel oben) und damit von der Korngröße ab. Das Verfahren ist aber sehr zeitaufwändig.

4.2.2 Mechanismen des Sedimenttransportes: Schwebend (Suspension), springend/hüpfend (Saltation) und rollend/gleitend

Der Transport von Sedimentkörnern erfolgt entweder als Suspensionsfracht und damit schwebend in der Wassersäule oder als Bodenfracht am Grund (Abbildung 4-7). Ton- und Siltpartikel sind so klein, dass sie auch dann in der Suspension gehalten werden, wenn das Gewässer laminar fließt. Sandkörner sind für diese Transportart zu schwer. Ihr Transport erfolgt deshalb am Grund, und zwar springend/hüpfend (Saltation) und zum Teil auch rollend (Grobsand bei einer geringen Fließgeschwindigkeit). Die Verfrachtung von Kies und Steinen erfolgt vorwiegend rollend und gleitend am Grund eines Fließgewässers.

4.2.3 Transport von Ton- und Siltpartikeln: Schwebend bei laminarem Fließen

Ton- und Siltpartikel können auch in sehr langsam fließenden Gewässern transportiert werden. Dafür verantwortlich sind Auftriebskräfte, welche bei laminarem Umfließen eines Sedimentkorns wirksam sind und insbesondere die plattigen Tonminerale (diskoidale Kornform, Abbildung 1-8) schnell in die Suspension führen können. Diese Kräfte lassen sich mit Hilfe des Theorems von Bernoulli berechnen. Dieses physikalische Gesetz besagt, dass an jedem Ort einer Strömungslinie die Summe aus statischem, geodätischem und dynamischem Druck konstant (konst.) ist. Diese Beziehung wird auch als bernoullische Druckgleichung bezeichnet:

$$p_t = p + \rho_w g z + \tfrac{1}{2}\rho_w v^2 = konst.$$

Dabei ist p_t der Totaldruck, p der statische Druck, ρ_w beschreibt die Dichte des Wassers, z die Höhenlage der Strömungslinie, bezogen auf eine Referenzhöhe, v ist die Fließgeschwindigkeit und g ist die Graviationsbeschleunigung. Eine Veränderung der Höhenlage der Strömungslinie führt zu einer entsprechenden Zu- oder Abnahme des geodätischen Drucks $(\rho_w gz)$; in gleicher Weise passt sich der dynamische Druck an $(1/2\rho_w v^2)$, wenn sich die Fließgeschwindigkeit des Wassers ändert. Strömt nun laminar fließendes Wasser über ein Hindernis, zum Beispiel ein Sedimentkorn (Abbildung 4-8), dann nehmen Fließgeschwindigkeit und Höhenlage der Strömungslinien beim Überfließen zu. Damit verbunden ist eine Zunahme des dynamischen und des geodätischen Drucks. Gemäß dem Theorem von Bernoulli muss dann der statische Druck beim Überfließen des Sedimentkorns abnehmen, damit der Totaldruck konstant bleibt. Aus der Abnahme des statischen Druckes resultiert eine Auftriebskraft (Abbildung 4-8a). Kleine Sedimentkörner wie zum Beispiel Ton- und Siltpartikel können damit in der Schwebe (in Suspension) gehalten werden, auch wenn die Fließgeschwindigkeiten sehr gering sind. Die entsprechende mechanische Sedimentfracht wird als Suspensionsfracht bezeichnet (Abbildung 4-7). Sie ist für die natürliche Trübung sehr langsam fließender Flüsse in ebenen Landschaften verantwortlich.

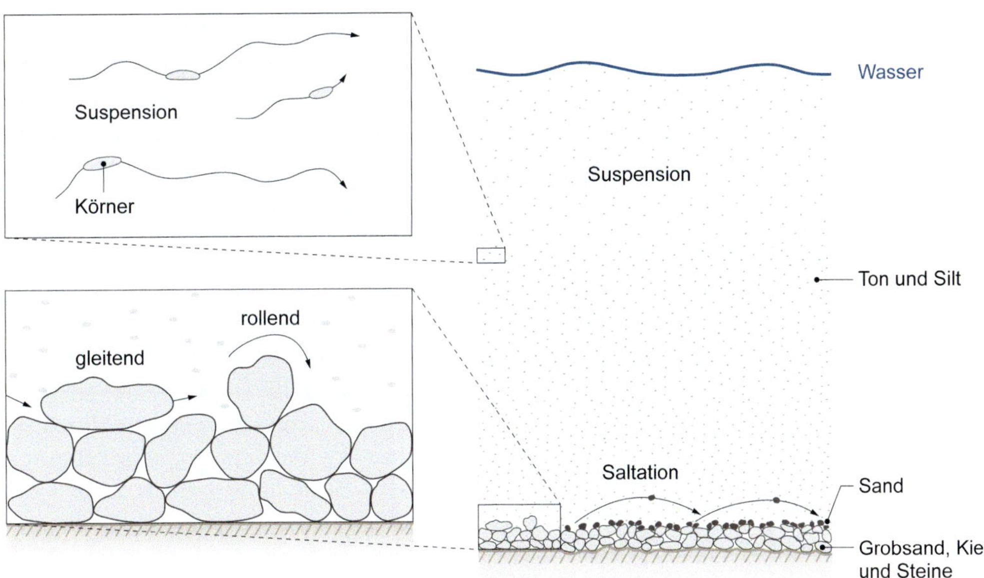

***Abbildung 4-7:** Transport von Sedimentkörnern in Abhängigkeit von ihrer Korngröße. Die kleinsten Sedimentpartikel (Ton und Silt) werden als Suspensionsfracht transportiert. Fein-, Mittel- und Grobsand sowie Kiese und Steine bilden die Bodenfracht. Diese Partikel werden entweder saltierend (Sand) oder auch rollend sowie gleitend (Kies, Steine, bei geringer Fließgeschwindigkeit auch Grobsand) transportiert. Modifiziert nach Allen (1997).*

4.2.4 *Transport von Sandkörnern: Saltierend bei turbulentem Fließen*

Der Transport von Sandpartikeln erfordert höhere Fließgeschwindigkeiten. Diese Zunahme führt zu Turbulenzen und einer resultierenden Kraft, die schief nach oben und in Fließrichtung gerichtet ist (Abbildung 4-8b). Dabei werden Sandkörner kurz in die Wassersäule gehoben und mit der Strömung über eine kurze Strecke transportiert, bevor sie wieder auf den Grund sinken und dabei auf bereits abgelagerte Körner treffen. Diese werden durch den Impakt der auftreffenden Körner zum Bewegen angeregt. Die Körner beschreiben damit eine bogenförmige Bewegung, welche als Saltation (eine Art Springen und Hüpfen) bezeichnet wird (Abbildung 4-7). Dieser Transportmechanismus ist Voraussetzung für die Entstehung von Rippelstrukturen (Kapitel 4.3). Die Saltationsfracht umfasst vorwiegend die Körner im Fein- bis Mittelsand-Bereich. Bei starker Strömung und damit zunehmender Fließ- oder Schleppkraft können jedoch auch Grobsandpartikel saltieren. Größere Sedimentkörner wie Kies und Steine sind zu schwer, als dass sie in die Saltation überführt werden könnten. Solche Sedimentpartikel bewegen sich dann rollend und gleitend am Untergrund (Kapitel 4.2.5). Saltierende und rollende/gleitende Körner werden der Bodenfracht zugeordnet und bewegen sich in den tiefsten 10 bis 50 Zentimetern einer Wassersäule. Die Bodenfracht hat keine trübende Wirkung auf Gewässer.

4.2.5 *Transport von Kies und Steinen: Rollend und schleppend bei turbulentem Fließen*

Beim Transport von größeren und damit schwereren Sedimentpartikeln wie Kies und Steinen werden die Sedimentkörner aus ihrem Verband hinausrotiert (Abbildung 4-9). Ein solcher Transport bedingt deshalb, dass die Drehwirkung, hervorgerufen durch die Schleppkraft des Wassers, einen kritischen Wert überschreitet. Dieser hängt primär von der Größe des Sedimentkorns und damit vom Gravitationseffekt ab. Die Berechnung der entsprechenden Drehmomente ist allerdings mit vielen Unbekannten verbunden und erfordert die Lösung komplexer Gleichungen (Abbildung 4-9). Laborexperimente aus den 40er-Jahren an der ETH Zürich führten aber zur Erkenntnis, dass ein Sedimentkorn genau dann in den Transport überführt wird, wenn das Verhältnis zwischen Schleppkraft F_D und Gravitationskraft F_G zwischen 0,03 und 0,06 beträgt (Meyer-Peter und Müller, 1948). Meistens wird aber ein Wert von 0,0495 oder auch 0,05 (Wong und Parker, 2006) für dieses Verhältnis verwendet. Diese Konstante wird als Shields-Zahl ϕ bezeichnet und liegt in der gleichen Größenordnung wie die Manning-Zahl n (Abbildung 4-1). Die Shields-Zahl ϕ kann deshalb auch als Maß für den Energieverlust, hervorgerufen durch Reibung, interpretiert werden. Allerdings sind die Effekte der Reibung auf die Fließgeschwindigkeit des Wassers (quantifiziert durch die Manning-Zahl n, Abbildung 4-1) und den Geschiebetransport (erfasst durch die Shieldszahl ϕ) gerade umgekehrt: Eine hohe Reibung, hervorgerufen zum Beispiel durch eine raue Flusssohle mit unterschiedlich großen Geröllen, reduziert einerseits die Fließgeschwindigkeit des Wassers (deshalb ein hoher Wert für n), erleichtert aber andererseits den Transport des Geschiebes (folglich ein tiefer Wert für ϕ).

Dank der Resultate der Laborexperimente von Meyer-Peter und Müller (1948) kann der Geschiebetransport relativ einfach berechnet werden. Dabei hängt die Schleppkraft F_D vom Gefälle des Untergrundes S und der Tiefe h der Wassersäule ab. Sie berechnet sich aus $F_D = \rho_w ghS$. Die Gravitationskraft F_G, die auf ein Korn mit dem Durchmesser D wirkt,

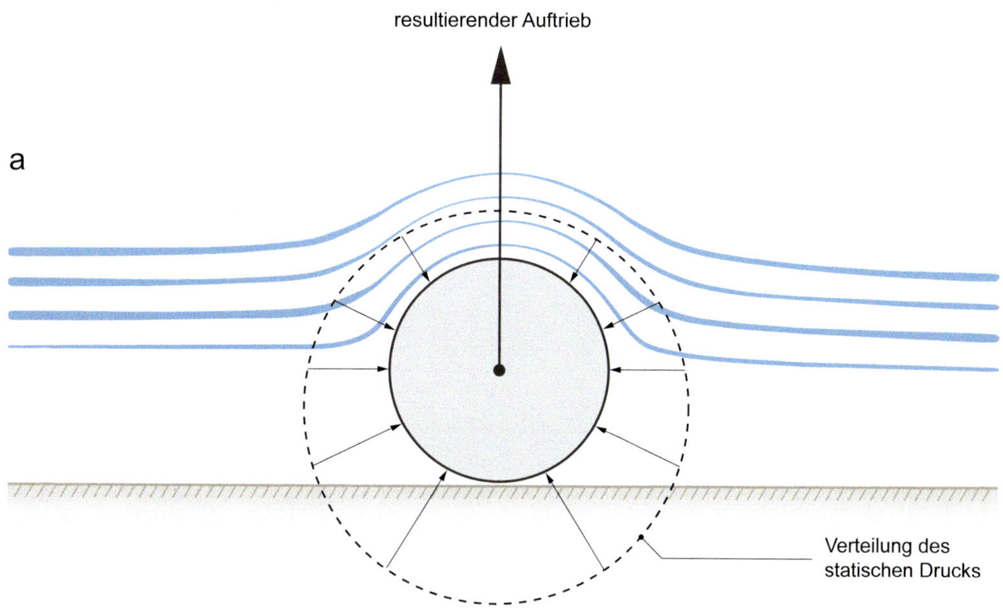

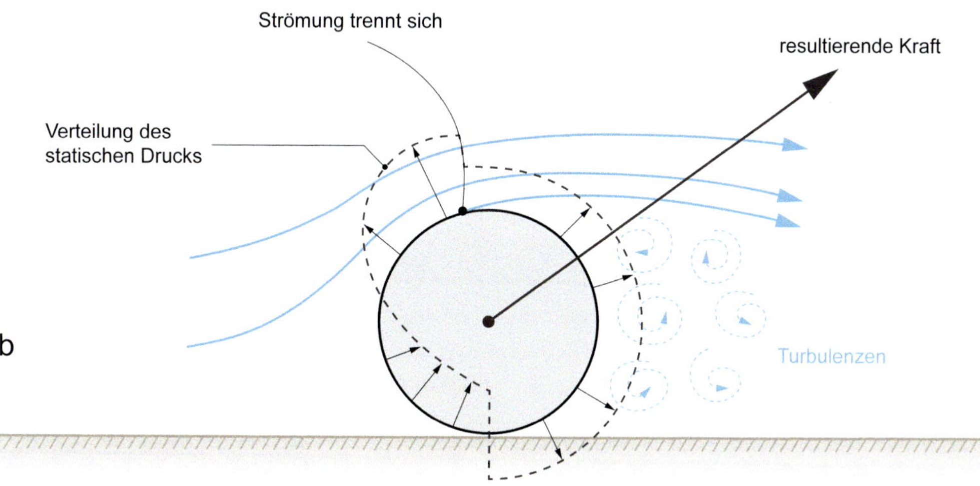

Abbildung 4-8: *Druckverteilung beim Umfließen eines Sedimentpartikels.* ***a)*** *Bei laminarem Fließen resultieren Auftriebskräfte, welche sehr kleine Körner wie zum Beispiel Tonpartikel in die Suspension (Schwebezustand) überführen können.* ***b)*** *Bei größerer Fließgeschwindigkeit treten Turbulenzen auf der Leeseite eines Kornes auf. Eine resultierende schief nach oben und nach vorne gerichtete Kraft führt das Korn dann in den Saltationsprozess. Modifiziert nach Allen (1997).*

ergibt sich aus $F_G = (\rho_s - \rho_w)gD$. Bei diesen Gleichungen ist ρ_s die Dichte des Sedimentkorns (2700 kg/m³), ρ_w die Dichte des Wassers (1000 kg/m³), und g ist die Gravitationsbeschleunigung (9,81 m/s²). Aus diesen Beziehungen und aus der Beobachtung, dass $\phi = F_D/F_G = 0{,}05$, lassen sich zahlreiche Beziehungen ableiten, welche in der Praxis bei der Berechnung des Geschiebetransportes weit verbreitet sind. So kann die Schleppkraft beim Geschiebetransport folgendermaßen berechnet werden: $F_D = \phi F_G = 0{,}05(\rho_s - \rho_w)gD$, und damit $F_D \approx 830D$.

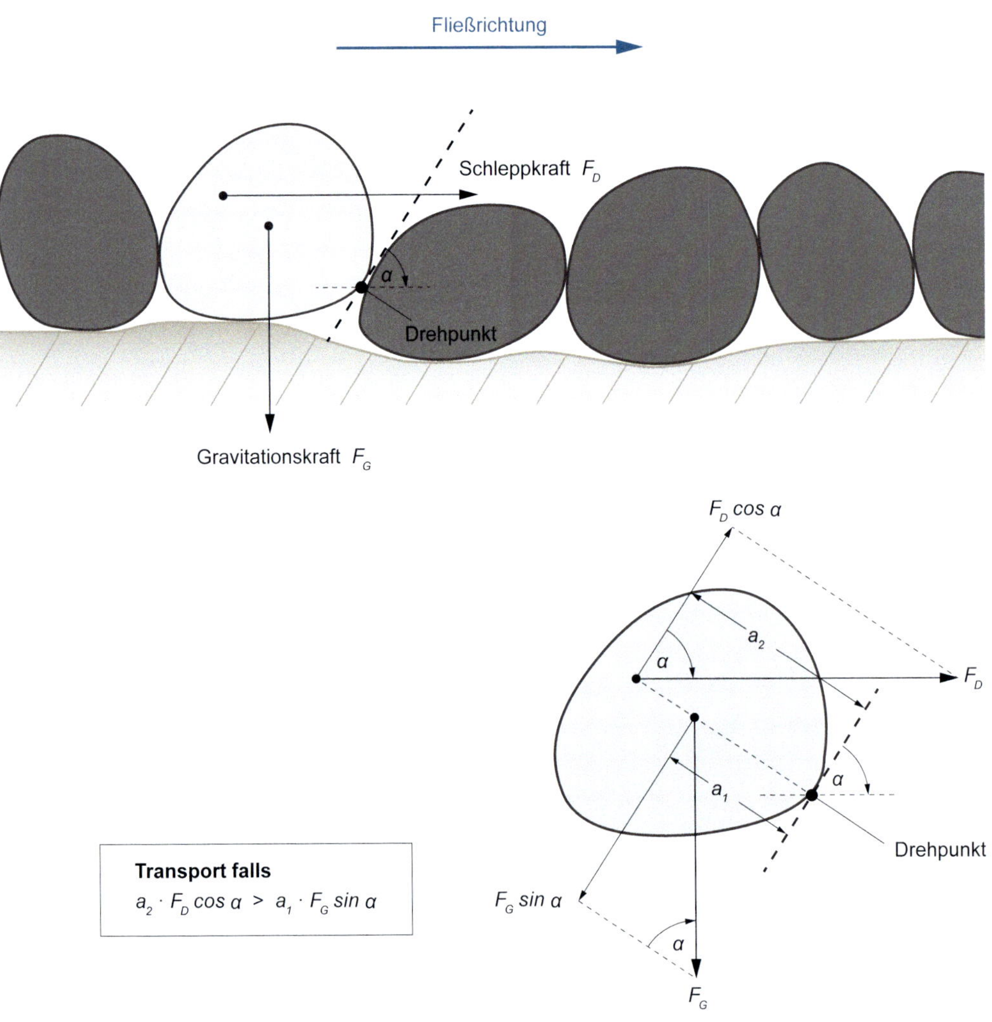

***Abbildung 4-9:** Transport von Kies und Steinen. Dieser erfolgt, wenn die Drehwirkung, hervorgerufen durch die Schleppkraft des Wassers, einen kritischen Wert überschreitet. Am einfachsten, und in der Praxis auch am weitesten verbreitet, berechnet sich der Transport dieser Korngrößenklasse nach Meyer-Peter und Müller (1948). Modifiziert nach Allen (1997).*

4.2.6 *Das Hjulström-Diagramm: Korngrößen-abhängiger Sedimenttransport im Überblick*

Das Hjulström-Diagramm (benannt nach Filip Hjulström, 1902–1982), dargestellt in Abbildung 4-10, bietet wohl den besten quantitativen Überblick über die in Laborversuchen hergeleitete Beziehung zwischen Fließgeschwindigkeit und Transport von Sedimentpartikeln unterschiedlicher Größe. In diesem Diagramm beschreibt die Erosionslinie die minimale Fließgeschwindigkeit, die nötig ist, um bereits abgelagerte Sedimentpartikel wieder abzutragen und weiter zu transportieren. Überraschenderweise muss die Fließgeschwindigkeit relativ hoch sein, um Silt- und Tonablagerungen zu erodieren. Dies hängt mit den kohäsiven Eigenschaften der Tonminerale zusammen, welche die Hauptbestandteile in feinkörnigen Sedimenten sind. Die kohäsive Wirkung dieser Minerale ist auf die lagige Anordnung der Kationen und Anionen in den Schichtsilikaten (z.B. Tonmineralen) zurückzuführen. Dabei üben die einzelnen atomaren Ebenen elektrostatische Kräfte auf die benachbarten Ebenen aus (van-der-Waals-Kräfte, benannt nach Johannes Diderik van der Waals, 1837–1923), was

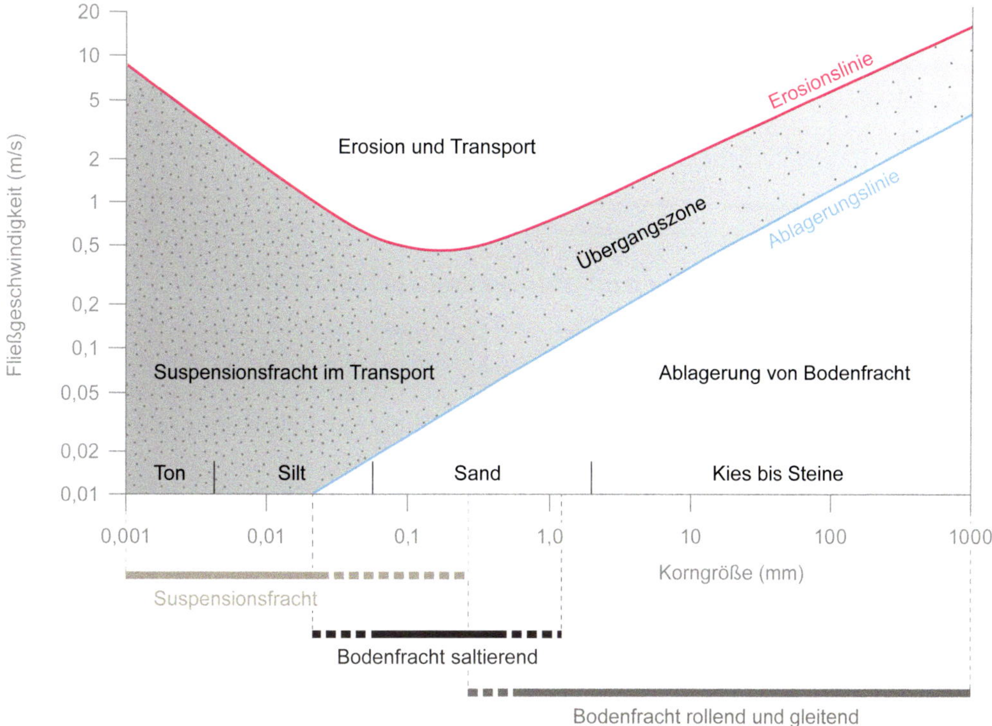

Abbildung 4-10: *Das Hjulström-Diagramm illustriert die Beziehung zwischen der Fließgeschwindigkeit des Wassers, der Größe der Sedimentpartikel, der Transportart sowie den Schwellenwerten für Ablagerung und Abtragung von Körnern unterschiedlicher Größe. Modifiziert nach Allen (1997).*

zur Kohäsion der Tonminerale und damit zu größerem Erosionswiderstand führt. Ablagerungen der Sandfraktion enthalten nur wenige Tonminerale, und die Körner bestehen meistens aus Quarz, Feldspat sowie Kalkpartikeln und Gesteinsbruchstücken ohne kohäsive Wirkung. Deshalb hängt die Schleppkraft, welche in der Lage ist, Sandkörner zu dislozieren, primär von der Schwere (Masse) des Korns und damit von der Korngröße ab (s. auch Kapitel 4.2.5).

Die Ablagerungslinie verläuft fast parallel zur Erosionslinie, jedenfalls für Korngrößen im Sandbereich. Fließgeschwindigkeiten, welche unterhalb der Ablagerungslinie liegen, führen zur Setzung von Partikeln mit der entsprechenden Korngröße. Interessanterweise werden Ton- und Siltpartikel auch bei sehr geringen Fließgeschwindigkeiten transportiert (d.h. ~ 0,01 m/s). Dies hängt mit den Auftriebskräften zusammen, die bei laminarem Fließen wirksam sind und feine Ton- und Siltpartikel in der Suspension halten können (4.2.3).

Aus den Resultaten der Laborexperimente können folgende Schlüsse gezogen werden:

- Die Suspensionsfracht und insbesondere die Tonpartikel lagern sich erst in einem stehenden Gewässer ab, d.h. wenn die Fließgeschwindigkeit gleich Null ist.
- Sind die Tonpartikel einmal abgelagert, bedarf es aufgrund der Kohäsionswirkung (van-der-Waals-Kräfte) einer hohen Strömungsenergie oder Fließgeschwindigkeit, um diese Ablagerungen zu erodieren.
- Der Transport von Sandpartikeln erfolgt erst dann, wenn die Fließgeschwindigkeit einen Wert zwischen ca. 0,2 (Feinsand) und ca. 0,5 m/s (Grobsand) übersteigt.
- Grobsandpartikel kommen zur Ablagerung, wenn die Fließgeschwindigkeit geringer ist als ca. 0,15 m/s. Bei der Ablagerung von Feinsandpartikeln beträgt die Fließgeschwindigkeit ca. 0,02 m/s.

4.3 Gerichtete Strömung und Ablagerung von Sediment

Strömendes Wasser führt zu Merkmalen und Strukturen in den Ablagerungen klastischer Sedimente, die für das Ablagerungsmilieu diagnostisch sind. Überschreitet die Fließgeschwindigkeit einen Schwellenwert zwischen 0,2 und 0,5 m/s, dann beginnen die fein- und mittelkörnigen Sandpartikel zu saltieren. Dabei wird die Sandoberfläche zunehmend uneben – es bilden sich Rippelstrukturen aus. Durch die einseitig gerichtete Strömung werden dabei eine flach einfallende Luvseite und eine steile Leeseite ausgebildet (Abbildung 4-11). Diese charakteristische Morphologie entsteht dadurch, dass einzelne Sandkörner auf der Luvseite zum Rippelkamm saltieren und unmittelbar unter dem Kamm auf der Leeseite liegenbleiben. Diese wird dabei sukzessive übersteilt, bis eine kleine Sandlawine den Ausgleich schafft und folglich die Leeseite abflacht. Dabei entsteht eine dünne, schräggestellte Lamina (s. auch Abbildung 1-13) – wir sprechen hier von einer Schrägschichtung (Abbildung 4-11). Diese ist angular, wenn viel Bodenfracht transportiert wird. Sie nimmt allerdings bei einem hohen Anteil an Suspensionsfracht und bei zunehmender Fließgeschwindigkeit und tieferem Wasser und damit bei einer höheren Bodenschleppkraft eine tangentiale und weiter eine konkave Form an (Abbildung 4-12).

Experimente haben gezeigt, dass Rippelstrukturen schrittweise in die Höhe und Länge wachsen, bis ein Gleichgewicht zwischen Fließgeschwindigkeit, Schleppkraft, Korngröße

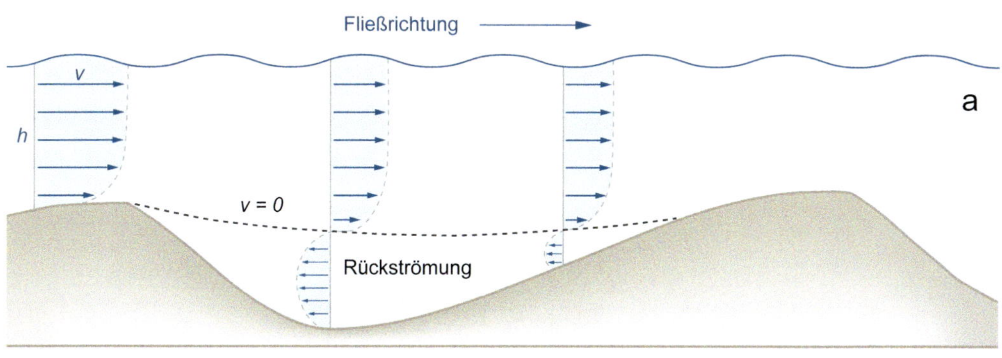

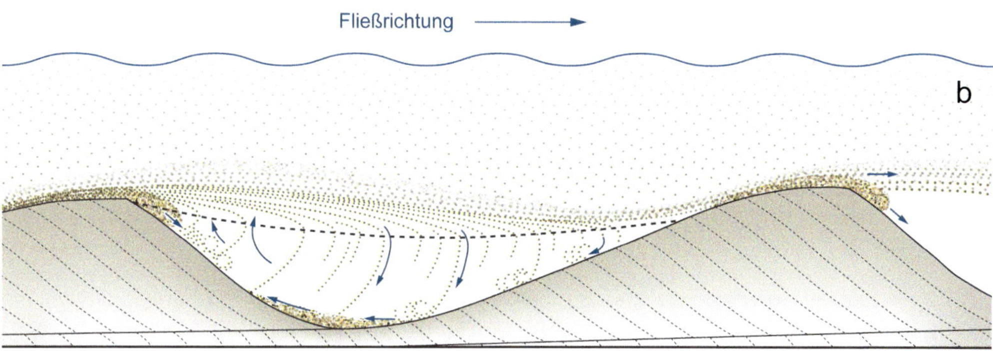

***Abbildung 4-11:** Bedingungen bei der Bildung eines Rippels: **a)** Fließmuster und **b)** Sandtransport. Modifiziert nach Reineck und Singh (1980).*

des Sediments und Wassertiefe erreicht wird. Sobald sich dieses Gleichgewicht eingestellt hat, wandern die Rippel in Fließrichtung, ohne ihre Form zu verändern. Dabei werden Sedimentkörner auf der Luvseite nach und nach abgetragen und auf der Leeseite wieder abgelagert.

Wassertiefe und Fließgeschwindigkeit bestimmen also die Form der Rippelstruktur und die Korngrößenverteilung im Sediment. Kammabstand, Rippelhöhe und Korngröße nehmen dabei mit zunehmender Wassertiefe und Fließgeschwindigkeit zu. Beträgt der Kammabstand wenige Zentimeter bis maximal einen Dezimeter, dann sprechen wir von einem Rippel oder Kleinrippel (s. Kapitel 4.3.3). Schichtformen mit Kammabständen zwischen einem und mehr als zehn Meter werden als Megarippel, Großrippel oder auch subaquatische Dünen bezeichnet. Dagegen handelt es sich um äolische Dünen, wenn der Transport durch Wind erfolgt. Der Begriff ‚Düne' kann also für eine Schichtform sowohl unter Wasser als auch in einer Wüste verwendet werden. Um Missverständnisse zu vermeiden, ist es deshalb hilfreich, wenn die Adjektive ‚subaquatisch' oder ‚äolisch' bei der Beschreibung einer Düne verwendet werden.

Änderungen der Wassertiefe und der Fließgeschwindigkeit haben weiter einen Einfluss auf die Form und Ausprägung des Kamms einer Schichtform. Ist die Fließgeschwindigkeit

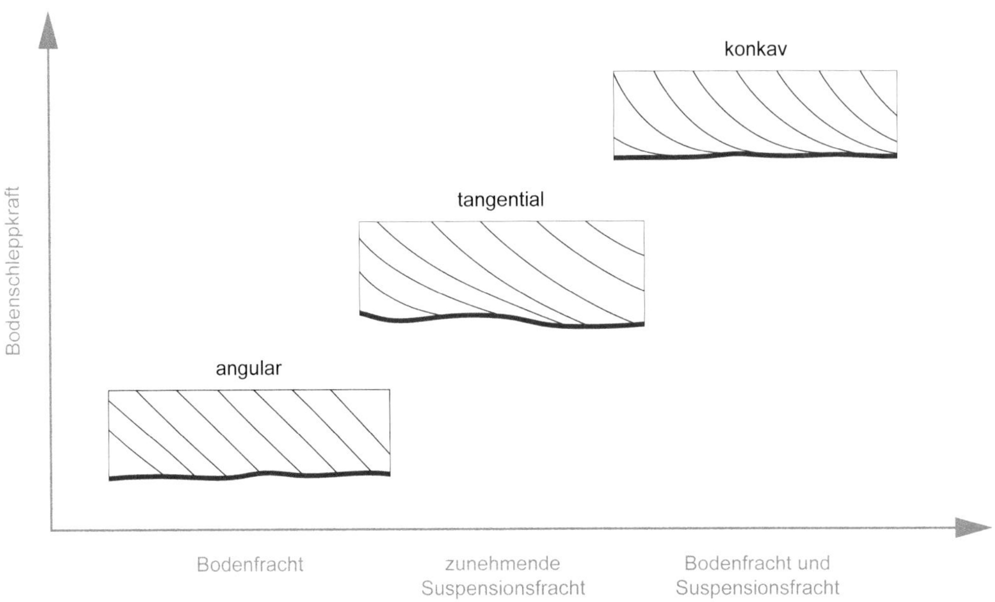

***Abbildung 4-12:** Form der Schrägschichtung (angular, tangential, konkav) in Abhängigkeit von der Art der Sedimentfracht sowie der Bodenschleppkraft, welche mit größerer Wassertiefe und/oder höherer Fließgeschwindigkeit zunimmt. Modifiziert nach Allen (1997).*

gering und das Wasser tief, verläuft der Kamm gerade. Er wird mit größerer Fließgeschwindigkeit und abnehmender Wassertiefe zunehmend gebogen und zungen- bis dachziegelförmig (Abbildung 4-13). Diese unterschiedlichen Geometrien hinterlassen, je nach Schnittlage, diagnostische Sedimentstrukturen. Bei Schichtformen mit geradem Kamm erwarten wir in einer Schnittlage parallel zur Fließrichtung eine Schrägschichtung, und senkrecht dazu eine Parallellamination (Abbildung 4-13a). Sind die Kämme gebogen (Abbildung 4-13b) oder zungen- bis dachziegelförmig (Abbildung 4-13c), dann erwarten wir in einer Schnittlage parallel zur Fließrichtung eine Schrägschichtung. In einer Schnittlage senkrecht zur Fließrichtung erschließt sich eine trogförmige Kreuzschichtung (Abbildungen 4-13b und 4-13c). Die eindeutige Interpretation von Sedimentstrukturen hinsichtlich Fließrichtung und Fließdynamik bedingt also, dass die Strukturen aus mindestens zwei Perspektiven analysiert werden. Allerdings kann bei einer Schrägschichtung immer auf die Transportrichtung geschlossen werden (Abbildungen 4-13 und 4-14).

4.3.1 Tonpartikel: Ablagerung als feinlaminierte Lagen

Tonpartikel werden in der Suspension transportiert und auch bei laminarem Fließen in der Schwebe gehalten. Experimente zeigen, dass die Ablagerung erst dann erfolgt, wenn es keine Strömung mehr gibt (Abbildung 4-10). Tonige Sedimente und damit Tonsteine bilden sich also ausschließlich in stehenden Gewässern. Dabei bilden sich millimeterdünne Lagen, welche das kontinuierliche Absinken der feinen Tonpartikel aus einer stehenden Wassersäule aufzeichnen. Bei einem anhaltenden Eintrag von feinster Fracht (Tonpartikel)

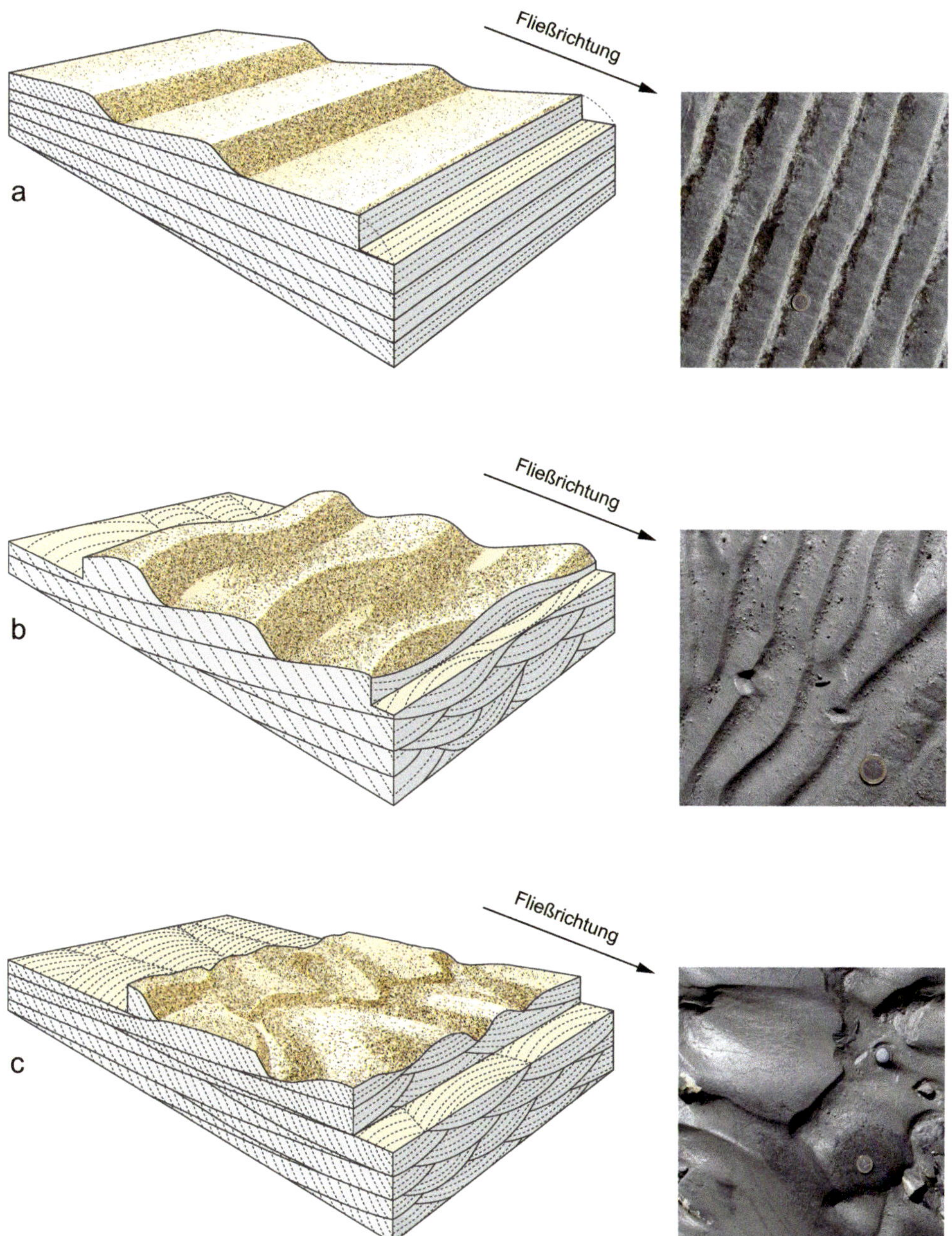

Abbildung 4-13: *Veränderung der Form eines Rippelkamms mit zunehmender Fließgeschwindigkeit und abnehmender Wassertiefe. Dabei bildet sich* ***a)*** *ein Rippel mit geradem Kamm bei geringer Fließgeschwindigkeit und im tiefen Wasser (Rippelfoto © Jessica M. Winder und Jessica's Nature Blog, 2009–2021). Nimmt die Fließgeschwindigkeit zu und die Wassertiefe ab, dann wird der Kamm* ***b)*** *gebogen und schließlich* ***c)*** *zungen- und dachziegelförmig. Die Richtung der Strömung ist von links oben nach rechts. Blockdiagramme nachgezeichnet und modifiziert nach Reineck und Singh (1980).*

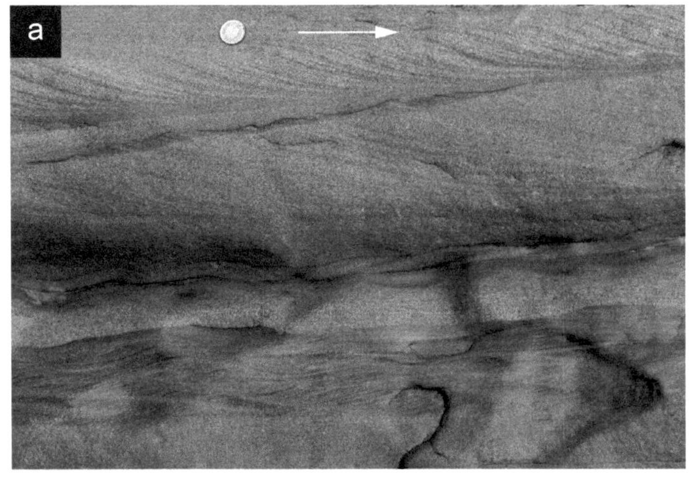
a

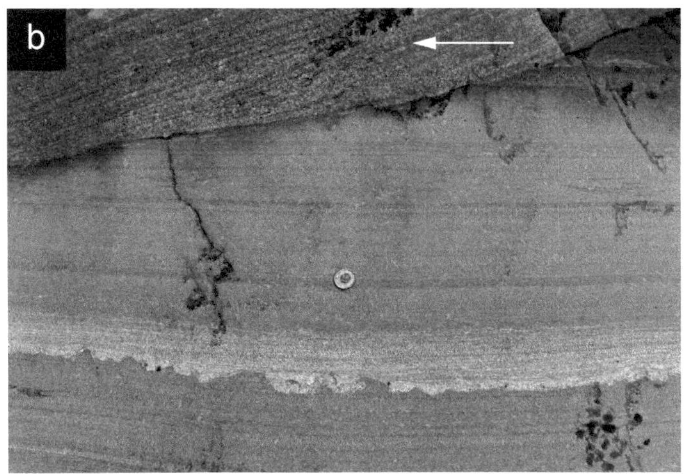
b

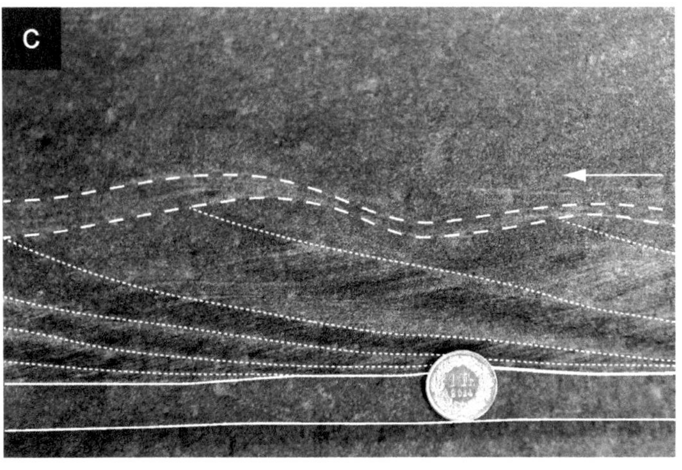
c

Abbildung 4-14: *Sedimentstrukturen, die beim Transport durch Wasser gebildet werden. Pfeile zeigen die Transportrichtung an (Fotos: Obere Meeresmolasse, Zentralschweiz).*
a) *Schrägschichtungen (obere Hälfte); der Transport erfolgte von links nach rechts. Die entsprechende Schichtform war ein Großrippel.*
b) *Schrägschichtung (oben) und Parallellamination (unten). Die Größe der Schrägschichtung lässt wiederum auf einen Großrippel schließen; die Orientierung der Schrägschichtung impliziert einen Transport von rechts nach links. Ein erosiver Basalkontakt trennt den schräggeschichteten Sandstein vom parallellaminierten Sandstein ab.*
c) *Kletterrippel; der Transport erfolgte von rechts nach links. Die Kletterrippel sind von einer welligen Lamination (gestrichelt) überlagert. Kletterrippel sind auch im unteren Drittel in der Abbildung 4-14a sichtbar; dort war der Transport ebenfalls von rechts nach links.*

in ein stehendes Gewässer können sich im Verlaufe der Zeit deshalb auch mehrere Meter mächtige Tonsteinabfolgen bilden, wie dies zum Beispiel in Seen der Fall ist.

4.3.2 *Siltpartikel: Ablagerung als Kletterrippel*

Der Transport von Siltpartikeln erfolgt ebenfalls als Suspensionsfracht (Abbildungen 4-7 und 4-10). Die Siltfraktion besteht aus Tonmineralen sowie einem relativ hohen Anteil an Quarz, Feldspat und Kalkpartikeln. Damit enthält die Siltfraktion kohäsive Bestandteile (Tonminerale) und Sedimentpartikel ohne Kohäsionseffekte. Die Kohäsion der Tonminerale bewirkt dabei, dass die Luvseite der Rippel nicht weiter erodiert wird. Der hintere Rippel klettert als Folge davon auf die Luvseite des vorgelagerten Rippel – es entstehen Kletterrippel. Dabei handelt es sich um Schichtformen mit einem Kammabstand von wenigen Zentimetern und einer Rippelhöhe von bis zu 2 Zentimetern (Abbildung 4-14c).

4.3.3 *Sandpartikel: Bildung von Schichtformen und Sedimentstrukturen in Abhängigkeit vom Fließregime*

Sandablagerungen und damit die Sandsteine bilden wohl die breiteste Variation an Schichtformen und sedimentären Strukturen aus. Deren Ausbildung hängt primär vom Fließregime (unteres oder oberes Fließregime), der Fließgeschwindigkeit, der Wassertiefe und der Korngröße ab. Experimente im Labor (Abbildung 4-15) zeigen, dass der Transport von Sanden sowie die Bildung von Schichtformen aus Sand in vier Klassen unterteilt werden kann (Abbildung 4-16):

- Es findet kein Transport statt, wenn die Fließgeschwindigkeit zu niedrig ist (d.h. $v < 0{,}02$ m/s, weißer Bereich in Abbildung 4-16).
- Transport und Ablagerung von Sand erfolgen kontinuierlich im unteren Fließregime. Es kommt dabei zur Bildung von: (i) Kleinrippeln mit Schräg- und Kreuzschichtung bei geringer Fließgeschwindigkeit und feinem Korn (Körner saltieren beim Transport), (ii) planarer Schichtung mit Parallellamination bei geringer Fließgeschwindigkeit und grobem Korn (Fließgeschwindigkeit ist für die groben Körner zu gering, als dass sie saltieren könnten; die Körner rollen deshalb am Grund) und (iii) Großrippeln oder Dünen mit Schräg- und Kreuzschichtung (Abbildung 4-14a) im tieferen Wasser und bei ausreichend großer Fließgeschwindigkeit (Saltation der Körner ist möglich).

- Der Transport sowie die Ablagerung von Sediment erfolgen kontinuierlich und im oberen Fließregime bei Fließgeschwindigkeiten $v > 1$ m/s. Dabei bildet sich eine planare Schichtung mit einer Parallellamination aus (Abbildungen 4-14b, 4-15). Bei zunehmender Wassertiefe wird die flache Sandoberfläche zunehmend gewellt, und aus dem planen Grund bilden sich flache Großrippel. Dies hat zur Folge, dass das Wasser auf der Luvseite abgebremst wird und der hydraulische Zustand dort vom oberen ins untere Fließregime wechselt. Es bildet sich ein hydraulischer Sprung, verbunden mit einem Absetzen der Bodenfracht auf der Luvseite. Damit bildet sich eine Sedimentlage, die gegen die Fließrichtung einfällt. Bei solchen Großrippeln handelt es sich folglich um Antidünen (Abbildungen 4-15 und 4-16). Diese haben allerdings nur ein geringes Erhaltungspotential und werden unmittelbar nach ihrer Bildung wieder abgetragen.

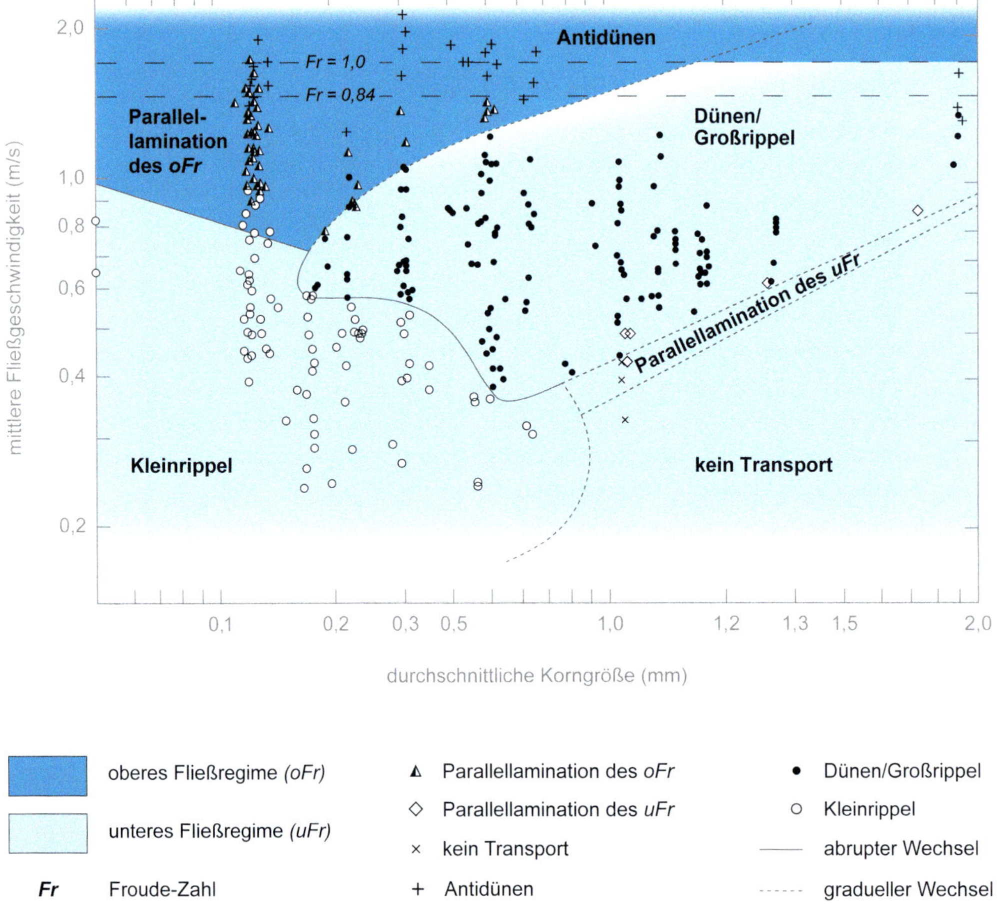

Abbildung 4-15: *Stabilitätsfelder von sedimentologischen Schichtformen, ermittelt anhand von Experimenten (nach Southard und Boguchwal, 1990). Die Experimente wurden bei einer durchschnittlichen Wassertemperatur von 10 °C und einer mittleren Wassertiefe von 0,25 m bis 0,40 m durchgeführt.*

- Der Transport von Sediment erfolgt im oberen Fließregime, aber die Ablagerung erfolgt schnell und damit episodisch. Bei diesem Prozess lagert sich zuerst das grobe Material und anschließend das feinere Korn ab. Dabei ist die Zeitdauer der Absetzung aber zu kurz, um eine Schichtform auszubilden. Es entsteht ein massiges, zum Teil normal gradiertes Sedimentgefüge (Abbildung 1-10a). Bei den Laborexperimenten, deren Resultate in den Abbildungen 4-15 und 4-16 dargestellt sind, wurden solche episodische Ablagerungsprozesse nicht berücksichtigt. Deshalb fehlen die massigen Strukturen in den Abbildungen 4-15 und 4-16.

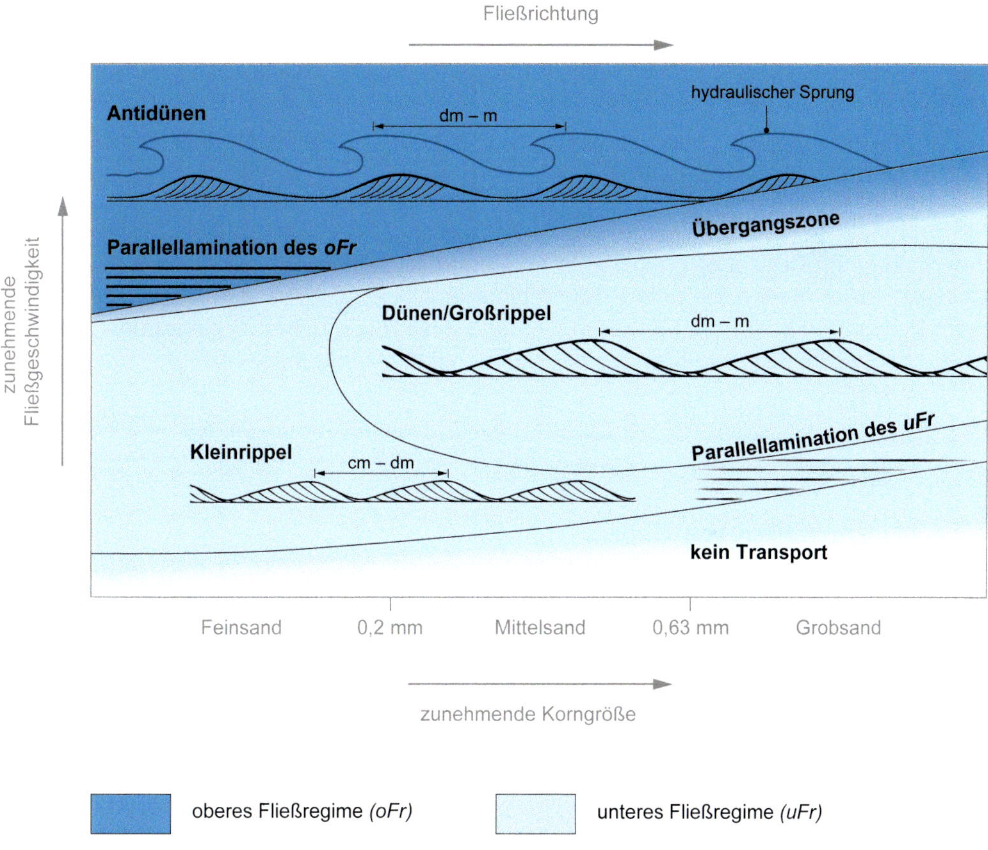

Abbildung 4-16: *Veränderung der Schichtform von Sanden in Abhängigkeit der Fließgeschwindigkeit, des Fließregimes und der Korngröße. Kleinrippel werden im langsam fließenden Wasser gebildet und wenn die Korngröße kleiner als ca. 0,63 mm ist. Bei der Entstehung von Großrippeln müssen sowohl die Fließgeschwindigkeit als auch die Wassertiefe zunehmen, und die Sedimentpartikel sollten grobköringer als ca. 0,2 mm sein, denn sonst sind solche Schichtformen nicht stabil. Modifiziert nach Reineck und Singh (1980).*

4.3.4 Kies und Steine: Ablagerung im unteren und oberen Fließregime

Der Sedimenttransport von Kies (2,0 bis 63 mm) sowie Steinen (> 63 mm) erfolgt meistens rollend und gleitend. Ähnlich wie bei den Sanden hängt auch hier die Bildung von Schichtformen primär vom Fließregime (oberes und unteres Fließregime) sowie von der Fließgeschwindigkeit ab. Im Generellen müssen die Fließgeschwindigkeiten sehr hoch sein ($v > 1{,}5$ m/s; Abbildung 4-10), um Kies und Steine umzulagern. Bewegen sich diese zwischen 1,5 und 2 m/s und ist das Wasser mehrere Dezimeter tief (Wassertiefe ≥ 0,6 m, so dass $Fr < 0{,}9$; Kapitel 4.1.3), dann befindet sich das Wasser im unteren Fließregime. Es bilden sich Geröllbänke mit unterschiedlicher Geröllagerung aus. Diese umfasst das gesamte Spektrum von horizontal gelagerten Klasten (Abbildung 4-17a) bis hin zu einem massigen Gefüge und einer Schrägschichtung. Horizontal gelagerte Gerölle bilden oft ein Band von ungefähr gleich großen Klasten – wir sprechen dann auch von einer Geröllschnur. Am häufigsten kommen aber massig gelagerte Gerölle vor. Diese können auch eine Gradierung von gröberem zu feinerem Material (normal gradiert bei sich verlangsamender Strömung) oder von feineren zu gröberen Klasten aufweisen (invers gradiert bei zunehmender Strömungsgeschwindigkeit).

Wenn das Wasser ins obere Fließregime wechselt und die Fließgeschwindigkeit dabei ca. 2 m/s überschreitet, können einzelne Gerölle durch Rollen oder Gleiten so zu liegen kommen, dass sie dachziegelartig aufeinander abgelagert werden. Wir sprechen in diesem Fall von einer Imbrikation (Abbildung 4-17b), oder von imbrikiert abgelagerten Geröllen innerhalb einer Kies- oder Geröllbank. Imbrikationen bilden sich zudem unmittelbar am Übergang vom oberen ins untere Fließregime (Schlunegger und Garefalakis, 2018), also beim hydraulischen Sprung (Abbildung 4-17c). Ähnlich wie bei einer Antidüne erfolgt die Ablagerung einzelner Gerölle gegen die Fließrichtung (Abbildung 4-18).

4.4 Wellen

4.4.1 Eigenschaften von Wellen

Stehende Gewässer wie zum Beispiel ein See oder auch das Meer weisen häufig eine rhythmische Hin- und Herbewegung des Wassers auf, verbunden mit einer Anhebung und Absenkung der Wasseroberfläche – das Abbild einer Welle. Wellen werden durch ihre Wellenlänge L (Meter), Höhe H (Meter) und Periode W (Sekunde) charakterisiert (Abbildung 4-19a).

Die Wellenlänge und -höhe hängt von der Windstärke und vom ‚Fetch' ab. Dieser Begriff bezeichnet die Größe der Wasserfläche, über die ein Wind weht und Wellen erzeugt. Dabei wird die Windstärke oder Windgeschwindigkeit häufig auch in Beaufort (Skala von 1–13) angegeben, eine Messgröße, welche auf phänomenologischen Kriterien beruht. Zum

→

Abbildung 4-17: *Ablagerungen von Kies und Steinen (Fotos: Flüsse in den Zentralalpen).*
a) *Gerölle sind flach gelagert und bilden ein Sediment mit einer massigen Struktur.*
b) *Gerölle sind dachziegelartig gelagert (imbrikiert). Der Transport erfolgte von links nach rechts.*
c) *Foto (Drohnenaufnahme © D. Mair) einer Stromschnelle in der Waldemme bei Entlebuch mit hydraulischen Sprüngen (links) und imbrikierten Geröllen (rechts).*

a
30 cm

b
Fließrichtung
50 cm

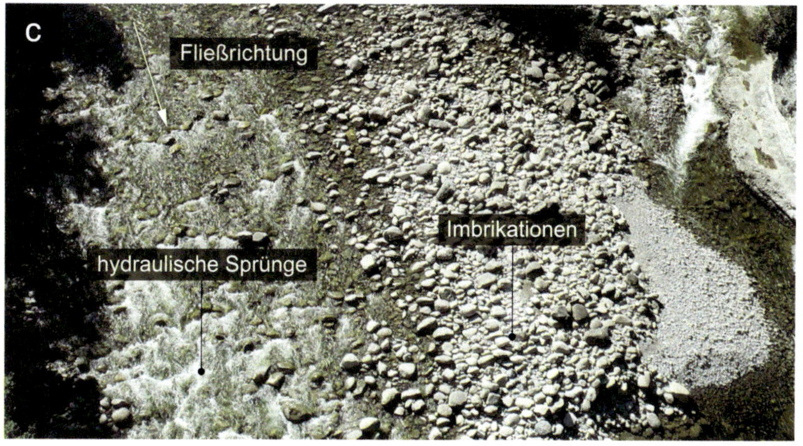
c
Fließrichtung
Imbrikationen
hydraulische Sprünge

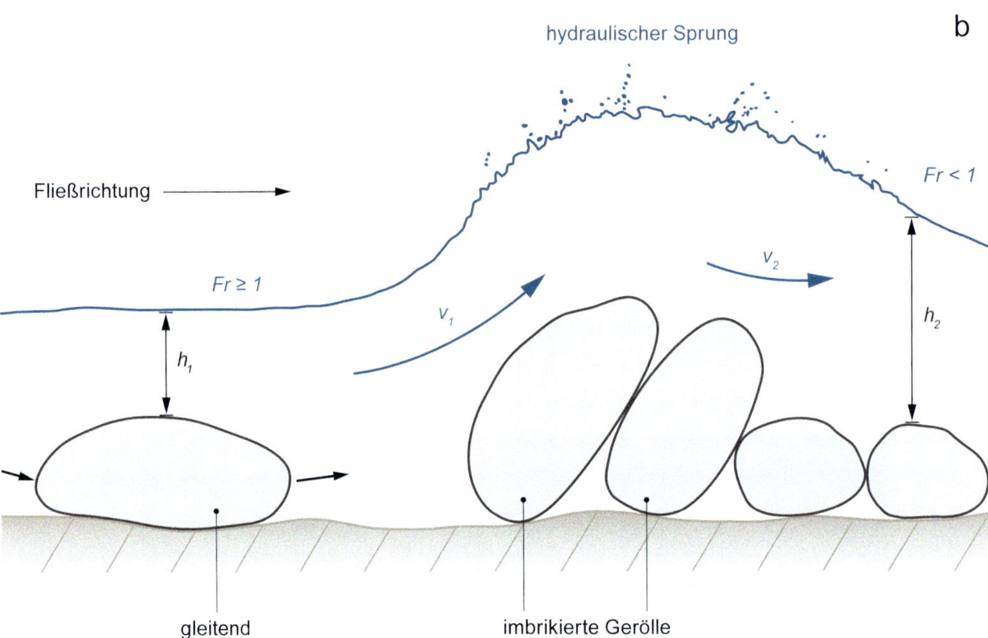

***Abbildung 4-18:** **a)** Hydraulischer Sprung mit Schaumkronen; **b)** unterhalb des hydraulischen Sprungs können sich Gerölle dachziegelartig anlagern. Wegen des Massenerhaltungsgesetzes ist das Produkt aus h_1 und v_1 gleich groß wie das Produkt aus h_2 und v_2. Foto © Schlunegger et al. (2020).*

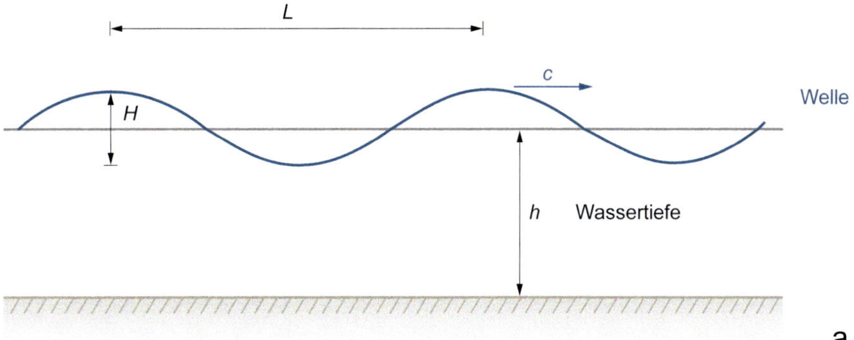

c Phasengeschwindigkeit der Wellenbewegung
d Durchmesser der Rotationsbewegung des Wassers
h Wassertiefe
H Wellenhöhe
L Wellenlänge

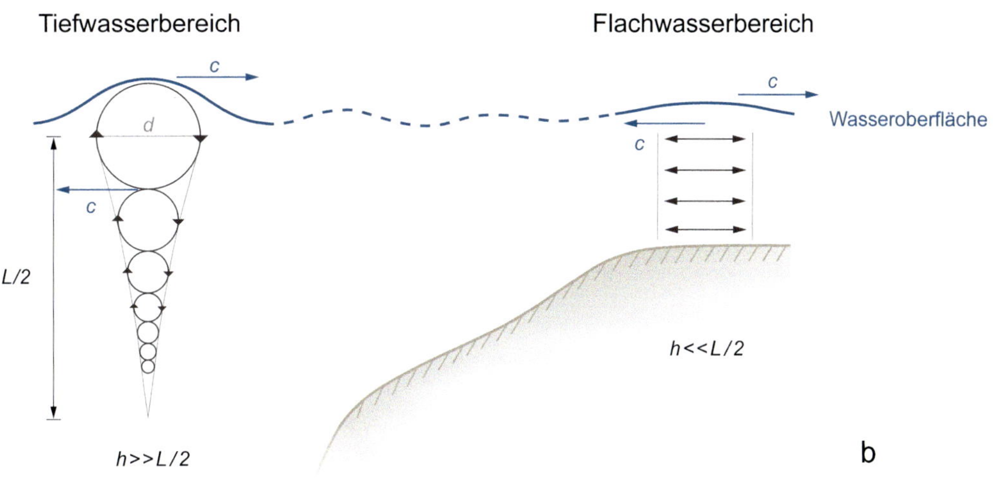

Abbildung 4-19: *Wellen und ihre Wirkung in einer Wassersäule.* ***a)*** *Parameter, mit welchen eine Welle charakterisiert wird;* ***b)*** *Tiefwasserwelle sowie Flachwasserwelle. Trifft eine Welle aus dem offenen Meer an den Strand, dann wird bei den hydraulischen Berechnungen die Theorie für Tiefwasserwellen verwendet. Übernommen von Allen (1997).*

Beispiel entsprechen Windgeschwindigkeiten von 20–28 km/h der Stufe 4 auf der Beaufort-Skala. Für präzisere Messungen werden oft Anemometer beigezogen, welche die Windgeschwindigkeit direkt messen.

Ist der ‚Fetch' relativ gering und sind die Winde schwach, dann bilden sich lediglich Zentimeter hohe Wellen – sogenannte Kapillarwellen. Bei starkem Wind, aber ebenfalls bei schönem Wetter, können Wellen eine Wellenlänge bis zu zehn Metern und eine Höhe von über einem Meter erreichen. Solche durch den Wind angetriebene Wellen werden als Windseewellen (oder Englisch ‚chop') bezeichnet. Sie können anwachsen, solange die Phasengeschwindigkeit *c* geringer ist als die Windgeschwindigkeit (Deutscher Wetterdienst). Dieser Wellentyp zeichnet sich durch spitze Wellenberge und damit durch ein großes Verhältnis zwischen Wellenhöhe und Wellenlänge aus.

Sind Windgeschwindigkeiten größer als 20,8 m/s (ca. 9 Beaufort), dann liegt ein Sturm vor. Findet ein solcher Sturm auf offenem Meer oder einem größeren Binnengewässer statt, dann führen die starken Winde wegen des großen ‚Fetch' zu intensivem Wellengang. Derartige Sturmwellen haben eine Wellenlänge von mehreren hundert Metern und eine Wellenhöhe bis zu zehn Metern. Sie entstehen häufig durch Interferenzen von Wellen unterschiedlicher Längen und Höhen. Schönwettersituationen führen also zur Bildung von Kapillar- (geringe Windstärke) und Windseewellen mit relativ steiler Front (starker Wind, schönes Wetter), während ein Sturm auf offenem Meer oder einem größeren Binnengewässer zu weiten und flachen Wellen führt.

Wellen werden grundsätzlich in zwei Kategorien unterteilt: Tiefwasser- und Flachwasserwelle (Abbildung 4-19b). Bei Tiefwasserwellen ist die Tiefe der Wassersäule h um ein Vielfaches größer als die Hälfte der Wellenlänge ($h >> L/2$). Eine solche Welle bildet sich in der Regel auf dem offenen Meer oder auch auf einem tiefen See. Im Gegensatz dazu entsteht eine Flachwasserwelle ($h << L/2$) auf Gewässern mit geringer Wassertiefe.

Der Höhenunterschied zwischen Wellenkamm und -trog führt zu einem geodätischen Potential, das dazu führt, dass sich die Welle mit der Phasengeschwindigkeit c fortbewegt (s. auch Kapitel 4.1.3). Bei Tiefwasserwellen berechnet sich die Phasengeschwindigkeit aus dem Verhältnis der Wellenlänge und der Wellenperiode:

$$c = L / W = \sqrt{\frac{gL}{2\pi}} \ .$$

Bei Flachwasserwellen wird die Phasengeschwindigkeit $c = \sqrt{gh}$ aus der Wassertiefe h und der Gravitationsbeschleunigung g bestimmt.

4.4.2 Wellenbasis

Der Wellengang von Tiefwasserwellen führt zu einer rhythmischen, kreisförmigen Bewegung der Wasserteilchen. Die Rotationsgeschwindigkeit entspricht dabei der Ausbreitungs- und damit der Phasengeschwindigkeit c, welche von der Wellenlänge L abhängt (s. oben):

$$c_{h=0} = \sqrt{\frac{gL}{2\pi}}.$$

Der Durchmesser d dieser kreisförmigen Bewegungen ist dagegen eine Funktion der Wellenhöhe H: $d_{(h=o)} = H$. Mit zunehmender Wassertiefe ($h < 0$) nehmen Geschwindigkeit und Durchmesser der Rotationsbewegungen exponentiell ab (Abbildung 4-19):

$$c_{(h)} = c_{(h=0)} e^{h\frac{2\pi}{L}}, \quad d_{(h)} = d_{(h=0)} e^{h\frac{2\pi}{L}}.$$

Unterhalb einer kritischen Wassertiefe werden Geschwindigkeit und Durchmesser der kreisförmigen Bewegungen zu gering, als dass Sedimentpartikel, insbesondere Sandkörner, bewegt werden könnten. Diese Wassertiefe wird deshalb auch als Wellenbasis bezeichnet. Unter der Wellenbasis findet folglich kein Sedimenttransport statt. Die Tiefe der Wellenbasis hängt von der Größe der Welle und damit von der Wellenlänge ab; sie ist bei schönem Wetter relativ flach (Tiefe der Schönwetter-Wellenbasis: wenige Meter) und bedeutend tiefer bei einem Sturm (Tiefe der Sturmwetter-Wellenbasis: 50 Meter und mehr).

4.4.3 *Windseewellen, und Bildung von Wellenrippeln*

Liegt nun der See- oder Meeresgrund oberhalb der Schönwetter-Wellenbasis und ist der Seegang hinreichend stark, dann wird das Sediment am Grund durch die welleninduzierten Oszillationsbewegungen hin und her transportiert. Es entstehen symmetrische Rippel mit gleich steilen Flanken auf beiden Seiten des Rippelkamms. Bei symmetrischen Rippeln ist das Verhältnis γ/λ zwischen Rippelhöhe γ (Abstand zwischen Kamm und Rippeltrog) und Kammabstand λ kleiner als 0,25, was auf die Rotationsgeometrie der Wasserbewegung am Meeres- oder Seegrund zurückgeführt werden kann (Allen und Hoffman, 2005). Diese Rippel werden auch als Wellenrippel oder Oszillationsrippel bezeichnet. Sie haben einen symmetrischen Querschnitt und zeigen eine zopfartige Kreuzschichtung (Abbildung 4-20). Die Rippelkämme sind häufig gebogen und verzweigen sich gabelförmig zu Gabelrippeln.

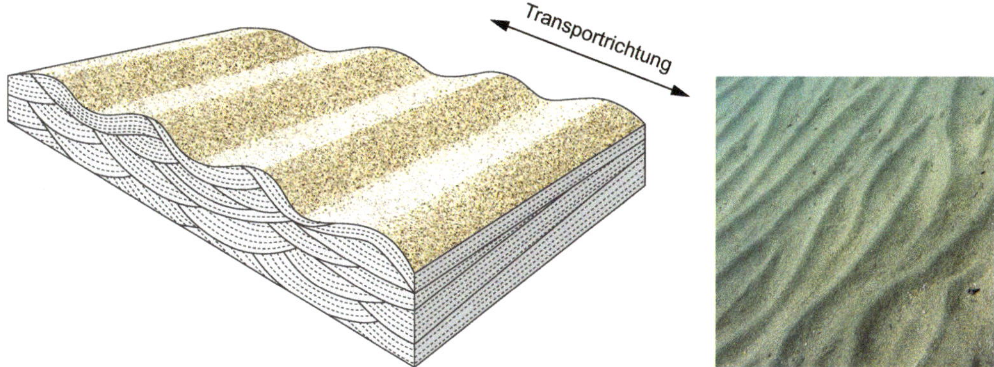

Abbildung 4-20: *Oberflächenform und Sedimentstrukturen von Wellen- oder Oszillationsrippeln. Modifiziert und nachgezeichnet nach Reineck und Singh (1980). Das Foto rechts zeigt mehrere Wellenrippel im Pagasitischen Golf. Typisch sind Vergabelungen der Rippelkämme. Der Kammabstand beträgt ca. 10 cm.*

Aus dem Kammabstand λ (Abbildung 4-21a) und der Korngröße D eines Wellenrippelsandsteins kann die Wassertiefe h bestimmt werden, in der die Wellenrippel gebildet wurden. Des Weiteren können die Länge L und Periode W der entsprechenden Wellen auf der Wasseroberfläche berechnet werden. Bei diesen Abschätzungen geht man von den kritischen hydraulischen Bedingungen am See- oder Meeresgrund aus, die nötig sind, um Wellenrippel zu bilden. Dies betrifft insbesondere die minimalen und damit kritischen Durchmesser d_{krit} und Geschwindigkeiten c_{krit} der Rotationsbewegungen des Wassers am Grund (Abbildung 4-19b). An der Wellenbasis hängt die kritische Geschwindigkeit der Rotationsbewegung c_{krit} einerseits von der Korngröße des Sediments D als auch vom Durchmesser der Rotationsbewegung d_{krit} ab (Miller und Komar, 1980; Allen und Hoffman, 2005).

Ist die Korngröße $D < 0{,}5$ mm, dann berechnet sich c_{krit} wie folgt:

$$c_{krit} = 0{,}21\sqrt{\frac{(\rho_s - \rho_w)g}{\rho_w}}\sqrt[4]{d_{krit}D}\ .$$

Ist die Korngröße $D > 0{,}5$ mm, dann ergibt sich:

$$c_{krit} = 0{,}46\pi\sqrt{\frac{(\rho_s - \rho_w)g}{\rho_w}}\sqrt[8]{d_{krit}D^3}\ .$$

Die Variablen g, ρ_s und ρ_w quantifizieren die Gravitationsbeschleunigung (9,81 m/s^2), die Dichte des Sediments (2700 kg/m^3) sowie die Dichte des Wassers (1000 kg/m^3). Experimente und Berechnungen zeigten zudem, dass bei der Bildung eines Wellenrippels der Durchmesser der Rotationsbewegung d_{krit} um etwa 65% größer ist als der Kammabstand λ des Rippels, das heißt $d_{krit} = \lambda/0{,}65$ (Miller und Komar, 1980; Allen und Hoffmann, 2005).

Aus dem Kammabstand λ und der Korngröße D eines Wellenrippels lässt sich die Größe der Welle bestimmen, die bei Bildung der entsprechenden Schichtform beteiligt war (Miller und Komar, 1980; Allen und Hoffman, 2005). Im Falle des Beispiels von Abbildung 4-21a beträgt der Kammabstand $\lambda = 60$ mm und die Korngröße $D = 0{,}125$ mm. Bei der Bildung der Wellenrippel betrug der Rotationsdurchmesser der Wasserteilchen d_{krit} damit 92 mm, und die kritische Rotationsgeschwindigkeit c_{krit} war 0,11 m/s (Berechnung von c_{krit} für $D < 0{,}5$ mm). Aus c_{krit} und d_{krit} lässt sich nun die Periode W der Welle berechnen. Diese entspricht der Zeitspanne für eine Aufwärts- und Abwärtsbewegung der Welle. Dabei führen die Wasserteilchen eine Bewegung durch, die in etwa dem Umfang der Rotationsbewegung ent-

Abbildung 4-21: *Schichtformen, welche durch Wellen gebildet wurden (Fotos: Untere Meeresmolasse, Zentralschweiz).*
a) *Wellen- oder Oszillationsrippel, gebildet durch einen Wellengang bei relativ ruhigem Wetter, aber bei starkem Wind. Der Abstand λ zwischen den Wellenkämmen beträgt 60 mm.*
b) *Tempestitlage, charakterisiert durch eine planare Basis sowie eine geringe Dicke bei relativ großer Wellenlänge.*
c) *Internstruktur einer Tempestitlage. Charakteristisch für eine Sturmablagerung ist die wellige, beulenartige Lamination, welche eine Beulenkreuzschichtung beschreibt. Innerhalb der Tempestitlage und im Dach davon befinden sich Wellenrippelstrukturen. Diese sind Hinweise für einen abklingenden Wellengang. Foto © B. Keller.*

a
λ

b

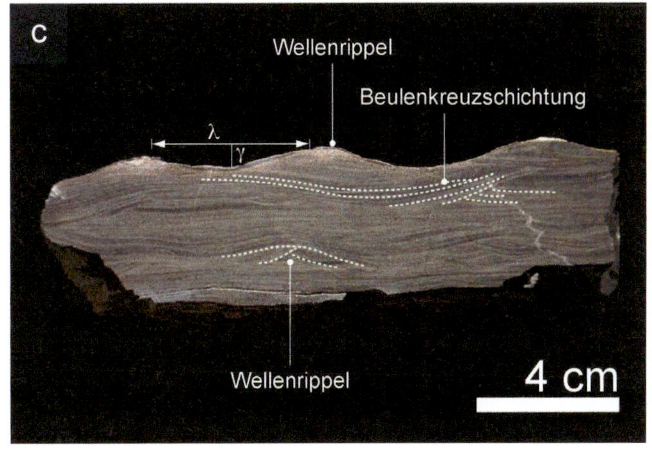
c
Wellenrippel
Beulenkreuzschichtung
λ
γ
Wellenrippel
4 cm

spricht. Dieser Umfang berechnet sich aus dem Durchmesser d_{krit} der Rotationsbewegung: $U_{krit} = \pi d_{krit}$. Daraus folgt, dass $W = U_{krit}/c_{krit} = 2{,}6$ Sekunden.

Aus $W = L/c_{(h=0)}$, und $c_{h=0} = \sqrt{\frac{gL}{2\pi}}$ folgt schließlich $L = W^2 \cdot \frac{g}{2\pi}$ und damit $L = 10{,}5$ Meter. Aus diesen Beziehungen lässt sich $c_{(h=0)}$ berechnen und basierend darauf eine Wassertiefe von ungefähr 6 Metern ableiten:

Lösung der Gleichung $c_{crit} = c_{(h=0)} e^{h\frac{2\pi}{L}}$.

Die Oszillationsrippel auf Abbildung 4-21a wurden folglich in einer Wassertiefe von etwa sechs Metern gebildet, und zwar durch eine Welle mit einer Wellenlänge von etwa zehn Metern und einer Periode von ungefähr 2,6 Sekunden. Damit dürften diese Rippel durch Windseewellen entstanden sein, welche bei relativ starkem Wind gebildet wurden.

4.4.4 *Stürme und Bildung von Tempestiten*

Ein Sturm auf offenem Meer oder einem größeren Binnengewässer führt zu einem starken Wellengang mit einem hohen Verhältnis zwischen Wellenlänge L und Wellenhöhe H. Dies hat zur Folge, dass die entsprechende Wellenbasis – die Sturmwetter-Wellenbasis oder einfacher die Sturmwellenbasis – tiefer zu liegen kommt als während schönen Wetters. Silte, Tone und Sande unterhalb der Schönwetter-Wellenbasis, aber oberhalb der Sturmwetter-Wellenbasis werden dabei aufgewirbelt und umgelagert. Dabei bilden sich charakteristische Sedimentstrukturen, welche als Sturmablagerungen interpretiert werden; wir sprechen hierbei auch von Tempestiten (vom Lateinischen tempestas: Sturm, Unwetter). Die Schichtform, die sich dabei bildet, ist durch eine planare oder erosive Basis charakterisiert und weist eine geringe Höhe (wenige Dezimeter), jedoch einen großen Kammabstand (ca. 1–5 m) auf (Abbildung 4-21b). Sie bildet damit das relativ große Verhältnis zwischen Wellenlänge und Wellenamplitude einer Sturmwelle ab.

Das Interngefüge dieser Schichtform entspricht einer Beulenkreuzschichtung, der sogenannten ‚Hummocky Cross-Stratification' (HCS; Harms et al., 1975). Dabei handelt es sich um eine Struktur aus wellig und beulig, zuweilen auch parallel angeordneten Laminen mit flachwinkligen (< 2°) Erosionskontakten (Abbildung 4-21c). Die Laminen ändern dabei ihre Dicke über kurze Distanzen. Die genauen Mechanismen, wie eine solche Beulenkreuzschichtung entsteht, sind noch nicht vollständig geklärt. Man geht aber davon aus, dass die flachwinklig sowie beulenartig kreuzgeschichteten Laminen vermutlich im oberen Fließregime gebildet werden und zwar durch die Kombination einer unidirektionalen und einer oszillierenden Wasserbewegung. Tempestite weisen oft eine normale Gradierung auf und sind im Dach von Tonen und Silten überlagert, welche einen Hinweis auf einen abklingenden Sturm liefern. Tempestite können ebenfalls von Wellenrippeln (unteres Fließregime) überlagert (Abbildung 4-21c) und aufgearbeitet werden. Dies ist charakteristisch für den Übergang von Sturmwellen zu einem rhythmischen und damit schwächeren Wellengang.

Thunersee

5 Flüsse, Seen und äolische Dünenfelder

5.1 Sedimentologische und geomorphologische Gliederung des Flachlands

Wo Flüsse und Wildbäche das Gebirge verlassen und ins Flachland strömen, bilden sie größere und kleinere, radialförmige Fächer, welche den Gebirgsrand säumen und damit einen natürlichen Übergang vom steilen Gebirge zum Flachland bilden. Auf diesen Fächern setzt sich ein bedeutender Teil der Bodenfracht ab. Am Gebirgsrand selbst ist das Fließmuster der meisten Flüsse noch relativ unregelmäßig. Flussläufe teilen und vereinigen sich über kurze Distanzen und bilden ein verwildertes, scheinbar ungeordnetes Muster aus Rinnen und Kiesbänken. Weiter flussabwärts wird die Bodenfracht in den Flussläufen sukzessive feinkörniger, und aus den wilden, hochdynamischen Schuttfächersystemen entwickelt sich eine Auenlandschaft, wo das Wasser in weiten Mäanderbögen fließt. Gegen das Meer hin und damit im flachsten Bereich des Festlandes strecken sich die Flussläufe zu geraden Strömen und erreichen schließlich das Meer (Abbildung 1-1). Im Bereich des Deltavorfeldes verzweigen sich die Flussläufe zum letzten Mal und bilden eine vielfältige Landschaft aus Rinnen und Tümpeln mit einer üppigen Vegetation. Dieser Wechsel im Fließmuster ist mit einer immer feinkörnigeren Sedimentfracht sowie einer kontinuierlichen Verflachung des Geländes verbunden. Dabei entstehen diagnostische Sedimentstrukturen und Sedimentabfolgen, welche in den Kapiteln 5.2 bis 5.5 erläutert werden.

Flüsse können aber auch in Seen münden und dort ihre mechanische Fracht ablagern. Seen sind insbesondere dort weit verbreitet, wo die Landschaft während der letzten großen Vereisungen von dicken Gletschern bedeckt war. Die letzte große Eiszeit, oder auch das LGM (Last Glacial Maximum), erreichte sein Maximum vor ca. 20 000 Jahren (Schlüchter, 2004) und hinterließ eine Landschaft mit deutlichen Spuren, welche Gletscher hinterlassen haben. Dazu gehören Moränen und insbesondere auch Mulden und Übertiefungen, welche unter den Eismassen gebildet wurden (Abbildung 3-1). Nach dem LGM begannen die Gletscher zu schmelzen, die Eismassen zogen sich ins Gebirge zurück, und die übertieften Mulden wurden frei gelegt. Die Sohlen dieser Übertiefungen liegen deutlich tiefer als die aktuelle Erosionsbasis, deren Höhenlage durch die heutigen Flüsse bestimmt wird. In diesen Mulden bildeten sich Seen mit einer Vielzahl von ökologischen und sedimentologischen Nischen. Wir stellen eine beschränkte Auswahl davon in Kapitel 5.6 vor.

Kapitelbild 5: *Thunersee (Stefan Werthmüller, 2021).*

Große Bereiche unseres Globus sind jedoch zu trocken, als dass sich eine Vegetationsdecke bilden könnte. Zudem führt fehlender Niederschlag in diesen ariden Klimagürteln (Abbildung 2-6) dazu, dass eine chemische Verwitterung weitgehend ausbleibt. Deshalb werden in diesen Gebieten auch keine Böden gebildet. Des Weiteren hat die trockene Luft zur Folge, dass die Atmosphäre während der Nacht stark abkühlt. Daraus resultieren große Temperaturunterschiede zwischen Tag und Nacht, was die mechanische Verwitterung des geologischen Untergrundes beschleunigt (Temperaturverwitterung, Kapitel 2.1) und schließlich zur Entstehung von Sedimentpartikeln beiträgt. Starke und stetig wehende Winde tragen diese ab und verfrachten die Sand- und Staubpartikel zu Dünenfeldern. So entstehen weitläufige Landschaften mit Löss (Staubablagerungen), äolischen Rippeln und komplexen Winddünen (Abbildung 1-1). Winderosion und -transport sowie die daraus resultierenden sedimentologischen Schichtformen und Strukturen sind Gegenstand von Kapitel 5.7.

5.2 Schuttfächer, Schuttschürzen und Megaschuttfächer

5.2.1 Schuttfächer und Schuttschürzen

Schuttfächer sind Ablagerungskörper mit einer radialen, fächerförmigen Geometrie (Abbildungen 5-1 und 5-2). Die Radien können bis zu zehn Kilometer lang werden. Durch das seitliche Zusammenwachsen einzelner Schuttfächer entstehen Schuttschürzen (Abbildung 5-2) – oder auch Bajadas (hergeleitet aus dem Spanischen für ‚Abhang' oder ‚Abstieg'). Das durchschnittliche Gefälle auf solchen Schuttfächern ist relativ steil und beträgt zwischen 1° und 10°. In einem Längsschnitt vom Gebirge bis ins Flachland weisen Schuttfächer einen konkaven, bisweilen aber auch geraden Verlauf der Oberfläche auf, während die Schuttfächeroberfläche in einem Schnitt quer durch den Fächer, also parallel zum Gebirge, eine konvex gewölbte Form aufweist (Profilspur A–B; Abbildung 5-1b).

Schuttfächer haben relativ kleine Einzugsgebiete (generell $< 100\ km^2$), und die Rinnen entwässern meistens nur den Gebirgsrand und haben deshalb einen relativ kurzen Oberlauf von nur wenigen Kilometern. Deshalb beschränkt sich das Spektrum der Sedimentfracht in den Rinnen auf wenige lithologische Einheiten. Im Oberlauf ist allerdings das Gefälle der Rinnen deutlich steiler als 1–5°, so dass der Sedimenttransport häufig als Murgang oder Schuttstrom insbesondere während starker Niederschläge erfolgt. Beim Übergang vom Gebirge ins Flachland werden die Rinnen breiter und flacher (Abbildung 3-8). Der Schuttstrom kann deshalb dort einen Teil seiner Sedimentfracht als matrixgestützte Brekzie ablagern (Abbildung 3-7).

Der höchste Punkt auf einem Schuttfächer wird als Apex bezeichnet. Von dort aus breitet sich der Ablagerungskörper radialförmig gegen das Flachland aus. Erfährt der Ablagerungsbereich dagegen eine aktive tektonische Hebung, dann durchschneiden die Schuttstrom- oder Murgangrinnen den Apex (Abbildung 5-3). Die Rinnen liegen dort also tiefer als die Schuttfächeroberfläche. Sie erreichen die Höhenlage der Fächeroberfläche erst weiter unten, wo ein tiefer gelegener, sekundärer Apex gebildet wird. Der Bereich, wo die Rinne die höher gelegene Schuttfächeroberfläche durchschneidet und in den tiefer gelegenen, sekundären Apex mündet, wird als Intersektionspunkt bezeichnet. Ein solches morphologisches Landschaftselement bietet somit einen Hinweis auf aktive tektonische Bewegungen.

Die Größe der Schuttfächeroberfläche hängt direkt von der Sedimentzufuhr ab, und diese nimmt mit der Größe des Einzugsgebietes im angrenzenden Gebirge zu (Abbildung 5-4a).

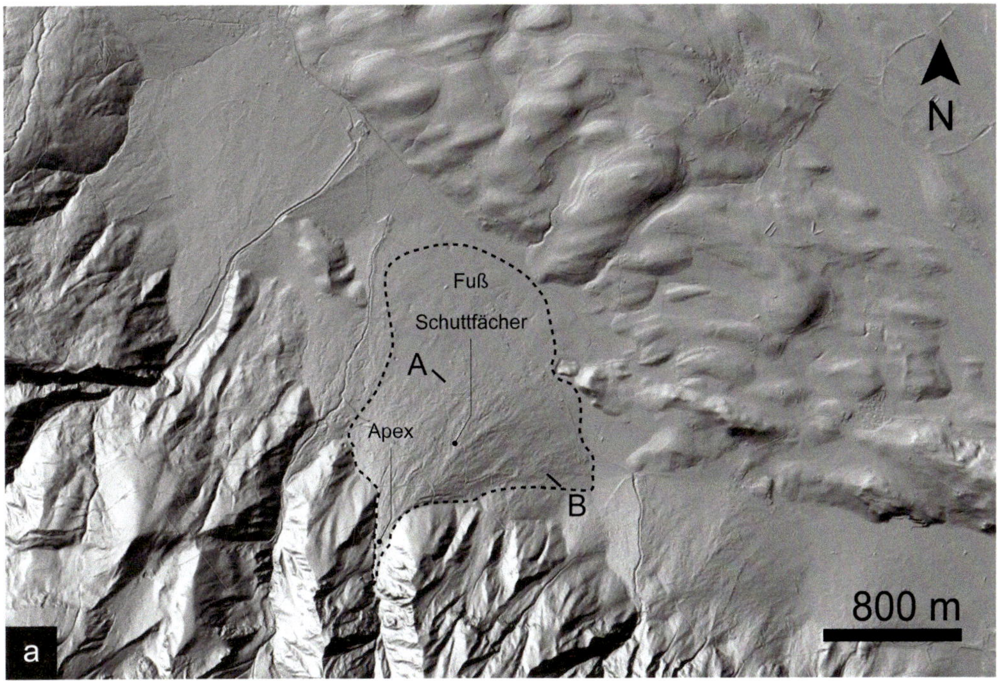

b

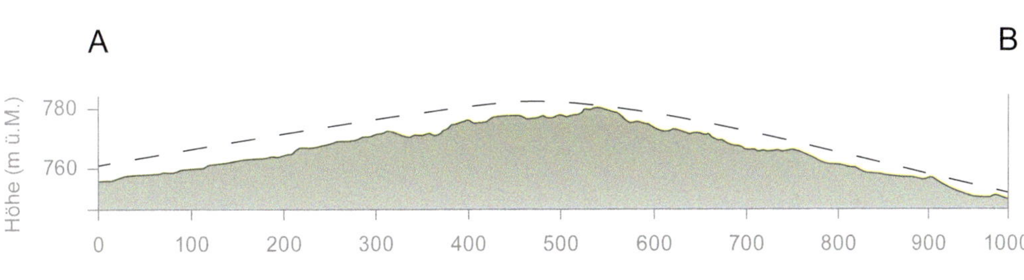

Abbildung 5-1: *Beispiel mehrerer Schuttfächer am Rande der Alpen bei Bern (Digitales Geländemodell des Alpenrandes südlich von Bern bei ca. 46°43′N / 7°32′E.* ***a)*** *Aufsicht mit einem geschummerten Lidar-Geländemodell mit 2 Meter Auflösung als Grundlage (© Swisstopo).* ***b)*** *Topographischer Querschnitt durch einen solchen Schuttfächer. Dieses Profil wurde basierend auf dem digitalen Geländemodell von Swisstopo erstellt.*

Je größer also das Einzugsgebiet eines Schuttfächers, umso größer ist die Schuttfächeroberfläche. Eine hohe Sedimentzufuhr bewirkt zudem, dass ein Schuttfächer relativ viel Platz braucht, um die zugeführte Sedimentmenge zu speichern. Der Fuß des Schuttfächers (Abbildung 5-1a) verlagert sich deshalb weiter ins Flachland. Damit wird die Schuttfächeroberfläche auch flacher, und deshalb sind das durchschnittliche Gefälle eines Schuttfächers und die Größe des dazugehörigen Einzugsgebietes negativ miteinander korreliert (Abbildung 5-4b).

Abbildung 5-2: *Satellitenbild in der Region des Death Valleys, USA bei ca. 36°03'N / 116°49'W. Mehrere Schuttfächer vereinigen sich zu einer Schuttschürze. Satellitenaufnahme © 2020 Maxar Technologies.*

5.2.2 Megaschuttfächer

Megaschuttfächer sind, wie es der Name schon sagt, große Ablagerungskörper. Entsprechend groß sind auch die Einzugsgebiete im angrenzenden Hinterland. Dort erstrecken sich die Flussläufe bis weit über 20 Kilometer ins Gebirge und entwässern eine Fläche von mehr als ca. 1000 km^2. Diese Einzugsgebiete werden von mehreren geologischen Einheiten mit den unterschiedlichsten Lithologien (Sedimentgesteine, Metamorphite, Plutonite, Vulkanite) aufgebaut. Entsprechend vielfältig ist die lithologische Zusammensetzung der Sedimentfracht in den Flüssen, wo sie das Gebirge verlassen.

Megaschuttfächer beginnen beim Apex und erstrecken sich bis 20 und 30 Kilometer weit ins Flachland. Dabei beschreiben sie eine fächerförmige, radiale Geometrie, welche auf seitliche Verlagerung der Schüttungsachse zurückzuführen ist. Die Frequenz dieser Verlagerungen hängt von der Breite des Megaschuttfächers, der Menge der zugeführten Sedimentfracht und dem Abfluss ab. Bei einer Verlagerung der Schüttungsachse können dabei ältere, bereits bestehende Rinnen reaktiviert werden, oder es bilden sich neue Flussläufe. Die wohl schönsten immer noch aktiven Megaschuttfächer finden wir am Fuße des Himalayas (Abbildung 5-5). Der Apex des Megaschuttfächers in Abbildung 5-5a liegt dort auf

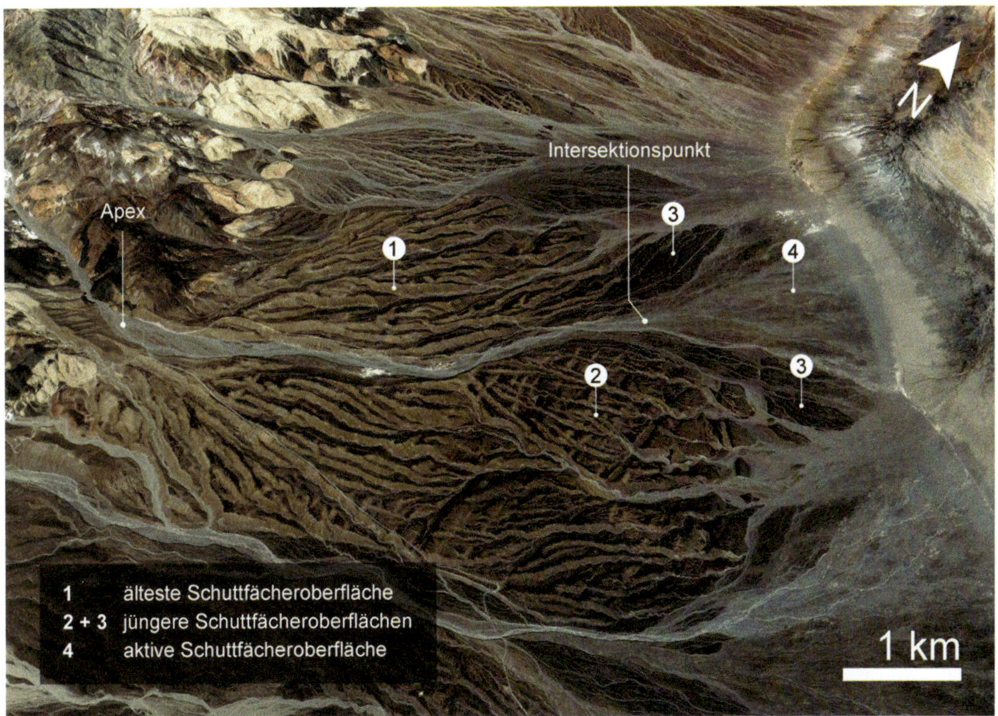

Abbildung 5-3: *Satellitenbild eines Schuttfächers, der zur Zeit eine aktive Hebung erfährt. Als Folge davon verlagerten sich die Ablagerungsprozesse zu einem tieferen Bereich unterhalb des Intersektionspunktes. Die Aufnahme zeigt einen Fächer in der Region des Death Valleys, USA bei ca. 35°58′N / 116°50′W. Satellitenaufnahme © 2020 Maxar Technologies.*

einer Höhe von 395 m ü.M. Weitere 5 Kilometer flussabwärts liegt die Flusssohle auf einer Höhe von 330 m ü.M. Damit beträgt das Gefälle unmittelbar unterhalb des Apex etwa 0,7°. Weitere 20 Kilometer flussabwärts ist das Gefälle flacher und beträgt lediglich 0,4°. Damit sind Megaschuttfächer deutlich flacher als Schuttfächer und Schuttschürzen. Dieser Unterschied widerspiegelt einerseits die weite Erstreckung der Megaschuttfächer, welche die Länge der Schuttfächer und Schuttschürzen deutlich übertrifft. Andererseits, und wahrscheinlich bedeutender, sind die Unterschiede in den Mechanismen des Sedimenttransportes. So ist das Gefälle der Flussrinne zu flach, als dass sich ein Schuttstrom oder Murgang bilden könnte. Die Sedimentumlagerungs- und -ablagerungsprozesse sind deshalb weitgehend durch hydrodynamische Bedingungen in den Flussrinnen gesteuert. Diese führen die gesamte Sedimentfracht, pendeln auf der Schuttfächeroberfläche hin und her und verteilen so den grobkörnigsten Teil der Bodenfracht auf dem Fächer. Der feinkörnigere Teil der Bodenfracht sowie die Suspensionsfracht werden dagegen weiter ins Flachland transportiert und dort ab- oder zwischengelagert. Der Übergang vom Megaschuttfächer zum Flachland erfolgt deshalb meistens graduell.

Das Fließmuster beim Apex ist oft verwildert (Kapitel 5.5.1, Abbildung 5-5a), und flache, bis zu zwei Meter tiefe Rinnen wechseln sich mit Kiesbänken in einem unregelmäßigen

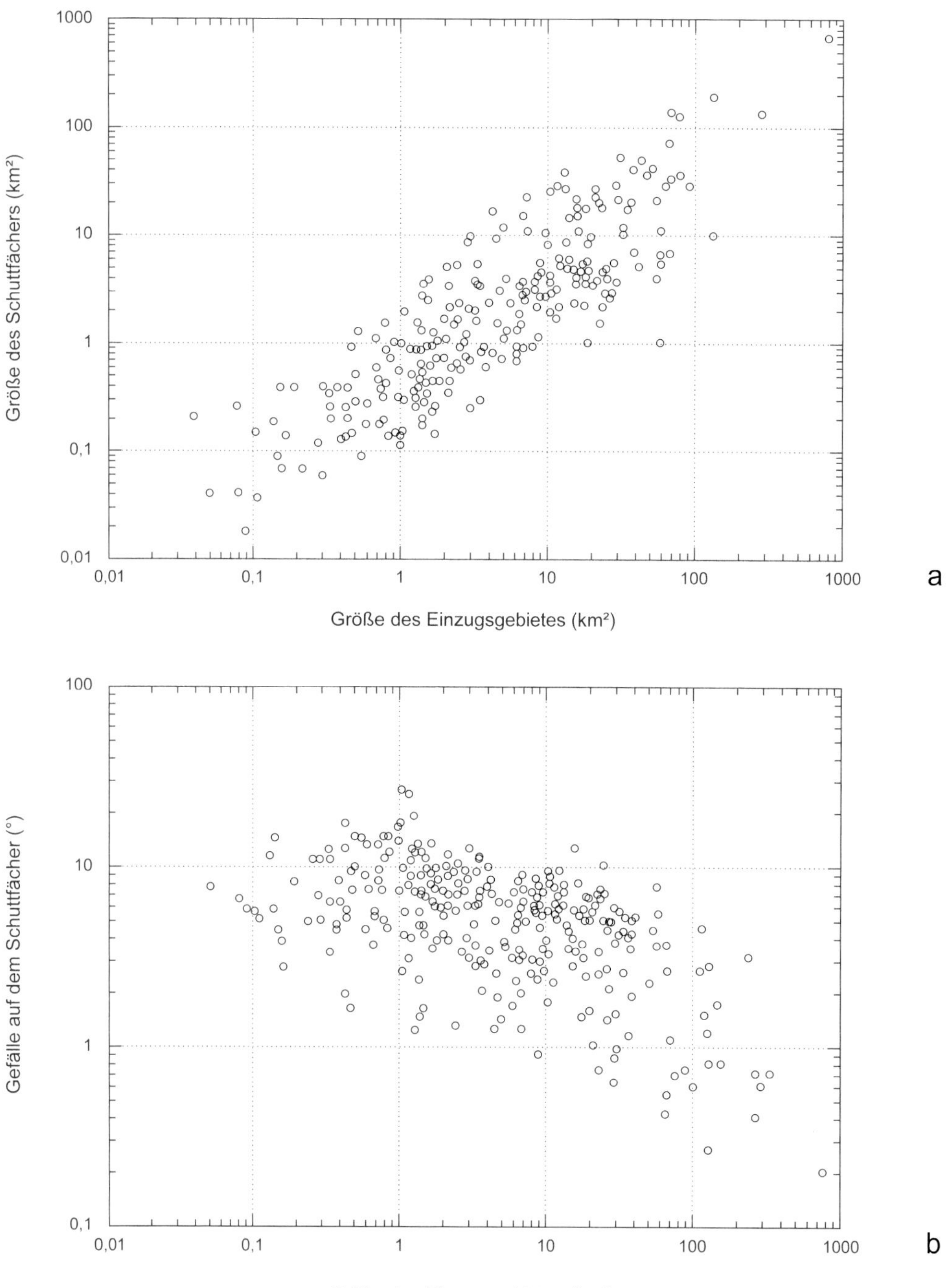

Abbildung 5-4: *Beziehung zwischen der Morphometrie eines Schuttfächers und der Größe des Einzugsgebietes.* ***a)*** *Je größer das Einzugsgebiet, umso größer wird die Schuttfächeroberfläche;* ***b)*** *je größer das Einzugsgebiet, umso flacher wird das Gefälle auf dem Schuttfächer. Modifiziert nach Blair und McPherson (1994).*

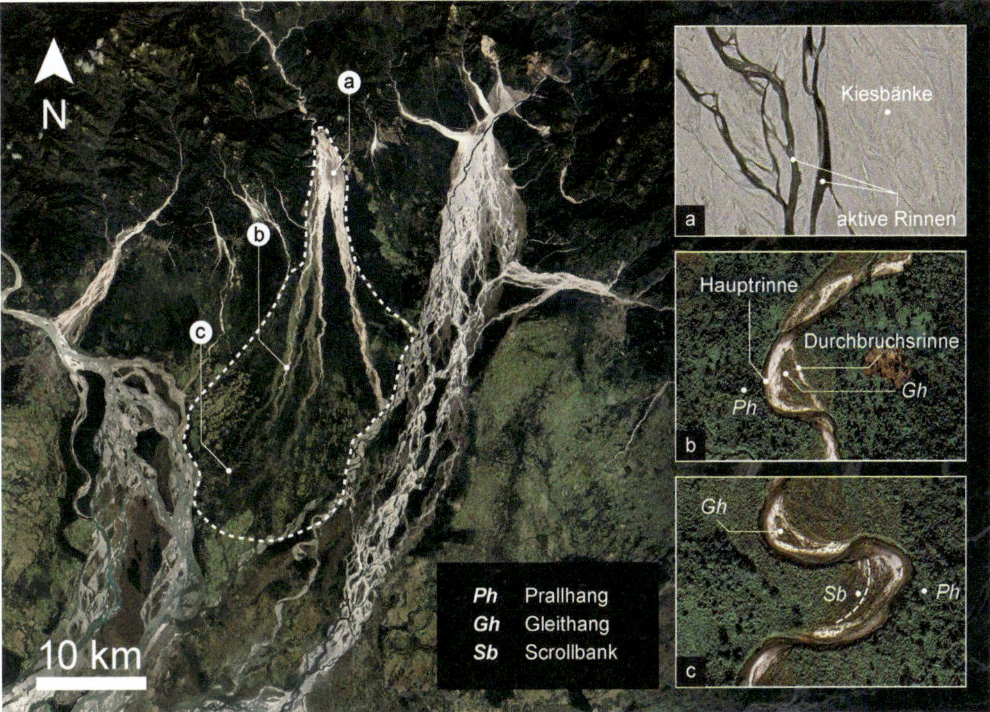

Abbildung 5-5: *Megaschuttfächer am Fuße des Himalayas bei ca. 28°14'N / 95°36'E (Satellitenbild © Landsat/Copernicus). Detailaufnahmen zeigen, wie sich das Fließmuster auf dem Schuttfächer verändert:* ***a)*** *Verwildertes Fließverhalten beim Apex, sowie* ***b)*** *und* ***c)*** *zunehmend mäandrierendes Fließverhalten weiter flussabwärts. Satellitenbilder © 2020 CNES/Airbus.*

Muster ab. Weiter flussabwärts sammelt sich das Wasser sukzessive in einer einzigen, erheblich tieferen Rinne, welche zuerst schwach (Abbildung 5-5b) und allmählich stärker mäandriert (Abbildung 5-5c, Kapitel 5.5.2). Weiter flussabwärts strömt der Fluss auf dem Schuttfächer schließlich mit dem Hauptfluss zusammen.

5.3 Charakterisierung einer Flusslandschaft

5.3.1 Rinnengürtel und Flussrinne

Die Landschaft rund um einen Fluss bildet einen Korridor mit Rinnengürtel und angrenzender Überschwemmungsebene. Im Rinnengürtel befindet sich die aktive Flussrinne mit mehreren Kies- und Sandbänken. Bei Niedrigwasser bilden diese Flussbänke das Ufer der aktiven Rinne. Im Rinnengürtel selbst pendelt die aktive Rinne hin und her und lagert dabei bereits ältere Sedimente wieder um (Abbildung 5-6). Rinnengürtel sind oft mehrere Zehner bis Hunderte von Metern breit, können jedoch – je nach Größe des Flusses – auch mehrere Tausende von Metern in die Breite wachsen. Die aktiven Flussrinnen selbst nehmen aber oft nur einen Bruchteil der Breite des Rinnengürtels ein. Die Überschwemmungsebene, welche den Rinnengürtel säumt, wird nur bei Hochwasser geflutet. Dann wird dort ein

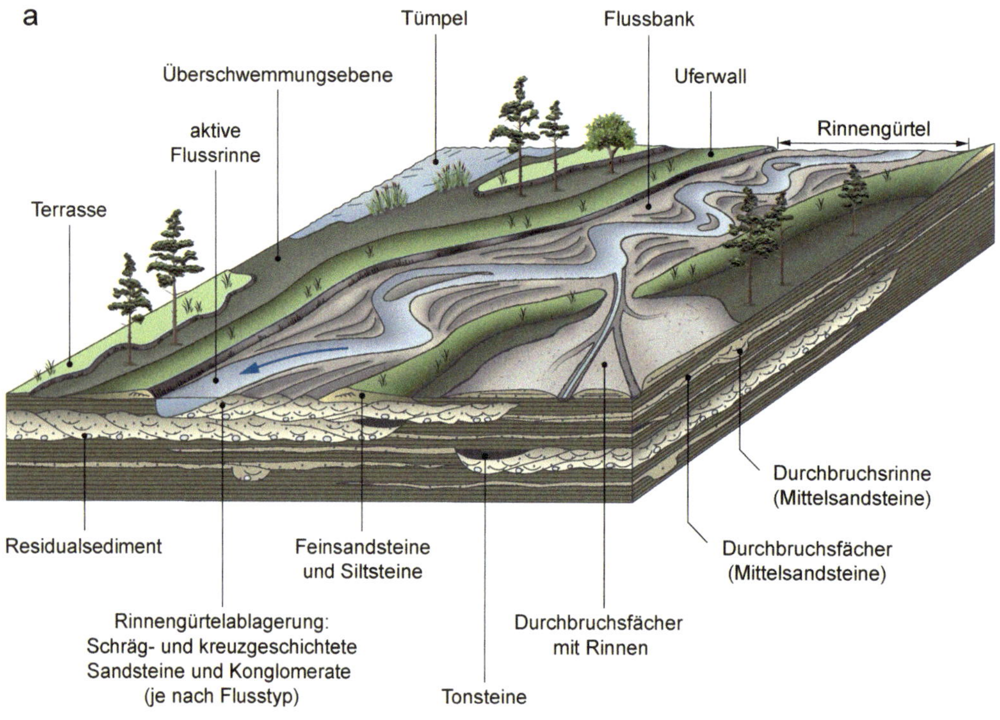

Abbildung 5-6: a) *Sedimentologisches Modell einer Flusslandschaft mit Rinnengürtel, Uferwall sowie Durchbruchsfächer (modifiziert nach Platt und Keller, 1992).* ***b)*** *Beispiel einer 20 Millionen Jahre alten Rinnenfüllung mit basalem Erosivkontakt (Obere Süsswassermolasse bei Bern). Die Rinnenfüllung besteht aus Konglomeraten. Die roten Sedimente sind auf einer Überschwemmungsebene gebildet worden, denn die rote Farbe ist ein Hinweis auf Bodenbildung.*

Teil der tonigen und siltigen Suspensionsfracht des Flusses verteilt und abgelagert. Nach der Überflutung trocknen die Wasserlachen aus, und Pflanzen können weiterwachsen oder sich neu ansiedeln. Die Überschwemmungsebene besteht deshalb weitgehend aus der feinkörnigen Suspensionsfracht des Flusses. Uferwälle und Durchbruchsfächer bilden schließlich natürliche Übergänge vom Rinnengürtel zur Überschwemmungsebene (Abbildung 5-6a).

In den Flussrinnen selbst erfolgt der Sedimenttransport als Boden- und Suspensionsfracht (Kapitel 4) in Abhängigkeit vom Wasserstand. Bei Niedrigwasser führt die Flussrinne lediglich etwas Suspensionsfracht, aber kaum Bodenfracht. Je nach Menge an Suspensionsfracht ist das Wasser dann unterschiedlich trüb. So führen die großen Ströme im Flachland jeweils eine relativ hohe Konzentration an Suspensionsfracht und viel organisches Material, auch wenn der Fluss sehr langsam fließt. Das Wasser wirkt trüb und hat eine grau-bräunliche Farbe. Diese Trübung beobachten wir zum Beispiel in der Donau bei Wien und Budapest oder auch im Rhein bei Köln und in der Saale bei Jena. Bei Hochwasser allerdings nimmt die Trübung des fließenden Wassers deutlich zu, und das Wasser erhält eine ockerbraune Farbe. Dies ist jeweils ein deutlicher Hinweis, dass Ackerland und Böden durch Starkregen abgetragen werden (Kapitel 1.2.2). Da während eines Hochwassers auch der Wasserpegel und damit die Wassertiefe h ansteigen, nimmt die Schleppkraft F_D des Wassers proportional zur Wassertiefe zu (Gleichung in Kapitel 4.2.5). Damit erhält der Fluss eine genügend hohe Schleppkraft, um das Sediment am Grund zu verfrachten. Fein- und Mittelsandpartikel saltieren und bilden Großrippel; Grobsandpartikel sowie Kies und Steine rollen und gleiten am Untergrund. Sie bilden Kies- und Sandbänke. Die Suspensionsfracht – insbesondere Silt- und Tonpartikel und z.T. auch Feinsandkörner – schwebt dabei im mittleren und oberen Teil der Wassersäule im Fluss. Bei Hochwasser ist also die gesamte Sedimentfracht inklusive des grobkörnigeren Materials am Grund in Bewegung. Dies ist insbesondere dann der Fall, wenn die Rinne vollständig mit Wasser gefüllt ist. Dabei werden große Sedimentvolumina flussabwärts verfrachtet. Abschätzungen zeigen, dass ein Hochwasser mit voller Rinne im Durchschnitt alle Jahre oder mindestens jedes zweite Jahr auftritt (Bray, 1975; Petit und Panquet, 1998).

Rinnenablagerungen dokumentieren die Erosions- und Ablagerungsprozesse in der Flussrinne selbst und bestehen weitgehend aus der Bodenfracht. Die Rinnenfüllungen haben einen basalen Erosivkontakt (Abbildung 5-6b). Unmittelbar darüber folgt ein Sohlenpflaster oder Residualsediment, welches sich an der Basis der Flussrinne anreichert (Abbildung 5-6). Dabei handelt es sich um Kies, Grobsand, Holz und Tonklumpen. Je nach Rinnentiefe wird das Residualsediment durch zwei bis zehn Meter mächtige Rinnenfüllungen überlagert. Dabei handelt es sich um massige sowie schräggeschichtete Konglomerate (verwilderte Flüsse, Kapitel 5.5.1), kreuz- und schräggeschichtete Grobsandsteine mit Kieslagen (mäandrierende Flüsse geringer Sinuosität, Kapitel 5.5.2), kreuz- und schräggeschichtete Grob- bis Mittelsandsteine (mäandrierende Flüsse hoher Sinuosität, Kapitel 5.5.2), sowie kreuzgeschichtete Fein- bis Mittelsandsteine (gerade und anastomosierende Flüsse, Kapitel 5.5.3 und 5.5.4).

5.3.2 *Uferwall*

Die Flussrinne wird seitlich durch Uferwälle gesäumt (Abbildung 5-6a). Tritt bei Hochwasser der Fluss über die Ufer, dann ergießt sich das mit Suspension angereicherte Wasser auf die seitlich angrenzende Überschwemmungsebene. Dabei wird das Wasser gebremst, sobald es auf die Überschwemmungsebene strömt. Die Bremswirkung ist entlang eines schmalen, etwa zehn Meter breiten Saums am größten. Dort setzen sich zuerst die Feinsandkörner ab und bilden Kleinrippel (Abbildung 4-16, Kapitel 4.3). Mit zunehmender Distanz kommen dann auch die Siltpartikel in Form von Kletterrippeln zur Ablagerung (Abbildung 4-14c). Weil der Bremseffekt am Rinnenrand am größten ist, wird dort auch die größte Sedimentmenge abgesetzt. Die Uferwälle erhalten deshalb eine keilförmige Geometrie mit planarer Basis und einem flachen, gegen die Überschwemmungsebene hin geneigten Dach (Abbildung 5-6a).

5.3.3 *Durchbruchsfächer*

Hält der Uferwall dem Wasserdruck bei einem Hochwasser nicht stand, dann bricht er, und die obere Wassersäule des Flusses strömt als Schwall auf die Überschwemmungsebene. Diesen Prozess bezeichnen wir als Avulsion. Dabei wird die mitgeführte Sedimentfracht fächerförmig auf der flachen Ebene verteilt – es bildet sich ein Durchbruchsfächer, welcher zum Teil mit kleineren Durchbruchsrinnen durchsetzt ist (Abbildung 5-6a). Das verfrachtete Sediment stammt aus der oberen Wassersäule des Flusses und umfasst daher nur einen bescheidenen Anteil der Bodenfracht (Mittel- und Feinsandkörner), aber nahezu die gesamte Suspensionsfracht (Silt- und Tonpartikel, zum Teil auch Feinsandkörner). Der Schwall auf die Überschwemmungsebene kann im oberen Fließregime erfolgen. Dabei setzt sich der grobkörnige Anteil der Sedimentfracht als parallellaminierte, zentimeter- bis dezimeterdicke Lage ab (Kapitel 4.3.3). Erfolgt die Ablagerung in sehr kurzer Zeit, dann entsteht ein massiges, zum Teil normal gradiertes Sedimentgefüge. Ist allerdings der Schwall zur Überschwemmungsebene vorerst schwach und nimmt dann die Fließgeschwindigkeit allmählich zu, zum Beispiel wenn sich der Bruch durch den Uferwall sukzessive verbreitert, dann entsteht eine inverse Gradierung an der Basis und anschließend eine normale Gradierung im Dach der Sandschicht. Die sedimentäre Struktur ist auch in diesem Fall entweder massig (schnelle Absetzung der Sedimentfracht, z.T. im oberen Fließregime, Kapitel 4.3.3) oder parallellaminiert (Absetzung im oberen Fließregime). Der feinstkörnige Anteil der Suspensionsfracht wird weiter auf die Überschwemmungsebene geschwemmt und dort als parallellaminierte Tone abgelagert (s. nächsten Abschnitt).

5.3.4 *Überschwemmungsebene*

Die Überschwemmungsebene hat in der Regel eine Vegetationsdecke und säumt den Rinnengürtel mit der Flussrinne und den Flussbänken (Abbildung 5-6). Schwappt der Fluss über die Ufer, dann wird die Überschwemmungsebene mit suspensionsgesättigtem Wasser geflutet, und es bilden sich seichte Tümpel und Wasserlachen auf den Feldern. Je nach topographischer Lage der Überschwemmungsebene und der Größe des Hochwassers sind die Tümpel einige Zentimeter bis Dezimeter, in seltenen Fällen sogar einige Meter tief. Klingt das Hochwasser ab, dann verdunstet das Wasser auf der Überschwemmungsebene, und die Suspensionsfracht – es handelt sich meistens um Tonpartikel – setzt sich als millimeterdünne, parallellaminierte Schicht ab. Trocknen die Wasserlache und anschließend die abgelagerte Tonschicht vollständig aus, dann entstehen polygonal angeordnete Trockenrisse (Abbildung 5-7). Pflanzenwachstum und einsetzende Verwitterungsprozesse tragen zur anschließenden Bodenbildung bei (Kapitel 2.3). Wird die Überschwemmungsebene

***Abbildung 5-7:** Trockenrisse unterschiedlicher Größe (Durchmesser bis ca. 50 cm). Dabei sind die polygonalen Rissstrukturen charakteristisch. Die Tonschicht ist parallellaminiert (Foto: Flachland am westlichen Rand der Anden in Peru).*

allerdings jährlich oder mindestens alle zwei Jahre geflutet, dann ist die Zeit zwischen den Überflutungsereignissen zu kurz, als dass sich ein Boden mit den vier Horizonten (O, A, B und C; Abbildung 2-4) ausbilden könnte. Es entsteht eine Abfolge aus parallellaminierten Tonsteinen mit Wurzelrückständen und Trockenrissen (Abbildung 5-7). Liegt die Überschwemmungsebene, bezogen auf die Lage des Rinnengürtels, relativ hoch oder weit entfernt und ist eine Überflutung deshalb sehr selten (höchstens einmal in Tausenden bis Zehntausenden von Jahren), dann bildet sich ein Boden mit der charakteristischen Zonierung in die vier Horizonte (Abbildung 2-4).

5.4 Flusstypen und kontrollierende Faktoren

Rinnengürtel und Flussrinnen werden durch ihre Breite und Tiefe sowie durch die Organisation und Geometrie der verschiedenen aktiven Flussrinnen kategorisiert. Dabei unterscheiden wir zwischen 4 verschiedenen Flusstypen: verwildert, mäandrierend, gerade und anastomosierend (s. Kapitel 5.5 für detaillierte Beschreibung der Flusstypen). In diesem Kontext erweist sich die Sinuosität als hilfreicher Parameter, um die Rinnengeometrie und insbesondere um das Ausmaß des Mäandrierens einer Flussrinne zu beschreiben. Die Sinuosität ist das Verhältnis zwischen der Länge eines Flussabschnittes und der gradlinigen

Distanz zwischen Anfangs- und Endpunkt. Sie hat einen Wert, der immer größer als 1 ist. Es zeigt sich, dass mäandrierende Flüsse eine hohe Sinuosität und verwilderte sowie gerade Flüsse eine geringe Sinuosität haben (Abbildung 5-8).

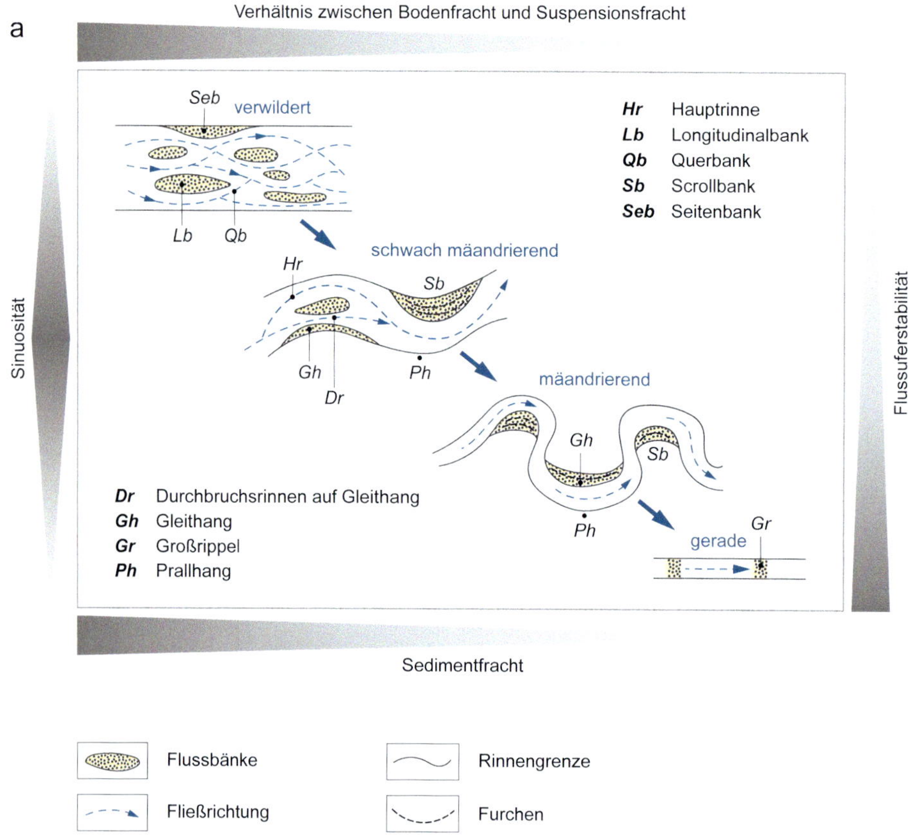

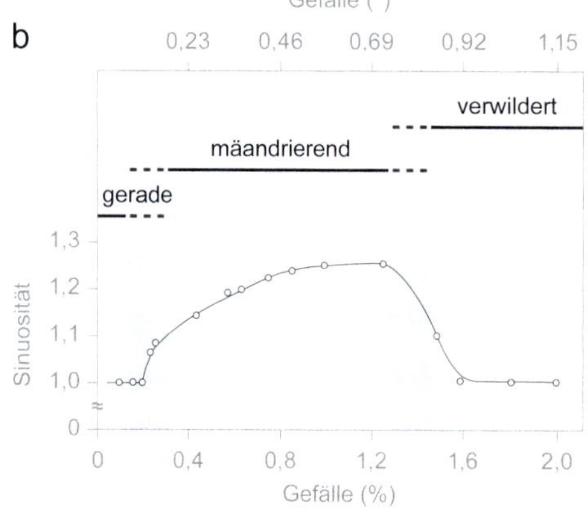

Abbildung 5-8: *Faktoren, welche das Fließmuster eines Flusses kontrollieren.* ***a)*** *Beziehung zwischen Fließmuster, Sinuosität, Flussuferstabilität, Sedimentfracht und Verhältnis zwischen Bodenfracht und Suspensionsfracht. Die Abbildung wurde modifiziert nach Galloway und Hobday (1983) und Schumm (1985).* ***b)*** *Beziehung zwischen Gefälle, Sinuosität und Fließmuster. Nach Miall (1996), basierend auf Daten von Schumm und Khan (1972) und Schumm (1985).*

Die Stabilität der Flussufer stellt wohl den wichtigsten Parameter dar, welcher das Flussmuster bestimmt. Bei einem verwilderten Fluss ist die Flussuferstabilität sehr gering, und der Fluss kann fortlaufend, zum Teil sogar in einem jährlichen Rhythmus, seine Abflussgeometrie verändern. Eine zunehmende Uferstabilität führt dazu, dass der Flusslauf seine Lage weniger häufig verändert und der Abfluss zunehmend in einer einzigen Rinne erfolgt. Der Fluss beginnt folglich mit zunehmender Flussuferstabilität zu mäandrieren und nimmt dann schließlich einen geraden Verlauf an.

Die Uferstabilität selbst hängt von der Art der zugeführten Sedimentfracht ab. Bei einer Überschwemmung führt ein hoher Anteil an Suspensionsfracht, wie das insbesondere bei geraden und mäandrierenden Flüssen beobachtet wird, zur Akkumulation mächtiger Ton- und Siltabfolgen. Diese Ablagerungen bestehen weitgehend aus Tonmineralen, welche eine hohe Kohäsion haben. Ihre Abtragung ist daher mit einem hohen Energieaufwand verbunden (Abbildung 4-10). Dies ist auch der Grund dafür, wieso bei mäandrierenden und insbesondere bei geraden Flüssen, welche einen relativ hohen Anteil an Suspensionsfracht führen (s. Kapitel 5.5.3), die Flussuferstabilität tendenziell hoch ist (Abbildung 5-8a). Im Gegensatz dazu ist in verwilderten Flüssen der Anteil der Bodenfracht relativ hoch. Zudem setzen sich die Flussbänke bei verwilderten Flüssen meistens aus Steinen und Kies zusammen, welche eher locker und somit instabil gelagert sind. Deshalb sind in diesen Flüssen die Uferstabilität geringer und der Flusslauf variabler als in mäandrierenden und geraden Flüssen.

Das Gefälle und die Menge der Sedimentfracht oder auch der Sedimentfluss stellen weitere kontrollierende Parameter dar, welche die Geometrie der Flussläufe beeinflussen. Eine hohe Sedimentfracht und ein steiles Gefälle führen zu einem verwilderten Fließverhalten. Eine geringe Sedimentfracht und ein flaches Gefälle werden dagegen bei geraden Flüssen beobachtet (Abbildung 5-8). Ein großes Gefälle führt zudem dazu, dass ein Fluss eine eher grobkörnige Bodenfracht führen kann, weil mit zunehmendem Gefälle die Schleppkraft eines Flusses und damit auch das Kaliber der mitgeführten Sedimentfracht zunehmen (Kapitel 4.2.5). Mit zunehmendem Gefälle nimmt auch die Transportkapazität zu. Dabei handelt es sich um die Sedimentmenge, welche ein Fluss bei einem gegebenen Wasserabfluss transportieren kann (Tucker und Slingerland, 1997). Bei einem größeren Gefälle (verwilderte Flüsse) sind also das Kaliber der mitgeführten Bodenfracht und die Menge der Sedimentfracht und damit auch das Verhältnis zwischen Bodenfracht und Suspensionsfracht größer als in einem flacheren Fluss (gerade Flüsse, Abbildung 5-8). Damit sind Gefälle, Sedimentfracht, die Größe des Korns in der Bodenfracht, das Verhältnis zwischen Bodenfracht und Suspensionsfracht und letztlich auch die Flussuferstabilität eng miteinander verknüpft. Es erstaunt deshalb nicht, dass die Kombination dieser Variablen schließlich das Fließmuster eines Flusses bestimmt (Abbildung 5-8b). Die anastomosierenden Flüsse nehmen im Kontext der kontrollierenden Faktoren eine Sonderstellung ein. Diese werden in Kapitel 5.5.4 erläutert.

5.5 Sedimentologische Eigenschaften der unterschiedlichen Flusstypen

5.5.1 Verwilderte Flüsse

In verwilderten Flüssen fließt das Wasser in mehreren stark verzweigten Flussläufen. Einige vereinigen sich flussabwärts oder teilen sich weiter auf (Abbildungen 5-5a und 5-8a). Bei Niedrigwasser benetzt das Wasser nur einen kleinen Teil des gesamten Rinnengürtels (< 5%).

Abbildung 5-9: *Verwilderte Flüsse und ihre Ablagerungen.* ***a)*** *Verwilderter Flussabschnitt bei Bern mit Rinnen sowie Longitudinal-, Seiten- und Querbänken bei ca. 46°48′N / 7°19′E. Die entsprechenden Ablagerungen bestehen meistens aus Steinen und Kies. Foto (© P. Burkhalter) reproduziert mit freundlicher Bewilligung des WWF Bern im April 2020.* ***b)*** *Versteinerte oder fossile Ablagerungen eines verwilderten Flusses bei ca. 47°03′N / 8°29′E. Modifiziert nach Garefalakis und Schlunegger (2018).*

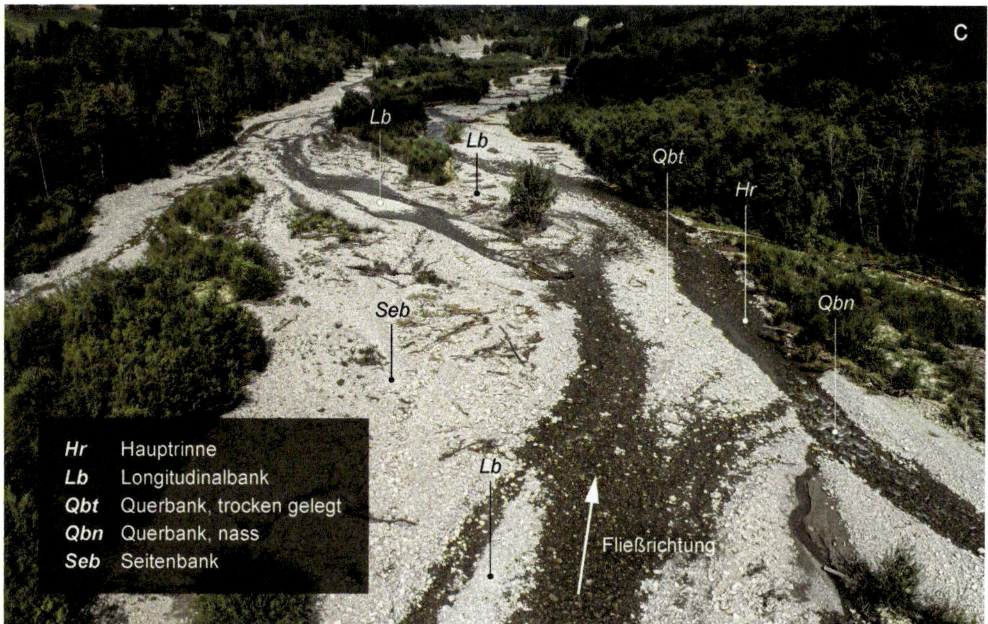

Abbildung 5-9 (Fortsetzung): *Verwilderte Flüsse und ihre Ablagerungen.* ***c)*** *Sense in der Umgebung von Plaffeien (ca. 46°43'N / 7°18'E) bei Niedrigwasser. Die Drohnenaufnahme (Foto © D. Mair) zeigt zahlreiche, zum Teil bewachsene Flussbänke mit Kies und Steinen. Bei den Flussbänken handelt es sich um Longitudinal-, Seiten- und Querbänke. Bei Niedrigwasser, wie im Fall auf dem Foto, sind einige Querbänke trocken gelegt. Die Flussläufe trennen und vereinigen sich wieder und bilden ein verwildertes Muster. In solchen Flüssen bilden sich massige (Longitudinalbänke) und schräggeschichtete Konglomerate (Querbänke), wie in Abbildung 5-9b illustriert.*

Weil sich das Wasser auf mehrere Flussrinnen verteilt, sind die einzelnen Rinnen relativ seicht und erreichen eine maximale Tiefe von 2 bis 2,5 Metern. Sie haben zudem eine flache Böschung von < 15°. Die Bodenfracht solcher Flüsse besteht weitgehend aus Kies und Steinen (Abbildung 1-3). Die Flusssohle sowie die Flussbänke bestehen deshalb meistens aus grobklastischem Material. Weil die Gerölle auf den Flussbänken lose herumliegen und locker gelagert sind, stabilisieren sie den Rand einer Rinne nur schwach.

In einem verwilderten Flusssystem werden die Flussbänke in Längsbänke – oder Longitudinalbänke– sowie Seitenbänke und Querbänke unterteilt (Abbildung 5-9a). Weil solche Bänke meistens aus Kies und Steinen bestehen, bilden sie Konglomerate (Abbildung 5-9b). Längsbänke sind einige Meter bis mehr als zehn Meter lang. Treten solche langgezogene Kiesbänke am Rand eines Rinnengürtels auf, dann werden sie als Seitenbänke bezeichnet (Abbildungen 5-9a und 5-9c). Längsbänke und Seitenbänke werden durch das fließende Wasser gestreckt und bilden deshalb ovale Formen. Die lange Achse dieser Flussbänke bildet folglich die Fließrichtung des Flusses ab. Beschreibt die Strömung des Wassers allerdings einen Bogen, dann entstehen aus den längsgestreckten Bänken halbmondförmige Geometrien. Bei Niedrigwasser liegt das Dach dieser Flussbänke in der Regel trocken. Bei Hochwasser werden sie aber geflutet, und das Sediment im Dach wird umgelagert. Klingt das Hochwasser ab, dann werden zuerst die Kiese und Steine abgelagert. Falls der Abfluss dabei im unteren Fließregime erfolgt, werden die Gerölle flach gelagert (Abbildung 4-17a). Findet die Geröllumlagerung dagegen im oberen Fließregime statt, dann werden die Gerölle auf der Longitudinalbank imbrikiert (Abbildung 4-17b). Bei weiter abklingendem Hochwasser setzt sich schließlich auch der Sand auf dem Dach der Längs- und Seitenbank ab. In einem sedimentologischen Profil werden Abfolgen von solchen Longitudinal- und Seitenbänken durch eine Sequenz von massig strukturierten Konglomeratbänken aufgezeichnet (Abbildung 5-9b). Dünne Sandlagen auf dem Dach einer Longitudinal- und Seitenbank bleiben als zentimeter- bis dezimeterdünne Sandsteinlinsen zwischen den Konglomeratschichten in den sedimentologischen Profilen erhalten.

Querbänke bilden sich häufig dort, wo ein Seitenarm in die Hauptrinne mündet oder wo die Hauptrinne die Richtung wechselt und dabei umschwenkt. In beiden Fällen bildet sich eine Stufe (Abbildung 5-9a), welche quer zur Fließrichtung liegt (deshalb die Bezeichnung ‚Querbank') und einen höhergelegenen Abschnitt von einer Vertiefung weiter flussabwärts abtrennt. Diese Stufe bildet öfters auch eine Stromschnelle – Schaumkronen auf der Wasseroberfläche sind Zeugen davon (Abbildung 5-9a). Bei stärkerer Strömung werden die Gerölle über die Stufe in die Vertiefung geschwemmt, wo sie dann liegen bleiben. Deshalb bewegt sich die Querbank flussabwärts, und die Gerölle werden schräg gelagert. Es entsteht eine Schrägschichtung, welche häufig auf einem basalen Erosivkontakt fußt (Abbildung 5-9b).

5.5.2 Mäandrierende Flüsse

Die Bodenfracht wird flussabwärts immer feinkörniger, das Gefälle wird flacher, und die Sedimentfracht nimmt ab. Dabei verändert sich auch die Geometrie des Flusses. Aus einem verwilderten Fluss mit mehreren Flussarmen wird sukzessive ein mäandrierender Fluss. Das Wasser fließt dabei weitgehend in einem Hauptkanal, welcher zu mäandrieren beginnt – der Fluss schlängelt also hin und her. Die Flussrinne erhält dadurch einen asymmetrischen Querschnitt. Im Mäanderbogen unterscheiden sich deshalb die Fließgeschwindigkeiten zwischen äußerem und innerem Rinnenrand. Entlang des äußeren Randes sind Fließlänge und Fliehkraft des Wassers am größten. Das Wasser fließt dort am schnellsten, die Rinne ist am tiefsten, und der Fluss entwickelt seine größte Schleppkraft und seine größte kinetische Energie. Dieser äußere Rand wird deshalb auch als Prallhang bezeichnet (Abbildungen 5-10 und 5-11). Dort wird das Ufer als Folge der größeren kinetischen Energie abgetragen und auch übersteilt, und der Fluss verlagert seine Rinne seitlich gegen den Prallhang hin. Entlang des inneren Randes – des Gleithangs (Abbildungen 5-10 und 5-11) – sind die Fließgeschwindigkeit und damit die kinetische Energie und die Schleppkraft des Flusses geringer. Dies führt

Abbildung 5-10: *Mäandrierende Flüsse geringer Sinuosität und ihre Ablagerungen.* ***a)*** *Beispiel eines mäandrierenden Flusses geringer Sinuosität mit Hauptrinne, Prallhang und Gleithang sowie Durchbruchsrinne auf dem Gleithang. Das Bild stammt aus Kolumbien bei ca. 4°14'N / 73°09'W (Satellitenaufnahme © 2020 CNES/Airbus).* ***b)*** *Schematischer sedimentologischer Querschnitt durch die Ablagerungen eines mäandrierenden Flusses geringer Sinuosität (nach Galloway und Hobday, 1983).* ***c)*** *Beispiel aus dem Gelände. Nach Arche (1983).*

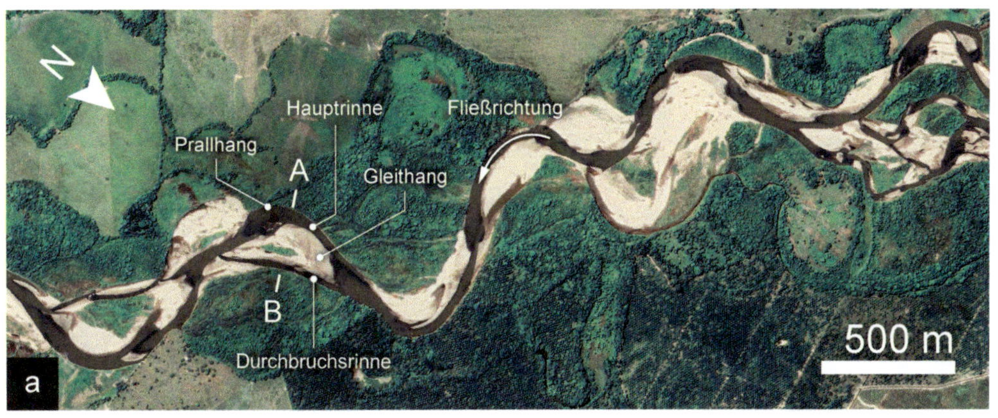
N
Hauptrinne
Fließrichtung
Prallhang
A
Gleithang
B
500 m
Durchbruchsrinne
a

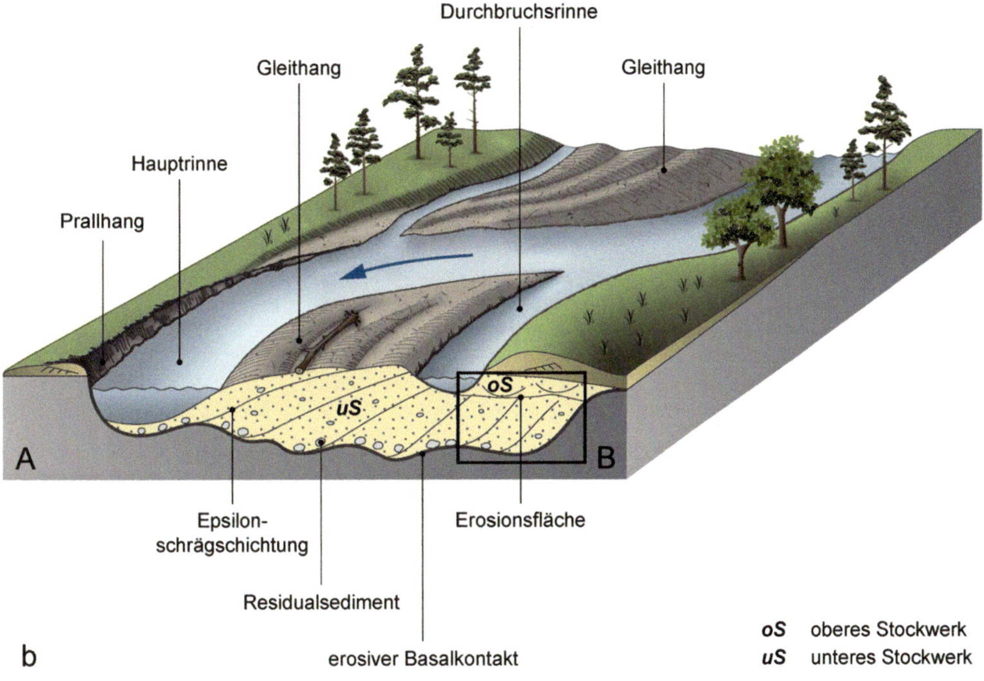
Durchbruchsrinne
Gleithang
Gleithang
Hauptrinne
Prallhang
oS
uS
A
B
Epsilon-
schrägschichtung
Erosionsfläche
Residualsediment
erosiver Basalkontakt
b
oS oberes Stockwerk
uS unteres Stockwerk

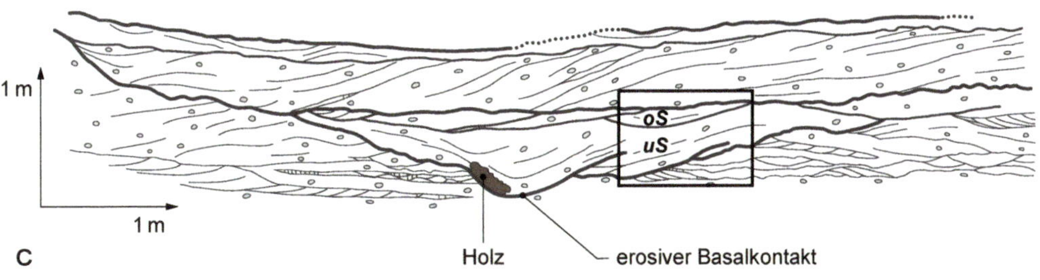
1 m
oS
uS
1 m
c
Holz
erosiver Basalkontakt

zu einem flachen Ufer, und das Wasser strömt mit geringer Energie um den Gleithang und bildet die für mäandrierende Flüsse charakteristischen Flussbänke. Dabei lagert der Fluss

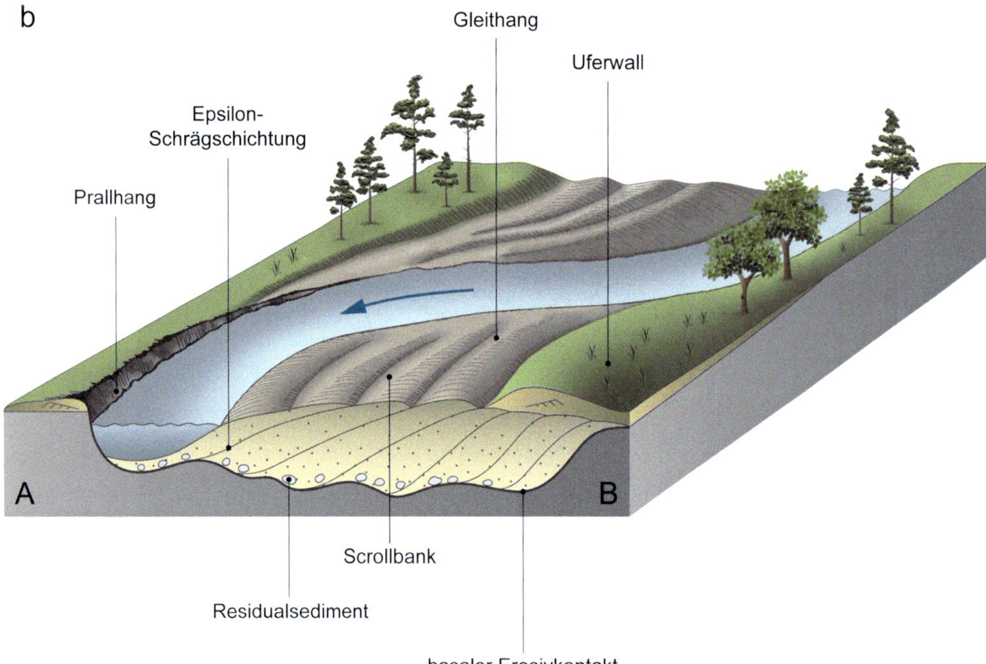

Abbildung 5-11: *Mäandrierende Flüsse hoher Sinuosität und ihre Ablagerungen.* ***a)*** *Beispiel eines mäandrierenden Flusses hoher Sinuosität mit Hauptrinne, Prallhang und Gleithang sowie Totarme. Das Bild stammt aus Sibirien bei ca. 55°47′N / 53°59′E (Satellitenaufnahme © 2020 CNES/ Airbus).* ***b)*** *Schematischer sedimentologischer Querschnitt durch die Ablagerungen eines mäandrierenden Flusses hoher Sinuosität. Modifiziert nach Galloway und Hobday (1983).*

einen Teil seiner Bodenfracht als dünne Lage ab. Diese Lage ist flachwinklig schräggeschichtet (Neigungswinkel ca. 10°) und weist oft eine sigmoidale Geometrie auf (ähnlich einem abgeplatteten und langgezogenen ‚S'). Sie quert die gesamte Flussrinne vom Gleithangufer bis zur Flusssohle. Das Sediment in dieser schräggeschichteten Lage ist normal gradiert. Diese Schrägschichtung wird wegen ihrer besonderen Geometrie auch als Epsilon-Schrägschichtung – oder abgekürzt ε-Schrägschichtung – bezeichnet (Abbildungen 5-10 und 5-11). Eine derartige Schrägschichtung bildet sich folglich durch seitliche Ablagerung – oder auch laterale Akkretion – eines Teils der Sedimentfracht als Folge der Verlagerung der Flussrinne. Im Dach weisen diese Gleithangsedimente konkav gebogene Rillen auf, welche als Scrollbänke bezeichnet werden (Abbildung 5-11). Diese bilden den Strömungsverlauf des Wassers und die seitliche Verlagerung der Flussrinne ab und sind aus der Vogelperspektive meistens deutlich zu erkennen.

Mäandrierende Flüsse geringer Sinuosität: Kiesige bis grobsandige Bodenfracht

Führt ein Fluss eine Mischung aus Kies und Sand als Bodenfracht, dann entwickelt er in der Regel eine geringe Sinuosität mit einem Wert von ca. 1,1. Die ε-Schrägschichtung besteht deshalb meistens aus einer kiesigen Basis sowie aus grob- und mittelkörnigem Sand im Dach. Bei Hochwasser wird häufig der gesamte Gleithangbereich geflutet. Daraus entwickelt sich eine sekundäre Rinne auf dem Gleithang (Durchbruchsrinne, Abbildungen 5-10a und 5-10b). Diese ist weitaus seichter als die Hauptrinne selbst und verläuft meistens gerade. Bei Hochwasser ist der Abfluss in der Durchbruchsrinne groß genug, um Gleithangsedimente abzutragen. Dies führt dann zur Kappung der ε-Schrägschichtung in ihrem Dach. Im Querschnitt weisen diese Flüsse deshalb einen zweistöckigen sedimentologischen Bau auf (Abbildungen 5-10b und 5-10c). Das untere Stockwerk (uS) folgt auf einen erosiven Basalkontakt und führt an seiner Basis ein grobkörniges, kiesiges Sohlenpflaster. Darüber liegen grob- bis mittelkörnige, flachwinklig schräggeschichtete Sande – die ε-Schrägschichtung. Diese sind im Dach gekappt. Diese Erosionsfläche beschreibt die Basis des zweiten, oberen Stockwerks (oS), bestehend aus massigen und trogförmig kreuzgeschichteten, mittelkörnigen Sanden. Die Sedimente des ersten, mächtigeren Stockwerks dokumentieren folglich die Flussbanksedimente und damit die Gleithangablagerungen der Hauptrinne. Die feinkörnigeren Ablagerungen im oberen, dünneren Stockwerk werden folglich als Durchbruchsrinne auf dem Gleithang interpretiert.

Mäandrierende Flüsse hoher Sinuosität: Grob- bis mittelsandige Bodenfracht

Weiter flussabwärts wird die Bodenfracht sukzessive feinkörniger, das Gefälle wird flacher, die Sedimentfracht geringer, und die Sinuosität erreicht einen Wert von ungefähr 1,2. In diesem Fall sprechen wir von einem Fluss mit einer hohen Sinuosität. Bei diesem Flusstyp sind Spuren, welche durch die seitliche Verlagerung der Rinne entstehen, durch die markanten Scrollbänke in der Vogelperspektive gut sichtbar (Abbildung 5-11a). Mäandrierende Flüsse hoher Sinuosität hinterlassen mittelkörnige Sandsteine, welche eine erosive Basis mit grobsandigem Sohlenpflaster oder Residualsediment aufweisen (Abbildung 5-11b). Darüber folgt eine flachwinklige ε-Schrägschichtung mit normaler Gradierung. Die Höhe dieser Schrägschichtung kann verwendet werden, um die Rinnentiefe abzuschätzen.

Liegen zwei Mäanderschlaufen sehr nahe beieinander, dann kann es zum Durchbruch des Flusses kommen. Ein Mäanderbogen wird dabei abgeschnürt und entwickelt sich zum

Totarm, Altarm oder Altwasser (Abbildung 5-11a). Nach der Abtrennung vom Hauptfluss setzt im Totarm oder Altwasser intensives Pflanzenwachstum ein, zum Beispiel Algen, Seegras und andere wasserliebende Pflanzen. In diesen Gewässern lagern sich somit tonige Sedimentpartikel und viel organisches Material ab. Es entstehen dunkel bis schwarz gefärbte Tonsteine und zum Teil auch Kohle (s. Kapitel 1.8.1).

5.5.3 Gerade Flüsse

Flussabwärts strecken sich mäandrierende Flüsse hoher Sinuosität zu geraden Flüssen (Abbildungen 1-1, 5-8a und 5-12). Damit verbunden ist eine weitere Abnahme des Gefälles, der Sedimentfracht und insbesondere der Korngröße in der Bodenfracht (Kapitel 5.4). So führen gerade Flüsse einen relativ hohen Anteil an Suspensionsfracht und relativ wenig Bodenfracht, welche ihrerseits weitgehend aus fein- bis mittelkörnigen Sandpartikeln besteht. Des Weiteren führt das flache Gefälle der Flusssohle zu einer geringen Fließgeschwindigkeit. Damit fehlt dem Fluss die genügende Energie, die für eine seitliche Verlagerung seiner Rinne nötig wäre. Gerade Flüsse haben deshalb auch die höchste Stabilität der Flussufer.

Gerade Flüsse haben einen symmetrischen Rinnenquerschnitt (Abbildung 5-12b). Auf eine erosive Basis folgt ein Residualsediment – oder ein Sohlenpflaster – aus mittelkörnigem Sand sowie aus bis zu faustgroßen Tongeröllen, welche aus der angrenzenden Überschwemmungsebene stammen und durch Erosion der Uferbänke in die Rinne gelangen. Die Bodenfracht bildet je nach Flussgröße dezimeter- bis meterhohe Großrippel mit einem Kammabstand, welcher mehrere Dezimeter bis einige Meter beträgt. Das Rinnensediment besteht folglich aus großmaßstäblich trogförmig kreuzgeschichteten Fein- bis Mittelsandsteinen mit einer erosiven Basis und einem Residualsediment an der Basis. Gegen das Dach der Rinnenfüllung nehmen die Körnigkeit des Sedimentes ab, und die großmaßstäbliche Kreuzschichtung entwickelt sich zu einer Rippelschichtung (Abbildung 5-12b).

5.5.4 Anastomosierende Flüsse

Anastomosierende Flüsse haben ein verzweigtes Netzwerk von lagestabilen Flussläufen, in denen das Wasser gleichmäßig verteilt ist. Die Flussläufe sind seitlich von Uferwällen und daran anschließend von seichten Sümpfen und Tümpeln gesäumt (Abbildung 5-13). Dieses vielseitige Muster von Flussläufen, Tümpeln, Untiefen und kleinen Inseln bildet zahlreiche ökologische Nischen. Vereinzelt durchbrechen auch untiefe Rinnen die Uferwälle und münden in Durchbruchsfächern, die in Sümpfen und Tümpeln enden. Die Bodenfracht anastomosierender Flüsse besteht weitgehend aus fein- bis mittelkörnigem Sand. Grobkörnige Sandpartikel können aber durchaus auch vorkommen, insbesondere auf der Rinnenbasis. Zudem sammeln sich an der Basis einer Flussrinne gelegentlich kleine Tongerölle an. Diese entstehen durch Erosion der Flussbänke und Uferwälle. Der Anteil an Suspensionsfracht in der Wassersäule ist sehr gering. Das Wasser in diesen Flüssen wirkt deshalb sehr klar. Fein- und mittelkörnige Sandpartikel bilden Rippel unterschiedlicher Größe (je nach Korngröße, Fließgeschwindigkeit und Wassertiefe, s. Abbildung 4-16) auf der Rinnensohle. Für gröbere Sedimentpartikel (Mittel- bis Grobsand) ist allerdings die Strömungsgeschwindigkeit in den Flussrinnen zu gering, als dass die Sedimentkörner saltieren könnten. Sie rollen deshalb im Gleichschritt mit der Fließgeschwindigkeit und bilden horizontale Lagen (Abbildungen 4-15

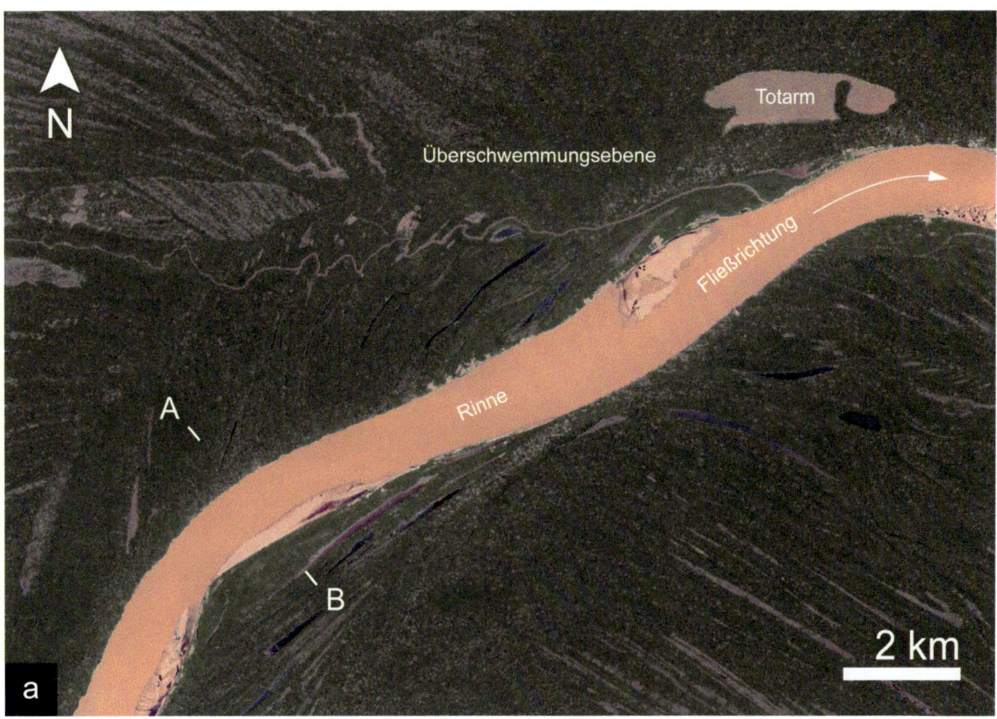

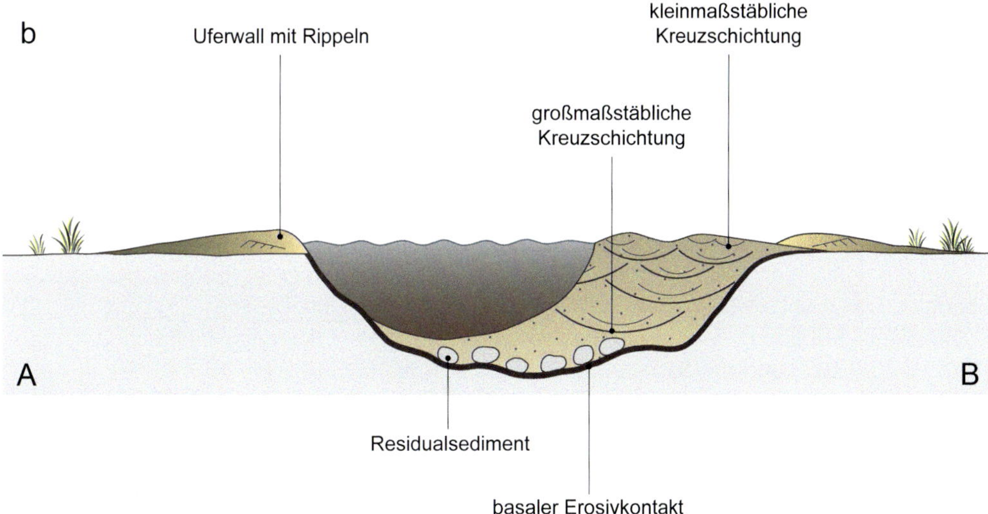

Abbildung 5-12: *Gerade Flüsse.* ***a)*** *Beispiel eines geraden Flusses im Amazonas-Becken bei ca. 6°47′S / 62°35′W (Satellitenaufnahme © 2020 Maxar Technologies).* ***b)*** *Schematischer sedimentologischer Querschnitt durch die Ablagerungen eines geraden Flusses.*

Abbildung 5-13: *Beispiel eines anastomosierenden Flusses. Untiefe Sandbänke reflektieren das Sonnenlicht sehr stark und wirken wie kleine helle Leuchtkörper. Das Satellitenbild (© 2020 CNES/ Airbus) zeigt den Rio Negro-Fluss bei ca. 1°13'S / 62°10'W.*

und 4-16, Parallellamination des unteren Fließregimes *uFr*). Im Aufschluss folgen somit auf die erosiven Basalkontakte, gepflastert mit Tongeröllen, mehrere Meter mächtige Sandsteine mit trogförmiger Kreuzschichtung und Parallellamination, welche reich an organischem Material (z.B. Holzresten) sind. Das Dach einer Rinnenfüllung bildet eine zentimeterdünne Lage aus Silt- und Tonpartikeln (Smith, 1986).

Zurzeit werden anastomosierende Flüsse nur in wenigen Regionen unseres Globus beobachtet. Das wohl schönste Beispiel bietet der Rio Negro-Fluss bei etwa 1°13'S / 62°10'W in Brasilien (Abbildung 5-13). Weitere Beispiele sind das Okavango-Delta in Botswana (18°55'S / 22°26'E) und der Saskatchewan-Fluss in Kanada (53°38'N / 100°49'W).

Die anastomosierenden Flüsse nehmen in der Diskussion rund um die Flusstypen und kontrollierenden Faktoren eine Sonderstellung ein. Einerseits wirken sie wie verwilderte Flüsse, weil sich die Flussarme aufteilen und dann wieder vereinigen, andererseits aber fehlt den Flüssen eine entsprechend hohe Dynamik, denn die Flussläufe sind weitgehend lagestabil und ändern ihren Verlauf nur selten. Zudem sind anastomosierende Flussläufe seitlich von Tümpeln und Seen gesäumt – eine eigentliche Überschwemmungsebene fehlt also oder ist nur schwach ausgebildet. Es liegt also die Vermutung nahe, dass anastomosierende Flüsse durch sehr geringe Sedimentflüsse charakterisiert sind. Deshalb wirkt das Wasser aus der Vogelperspektive dunkelblau bis schwarz – es fehlt die ockerfarbige Trü-

FLUSSFORM	ABLAGERUNGEN	LANDSCHAFTSFORM
Bergbach	matrix- und komponenten-gestützte Brekzien	Schuttfächer Schuttschürzen Bajadaschuttfächer
verwildert	Konglomerate	Megaschuttfächer
mäandrierend	grob- und mittelkörnige Sandsteine (Rinne) und Tonsteine (Überschwemmungsebene)	
gerade	feinkörnige Sandsteine (Rinne) und Tonsteine (Überschwemmungs-ebene)	Auenlandschaft
anastomosierend	feinkörnige Sandsteine (Rinne) und Kohle (Sümpfe)	Deltavorfeld in Seenland-schaft oder Küstenbereich

Abbildung 5-14: *Tabellarische Zusammenstellung der unterschiedlichen Flusstypen, die wichtigsten Eigenschaften der resultierenden Ablagerungen und die Landschaftsformen, worin die Flusstypen eingebettet sind.*

bung. Wegen der dichten Vegetation bilden anastomosierende Flüsse ideale Voraussetzungen für die Bildung einer zukünftigen Kohlelagerstätte (s. Kapitel 1.8.1). Es ist deshalb sehr wahrscheinlich, dass die Kohlebildung in Europa auf eine Landschaft zurückgeführt werden kann, welche durch anastomosierende Flüsse geprägt war.

5.5.5 Zusammenstellung der unterschiedlichen Flusstypen

Bäche, Flüsse und ihre Landschaftsumgebung weisen eine Vielzahl von ökologischen und sedimentologischen Nischen auf, welche eine Interpretation der entsprechenden sedimentologischen Profile erschweren, insbesondere wegen der großen Variabilität und Vielfalt der Ablagerungsräume. Die Zusammenstellung in Abbildung 5-14 bietet eine tabellarische Übersicht über die Flussform und den Landschaftstyp, in welchen der entsprechende Flusstyp eingebettet ist. Die Tabelle fasst ebenfalls die resultierenden Ablagerungsprodukte zusammen.

Flüsse und Wildbäche sind im Gebirge relativ steil, und ihr Abfluss erfolgt pulsierend, episodisch und häufig ephemer (vom Altgriechischen εφήμερος (ephémeros) ‚nur einen Tag lang dauernd, vergänglich'). Dies ist insbesondere bei kleinen Gebirgsbächen mit einem kleinen Einzugsgebiet der Fall. Sie bilden Schuttfächer und Schuttschürzen mit Brekzien als Ablagerungsprodukte. Größere Flüsse dagegen entwässern mehrere Täler in einem Gebirge und führen deshalb mehr Wasser und Sediment. Der Abfluss ist meistens perennierend (vom Lateinischen perennis ‚ganzjährig dauernd'). Diese Flüsse breiten sich am Gebirgsrand fächerförmig aus und bilden Megaschuttfächer. Im proximalen Bereich und insbesondere in der Nähe des Apex erfolgt der Abfluss meistens als verwilderter Strom mit Kiesbänken, aus welchen dann schließlich Konglomerate entstehen. Weiter flussabwärts beginnt der Fluss zu mäandrieren. Er leitet damit graduell zur Auenlandschaft über, wo grob- und mittelkörnige Sandsteine im Rinnengürtel und tonige Sedimente auf der Überschwemmungsebene entstehen. Der mäandrierende Fluss entwickelt sich weiter zum geraden Fluss und schließlich zum anastomosierenden System mit feinkörnigen Rinnensedimenten und Sümpfen mit üppigem Pflanzenwachstum. Die Auenlandschaft entwickelt sich also sukzessive zu einer deltaischen Umgebung mit zahlreichen lagestabilen Flussarmen und Sümpfen. Die Sedimente und insbesondere die Rinnenfüllungen werden folglich sukzessive feinkörniger, je weiter entfernt sie sich von der Gebirgslandschaft befinden (Abbildung 1-1). Diese holistische, also ganzheitliche Sicht auf die Veränderung eines Flusssystems vom Megaschuttfächer zur Auenlandschaft und schließlich zur Deltaumgebung ist häufig eine wichtige Voraussetzung, um Probleme rund um Wassernutzungsrechte, Konflikte zwischen Landwirtschaft und ökologischen Ansprüchen und Streit über die Nutzung von Sandreserven, die zunehmend knapp werden, zu lösen.

5.6 Seen

Ein See ist ein Binnengewässer, in dem keine oder nur eine sehr geringe Strömung vorhanden ist. Das Seewasser kann deshalb auch als stehende Wassersäule oder als Stillwasser betrachtet werden. Haben Seen mehrere Zuflüsse und einen Abfluss, dann bilden sie ein hydrologisch offenes System. Abflusslose Seen dagegen sind hydrologisch geschlossene Systeme.

In einem See werden die größten Sedimentvolumina direkt an einer Flussmündung als Delta abgelagert. Die kontinuierliche Ablagerung der Feinstfracht fernab einer Flussmündung ist aber trotzdem nicht zu unterschätzen. Diese rhythmische Sedimentation wird als Seewarven im Sediment aufgezeichnet (Kapitel 5.6.3), was Limnogeologinnen und -geologen (von altgriechisch λίμνη (Limni) ‚See') erlaubt, ein relatives Alter der Ablagerung zu bestimmen.

Der Seepegel und auch der Meeresspiegel bestimmen auf dem Delta die Höhenlage der Flusssohle. In geologischen Zeiträumen veränderten sich aber der regionale Seepegel und der globale Meeresspiegel. Dies führte dazu, dass sich die Höhenlage der Flusssohle fortlaufend durch Sedimentablagerung (bei Zunahme des Seepegels oder Meeresspiegels) oder durch Erosion veränderte (bei Abnahme des Seepegels oder des Meeresspiegels).

5.6.1 Insolationsbedingte Stratifikation des Seewassers

Die Verteilung des Seewassers in der Tiefe, also die Stratifikation eines Sees, ändert sich zwischen den Sommer- und Wintermonaten. Dies hängt einerseits von den insolationsbedingten Temperaturen des Seewassers ab, denn im Sommer wird das Oberflächenwasser auf über 20 °C erwärmt, und im Winter kühlt es bis auf 4 °C und kälter ab. Andererseits hat Wasser bei einer Temperatur von ungefähr 4 °C die höchste Dichte und ist somit am schwersten. Im Sommer bleibt deshalb das warme Wasser an der Oberfläche und sinkt nicht auf den Grund. Unmittelbar unterhalb der euphotischen Zone – also der oberen, lichtdurchfluteten Schicht des Wassers – werden die Temperaturen rasch kühler. Eine Thermokline (Abbildung 5-15) trennt folglich das warme Wasser an der Oberfläche vom kälteren Wasser unterhalb der photischen Zone ab. Am Seegrund sammelt sich das schwerste Wasser mit einer Temperatur von ca. 4 °C. Diese Temperaturverteilung führt zu einer Stagnation der Wassersäule, und so werden die tieferen Bereiche des Sees aufgrund der fehlenden Zirkulation des Seewassers nur mangelhaft mit Sauerstoff versorgt. Gerade in Seen Mitteleuropas wird deshalb während der Sommermonate eine starke Eutrophierung (Anreicherung von Nährstoffen) beobachtet. Dabei führt ein Überangebot von Stickstoff und Phosphor aus der Landwirtschaft zum beschleunigten Wachstum des Phytoplanktons (einzellige Algen) auf der Seeoberfläche. Nach dem Absterben der pflanzlichen Einzeller sinkt das abgestorbene organische Material allmählich zum Seegrund, wo es von Bakterien abgebaut wird. Diese brauchen dazu Sauerstoff, der im Wasser gelöst ist. Dadurch entsteht ein Sauerstoffmangel im Seewasser, und auf dem Seeboden bildet sich Faulschlamm.

Im Winter dagegen kühlen die oberen Wasserschichten auf Temperaturen bis gegen 4 °C und zum Teil noch tiefer ab. Damit verbunden ist eine Zunahme der Dichte des Wassers an der Seeoberfläche. Die darunterliegende Wassersäule speichert aber immer noch die Wärme vom Sommer. Sie ist deshalb leichter als das abgekühlte Oberflächenwasser. Dieses sinkt nun langsam zum Grund, was eine Wasserzirkulation auslöst. Dabei steigt Seewasser aus größerer Tiefe zur Oberfläche, und abgekühltes, mit Sauerstoff angereichertes Wasser sinkt von der Seeoberfläche gegen den Grund. Dieser Prozess ist wichtig für die ökologische Entwicklung eines Sees, denn diese Wasserzirkulation, welche insbesondere in den Wintermonaten erfolgt, führt zur natürlichen Versorgung eines Sees mit Sauerstoff.

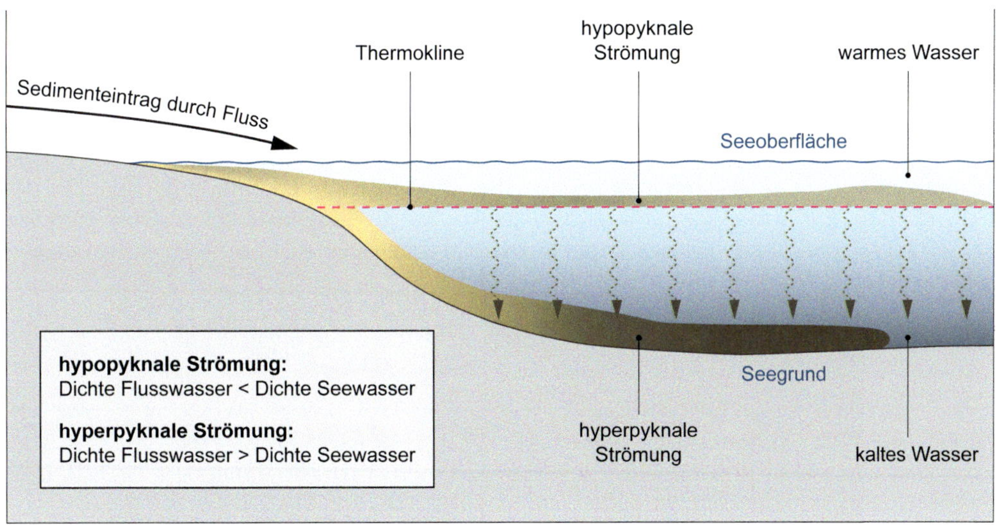

Abbildung 5-15: *Stratifikation des Seewassers und Verteilung des Sedimentes im See (modifiziert und ergänzt nach Nichols, 2009). Die Abbildung zeigt die Situation im Sommer, wenn die Wasserschichten durch die Thermokline getrennt sind. Im Herbst und im Frühling verändert sich die Temperaturverteilung und damit die Stratifikation des Seewassers.*

5.6.2 *Eintrag und Verteilung der Sedimente im See*

Flüsse tragen große Sedimentvolumina in einen See, und der Sedimenteintrag erfolgt als Boden- und Suspensionsfracht. Die weitere Verteilung der Sedimente in einem See hängt dabei insbesondere von der Korngrößenzusammensetzung des zugeführten Sedimentes sowie der temperaturabhängigen Stratifikation des Seewassers ab (Abbildung 5-15). Der Anteil der Bodenfracht, welcher gleitend, rollend und zum Teil auch saltierend auf der Flusssohle transportiert wird (Abbildung 4-7), bleibt unmittelbar bei der Flussmündung liegen. Im Gegensatz dazu wird die feinkörnigere Suspensionsfracht im See verteilt. Diese Verteilung hängt primär vom Unterschied zwischen der Dichte des Fluss- und des Seewassers ab.

Verteilung und Ablagerung der Suspensionsfracht im See

Hat das Flusswasser eine geringere Dichte als das Seewasser, dann bildet sich bei der Flussmündung ein sehr langsam fließender Oberflächenstrom, welcher als hypopyknale Strömung (Abbildung 5-15) bezeichnet wird. Diese Strömung auf der Seeoberfläche wird meistens durch Winde induziert und reicht deshalb bis weit in den See hinaus. Aus dieser Strömung sinken in der Nähe der Flussmündung die Feinsand- und Siltpartikel auf den Seegrund. Die feinen Tonpartikel dagegen bleiben, durch Auftriebskräfte getragen, länger in der Suspension und verteilen sich auf der Seeoberfläche (Abbildung 5-15). Eine hypopyknale Strömung bildet sich meistens im Sommer, wenn die Flüsse wenig Wasser führen und die Sedimentfracht sehr gering ist. Das Flusswasser wird dabei wärmer als das Seewasser und hat deshalb eine geringere Dichte. Als Folge davon kann sich das Wasser-Sedimentgemisch als hypopyknaler Strom auf der Seeoberfläche ausbreiten.

Führt ein Fluss eine hohe Konzentration an Suspensions- und Saltationsfracht und ist das Wasser deshalb trüb, dann hat dieses Sediment-Wassergemisch eine größere Dichte als das Seewasser. Als Folge davon strömt es unmittelbar unterhalb der Flussmündung als hyperpyknale Dichteströmung dem Seegrund entgegen (Abbildung 5-15). Dort bilden sich Großrippel, welche auf die Richtung dieser hyperpyknalen Strömung schließen lassen. Das Kanderdelta in den Schweizer Alpen ist ein schönes Beispiel für diese Prozesse (Abbildung 5-16).

Haben Fluss- und Seewasser ungefähr die gleiche Dichte, dann verteilt sich die Sedimentfracht im Seewasser bei der Flussmündung relativ gleichmäßig. Dabei entsteht eine homopyknale Strömung, d.h. die grobklastische Saltationsfracht kommt unmittelbar bei der Flussmündung zur Ablagerung, während die feinkörnige Suspensionsfracht sich weiter im See verteilt und sich in Abhängigkeit von der Korngröße sukzessive auf dem Seegrund absetzt.

Abbildung 5-16: *Das Kanderdelta in den Schweizer Alpen bei ca. 46°43'N / 7°38'E.* ***a)*** *Die Kander führt eine hohe Sedimentfracht, welche schwerer ist als das Wasser des Thunersees. Deshalb sinkt das Kanderwasser zusammen mit seiner Bodenfracht in die Tiefe. Ein Teil der Suspensionsfracht dagegen verteilt sich auf der Seeoberfläche (Satellitenbild © Swisstopo).* ***b)*** *Echolotmessungen bilden die Geometrie des Kanderdeltas ab. Der Deltahang ist steil (ca. 10–20°), so dass das Delta als Gilbert-Delta bezeichnet werden kann. Der Deltafuß wird durch die hyperpyknale Strömung zu Großrippeln umgeformt. Abbildung © Swisstopo, illustriert mit Daten von Fabbri et al. (2018). Der schmale blaue Saum entspricht einer Wassertiefe bis zu 10 Meter.*

Ablagerung der Bodenfracht im See und Bildung eines Gilbert-Deltas

Im Gegensatz zur Suspensionsfracht wird die Bodenfracht eines Flusses unmittelbar bei der Flussmündung als Mündungsbank abgelagert (Abbildung 6-18a in Kapitel 6.4.2). Ein fortlaufender Sedimenteintrag führt dabei zur sukzessiven Übersteilung dieses Sedimentkörpers.

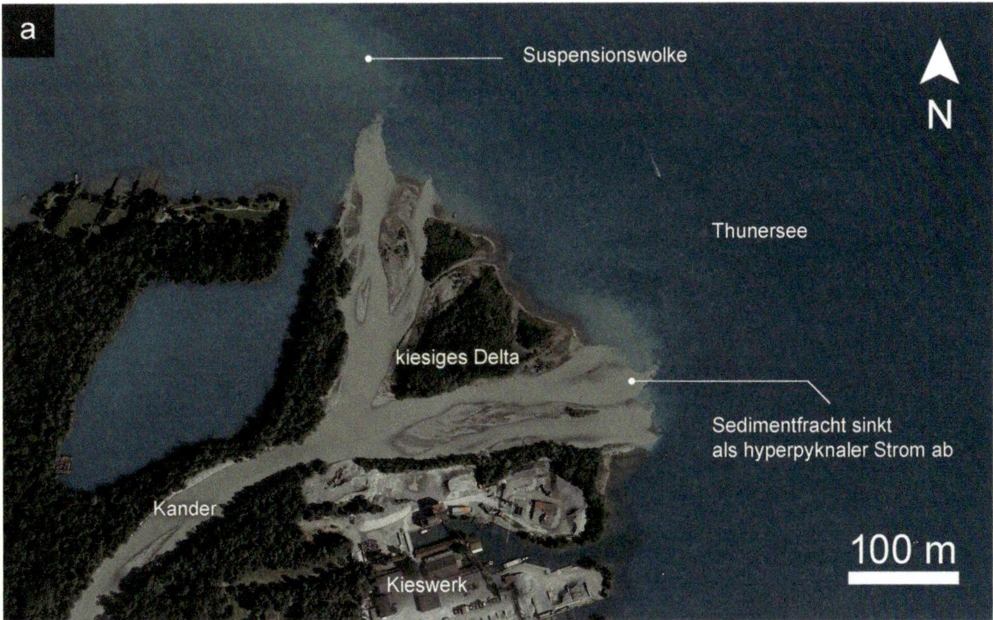

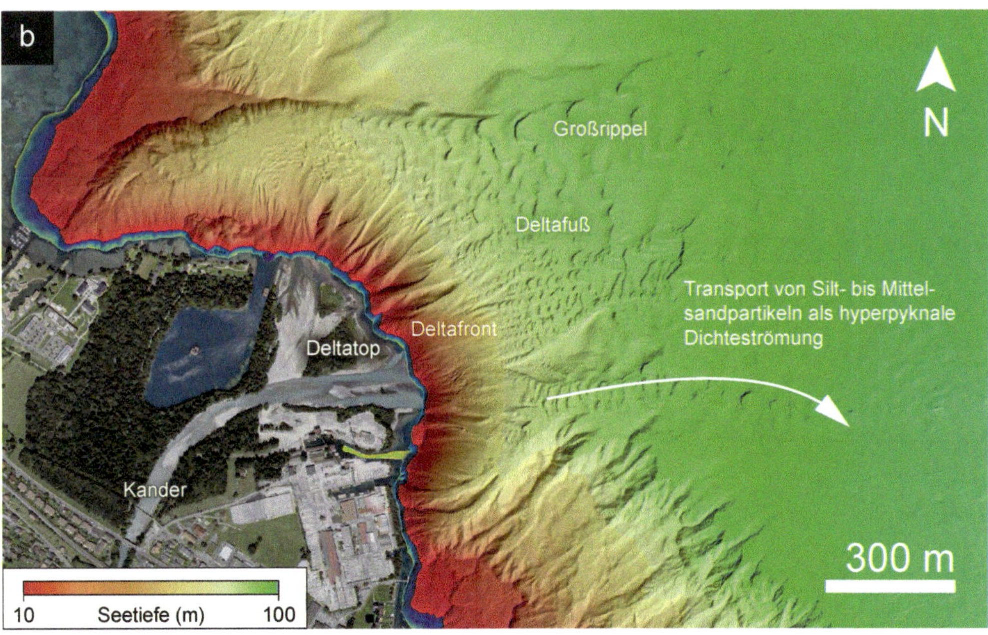

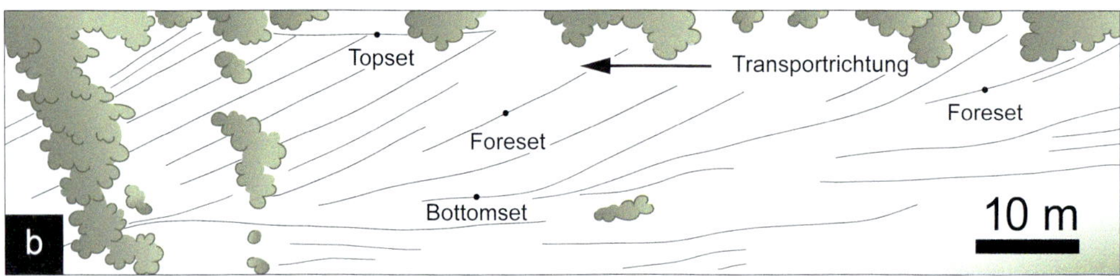

Abbildung 5-17: *Beispiel einer Gilbert-Delta-Ablagerung. Die Schrägschichtungen bestehen aus kiesigen Sandsteinen. Die Sedimente sind ca. hunderttausend Jahre alt und stellen ein altes Kanderdelta dar.* ***a)*** *Foto in der Kanderschlucht beim Thunersee (Foto © M. Affolter) und* ***b)*** *Strichzeichnung.*

Dies führt zum Abgleiten des abgelagerten Sediments und zur Bildung eines relativ steilen Deltahangs mit einem Gefälle von ca. 10–20°. Dabei sind ‚top-', ‚fore-' und ‚bottomsets' in der Regel im Gelände gut erkennbar (Abbildungen 5-17 und 6-18b in Kapitel 6.4.2). Ein Delta mit solchen steilen ‚foreset'-Schrägschichtungen wird auch als Gilbert-Delta bezeichnet (benannt nach ihrem Entdecker Grove Karl Gilbert, 1843–1918). Im Bereich des Kanderdeltas entsteht zur Zeit ein solches Gilbert-Delta (Abbildung 5-16). Die ‚bottomsets', charakterisiert durch Großrippel (Abbildung 5-16b), werden dort durch die hyperpycnale Dichteströmung umgelagert.

5.6.3 ***Bildung von Seewarven***

Ein kleiner, aber nicht unbedeutender Teil der Suspensionsfracht wird weit hinaus ins Seebecken verfrachtet. Der Transport erfolgt dabei entweder auf der Seeoberfläche als hypopyknale Strömung oder als kontinuierliche hyperpyknale Strömung am Seegrund. Das feinkörnige Material wird bei beiden Prozessen in millimeterdünne Schichten abgelagert – es bilden sich die Seewarven (vom schwedischen varvig lera, was ‚geschichteter Ton' bedeutet). Saisonale Änderungen in der Sedimentzufuhr führen dazu, dass Sommer- und Winterperioden als unterscheidbare, dünne Lagen im Sediment aufgezeichnet werden. Damit setzt sich eine Warve aus zwei unterschiedlichen Sedimentlagen zusammen – einer Sommer- und einer Winterlage. Diese unterscheiden sich in ihrer Dicke, Korngrößenzusammensetzung, Farbe und der Menge organischer Bestandteile. Speist dabei ein Gletscherfluss den See, wie das bei der Kander der Fall ist (Abbildung 5-16), dann bilden sich klastische War-

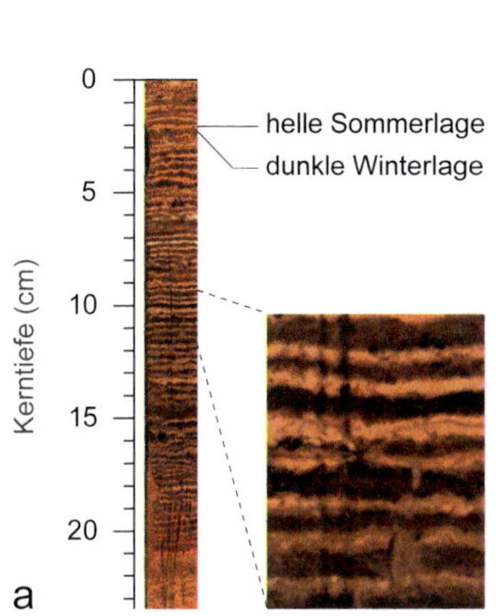

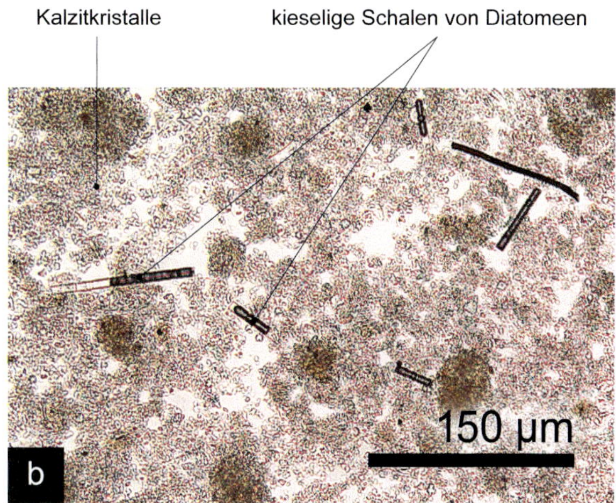

Abbildung 5-18: *Sedimente vom Greifensee bei ca. 47°21'N / 8°40'E.* ***a)*** *Jahreszeitliche Warven mit hellen Sommerlagen und dunklen Winterlagen. Dabei handelt es sich also um organogene und biologische Warven.* ***b)*** *Mikroskopische Aufnahme von Material aus einer Sommerlage mit Diatomeenschalen (kieselige Grünalgen) und mikroskopisch kleinen Kalzitkristallen. Die Beispiele stammen von Engler (2019).*

ven. Dabei wird im Sommer eine siltig-feinsandige helle Lage am Seegrund abgelagert. Es handelt sich um die Ablagerung der hyperpyknalen Dichteströmung, welche wegen der Gletscherschmelze einen hohen Anteil an siltig-feinsandigem Material aufweist. Im Winter dagegen bleibt die Gletscherschmelze weitgehend aus, und der Gletscherbach führt lediglich eine geringe Suspensionsfracht, die das Flusswasser kaum zu trüben vermag. Diese Suspensionsfracht lagert sich während der Wintermonate als dünne dunkle Tonschicht am Seegrund ab.

Hat allerdings ein See keinen Gletscherbach als Zufluss, wie das bei den meisten Seen in Zentraleuropa der Fall ist, dann werden organogene und biologische Warven gebildet (Abbildung 5-18). Diese widerspiegeln die saisonalen Unterschiede im Wachstum planktischer Grünalgen mit kieseligen (Diatomeen, Abbildung 5-18b) und kalkigen Schalen (Dinoflagellaten). Die größte Algenblüte entsteht im Sommer, wenn warme Temperaturen und viel Licht das Algenwachstum begünstigen. Schnelles Grünalgenwachstum führt zudem dazu, dass dem Oberflächenwasser viel CO_2 durch Photosynthese entzogen wird. Das Seewasser erreicht dann die Sättigungsgrenze von Kalzit ($CaCO_3$), welches aus dem Seewasser als mikroskopisch kleine Einkristalle anorganisch gefällt wird (Abbildung 5-18b). Diese Kalzitaggregate und abgestorbene Grünalgen sinken auf den Seegrund, wo sie eine helle Kalk- und Kieselschicht bilden – die Sommerlage (Abbildung 5-18a). Im Winter dagegen ist das Algenwachstum stark reduziert, so dass sich lediglich tonige Sedimentpartikel am Seegrund anreichern.

Hat der See keinen Abfluss und ist die Wasserverdunstung insbesondere im Sommer sehr hoch, dann bilden sich evaporitische Warven. Dabei reduzieren die hohen Sommertemperaturen die Löslichkeit von CO_2 und damit auch von $CaCO_3$ im Seewasser. Als Folge davon werden kleine Kalk- und zum Teil auch Gipsaggregate auf der Wasseroberfläche chemisch gefällt. Diese Minerale setzen sich am Seegrund ab und bilden eine helle Sommerlage. Die Wintersaison wird dagegen durch eine dunkle Tonlage aufgezeichnet.

5.7 Winde und die Bildung von äolischen Dünen

Wo eine Vegetationsdecke fehlt, können Winde ungehindert über die Erdoberfläche wehen und Sand- sowie feinkörnigere Sedimentpartikel entweder als Staub in die Luft wirbeln und über weite Distanzen verfrachten oder in Bodennähe transportieren und zu Dünen akkumulieren. Winde sind also, sedimentologisch gesehen, vor allem in niederschlagsarmen Klimagürteln wirksam. Dazu gehören insbesondere die Sahara-Wüste, weite Regionen im Nahen Osten auf der Arabischen Halbinsel und im Zagros-Gebirge und das Gebiet um das Hochland von Tibet (Abbildung 5-19). Landschaften, in denen Windprozesse geologisch und sedimentologisch wirksam sind, erstrecken sich also über den ganzen Globus und haben einen hohen Flächenanteil von mindestens 25%. Andere Trockengebiete mit wirksamen Windprozessen befinden sich in Australien, entlang der Westküste der Anden zwischen Peru und Nordchile sowie entlang der Atlantikküste in Namibia. In geologischen Profilen treten äolische Sedimente – so werden Windablagerungen bezeichnet – allerdings relativ untergeordnet auf. Dies hängt damit zusammen, dass Windablagerungen ein geringes Erhaltungspotential haben, denn äolische Dünen (nicht zu verwechseln mit subaquatischen Dünen, Abbildung 4-16) – oder auch Winddünen oder Dünen – werden relativ schnell wieder abgetragen, sobald Regen fällt oder das Klima generell feuchter wird.

Äolische Dünen können wir also entlang von Stränden, in ariden sowie semi-ariden Gebieten dieser Welt finden. Dünen treten jedoch selten als einzelne Strukturen auf, sondern bilden meistens weitläufige Dünenfelder. Sie sind insbesondere in Küstenregionen essenziell, weil sie landwärtige Bereiche und Siedlungen vor anbrandenden Wellen und starken Stürmen schützen. Nichtsdestotrotz können Dünen und insbesondere deren Transport auch größeren Schaden anrichten: Staub- oder Sandstürme können zum Beispiel im Nahen Osten den Alltag tagelang zum Erliegen bringen. Der zunehmende Klimawandel könnte solche Stürme in naher Zukunft zudem intensivieren.

Dünenfelder säumen auch die Südküste des Ärmelkanals. Diese stammen allerdings aus der Zeit der letzten großen Vereisung vor etwa 20 000 Jahren. Damals waren große Volumina von Meerwasser als Eis gespeichert, so dass der globale Meeresspiegel ca. 130 Meter tiefer lag als heute. Damit wurde der Schelf (Abbildung 6-1 und Kapitel 6.1), welcher die Kontinente gegen das offene Meer hin säumt, weitgehend trocken gelegt. Dies war auch zwischen Großbritannien und dem europäischen Festland der Fall. Die Absenkung des Meeresspiegels führte in der Tat zur Trockenlegung des Ärmelkanals, da diese Meeresstraße weniger als hundert Meter tief ist. Damit wurde unmittelbar nach dem Absinken des Meeresspiegels ein breiter Streifen ausgetrocknet und viel Sand und Staub freigelegt, bevor Pflanzenwachstum auf dem ehemaligen Meeresboden einsetzte und die wachsenden Eisschilde in Skandinavien und Großbritannien die trockengelegte Meeresstraße zudeckten. Winde konnten diese Sedimente deshalb zu Dünen verfrachten. Damit geht die Bildung der äolischen Dünen entlang des Ärmelkanals auf die Zeit während der letzten großen Vereisung zurück. Zurzeit sind diese Dünen allerdings bewachsen. Sie werden durch die Vegetation stabilisiert und am weiteren Migrieren gehindert. Des Weiteren führt häufiger

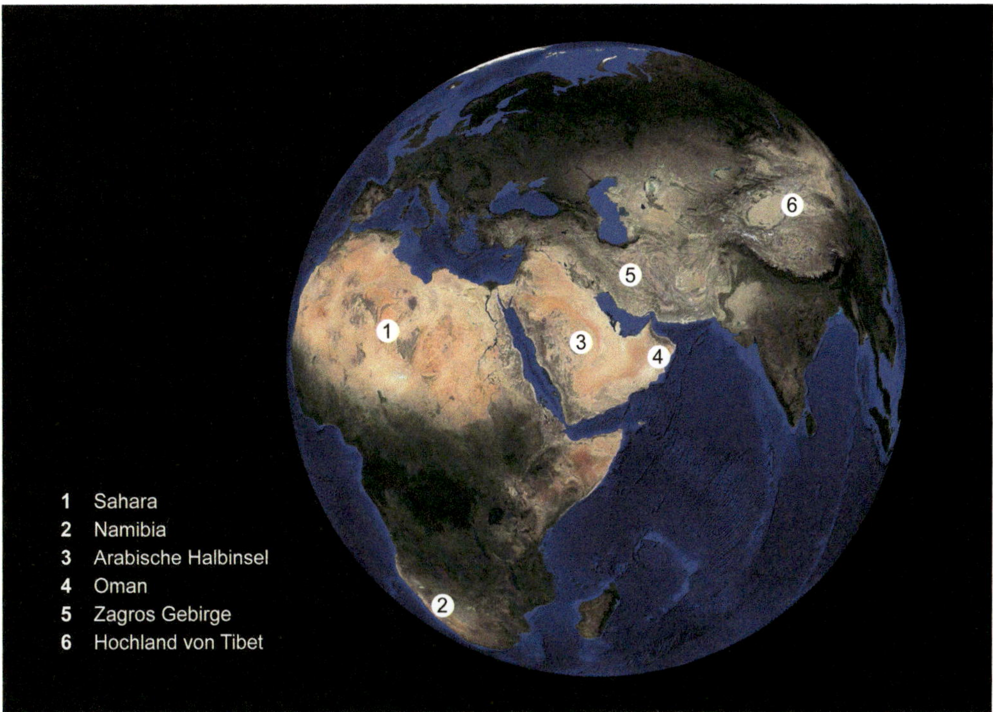

Abbildung 5-19: *Unser Globus mit den wichtigsten Wüstengürteln. Satellitenbilder © Landsat/ Copernicus; Darstellung als Globus © Google.*

Regen dazu, dass diese Sandakkumulationen sukzessive abgetragen werden. In ein paar hundert bis tausend Jahren werden sie sehr wahrscheinlich verschwunden sein.

5.7.1 Sedimenttransport durch Winde

Wind führt – ähnlich wie Wasser – zum Transport und zur Ablagerung von Sedimentpartikeln. Je nach Windstärke und Korngröße werden die Sedimentkörner entweder in der Suspension als Staub (Korngröße < 0,1 mm) oder saltierend als Bodenfracht transportiert (Korngröße > 0,1 mm). Um ein Sandkorn am Boden zu bewegen, muss allerdings die Windgeschwindigkeit einen Schwellenwert von 5 m/s überschreiten (Abbildung 5-20). Dabei handelt es sich um einen schwachen Wind zwischen 7 und 11 Knoten (Stufe 3 auf der Beaufort-Skala). Um ein 1 mm großes Korn zu transportieren, ist bereits eine Windgeschwindigkeit von ca. 12 m/s nötig (starker Wind zwischen 22 und 28 Knoten; Stufe 6 auf der Beaufort-Skala). Sind die Körner bereits 2 mm groß, dann beträgt die minimale Windgeschwindigkeit für einen Korntransport bereits mehr als 15 m/s (steifer Wind zwischen 28 und 34 Knoten; ca. 7 auf der Beaufort-Skala). Ein Sturm zwischen 41 und 48 Knoten (Stufe 9 auf der Beaufort-Skala) und einer entsprechenden Windgeschwindigkeit von über 20 m/s ist in der Lage, Sedimentpartikel > 3 mm zu verschieben.

5.7.2 *Windablagerungen*

Löss

Die Ablagerung des Staubs oder der Suspensionsfracht wird als Löss bezeichnet (Korngröße < 0,1 mm). Dabei setzt sich die Feinfracht als massig strukturierte Schicht ohne erkennbare Sedimentstrukturen ab. Löss ist deshalb stichfest und massig strukturiert. Die Mächtigkeit

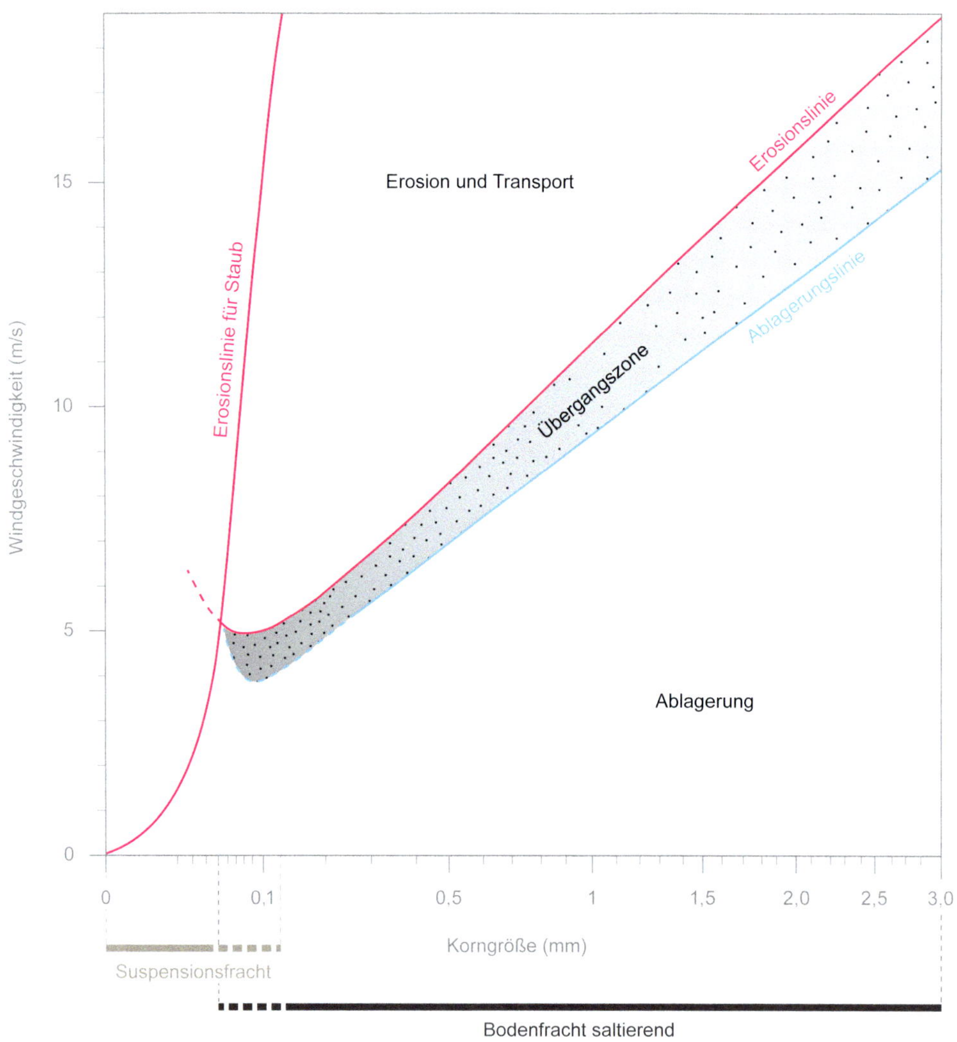

Abbildung 5-20: *Transport durch Wind. Partikel, welche kleiner als 0,1 mm sind (Ton-, Silt- und Feinsandpartikel), werden als Staub oder als Suspensionsfracht verfrachtet und als Löss abgelagert. Feinsand und gröbere Partikel erfahren einen Transport als Saltation und akkumulieren in äolischen Dünen. Die Korngrößen-Werte auf der x-Achse sind mit der Quadratwurzel skaliert (s. auch Hjulström-Diagramm in Abbildung 4-10 für Wasser). Modifiziert nach Allen (1997) und Ahnert (2015), basierend auf Daten von Bagnold (1941).*

von Lössablagerungen nimmt mit der Distanz zur Sedimentquelle exponentiell ab (Abbildung 5-21).

Löss bedeckt etwa 10% der Fläche Europas. Seine Bildung geht auf die letzte große Vereisung vor etwa 20 000 Jahre vor heute zurück, als dicke Eisschilde Skandinavien, die Alpen und Großbritannien bedeckten und weit vorstießen. Am Rande dieser Eismassen bildete sich viel locker gelagertes und auch feinkörniges Sediment. Dieses wurde durch Winde im Bereich des Gletschervorfeldes als Staub aufgewirbelt, mehrere Kilometer weit verfrachtet und als Löss wieder abgelagert. Die mächtigen Lössvorkommen in Bayern und am Nordrand der Mittelgebirge Deutschlands, um zwei Beispiele zu nennen, sind eindrückliche sedimentologische Dokumente davon.

Windrippel

Bei Windgeschwindigkeiten > 5 m/s (Abbildung 5-20) beginnen Sandkörner zu saltieren. Dabei entstehen Windrippel. Diese Schichtformen stellen folglich die kleinste durch Wind geformte sedimentologische Einheit dar (s. auch Saltation im Wasser und Bildung von Rippeln, Kapitel 4.3). Weil beim Windtransport der Einfallswinkel der saltierenden Körner sehr flach ist, nehmen Windrippel sehr lange und niedrige und damit sehr flache Formen an (Abbildung 5-22). So kann der Kammabstand über 20 Meter betragen, aber die Rippelhöhen sind häufig geringer als 50 Zentimeter. In den Windrippeln ist jedoch – im Gegensatz zu den Strömungsrippeln im Wasser (Abbildung 4-11) – keine ausgeprägte Schrägschichtung erkennbar. Der Grund hierfür liegt in der Transportart, da die Windrippelform primär die Geometrie der Saltationsbewegungen der Körner abbildet und nicht durch Ablagerungen von kleinen Sandlawinen auf der Leeseite entsteht, wie das bei Strömungsrippeln im Wasser der Fall ist (Abbildung 4-11). In den sedimentologischen Profilen sind Windrippel deshalb sehr schwierig zu erkennen. Charakteristische Merkmale sind dabei das Fehlen von Glimmermineralen – diese wurden mit dem Staub zusammen weggeblasen – sowie die gute Sortierung des Sediments und die raue Oberflächentextur der Sandkörner, verursacht durch das Bombardement der saltierenden Körner. Diese Feinstruktur ist allerdings nur unter einem hochauflösenden Mikroskop ersichtlich.

Äolische Dünen

Saltierende Körner können im Windschatten von größeren Steinblöcken und Sträuchern zur Ablagerung kommen. Solche oder ähnliche Hindernisse bilden häufig den Nukleus oder auch Nucleus (lateinisch für ‚Kern') für die Bildung größerer Schichtformen. Dabei handelt

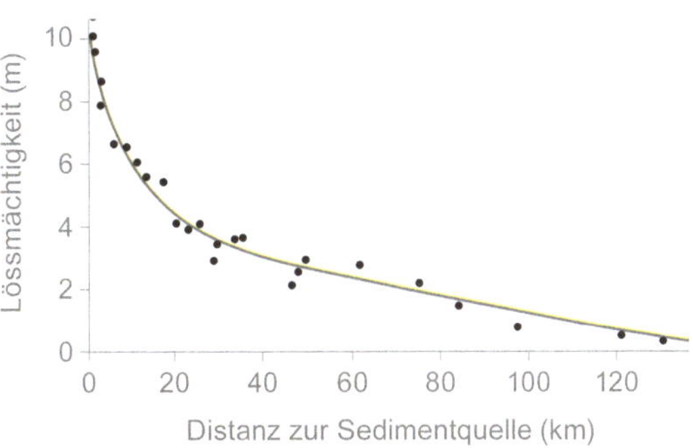

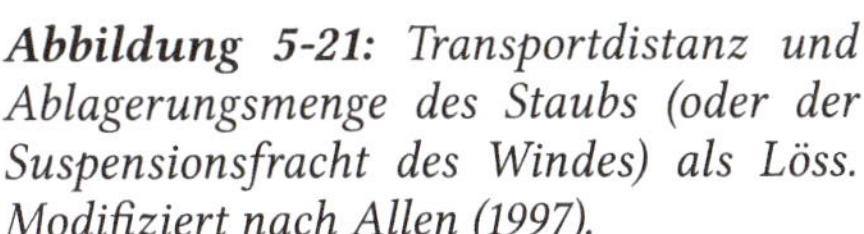
Abbildung 5-21: *Transportdistanz und Ablagerungsmenge des Staubs (oder der Suspensionsfracht des Windes) als Löss. Modifiziert nach Allen (1997).*

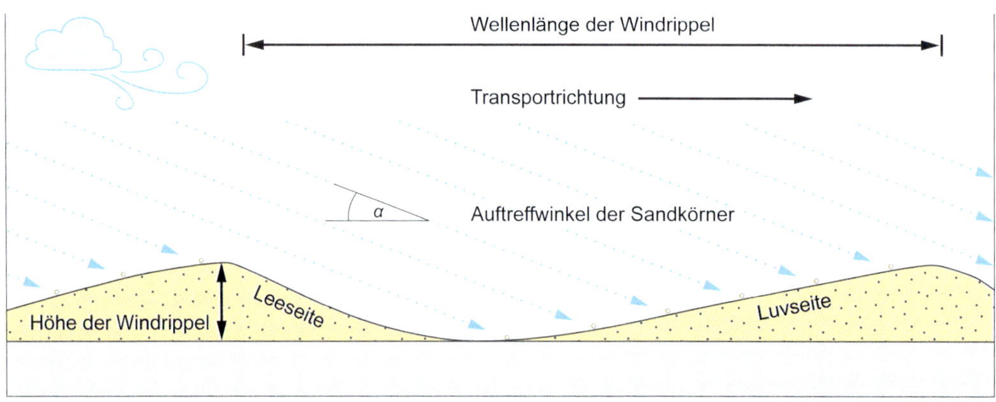

Abbildung 5-22: *Schematische Darstellung der Bildung von Windrippeln. Modifiziert nach Allen (1997).*

Abbildung 5-23: *Schräg- und planar kreuzgeschichtete Dünenablagerungen aus dem frühen Jura, aufgeschlossen im Zion National Park, USA. Einzelne äolische Dünen erreichen Höhen von bis zu 10 Metern und sind intern schräggeschichtet. Hier handelt es sich vermutlich um Ablagerungen von Barchan- oder Transversaldünen.*

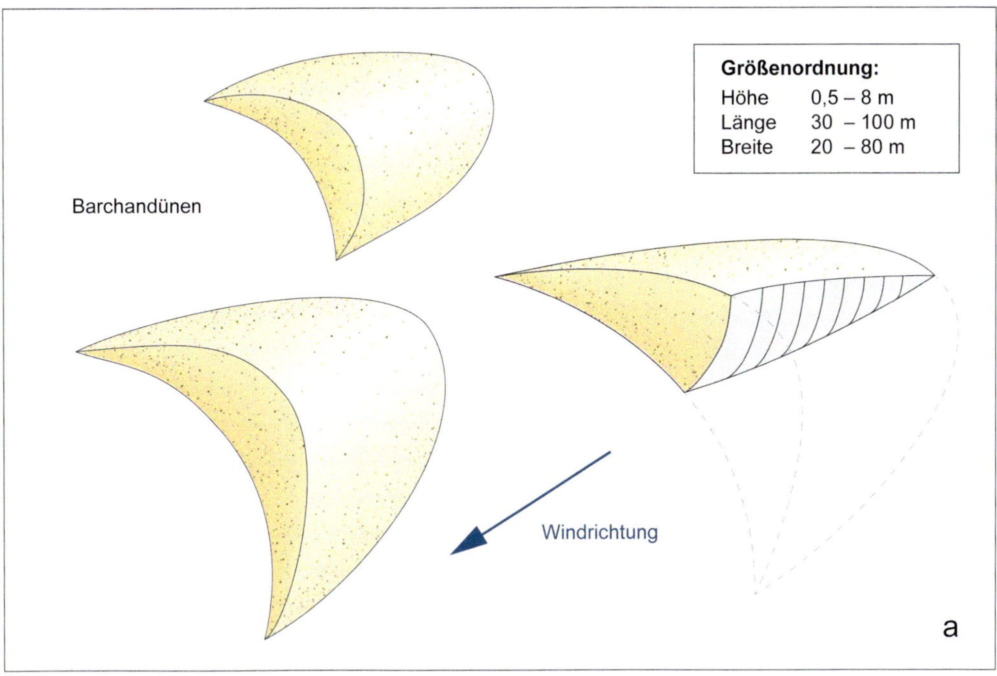

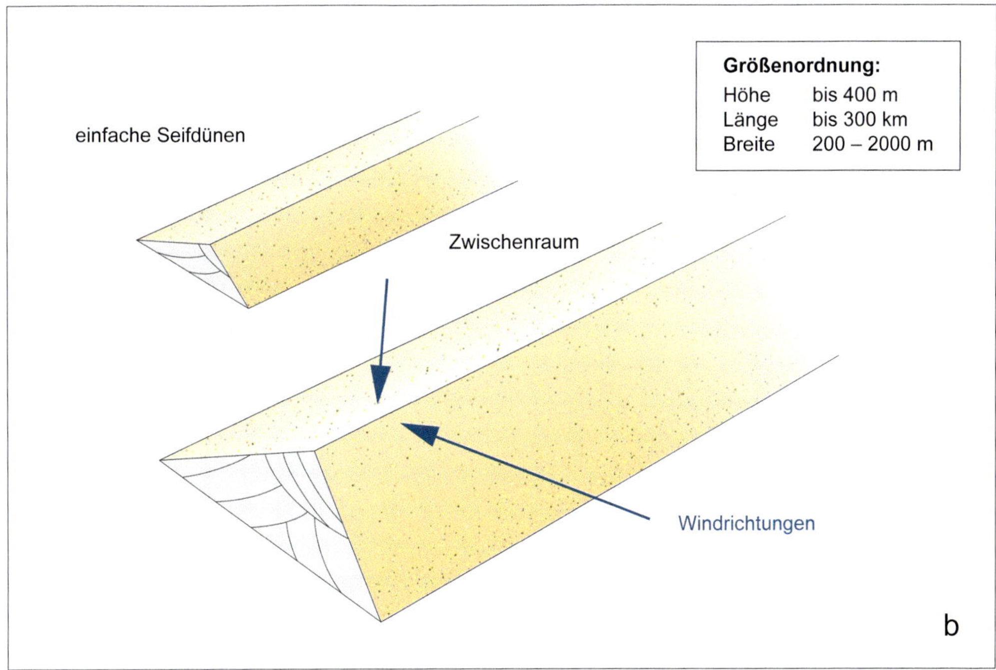

Abbildung 5-24: *Bildung von **a)** Barchandünen und **b)** Seifdünen. Modifiziert nach Tucker (1985). Die Angaben über Höhe, Länge und Breite stammen von Hesp und Hastings (1998) für Barchandünen, und von Radebaugh et al. (2014) für Seifdünen.*

es sich um äolische Dünen oder Winddünen. Ist ein solcher Nukleus einmal vorhanden, dann wächst die Winddüne sukzessive in die Höhe. Diesem Wachstum sind allerdings Grenzen gesetzt. Erreicht die Düne nämlich eine kritische Höhe, dann weht der Wind so stark über den Kamm, dass der Sand einfach weggeblasen wird und die Düne nicht mehr weiter in die Höhe wachsen kann.

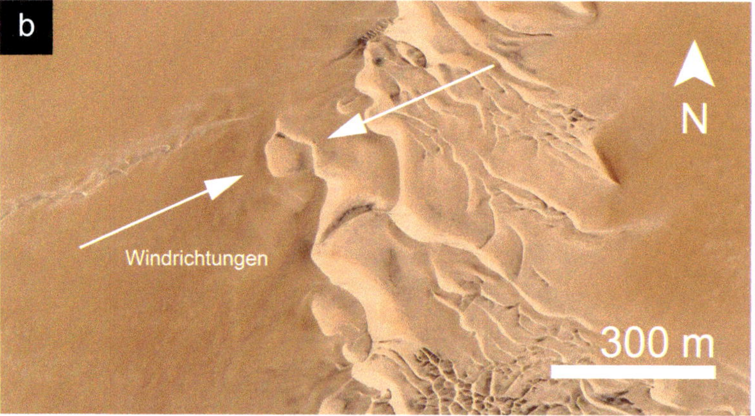

Abbildung 5-25: *Seifdünen in Namibia bei ca. 25°11'S / 15°14'E. Hier beträgt die Höhe der Seifdüne bis zu 30 Meter. Damit haben sie die maximale Höhe noch nicht erreicht.*
a) *Sicht aus größerer Distanz. Die Nord-Süd orientierten Dünenkämme können über eine Distanz von mehr als 20 Kilometern weit verfolgt werden. Satellitenbild © Landsat/Copernicus.*
b) *Detailansicht einer solchen Seifdüne. Die Rippelkämme bilden dabei ein komplexes Muster, welches sich aus der Zusammensetzung von kleineren Dünen und Windrippeln unterschiedlicher Größe ergibt. Der Wind bläst dabei sowohl in nordöstliche (anlandige atlantische Winde) als auch in südwestliche Richtung (ablandige Passatwinde). Satellitenbild © 2020 Maxar Technologies.*

Fehlt eine stabilisierende Vegetationsdecke, dann beginnt eine Düne zu wandern. Wir sprechen dann auch von Wanderdünen oder freien Dünen. Die Fortbewegung erfolgt, ähnlich wie bei den Rippeln im Wasser, durch Saltation der Sandkörner. Diese springen auf der Luvseite der Düne hoch und bleiben unmittelbar hinter dem Dünenkamm auf der Leeseite liegen. Der Dünenkamm wird sukzessive steiler, bis ein kritischer Neigungswinkel erreicht

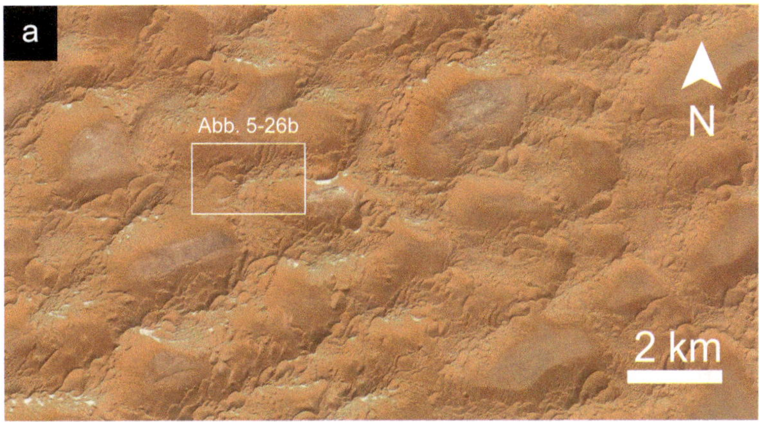

Abbildung 5-26: *Sterndünen in Algerien bei ca. 30°48′N / 1°29′E. Satellitenbild © 2020 CNES/ Airbus.*
a) *Die Dünenkämme bilden ein komplexes Muster, welches auf verschiedene Windrichtungen hindeutet. Einzelne Dünen sind bis zu 20–30 Meter hoch.*
b) *Detailansicht mit wunderschönem, komplexem Muster aus Dünen unterschiedlicher Größe und Orientierung. Winde aus unterschiedlichen Richtungen und ein hohes Sandangebot führen zu dieser Dünenlandschaft.*

wird. Der Kamm wird dabei instabil, und eine Sandlawine bringt die Körner auf der Leeseite der Winddüne ins Gleiten. Einige Körner rollen dabei bis zum Dünenfuß, wo sie schließlich zum Stillstand kommen. Dabei entsteht eine großmaßstäbliche Schrägschichtung mit Höhen bis zu zehn Metern (Abbildung 5-23). Die Leeblätter dieser Schrägschichtungen folgen meistens auf einen planaren Basalkontakt und können bis zu 25° steil werden. Die Ablagerung der Sandlawinen am Fuß der Winddüne führt außerdem dazu, dass sich die untersten Zentimeter einer solchen Schrägschichtung tangential an die Basis anschmiegen und damit einen nahezu graduellen Übergang zum Dünentrog bilden (Abbildung 5-23).

Die Dünenform hängt primär von der Windrichtung, dem Sandangebot und der Windstärke ab. Bläst der Wind vorwiegend aus einer Richtung und ist das Sandangebot gering, dann entstehen Barchandünen oder auch Sicheldünen (Abbildung 5-24a). Die Windrichtung lässt sich leicht anhand der charakteristischen sichelartigen Form dieser Sanddünen ableiten – die spitzen Enden der Düne (Sichelenden) zeigen dabei in die Richtung des Windes. Nimmt das Sandangebot zu, dann vereinigen sich Barchandünen zu Transversaldünen. Die Dünenkämme sind dabei senkrecht zur Windrichtung orientiert. Als Sedimentstruktur beobachten wir eine Schräg- und planare Kreuzschichtung (s. auch Abbildung 1-12a) mit tangentialer Basis insbesondere in den untersten Zentimetern (Abbildung 5-23). Bläst der Wind allerdings aus zwei unterschiedlichen Richtungen und ist das Sandangebot ebenfalls gering, dann entstehen Seifdünen oder auch Longitudinaldünen (Abbildung 5-24b). Der Dünenkamm wird dann zu einer Linie gestreckt, welche schief bis zum Teil auch senkrecht zu den dominanten Windrichtungen orientiert ist. Seifdünen können dabei über eine Distanz von mehr als 20 bis 50 Kilometern weit verfolgt werden (Abbildung 5-25a), und die Abstände zwischen benachbarten Seifdünen können mehrere hundert bis tausend Meter betragen. Die Dünenkämme dokumentieren dabei ein komplexes, aber wunderschönes Muster von Windrippeln, kleineren Dünen und Dünenkämmen (Abbildung 5-25b), so dass eine Rekonstruktion der effektiven Prozesse, die zur Bildung dieser Formen geführt haben, kaum mehr möglich ist. Nimmt das Sandangebot weiter zu, dann wachsen Seifdünen zu Sterndünen zusammen. Diese Dünenformen weisen ein komplexes, aber dennoch sehr dekoratives Muster aus Dünenkämmen und Trögen auf (Abbildung 5-26). Die Laminen oder Laminae von Seif- und Sterndünen bilden eine trogförmige Kreuzschichtung mit bis zu zehn Meter breiten Trögen.

6 Ablagerungen im flachen Meer

6.1 Bathymetrische Gliederung

Sedimente, welche auf dem Festland durch Flüsse weiter transportiert werden, gelangen letztendlich ins Meer (Abbildung 1-1). Die Weltmeere bedecken fast ¾ der Erdoberfläche und zählen somit zu den wichtigsten Produktions- und Ablagerungsräumen von Sedimenten.

Der marine Bereich wird nach geomorphologischen Kriterien in verschiedene Ablagerungsräume unterteilt, welche wir anhand ihrer Wassertiefe unterscheiden (Abbildung 6-1). Diese umfassen vom Festland (dem Supralitoral) her den Schelf, oder auch die sublitorale Zone, welcher seichte Bereiche bis in eine Wassertiefe von ca. 200 Metern zugeordnet werden. Der Kontinentalhang, oder allenfalls auch das Bathyal, folgt auf die relativ steile Schelfkante und reicht in Tiefen bis zu ca. 4000 Metern. Das darauffolgende Abyssal mit dem Kontinentalfuß und der Tiefsee-Ebene umfasst den Bereich zwischen 4000 und 5000 Metern Wassertiefe. Der Bereich zwischen Kontinentalhang und Kontinentalfuß bildet zusammen auch den Kontinentalrand (Abbildung 1-1).

Der Schelf, oder auch der Festlandsockel, bezeichnet den randlichen kontinentalen Bereich des Festlandes, welcher vom Meer bedeckt ist. Diese seewärts geneigte Plattform kann sich über mehrere Zehner bis zu Hunderten von Kilometern ins Meer erstrecken. Letzteres ist vor allem an passiven Kontinentalrändern der Fall. Dort werden die Form und Tiefe des Schelfs primär durch die Streckung der kontinentalen Kruste kontrolliert. Handelt es sich jedoch um einen aktiven Kontinentalrand mit einer vorgelagerten Subduktionszone, dann hängt die Ausdehnung des Schelfs vor allem von der Geometrie des Akkretionskeils ab, welcher sich an der Naht zur subduzierenden Platte bildet (s. auch Abbildung 1-1).

Der Küstenstreifen bildet den Übergang vom Festland in den flachen Schelf. Er lässt sich weiter anhand morphologischer Kriterien unterteilen, wobei Wellenenergie, Tidenhub oder Sedimenteintrag durch Flüsse maßgebend sind (Abbildung 6-2). Diese Faktoren definieren zugleich die drei hier besprochenen Küstentypen: fluss-, wellen- und gezeitendominierte Küste. Felsküsten mit anbrandenden Wellen könnten als vierte Kategorie bezeichnet werden. Diese bilden sich dort, wo starke Hebung zu Reliefbildung und starker Erosion führt. Da die spärlichen Sedimentablagerungen entlang der Felsküsten allerdings kein oder nur ein sehr geringes Erhaltungspotential haben, wird nicht weiter auf diesen Küstentyp eingegangen.

Kapitelbild 6: *Schelf (Stefan Werthmüller, 2021).*

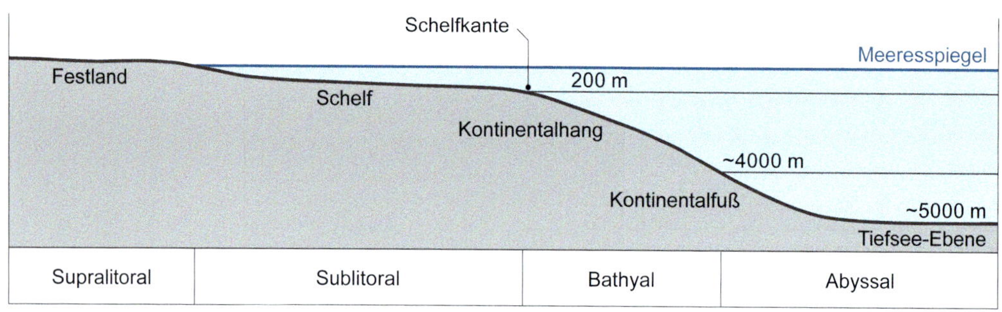

Abbildung 6-1: *Gliederung des marinen Ablagerungsraumes nach bathymetrischen (Supralitoral bis Abyssal) und geomorphologischen Kriterien (Festland bis Tiefsee-Ebene). Modifiziert nach Nichols (2009).*

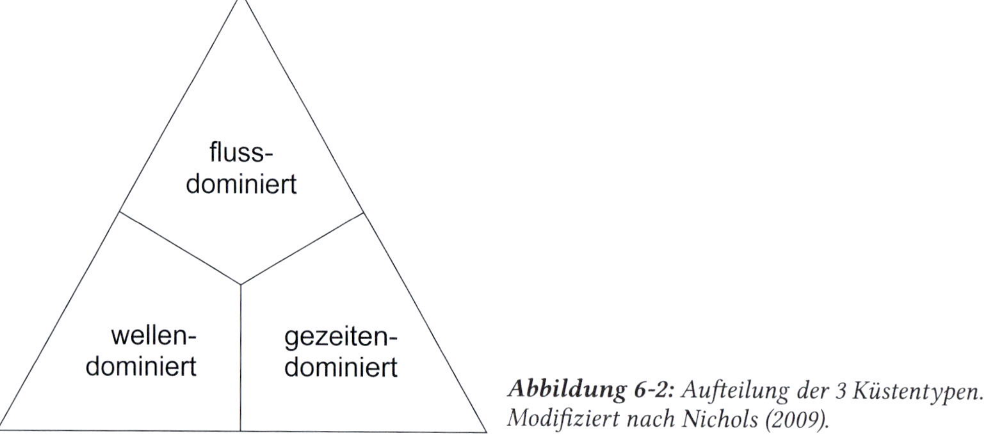

Abbildung 6-2: *Aufteilung der 3 Küstentypen. Modifiziert nach Nichols (2009).*

6.2 Wellendominierte Küste

6.2.1 Wellen und ihre Bildung

Wellen werden nach ihrer Wellenlänge, Wellenhöhe und Wellenperiode unterteilt (Kapitel 4.4). Diese unterschiedlichen Eigenschaften haben ihre Ursache in der Wellenbildung. Durch Wind gebildete Wellen sind durch ein hohes Verhältnis zwischen Wellenhöhe H und Wellenlänge L charakterisiert. Sie sind relativ steil und können deshalb auch von Satelliten aus gut identifiziert werden. Mit zunehmendem ‚Fetch', welcher als Maß für die Länge der Anlaufstrecke des Windes bezeichnet wird (Kapitel 4.4.1), nehmen Größe und Periode der Welle zu.

Kapillarwellen sind die kleinsten Wellen. Sie sind wenige Zentimeter hoch, haben eine Periode von weniger als einer Sekunde und eine Wellenlänge von wenigen Dezimetern (Abbildung 6-3). Sie sind für eine ruhige See charakteristisch und werden bei schwachem Wind gebildet. ‚Chops' oder auch Windseewellen bilden sich bereits bei stärkerem Wind. Diese Wellen können wachsen, solange ihre Phasengeschwindigkeit c geringer ist als die

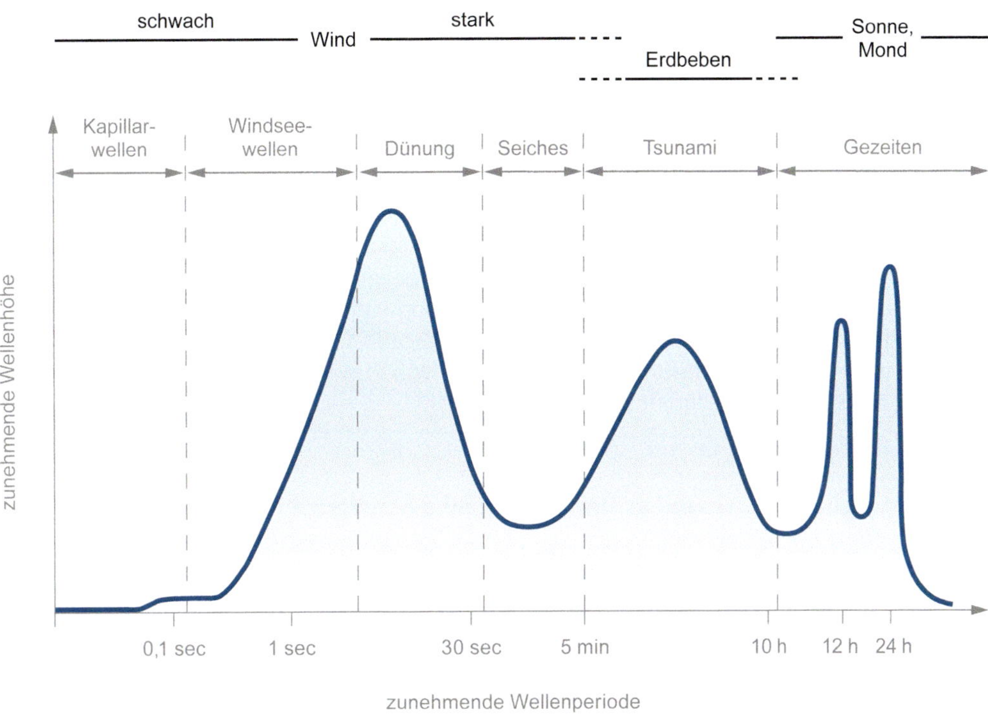

Abbildung 6-3: *Höhen und Perioden unterschiedlicher Wellentypen und Ursachen der Wellenbildung. Modifiziert nach Allen (1997), Pinet (2012) sowie Trujillo und Thurman (2020).*

Windgeschwindigkeit (aus dem Wetter- und Klimalexikon des Deutschen Wetterdienstes). Windseewellen sind je nach Länge der Anlaufstrecke (‚Fetch') und Windstärke bereits mehrere Meter hoch, haben eine Periode bis zu zehn Sekunden und eine Wellenlänge bis zu 200 Metern. Mit zunehmender Dauer des Windeinflusses überlagern sich vermehrt Wellen unterschiedlicher Längen und Höhen. Durch deren Interferenz entstehen Wellen mit einem hohen Verhältnis zwischen Wellenlänge und -höhe und einer Phasengeschwindigkeit, welche größer ist als die Windgeschwindigkeit. Diese Wellen eilen deshalb dem Wind voraus und können nicht mehr weiter wachsen (Deutscher Wetterdienst). Solche Wellen werden als ‚Swell'-Wellen oder auch als Dünung bezeichnet. Sie entwickeln sich aus Windseewellen bei starken Winden auf offener See. Von dort aus bewegen sie sich in Richtung Küste, wo sie durch Reflexion auch die Größe von ‚Seiches' (französischer Begriff) annehmen können. ‚Seiches' entstehen also dadurch, dass die ankommenden Wellen (aus dem offenen Meer oder einem größeren See) an der Küstenlinie reflektiert werden und dann als Gegenwellen die später ankommenden Wellen überlagern. Dabei entstehen Wellen mit einem geringen Verhältnis zwischen Wellenhöhe und Wellenlänge. Sie sind einige Dezimeter bis wenige Meter hoch und weisen eine lange Wellenperiode zwischen 30 Sekunden bis zu 5 Minuten auf (Abbildung 6-3). Daher sind diese Wellen von Satelliten aus schwierig zu identifizieren. Treffen solche Wellen aber auf Land, dann können sie verheerend sein und zu großen Schäden führen. Ähnlich gefürchtet sind auch Tsunamiwellen (Begriff stammt vom Japanischen und bedeutet Hafenwelle, auf Deutsch ‚Erdbebenwoge'). Diese durch Erdbeben verursachten Wellen haben eine Periode von mehr als fünf Minuten, aber eine relativ geringe Wellenhöhe von maximal zwei, seltener bis zu fünf Metern. Sie bewegen sich mit einer Phasengeschwindigkeit *c*, die primär von der Wassertiefe *h* und der Gravitationsbeschleunigung *g* abhängt: $c = \sqrt{gh}$. Je tiefer also der Meeresgrund, umso schneller bewegt sich die Tsunamiwelle. Deshalb können Tsunamiwellen einen Ozean innerhalb weniger Stunden queren. Treffen sie auf das Festland, dann haben sie wegen ihrer hohen kinetischen Energie ein verheerendes Zerstörungspotential. Schließlich sind auch Gezeitenwellen durch eine hohe kinetische Energie charakterisiert. Sie haben eine Periode von 12 beziehungsweise 24 Stunden und können Wellenhöhen von mehreren Metern erreichen. Gezeitenwellen bilden Mond- und Sonnenstand ab und hängen von deren Anziehungskräften und den daraus resultierenden Fliehkräften ab (Kapitel 6.3.1).

6.2.2 Morphologische und sedimentologische Gliederung einer wellendominierten Küste

Wellendominierte Küsten zeichnen sich dadurch aus, dass ihre Form durch starke Wellenaktivität ausgebildet wird. Dieser Küstentyp wird deshalb, basierend auf wellendynamischen Bedingungen, in unterschiedliche Zonen eingeteilt. Entscheidend ist hier einerseits

Abbildung 6-4: *Zonierung einer wellendominierten Küste in Kreta, Griechenland. Auffallend ist die Riefung im Sand in der Surf- und Schwappzone, welche durch das Hin- und Herrollen von Sandkörnern entsteht.*

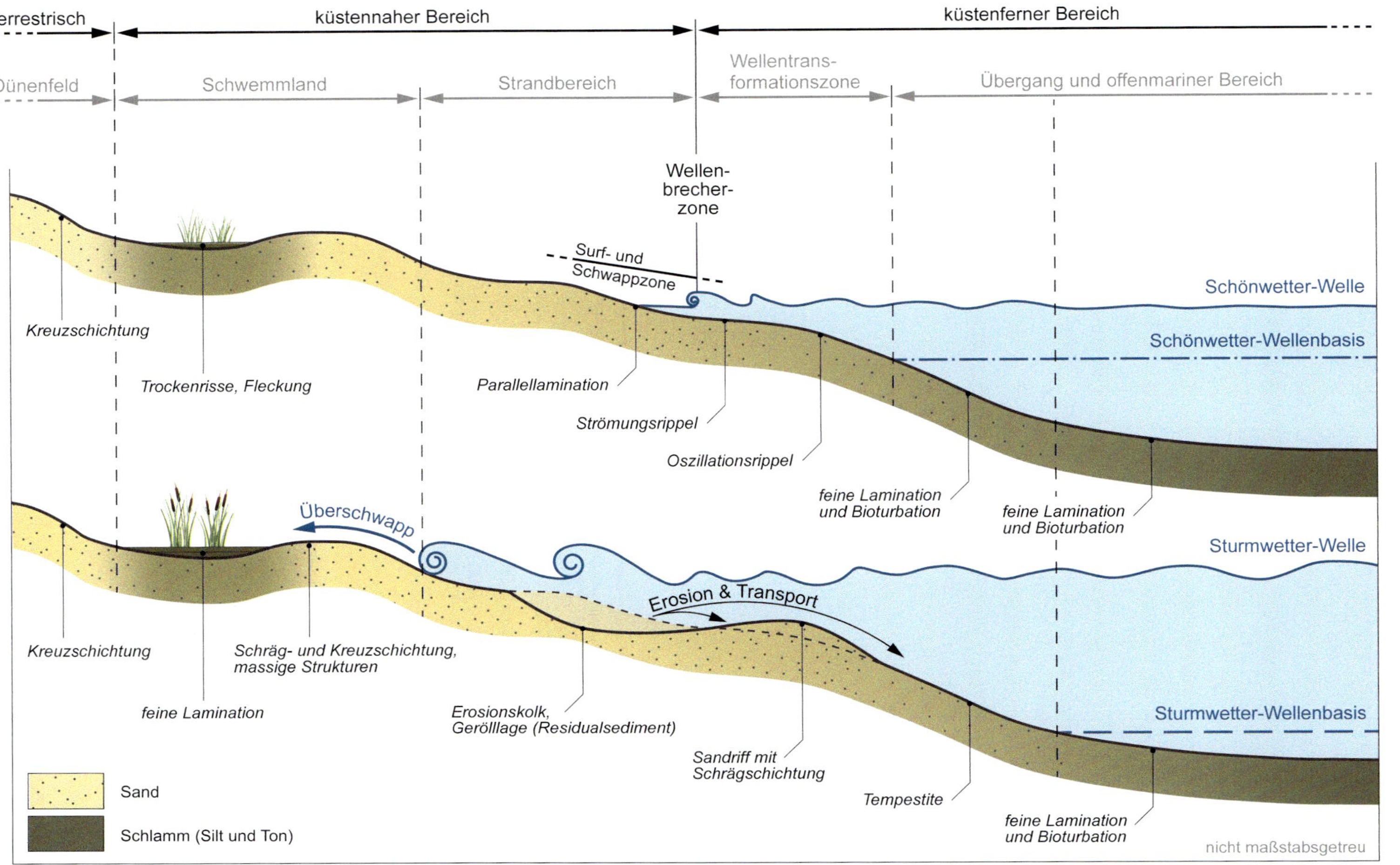

***Abbildung 6-5:** Schematische Einteilung der hydrodynamischen Zonen einer wellendominierten Küste bei Schönwetter (oben) und bei Sturmwetter (unten). Die wichtigsten sedimentären Strukturen sind in ihrer relativen Position zur Küste schematisch dargestellt. Nach Keller (1989).*

die Wassertiefe, welche mit größerer Entfernung von der Küste in der Regel zunimmt. Andererseits bestimmt aber auch die Wellenenergie, welche von der Wellenhöhe und der Wellenlänge abhängt, die Form einer Küste. Die Wellenlänge ihrerseits bestimmt die Tiefenlage der Wellenbasis (Kapitel 4.4.2). Bei schönem Wetter liegt diese deutlich seichter als während eines Sturms. Damit unterscheidet sich die wellendynamische Situation an einer Küste grundsätzlich zwischen Sturm und Schönwetter (Keller, 1989).

Betrachtet man eine wellendominierte Küste vom Strand aus, so fallen am ehesten die brandenden und sich überschlagenden Wellen auf – das Rauschen oder auch das Tosen der Wellen beim Überschlagen und Brechen ist unüberhörbar. Diese sogenannte Wellenbrecherzone unterteilt die Küste in einen meerwärts liegenden küstenfernen Bereich und einen landeinwärts gelegenen küstennahen Bereich (Abbildungen 6-4 und 6-5). Der terrestrische Abschnitt hinter dem küstennahen Bereich umfasst äolische Dünenfelder sowie Flusslandschaften mit Überschwemmungsebenen.

Der küstennahe Bereich selbst beginnt mit dem Schwemmland, das aus Sümpfen und Schwemmfächern besteht. Das Schwemmland bleibt meistens trocken, wird aber gelegentlich durch Spritzwasser von Sturmwellen benetzt, dem sogenannten Überschwapp. Gegen das Meer hin schließt der Strandbereich mit der Surf- und Schwappzone an. Diese zeichnet sich vor allem durch das Hin- und Herschwappen des Wassers aus. Der küstennahe Bereich endet mit der Wellenbrecherzone. Dort brechen die Wellen, wie es der Name schon besagt, und die gesamte Wellenenergie wandelt sich schlagartig in kinetische Energie um. Das Wasser schießt dann mit hoher Geschwindigkeit in Richtung Festland. Während diese Zone bei Schönwetter gut definiert ist, können bei Sturmwetterlagen mehrere Wellenbrecherzonen innerhalb eines bestimmten Abschnitts entstehen.

Der küstenferne Bereich schließt meerwärts an die Wellenbrecherzone an und umfasst die Wellentransformationszone sowie den Übergang zum offenen Meer. Im Bereich der Wellentransformationszone werden die Wellen aufgrund des seichter werdenden Meeresbodens gegen die Küste hin sukzessive höher. Dabei werden sie steiler und asymmetrischer, bis sie eine kritische Steilheit erreichen und schließlich brechen. Diese Veränderung der Wellengeometrie erfolgt dadurch, dass die Orbitalbewegungen in der Wassersäule, generiert durch rhythmische Wellenbewegungen, abgebremst werden, sobald diese den Meeresgrund erreichen. Bei dieser spezifischen Tiefe sprechen wir von der Wellenbasis (Kapitel 4.4.2). Der Ablagerungsraum des offenmarinen Bereichs liegt damit unterhalb der Wellenbasis und erfährt nur bei starken Stürmen und dementsprechend tieferem Wellengang eine Umlagerung des Sediments. Der Übergang von der Wellentransformationszone hin zum offenmarinen Bereich ist eher unscharf und kann deshalb auch als Übergangszone bezeichnet werden (Abbildung 6-5). Diese Zonierung zeigt ebenfalls, dass sich die Ablagerungsräume - neben der Wassertiefe – vor allem anhand der Wellenenergie unterscheiden lassen. Bei ruhiger See sprechen wir von Schönwetterwellen, welche eine geringe Wellenhöhe und -länge und damit eine geringe Tiefe der Wellenbasis aufweisen. Dementsprechend werden tieferliegende Sedimente nicht von Wellen umgelagert. Führt jedoch schlechtes Wetter zu einem starken Seegang, dann dominieren Sturmwetterwellen die Prozesse an der Küste. Dabei ist insbesondere die Wellenlänge größer, und die Wellenbasis liegt tiefer.

6.2.3 *Sedimentologische Prozesse und resultierende Strukturen an einer wellendominierten Küste*

Im offenen Meer

Im meerwärts liegenden offenmarinen Bereich, welcher unterhalb der Wellenbasis liegt, gibt es keine von Wellen induzierte Strömung. Deshalb wird auch kein Sediment umgelagert oder transportiert. Als Folge davon setzen sich Tonpartikel aus der Suspension auf dem Meeresgrund ab und bilden millimeterdünne parallellaminierte Lagen. In diesem lebensfreundlichen und gering-energetischen Milieu wird das Sediment oft von Organismen durchwühlt – wir sprechen dabei von Bioturbation.

Wellentransformationszone: vom offenen Meer zur Wellenbrecherzone

Gegen die Küste hin werden die Sedimente am Meeresgrund vermehrt durch Wellenbewegungen umgelagert. Der Abschnitt im Küstenprofil, wo diese Umlagerung beginnt, wird durch die Tiefe der Wellenbasis bestimmt und markiert den Beginn der Wellentransformationszone. Als Folge des immer seichter werdenden Küstenabschnitts wird die Welle zudem immer asymmetrischer und steiler, bis sie schließlich bricht. Dort befindet sich die Wellenbrecherzone; sie markiert das landseitige Ende der Wellentransformationszone (Abbildung 6-5). Sedimentkörner, die sich in Tiefenlagen oberhalb der Wellenbasis und unterhalb der Wellenbrecherzone befinden, werden durch die oszillierenden Wasserbewegungen hin und her transportiert und mit der Periode der Welle umgelagert. Es entstehen dabei Wellenrippel (oder Oszillationsrippel), bestehend aus fein- bis mittelkörnigem Sand (Kapitel 4.4.3 und Abbildung 4-21a). Diese werden mit abnehmender Wassertiefe in Richtung Küste immer asymmetrischer. Dabei nimmt die Höhe der Rippel fortlaufend ab, bis diese in der Surf- und Schwappzone in parallellaminierte Mittelsande übergehen, die durch millimeter- bis zentimeterdicke normalgradierte Lagen charakterisiert sind (Keller, 1989).

Die oben beschriebenen Sedimente werden meist bei einer Schönwetterlage gebildet. Schlägt das Wetter jedoch um und herrscht Sturmwetter, dann erreichen die Sturmwellen den Meeresboden in größeren Tiefen, denn die Sturmwellenbasis (oder auch Sturmwetter-Wellenbasis) liegt deutlich tiefer als die Schönwetter-Wellenbasis. Stürme können also an Orten zur Um- und Ablagerung von Sedimentpartikeln führen, wo während Schönwetter offenmarine und damit ruhige Bedingungen vorliegen (Abbildung 6-5). Im Strandbereich führt ein Sturm zudem zu einer großflächigen Erosion. Dabei wird ein Teil des erodierten Sediments in küstenfernere Bereiche verfrachtet und schließlich als Sandriff abgelagert (siehe nächsten Abschnitt und Abbildung 6-6). Der restliche, feinkörnigere Anteil erfährt einen weiteren Transport in tiefere Gewässer zwischen Sturmwetter- und Schönwetter-Wellenbasis, wo das Gemisch aus Sand und Silt abgelagert und durch die Sturmwellen umgelagert wird. Dabei entstehen Sturmablagerungen – oder auch Tempestite – mit erosiver oder planarer Basis sowie flachwinklig gewelltem Dach. Diese Schichtformen haben Kammabstände von 1 bis 5 Metern (und zum Teil noch mehr) und geringe Höhen (Abbildung 4-21b). Tempestite weisen als Sedimentstruktur eine Hummocky- oder Beulenkreuzschichtung auf, also beulenartig kreuzgeschichtete Laminae aus Sanden, welche wahrscheinlich im oberen Fließregime gebildet werden (Kapitel 4.4.4 und Abbildung 4-21c). In einigen Fällen wird ein massiges Sedimentgefüge gebildet, welches auf eine schnelle Sedimentation der Sandpartikel hindeutet (Kapitel 4.3.3). Bei abklingendem Sturm erfolgt ein Wechsel ins untere Fließregime, und die beulenartige Lamination wird durch Wellenbewegung zu Oszillations-

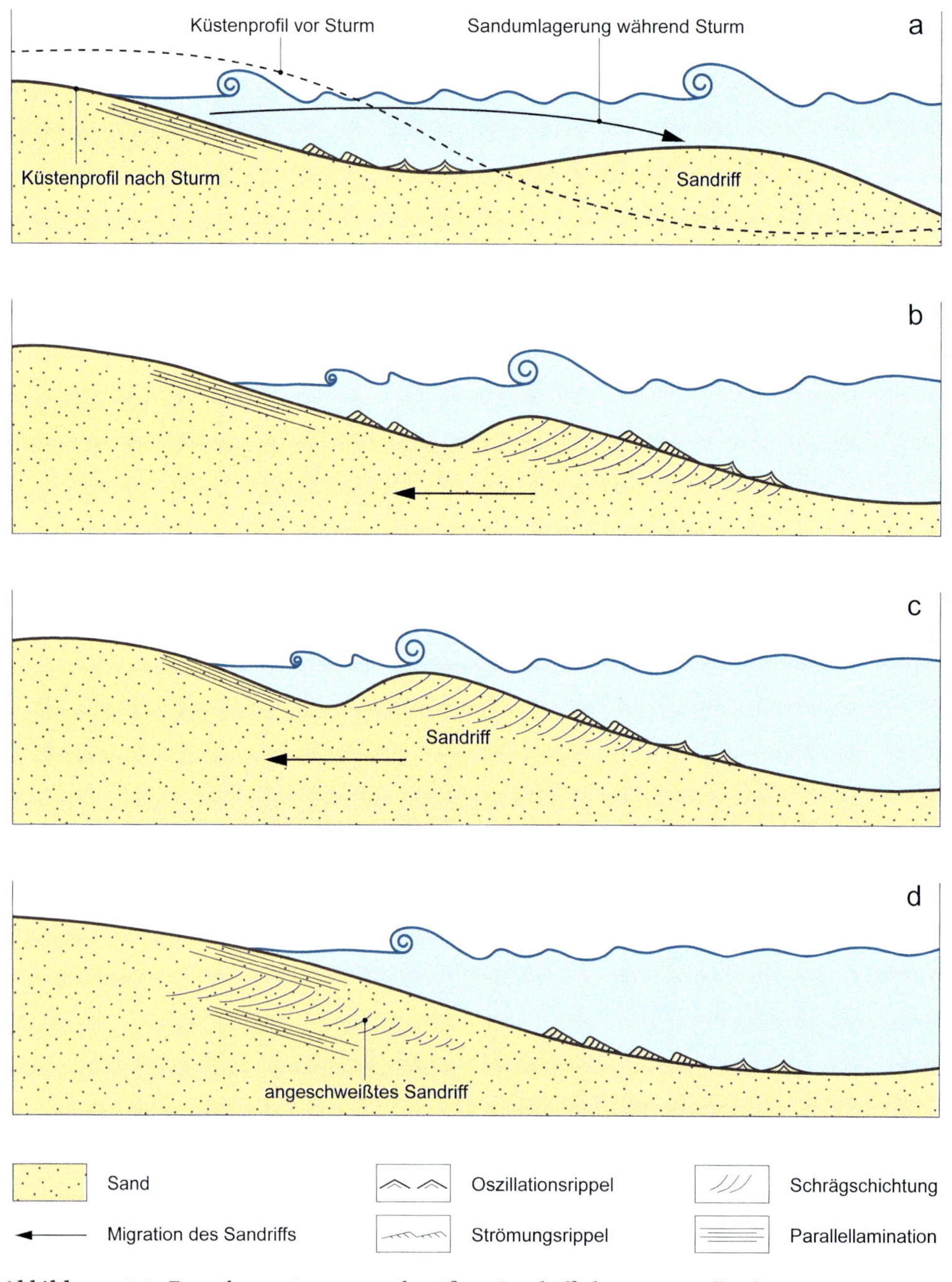

***Abbildung 6-6:** Entstehung eines angeschweißten Sandriffs bei einer wellendominierten Küste. **a)** Ein Sturm führt zur Erosion der Küste und zur Verlagerung von Sand in tiefere Bereiche – ein Sandriff entsteht. **b)** und **c)** Während Schönwetterzeiten verlagert sich das Sandriff als Folge des Wellengangs sukzessive zum Strand. Dabei bildet sich eine Schrägschichtung, welche in Richtung Strand orientiert ist. **d)** Das Sandriff kann dann schließlich an den Strand angeschweißt werden. Ein neuer Zyklus von Erosion – Verlagerung – Anschweißen kann beginnen. Modifiziert nach Keller (1989).*

rippeln umgelagert (Abbildung 4-21c). Nach einem Sturmereignis setzen sich Ton- und Siltpartikel aus der Suspension auf dem Grund ab, betten die Tempestitlage ein und schützen sie vor weiterer Erosion. Sturmsedimente, welche unterhalb der Schönwetter-Wellenbasis abgelagert werden, haben deshalb ein großes Erhaltungspotenzial. Erfolgt die Ablagerung eines Sturmereignisses allerdings oberhalb der Schönwetter-Wellenbasis, dann werden die Sedimente während Schönwetterperioden umgelagert – die geologischen Dokumente eines Sturms verschwinden.

Wellenbrecherzone: der küstenferne Bereich trifft den küstennahen Abschnitt

Die Wellenbrecherzone markiert den Bereich, in dem die Welle eine kritische Steilheit erreicht (Verhältnis von Wellenhöhe H zu Wellenlänge L übersteigt 0,142; Michell, 1893) und schließlich bricht. Dabei wird das Sediment am Grund aufgewirbelt und in Suspension überführt. Die Wassersäule wird dadurch sedimentgesättigt. Ein selektives Absetzen der Fracht – zuerst lagern sich die gröberen Körner ab und anschließend die feinkörnigeren Partikel – führt zur Bildung normal gradierter Lagen aus Fein- und Mittelsand, welche häufig parallellaminiert sind und eine Ablagerung im oberen Fließregime dokumentieren (Abbildungen 4-14b und 6-7a). Einzelne Pakete dieser lagigen Sande weisen oft eine Mächtigkeit von mehreren Zentimetern auf. Als Folge der schnellen Ablagerung der Suspensionsfracht bilden sich zudem zentimeterdicke Kletterrippel aus Silt und feinkörnigen Sanden (Abbildung 4-14c). Die Parallellamination markiert zudem den fließenden Übergang zum Strandbereich. Deshalb können derartige Sedimente auch dem unteren Abschnitt der Surf- und Schwappzone zugeordnet werden (siehe nächsten Abschnitt).

Im Bereich der Wellenbrecherzone werden zudem angulare und tangentiale Schrägschichtungen sowie dezimeter- bis meterdicke, trogförmig und planar kreuzgeschichtete Rinnenfüllungen abgelagert. Der Bildung der schräggeschichteten Sandsteine geht ein starker Wellengang während eines Sturmes voraus. Dabei können größere Abschnitte des Strandbereichs erodiert werden, und das Sediment wird in tiefere Bereiche verfrachtet (Abbildung 6-5). Die resultierenden Sedimentkörper werden Sandriffe genannt und bilden oft Untiefen in Küstennähe. Sie können somit zur meerwärts gerichteten Verlagerung (oder Verdoppelung) der Wellenbrecherzone führen. Während der darauffolgenden Schönwetterperiode verlagert der Wellengang das Sandriff sukzessive wieder in Richtung Strand, wo es schließlich an die Küste ‚angeschweißt' wird – es handelt sich dann um ein angeschweißtes Sandriff (Abbildung 6-6). Die sedimentäre Struktur des Sandriffs entspricht demjenigen eines Großrippels (Kapitel 4.3.3, Abbildung 4-16) mit Schrägschichtungen, deren Leeblätter gegen die Küste hin einfallen. Diese können angulare und tangentiale Basalkontakte annehmen (Abbildung 4-12), Höhen von einigen Dezimetern bis Metern erreichen und laterale Ausdehnungen von Zehner bis Hunderte von Metern aufweisen. Dieses oft wassergesättigte Sediment ist häufig instabil und sackt in sich zusammen. Dabei entweicht ein Teil des Porenwassers aus dem soeben abgelagerten Sediment. Es entstehen zentimeter- bis dezimetergroße Sandvulkane und Wulstschichtungen – faltenähnliche Strukturen mit länglichen, offenen Mulden und spitzen Kämmen (s. auch Abbildung 7-7a). Die angeschweißten Sandriffe können anschließend durch verschiedenste Prozesse wieder umgelagert und erodiert oder durch jüngere Sedimente überlagert und eingebettet werden.

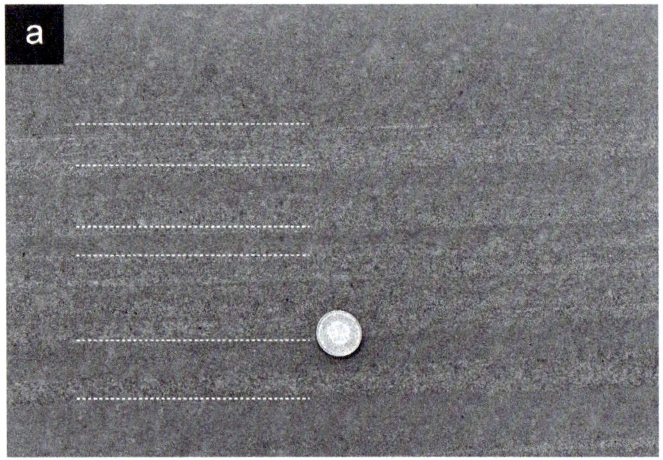
a

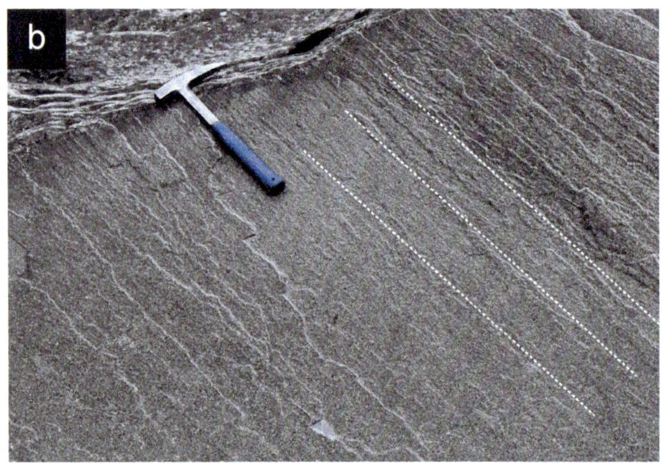
b

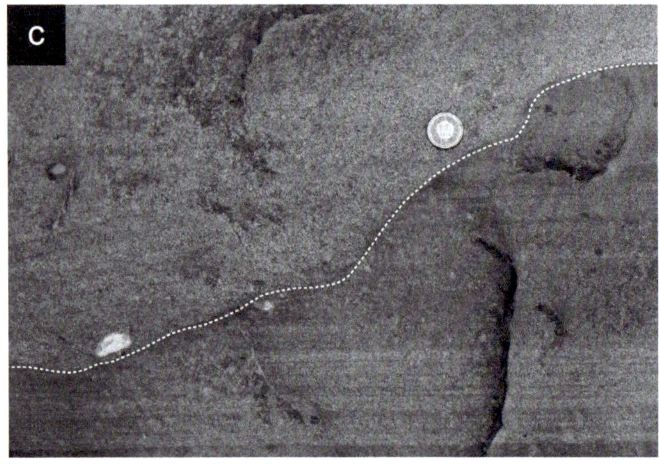
c

Strandbereich: wo das Meer auf das Festland trifft

Der Strandbereich folgt auf die Wellenbrecherzone und markiert die eigentliche Küste. Ein charakteristischer Abschnitt ist dabei die Surf- und Schwappzone. Dort schwappt das Wasser im oberen Fließregime hin und her, und die Wassertiefe ist auf wenige Zentimeter bis Dezimeter begrenzt (Abbildung 6-4). Das in Richtung Festland schießende Wasser, der Schwall, lagert dabei Sandpartikel um. Das zurückfließende Wasser, der sogenannte Sog, hat bereits an Energie verloren und transportiert deshalb nur die kleineren und leichteren Sandpartikel. Es entsteht dabei die für die Surf- und Schwappzone sehr charakteristische, deutlich erkennbare Parallellamination (Abbildung 6-7a). Einzelne Laminae sind oft reich an Schwermineralen wie Turmalin, Granat oder Zirkon, die aufgrund ihrer hohen Dichte präferenziell liegen bleiben. Durch den Sog und Schwall des Wassers werden die Sandkörner am Strand rollend und gleitend hin und her geschleppt. In der Folge bilden sich Furchen, die auf den Schichtflächen als Strömungsriefung erkennbar sind (Abbildung 6-7b). Ebenfalls möglich sind flachwinklige Erosionsstrukturen, wenn höherenergetische Ereignisse einen Teil der zuvor abgelagerten Sedimente umlagern. Die Surf- und Schwappzone ist somit ein dynamischer Bereich und bildet einen lebensfeindlichen Strandabschnitt. Dies zeigt sich auch an der fehlenden Bioturbation (Durchwühlen der Sedimente durch Lebewesen). Ausnahmen sind nur Krebse, welche an dieses Milieu angepasst sind und dort Krebsgänge bilden. Diese werden in Sandsteinen als vertikale Spurenfossilien aufgezeichnet, welche als Skolithos bezeichnet werden.

Ripströmungen

Trogförmige, rinnenartige Kolke, gefüllt mit massigen sowie schräggeschichteten Sanden (Abbildung 6-7c), bilden sich ebenfalls im Strandbereich und erreichen oft die Wellentransformationszone. Ein derartiges Gefüge deutet auf Erosion und anschließende Ablagerung durch Ripströmungen hin. Diese Strömungen entstehen infolge einer Akkumulation von Wasser an der Küste, welches nach Überschreiten eines kritischen Wasserdrucks unter hohen Geschwindigkeiten ins Meer zurückfließt (Abbildung 6-8). Dabei wird der Untergrund erodiert, und anschließend werden die rinnenartigen Kolke mit Sand gefüllt (Abbildung 6-7c). Wenn diese Sande innerhalb kurzer Zeit aus einer Suspensionswolke abgelagert werden, dann entsteht eine Sandschicht mit einer massigen Struktur. Kontinuierliche Ripströmungen können jedoch auch Schichtformen (Großrippel) bilden. Dabei fallen die schräggeschichteten Lee-Blätter in Richtung Meer ein. Typisch sind ebenfalls eine mit Kies

Abbildung 6-7: *Sedimentstrukturen im Sandstein, die für einen wellendominierten Ablagerungsbereich charakteristisch sind (Fotos: Obere Meeresmolasse, Zentralschweiz).*
a) *Parallellamination und zentimeterdicke, normalgradierte Lagen. Dieser Sandstein könnte in der Wellenbrecherzone oder auch in der Surf- und Schwappzone gebildet worden sein. Solche Strukturen entstehen typischerweise im oberen Fließregime.*
b) *Aufsicht auf einen Sandstein mit erkennbarer Strömungsriefung. Diese Struktur entsteht, wenn Körner in der Surf- und Schwappzone hin- und herrollen. In einem Schnitt parallel zum Hammerstiel kommt eine Parallellamination zum Vorschein.*
c) *Sandstein mit massiger Struktur (oben), welcher vom parallellaminierten Sandstein (unten) durch einen Erosivkontakt getrennt ist. Der massige Sandstein mit basalem Erosivkontakt könnte durch eine Ripströmung im flachen Meer im Bereich der Wellenbrecherzone (parallellaminierter Sandstein mit dünnen normalgradierten Lagen) gebildet worden sein.*

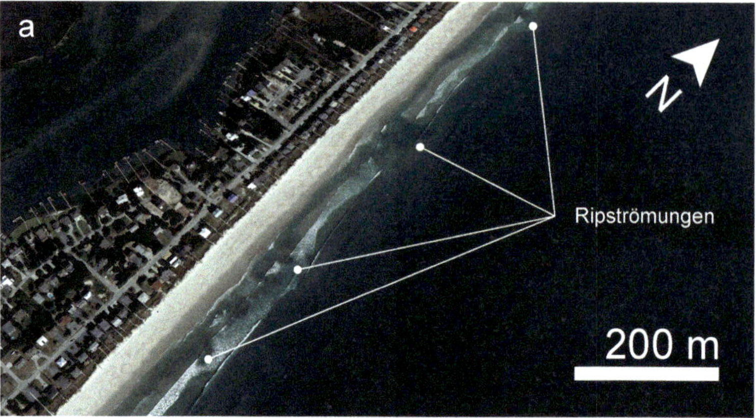

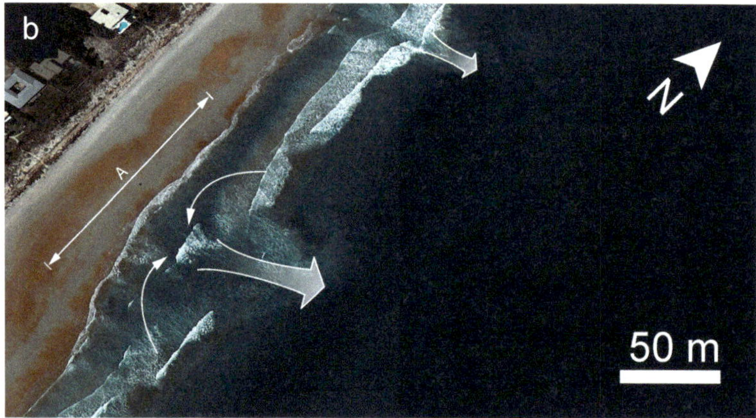

Abbildung 6-8: *Bildung von Ripströmungen. Die Abbildungen zeigen die Küste auf der Ostseite der USA bei ca. 29°27′N / 81°06′W. Satellitenaufnahme © 2020 TerraMetrics.*
a) *Ripströmungen gleichen einen relativen Wasserüberschuss im Bereich der Küstenlinie aus. Diese Strömungen können stark sein und sogar hohe Wellenkämme durchbrechen.*
b) *Detailaufnahme, welche die Entstehung und Wirkung von Ripströmungen zeigt. Starker Wellengang führt zur Anhäufung von Wasser im Bereich der Surf- und Schwappzone (Bereich A). Es entsteht ein relativer Überdruck. Die Angleichung in Richtung Meer erfolgt durch Ripströmungen.*

oder Tongeröllen gepflasterte Rinnenbasis und vereinzelte Schlickgerölle, Holzstücke oder Knochenreste. Bei letzteren könnte es sich auch um Dokumente von starken Niederschlägen auf dem Festland handeln, die bewirken, dass hochwasserführende Flüsse viel Schutt, Pflanzenfragmente und Knochenbruchstücke ins Meer spülen.

Schwemmland: trocken bei schönem Wetter, nass bei Sturm

Das Schwemmland ist ein höherliegender und meistens durch Sandwälle und kleinere Sanddünen geschützter Bereich. Dieser liegt die meiste Zeit trocken und wird nur durch

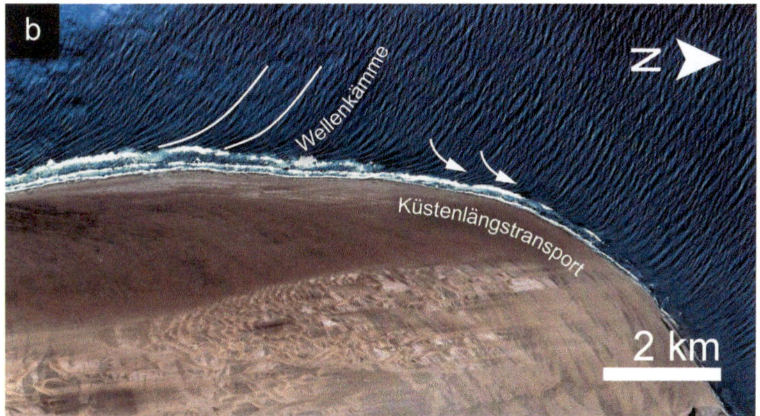

Abbildung 6-9: *Prozesse entlang einer wellendominierten Küste bei ca. 24°01'S / 14°26'E (Namibia) und die Bildung von Halbinseln (Spits). Die Wellenlänge beträgt etwa 100 Meter. Satellitenaufnahme © 2020 Maxar Technologies.*
a) *Bildung von Spits durch küstenparallele Verfrachtung von Sand.*
b) *Detailaufnahme, die zeigt, dass die Wellen schief auf die Küste treffen. Der Schwall des Wassers verläuft dabei leicht schräg zur Küste, während beim Sog das Wasser senkrecht dazu zurückfließt. Dies generiert eine küstenparallele Verfrachtung von Sand.*

Sturmfluten überschwemmt. Starke Stürme mit hohen Wellen können den schützenden Strandwall durchbrechen und dabei kolkartige Rinnenstrukturen bilden. Dabei gelangen schwallartig Wassermassen mit hoher Energie in den hinteren Bereich und bilden sogenannte Schwemmsandfächer. Diese Sedimente bestehen im Wesentlichen aus kreuz- sowie schräggeschichteten Sanden. Befindet sich das hineinströmende Wasser im oberen Fließregime, erzeugt es eine Parallellamination in den Sanden, welche als Folge der hydrodynamischen Sortierung zusätzlich eine normale Gradierung aufweisen. Bei abnehmender Fließgeschwindigkeit können sich anschließend Strömungs- und Kletterrippel aus feinkörnigem Sand und Silt bilden. Nimmt die Strömungsgeschwindigkeit noch weiter ab, lagert sich die

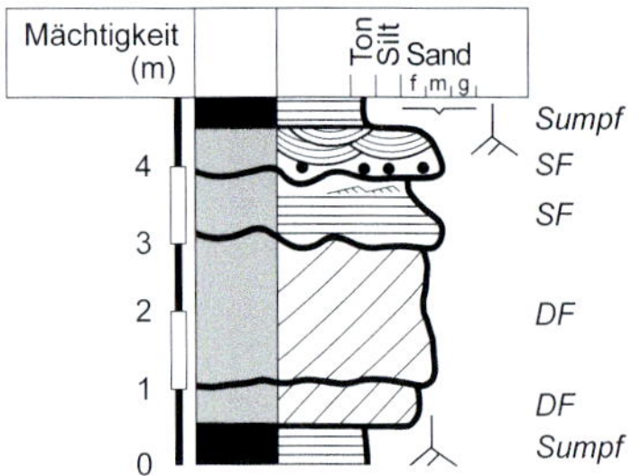

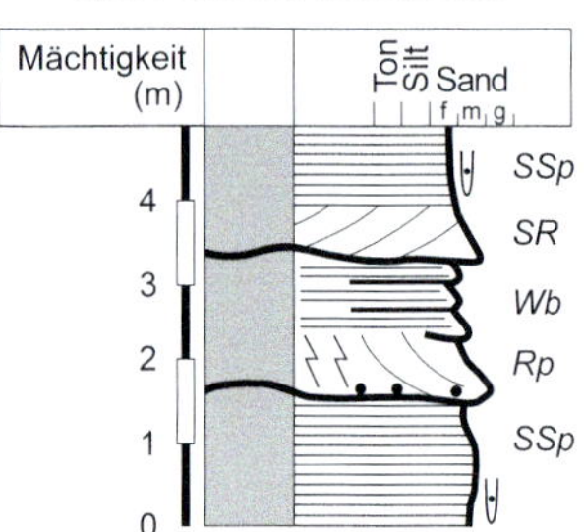

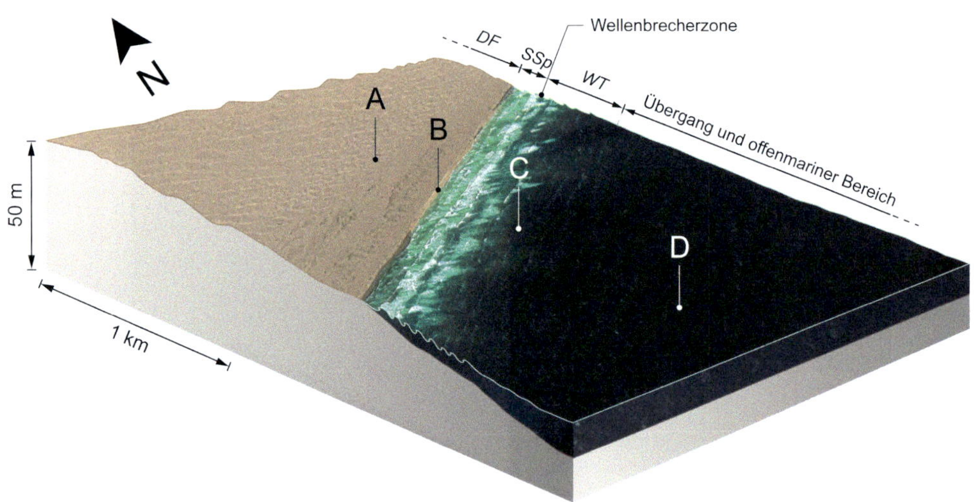

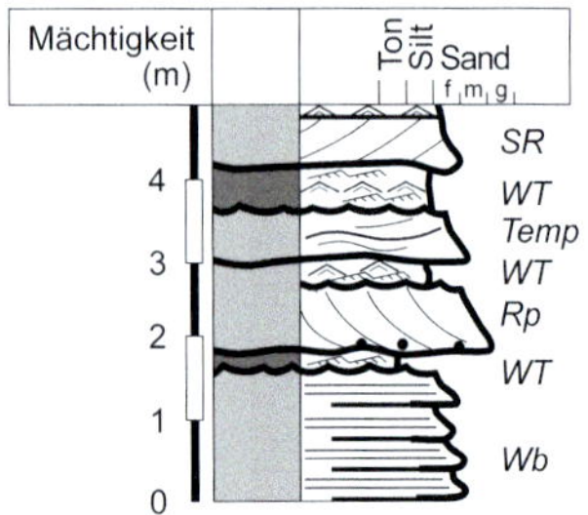

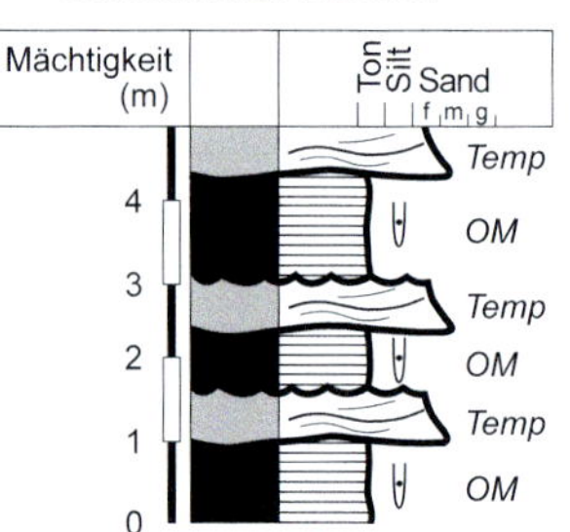

Abbildung 6-10: *Dreidimensionale Ansicht der wellendominierten Küste bei ca. 15°18′N / 51°31′E im Jemen (Satellitenaufnahme © 2020 TerraMetrics) und sedimentologische Abfolgen, die erwartet werden, wenn in folgenden Bereichen eine Bohrung abgeteuft würde:* ***A)*** *Dünenlandschaft und Schwemmland,* ***B)*** *Strandbereich und Wellenbrecherzone,* ***C)*** *Wellenbrecherzone und Bereich der Wellentransformation,* ***D)*** *Übergang ins offene Meer und offenmariner Ablagerungsraum. f: feinkörnig; m: mittelkörnig; g: grobkörnig (s. Abbildung 1-3).*

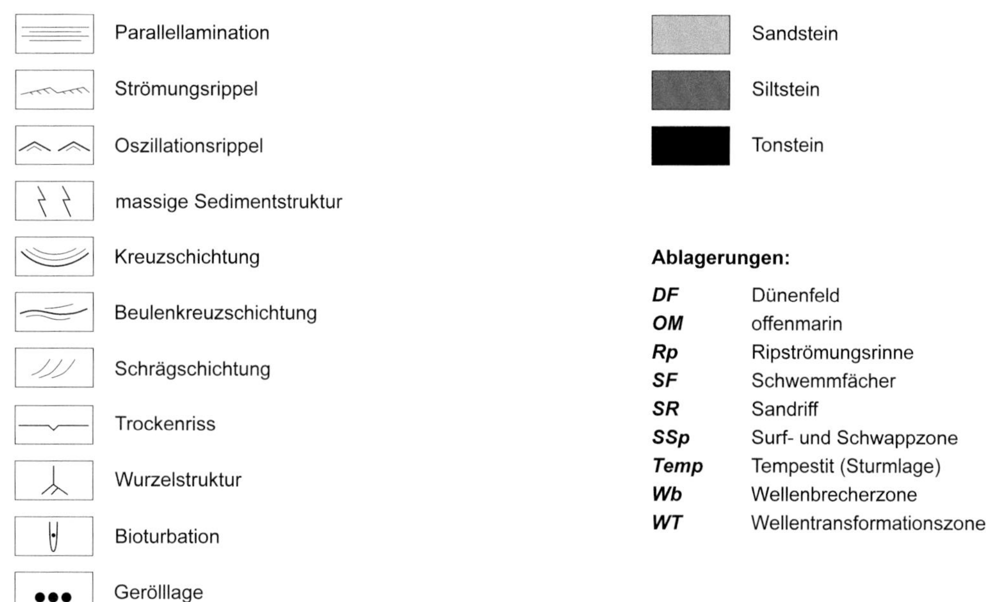

Abbildung 6-10 (Fortsetzung): *Legende zu den sedimentologischen Profilen.*

Suspensionsfracht (v.a. Ton und Silt) auf den Sanden ab und bildet dabei feine, normalgradierte Laminae, welche wenige Millimeter dünn sind. Diese enthalten oft Einschlüsse von organischem Material (Blätter, Hölzer). Verdunstet nun das gesammelte Wasser in den Tümpeln und seichten Seen, dann bilden sich Salzkrusten und Trockenrisse, die in den sedimentologischen Profilen oft gut erhalten sind. Setzt aber Pflanzenwachstum ein, dann werden die zuvor gebildeten Sedimentstrukturen häufig zerstört (Destratifizierung).

In trockenen Gebieten können in diesem Bereich aber auch Winde landschaftsgestaltend sein. Auflandige Winde, welche vom Meer in Richtung Festland wehen, sind relativ kräftig, weil die Meeresoberfläche eine geringe Rauigkeit aufweist und deshalb die Winde weniger stark abgebremst werden als auf dem Festland. Diese Winde sind stark genug, um die Feinsand- und Siltpartikel entlang der Küste abzutragen und in Richtung Festland zu verfrachten. Dort ist die Bremswirkung größer, die Winde verlieren folglich einen Teil ihrer kinetischen Energie und lassen die gröbere Fracht liegen. Es bilden sich Sanddünen (Kapitel 5.7) mit großmaßstäblicher Schräg- und Kreuzschichtung.

Küstenlängstransport: Verfrachtung von Sand und Entstehung von Halbinseln

Um den gesamten sedimentologischen Effekt der Wellendynamik zu erfassen, sollte nicht nur eine Sicht senkrecht zur Küste, sondern auch eine parallel dazu einbezogen werden. Hier dienen Satellitenbilder als gute Hilfsmittel, da sie die parallel zum Küstenverlauf heranbrechenden Wellenkämme aus der Vogelperspektive aufzeigen (Abbildung 6-9). Dabei zeigt sich, dass die anbrandenden Wellen in den meisten Fällen einen kleinen Winkel zur

Küstenlinie aufweisen. Beim Schwall werden die Sandkörner also leicht schräg zum Strandverlauf in Richtung Festland verfrachtet. Beim Sog fließt das Wasser jedoch senkrecht zum Strand ins Meer zurück, und in die gleiche Richtung werden auch die Sandpartikel verfrachtet. Dies führt letztlich zu einem küstenparallelen Sedimenttransport und zur Bildung halbmondförmiger Halbinseln, den sogenannten Spits (Abbildung 6-9).

6.2.4 *Zusammenfassung der wichtigsten Charakteristika einer wellendominierten Küste*

Basierend auf wellendynamischen Kriterien wird die Küste in verschiedene Bereiche unterteilt, die sich schließlich auch hinsichtlich Wassertiefe sowie Korngrößen und Strukturen der Sedimente unterscheiden (Abbildung 6-5). Das Schwemmland bildet den hinteren, geschützten Bereich eines Strandes. Es zeichnet sich durch die Bildung von Tümpeln und kleinen Seen aus. Diese entstehen durch den Überschwapp von Meerwasser während eines Sturmereignisses. Zudem kommen in diesem Bereich auch äolische Sedimente vor, also Windablagerungen. Solche Bereiche mit größeren Sanddünen bilden sich insbesondere in ariden Klimazonen (Abbildung 6-10).

Der Strandbereich umfasst die Surf- und Schwappzone, wo aus dem Hin- und Herschwappen des Wassers eine deutlich erkennbare und zuweilen messerscharfe Parallellamination (Abbildung 6-7a) in den Sandablagerungen gebildet wird. Weiter können durch erosive Ereignisse Kolke entstehen, die anschließend mit massigen oder schräggeschichteten Sanden aufgefüllt werden (Abbildung 6-7c). Im Bereich der Wellenbrecherzone sind die parallellaminierten Sandlagen mehrere Zentimeter dick (Abbildung 6-7a) und zudem normal gradiert – ein Hinweis auf das Absetzen des Sandes im oberen Fließregime, nachdem das Sediment beim Aufprallen der Welle aufgewirbelt und in Suspension überführt wurde.

In der Wellentransformationszone führen die oszillierenden Wasserbewegungen zur Umlagerung und zum Transport von Sanden. Hier bilden sich symmetrische Wellenrippel (Abbildung 4-21a), oder Oszillationsrippel, welche mit abnehmender Wassertiefe immer asymmetrischer werden.

Der Übergang in den offenmarinen Bereich zeichnet sich dadurch aus, dass Tempestite mit beulenartiger Kreuzschichtung auftreten – vermutlich Hinweise aufs obere Fließregime während eines Sturms (Abbildungen 4-21b und 4-21c). Während Perioden schönen Wetters ist der Wellengang schwach, so dass die Sturmablagerungen nicht weiter umgelagert werden, sondern dabei erhalten bleiben.

Im offenmarinen Bereich erfährt der Meeresgrund sehr selten eine Sedimentumlagerung durch starken Wellengang. Hier setzen sich Tonpartikel aus der Suspension langsam auf dem Grund ab. Bei der Ablagerung entstehen millimeterdünne, parallel gelagerte Laminae aus Ton. Zudem zeugt hier eine starke Bioturbation von einem lebensfreundlichen Millieu.

Abbildung 6-10 zeigt ein schematisches Blockdiagramm einer solchen wellendominierten Küste bei 15°18′N / 51°31′E (Jemen), wo diese Ablagerungsbereiche sehr schön ausgebildet sind. Da sich der Jemen in einem ariden Klimagürtel befindet, wird der terrestrische und küstennahe Bereich durch weite Dünenfelder gesäumt. Wir erkennen folglich Sanddünen bei Punkt A und weiter einen schmalen Streifen, wo das Meerwasser hin- und herschwappt (Surf- und Schwappzone, Punkt B). Die Wellentransformationszone beginnt ungefähr bei Punkt C, und im Bereich rund um Punkt D befinden wir uns bereits im Übergang ins offene Meer. Hätten wir nun die Gelegenheit, an diesen Lokationen eine jeweils 5 m tiefe Bohrung abzuteufen, dann dürften Sequenzen mit charakteristischen Abfolgen zum Vorschein kommen. Diese sind in Abbildung 6-10 für Punkt A (Schwemmland und äolische Sande), Punkt B (Strandbereich und Wellenbrecherzone), Punkt C (Wellenbrecher- und Wellentransformationszone) sowie für den Übergang ins offene Meer (Punkt D) dargestellt.

6.3 Gezeitendominierte Küste

6.3.1 Gezeiten und ihre Bildung

Die Umlagerung der Sedimente durch starke Gezeitenströmungen führt zur Bildung einer charakteristischen Morphologie mit Watt, Prielen und Gezeitendeltas – die gezeitendominierte Küste. Die Gezeiten – oder auch die Tiden (Niederdeutsch für ‚Zeiten' aufgrund ihrer regelmäßigen Wiederkehrperiode) – werden durch Gravitationskräfte gesteuert. Diese umfassen die Anziehung zwischen Sonne, Mond und Erde. Aus diesen Anziehungskräften resultiert auch eine Rotationsbewegung – Erde und Mond führen eine kreiselförmige Bewegung aus mit einem Rotationspunkt, der sich in der Nähe des Massenschwerpunktes der Erde befindet (weil die Erde eine viel größere Masse als der Mond hat). Das gleiche gilt ebenfalls für die Erde und die Sonne, aber in diesem Fall liegt der Rotationspunkt in der Sonne. Aus den kreiselförmigen Bewegungen resultiert je eine Fliehkraft, woraus dann zusammen mit den Anziehungskräften die Gezeitenkräfte entstehen. Diese sind für die Aufwölbung von Wassermassen verantwortlich und damit für die Entstehung der Flut oder des Tidenhochwassers. Die Aufwölbung ist auf derjenigen Seite der Erde am größten, die dem Mond zugewandt ist. Gewässer auf der dem Mond abgewandten Seite der Erde erfahren ebenfalls eine Aufwölbung, wenn auch eine leicht geringere, weil dort die Gezeitenkräfte weniger groß sind. Die Bereiche zwischen diesen ‚Flutbergen' erfahren gleichzeitig ein Absinken des Wasserpegels – die Ebbe oder das Tidenniedrigwasser ist die Folge davon. Der Unterschied im Pegelstand zwischen Flut und Ebbe wird als Tidenhub bezeichnet. Die Erdrotation bewirkt nun, dass sich Flut und Ebbe am gleichen Ort ca. im Sechsstundentakt ablösen (Abbildung 6-11).

Infolge der Rotation des Mondes um die Erde kommt es zudem zweimal im Monat vor, dass Erde, Mond und Sonne in einer Linie liegen (bei Vollmond und Neumond; Abbildung 6-11). Dann überlagern sich beide Kraftfelder, und der Tidenhub ist am größten. Diesen Zustand bezeichnen wir als Springflut oder Springtide. Dabei wirkt nicht nur die Kraft zwischen Erde und Mond auf die Wassermassen (Mond-Gezeiten), sondern auch der Effekt der Sonne (Sonnen-Gezeiten). Aufgrund der viel größeren Distanz zwischen Erde und Sonne ist der Anteil der Sonnen-Gezeiten am Tidenhub jedoch deutlich geringer als der Beitrag der Mond-Gezeiten. Stehen jedoch Erde, Mond und Sonne in einem rechten Winkel zueinander, kommt es zur Nipptide, einem Niedrig-Gezeitenstand, da diese Konstellation zu einer gleichmäßigeren Verteilung der Wassermassen führt (Abbildung 6-11).

Der Gezeiteneffekt unterscheidet sich zwischen dem offenen Ozean und dem Küstenbereich. Während der Tidenhub auf dem offenen Ozean nur einige Zentimeter beträgt, kann er nahe an der Küste einige Meter betragen. Diese Anhäufung von Wassermassen im flachen Bereich entsteht einerseits als Folge von Reflexionseffekten. Solche werden insbesondere an einer morphologisch stark gegliederten Küste beobachtet. Sind nun die reflektierten Wellen phasengleich mit der Gezeitenwelle aus dem offenen Meer, dann wird der Tidenhub vergrößert. Andererseits haben Reibungseffekte am Meeresgrund eine weitere

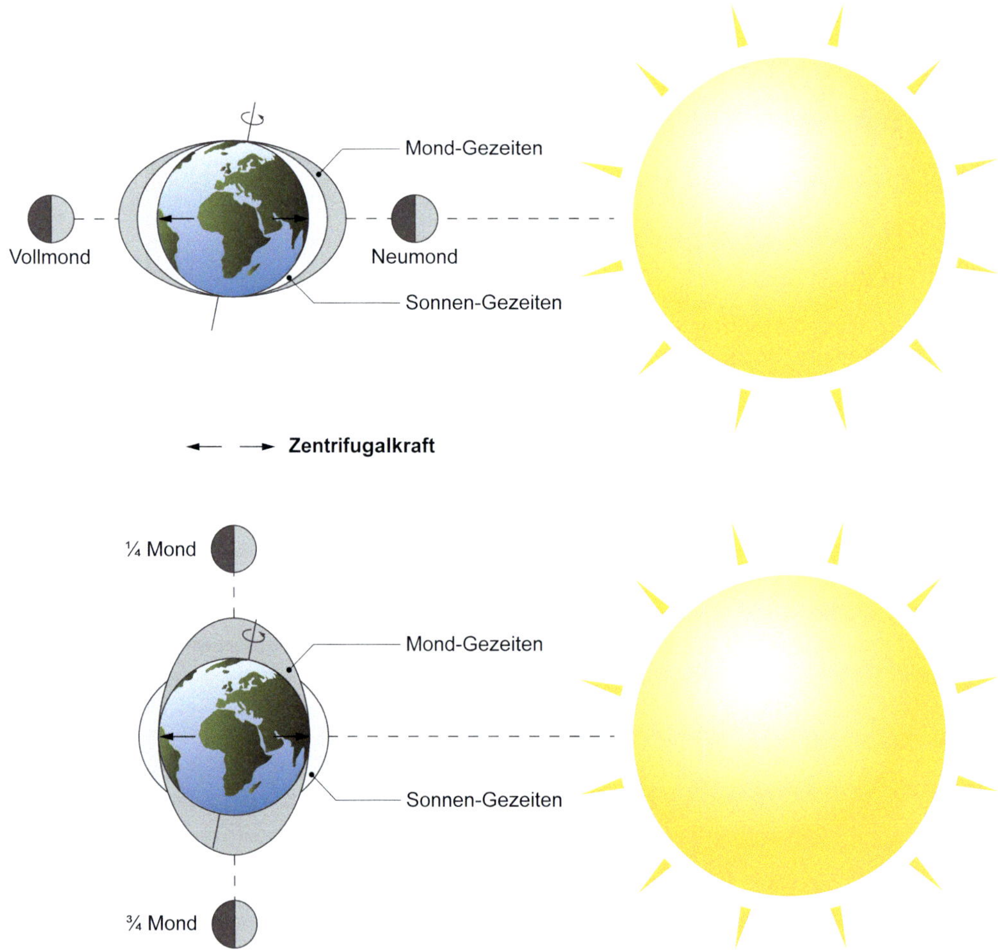

Abbildung 6-11: *Das Wechselspiel zwischen Sonne, Mond und Erde und die damit verbundene Entstehung der Gezeiten. Modifiziert nach Nichols (2009).*

Zunahme des Gezeitenhubs zur Folge. So führt die Reibung am Grund dazu, dass die Gezeitenwelle gegen die Küste hin abgebremst wird. Die Wellenperiode (12 Stunden) bleibt aber gleich. Wegen des Massenerhaltungsgesetzes muss folglich die Wassertiefe und damit der Tidenhub gegen das Festland hin zunehmen. Während also auf dem offenen Ozean der Meeresspiegelanstieg bei Flut nur einige Zentimeter beträgt, kann er entlang von Küsten einige Meter ausmachen. Dies ist insbesondere an der Nordküste Deutschlands bei Bremerhaven der Fall (Abbildung 6-12), wo der Meeresspiegelunterschied zwischen Ebbe und Flut ca. 3,5–4 m beträgt. Dort kann sich zudem die Wassermasse bei Ebbe unter starken Strömungen mehrere Kilometer weit in das offene Meer zurückziehen.

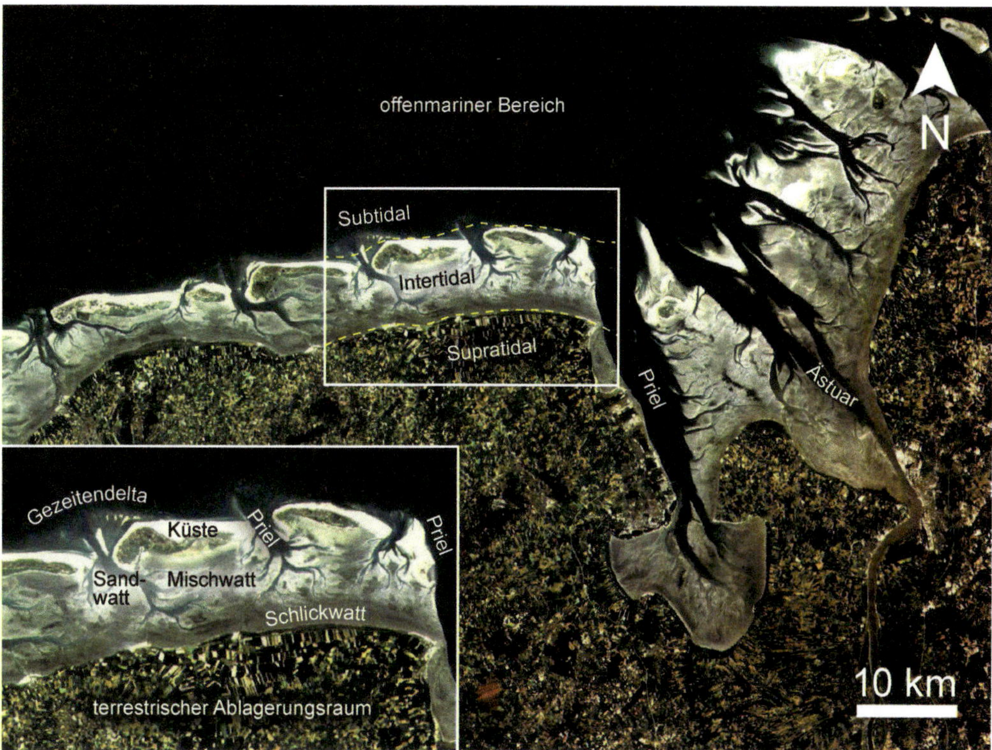

Abbildung 6-12: *Satellitenaufnahme (© USGS/NASA Landsat, 2002) einer gezeitendominierten Küste bei Bremerhaven, Deutschland (ca. 53°42'N / 7°37'E). Die Satellitenaufnahme zeigt die Situation bei Ebbe. Die abrupte Änderung vom Intertidal ins Supratidal ist durch die künstliche Befestigung (Deiche) bedingt. An einer natürlichen Küste wäre der Übergang eher kontinuierlich.*

6.3.2 Morphologische und sedimentologische Gliederung einer gezeitendominierten Küste

Die Unterschiede im Pegelstand als Folge von Flut und Ebbe und damit der Tidenhub bilden die Basis für eine sedimentologische Zonierung einer gezeitendominierten Küste. Bei deren Gliederung kann man von einer biologischen Bezeichnung (Supralitoral, Eulitoral, Sublitoral, Profundal) oder von einer Zonierung anhand der Wassertiefe (Supratidal, Intertidal, Subtidal, offenmariner Bereich) ausgehen (Abbildung 6-13). Wir verwenden hier die Unterteilung der Ablagerungsräume basierend auf Wassertiefen.

Die gezeitendominerte Küste wird in zwei Bereiche unterteilt – den küstennahen Ablagerungsraum sowie den küstenfernen Ablagerungsbereich. Der küstennahe Bereich umfasst das Intertidal oder das Watt. Er grenzt gegen das Land hin an den terrestrischen Ablagerungsraum, welcher auch als Supratidal bezeichnet wird. Der küstenferne Bereich liegt im Subtidal und umfasst die Wellentransformationszone, das Gezeitendelta, den Übergang zum offenmarinen Bereich sowie den offenmarinen Ablagerungsraum (Abbildung 6-13).

Das Supratidal liegt meistens trocken und wird lediglich vom Spritzwasser der Sturmwellen benetzt. Auch Springtiden oder Sturmfluten können zur Überspülung des Supratidals

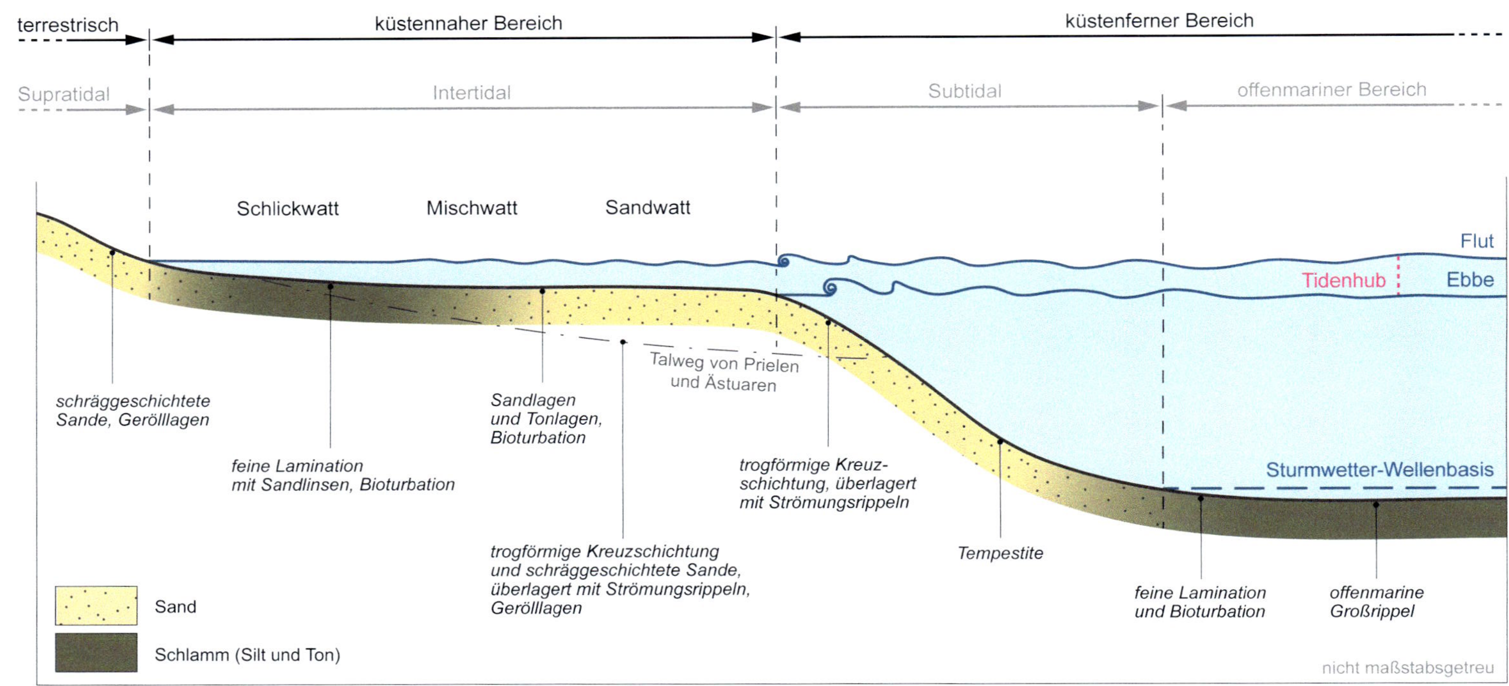

Abbildung 6-13: *Schematischer sedimentologischer Querschnitt durch einen gezeitendominierten Ablagerungsbereich. Supra-, Inter- und Subtidal bilden sich als Folge der zyklisch wiederkehrenden Flut und Ebbe. Das Intertidal wird auch als Watt bezeichnet und besteht aus Schlick-, Misch- und Sandwatt sowie Prielen. Das Subtidal erstreckt sich bis in den offenmarinen Bereich und umfasst damit den schmalen Küstenstreifen und das Gezeitendelta. Modifiziert nach Keller (1989).*

führen. Dieser Bereich wird häufig durch (äolische) Sanddünen und -wälle vom meerwärts liegenden Watt abgegrenzt. Das Intertidal – oder das Watt – wird in einer 12-stündigen Periode geflutet (Flut), trocken gelegt (Ebbe) und anschließend wieder geflutet. Dieser Bereich erfährt somit eine permanente, wenn auch zyklische Änderung der Lebens- und Ablagerungsbedingungen und bildet deshalb einen vielseitigen Lebensraum für verschiedenste Organismen. Der intertidale Ablagerungsraum besteht im obersten, dem Festland zugewandten Bereich (inneres Watt) weitgehend aus tonigem und siltigem Sediment, dem Schlickwatt. Gegen das äußere Watt hin folgt ein schmaler Streifen mit siltig-sandigem Sediment, das Mischwatt, und schließlich ein relativ breiter Bereich, in dem sandige Sedimente den Untergrund mengenmäßig dominieren – das Sandwatt. Das Intertidal ist zudem von einem Netzwerk von verflochtenen Kanälen – den Prielen oder auch Wattströmen – durchzogen (Abbildung 6-12).

Der darauffolgende küstenferne Abschnitt ist hingegen ständig von Wasser bedeckt (auch bei Ebbe) und umfasst damit das Subtidal. Dieses markiert einen weiteren sehr facettenreichen Bereich der gezeitendominierten Küste. Hier münden Priele wie auch Gezeitendeltas in das offene Meer (Abbildungen 6-12 und 6-13). Die Gezeitenströmungen in den Prielen und auf dem Gezeitendelta sind sehr stark, und das Wasser kann mehrere Meter tief sein, was zur Bildung von Großrippeln führen kann. Diese können eine Kammhöhe von mehreren Metern annehmen. Die Umlagerung von Sedimentpartikeln im weiter meerwärts liegenden offenmarinen Bereich erfolgt meistens ohne Einwirkung von Wellenenergie. Es können jedoch auch hier starke Gezeitenströmungen zum Transport und zur Umlagerung von Sedimentkörnern führen, was sich in der Bildung von meterhohen Großrippeln zeigt. Solche sind zum Beispiel auch am Grund der Nordsee und des Ärmelkanals nachgewiesen worden (de Swart und Yuan, 2019).

Der küstenferne Bereich wird gegen das Watt hin durch eine schmale Wellentransformations- und Brecherzone begrenzt. Dort werden die Wellen transformiert und gebrochen, und bei Ebbe läuft die Wellenbewegung danach in einer Surf- und Schwappzone aus – es wird also ein schmaler wellendominierter Abschnitt gebildet. Während der Flut ist der Wasserstand zu hoch, als dass sich eine deutlich erkennbare Brecherzone ausbilden könnte, und die Wellenenergie wird graduell auf der seichten, gegen das Meer hin abfallenden Wattoberfläche verteilt. Die Wellenbewegung wird dabei kontinuierlich gegen das innere Watt hin reduziert und gedämpft.

6.3.3 Sedimentologische Prozesse und daraus resultierende Strukturen an einer gezeitendominierten Küste

Vom Subtidal gegen das offene Meer

Der offenmarine Bereich markiert die tiefste Zone einer gezeitendominerten Küste. Dieser Ablagerungsraum liegt unterhalb der Sturmwetter-Wellenbasis (Abbildung 6-13) und somit in einer Tiefe, in der keine Wellenbewegung wirksam ist. Dort setzen sich Tonpartikel aus der Wassersäule auf den Grund ab und bilden millimeterdünne, parallellaminierte Lagen. Allerdings wirken Gezeitenströmungen auch in diesen tieferen Bereichen und können zur Umlagerung von Sediment führen. Dabei bilden sich offenmarine Gezeitengroßrippel mit Schräg- und Kreuzschichtungen. Diese Großrippel können Höhen von mehreren Metern und Kammabstände zwischen zehn und hundert Metern erreichen (Allen et al., 1985).

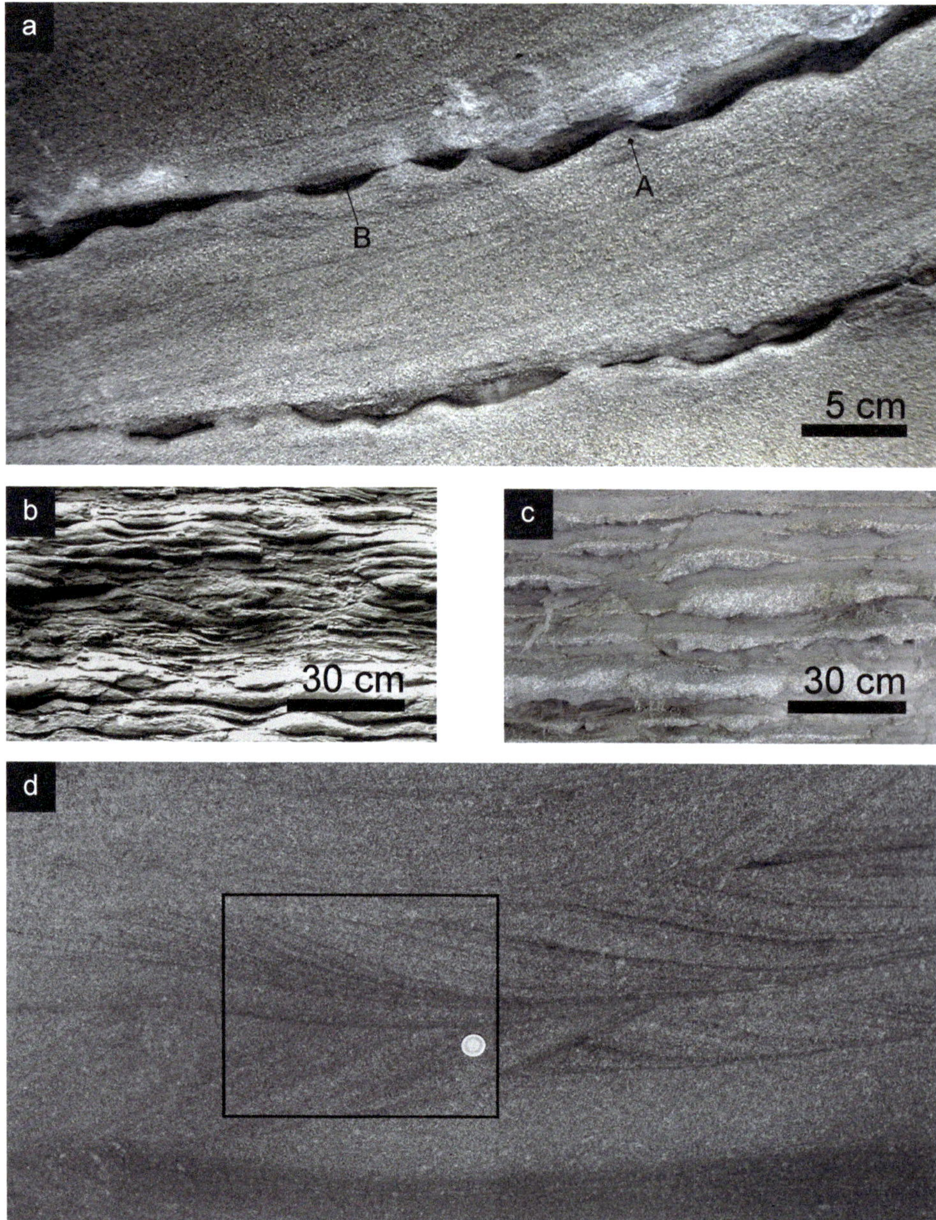

Abbildung 6-14: *Beispiele von Sedimenten, welche in einer gezeitendominierten Küste gebildet wurden (Fotos: Obere Meeresmolasse).* ***a)*** *Schräggeschichtete Sandsteine mit Leeblättern, welche von rechts nach links einfallen. Dazwischen befinden sich zentimeterdünne Rippeln, deren Schrägschichtungsleeblätter von links nach rechts orientiert sind (A). Millimeterdünne Schlicklagen (B) trennen einzelne Sandsteinpakete voneinander ab (Allen, 1997);* ***b)*** *Flaserschichtung, mit zentimeterdicken Sandsteinen und millimeterdünnen Schlicklagen, welche isoliert vorkommen;* ***c)*** *Linsenschichtung, bei der die Sandsteinlagen als Linsen isoliert auftreten und im Schlicksediment eingebettet sind;* ***d)*** *Fiederschichtung mit Schrägschichtungsleeblättern, die gegeneinander einfallen.*

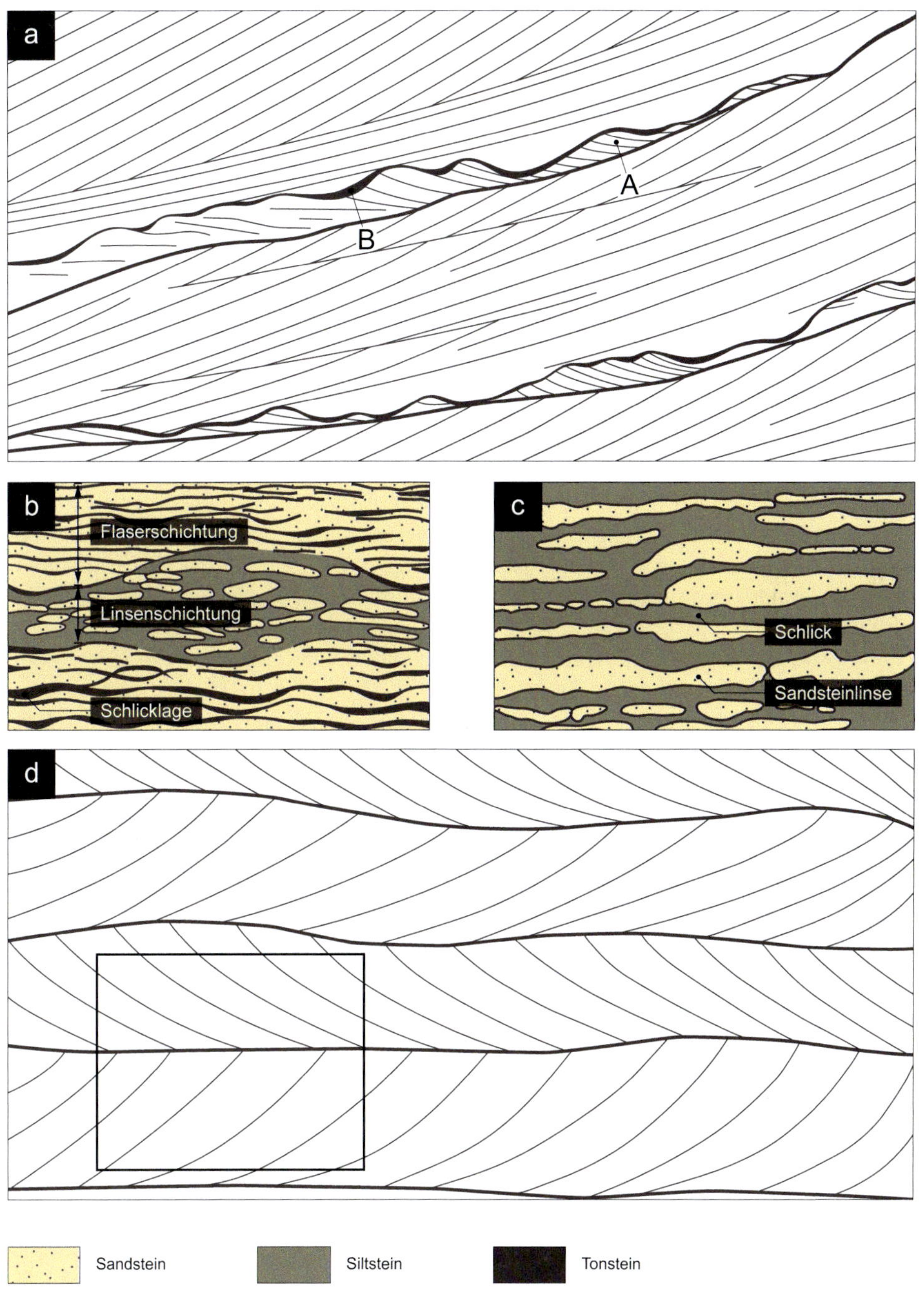

***Abbildung 6-15:** Strichzeichnung der Strukturen, welche in den Sedimenten in Abbildung 6-14 vorgefunden werden (s. auch Allen, 1997).*

Zudem haben die Großrippelkämme eine laterale Ausdehnung von mehreren hundert Metern bis einigen Kilometern. Je nach Situation bilden sich deshalb im offenmarinen Bereich entweder parallellaminierte Tonlagen (keine Strömung) oder großmaßstäblich kreuz- und schräggeschichtete Sande (Gezeitenströmungen wirken bis auf den Meeresgrund). Dies hängt insbesondere davon ab, in welchen Tiefenlagen die Gezeitenströmungen wirksam sind.

Vom Subtidal gegen die Küste hin: Welleneinfluss, tiefe Priele, Ästuare und Gezeitendeltas

Der Bereich oberhalb der Sturmwetter-Wellenbasis wird dem Subtidal zugeordnet (Abbildung 6-13 sowie Profil D in Abbildung 6-16). In diesem permanent gefluteten Abschnitt können Sturmwellen bei stärkerem Seegang den Untergrund erreichen und Sedimente umlagern, was zur Bildung von Tempestiten führt (Sturmlagen, s. auch Kapitel 4.4.4 und Abbildungen 4-21b und 4-21c). Nebst dem Einfluss von Wellen wirken hier ebenfalls starke Gezeitenströmungen, die große Mengen von Sand umlagern und akkumulieren. Dabei bilden sich submarine Großrippel, was insbesondere im distalen Bereich der Gezeitenkanäle der Fall ist (Abbildung 6-13). Diese Schichtformen sind schräg- und kreuzgeschichtet.

Gezeitenkanäle – oder Priele – entspringen im intertidalen Bereich, wo sie ein Netzwerk von stark verzweigten Kanälen bilden (Abbildung 6-12). Durch das Zusammenfließen des Wassers in kleineren Kanälen entsteht ein Hauptkanal, welcher tief genug ist, dass er dauerhaft vom Meerwasser bedeckt ist und darin subtidale Bedingungen vorliegen – auch bei Ebbe (Abbildung 6-12). Im Mündungsbereich dieser Priele entsteht ein Gezeitendelta (Gezeitendelta, Abbildung 6-12, sowie Profil C in Abbildung 6-16). Der weitaus größte Anteil der Oberfläche eines solchen Deltas ist immer mit Wasser bedeckt, auch während der Ebbe (Abbildung 6-12). Dort werden Großrippel gebildet, die oft mehrere Dezimeter bis Meter hoch sind. Die Bildung dieser Deltas wird auf starken Sedimentaustrag durch die Ebbströmung zurückgeführt. Damit zeigt sich, dass in Prielen und im Bereich der Gezeitendeltas die Ebbströmung häufig stärker ist als die Flutströmung. Die kreuz- und insbesondere schräggeschichteten Sande in den Prielen und im Ebbdelta (Schrägschichtung in Abbildungen 6-14a und 6-15a) dokumentieren deshalb meistens die Richtung der Ebbströmung. Diese Schrägschichtungen werden zudem oft von cm-großen Strömungsrippeln überlagert, welche einen Sedimenttransport in die entgegengesetzte Richtung aufzeichnen – in diesem Fall verursacht durch die schwächere Flutströmung (Detail A in Abbildungen 6-14a und 6-15a). Während der Stagnation des Wassers zwischen den Gezeiten lagert sich die Ton- und Siltfraktion ab und bildet eine dünne Schlicklage zwischen den Strömungsrippeln und der Schrägschichtung (Detail B in Abbildungen 6-14a und 6-15a).

Nebst Prielen münden auch Ästuare in das Subtidal, welche im Gegensatz zu den Gezeitenkanälen einen Frischwasserzufluss aufweisen (Abbildung 6-12). Ein starker Gezeiteneinfluss kann dadurch zur Mischung mit Salzwasser führen. Deshalb weist das Wasser in Ästuaren häufig eine brackische chemische Zusammensetzung auf. Die sedimentologischen Prozesse in Ästuaren sind aber mit den Ablagerungs- und Umlagerungsmechanismen in großen und damit tiefen Prielen vergleichbar.

Der schmale Strand im oberen Subtidal

Auch im gezeitendominierten Bereich können Wellenprozesse die Küste formen (s. Küstenbereich in Abbildung 6-12 sowie Bereich C in Abbildung 6-16). Dabei bildet sich ein schmaler Streifen aus, wo Wellen insbesondere während Ebbe anbranden. In diesem Bereich entstehen parallellaminierte Sandsteine, zum Teil mit Strömungsriefung, welche für die Surf- und Schwappzone diagnostisch ist (Abbildungen 6-7a und 6-7b sowie Profil C in Abbildung 6-16). Dieser schmale Saum grenzt schließlich das Subtidal vom Intertidal ab.

Im Intertidal: zwischen Meer und Festland

Das Intertidal ist im Gegensatz zum Subtidal nur während der Flut von Wasser bedeckt und liegt bei Ebbe trocken (Abbildung 6-12, Bereich B in Abbildung 6-16). Flächenmäßig dominiert das Sandwatt, welches sich teils über mehrere Hunderte von Metern bis einige Kilometer weit gegen das Festland hin erstrecken kann. Das Sandwatt zeichnet sich durch einen relativ hohen Anteil von Sanden aus; darin beträgt der Anteil von Schlick (Ton und Silt) weniger als 10%. Gezeitenströmungen bilden Strömungsrippel aus Fein- und Mittelsand, welche aufgrund der starken Strömungen gekappte oder abgeplattete Geometrien aufweisen. Während der Stagnation zwischen Flut- und Ebbströmung wird das sich in Suspension befindende Sedimentgemisch aus Ton und Silt auf die Rippelstrukturen abgesetzt – es entsteht dadurch eine Flaserschichtung (Abbildungen 6-14b und 6-15b). Eine Flaserschichtung zeichnet sich durch einen relativ hohen Anteil an Sanden aus, in denen einzelne Lagen aus Schlick (Ton und Silt) eingeschaltet sind. Die Sedimente des Sandwatts werden zudem häufig von Organismen durchwühlt (Bioturbation). Dabei entstehen Grabgänge und Wühlspuren, welche Rückschlüsse auf Aktivitäten von Lebewesen zulassen. Bei starker Bioturbation kann das primäre Sedimentgefüge vollständig zerstört werden, und es bleiben massig strukturierte Sedimente übrig (Destratifizierung).

Der Übergang vom Sandwatt zum Schlickwatt ist häufig durch einen schmalen Streifen abgegrenzt, welcher Mischwatt genannt wird (Abbildung 6-12 sowie Bereich B in Abbildung 6-16), denn dort ist der Anteil von Sand und Schlamm (Ton und Silt) etwa gleich groß. Das weiter landwärts gelegene Schlickwatt (Abbildungen 6-12 und 6-13) zeichnet sich durch einen relativ hohen Anteil an Schlamm (Ton und Silt) aus, welcher mehr als 50% beträgt. Die Sedimente des Schlickwatts sind zudem sehr wassergesättigt (Bodenwassergehalt von ca. 50 – 70%) und bestehen nebst den mineralischen Bestandteilen auch aus abgestorbenem tierischem und pflanzlichem Material. Der organische Stoffanteil ist relativ hoch (ca. 0,1 – 0,5% im Wattenmeer Deutschlands; Freese et al., 2008), was die dunkle Färbung des Sediments erklärt. Die Wechselwirkung von Flut und Ebbe (Transportphasen) sowie die Stagnation des Wassers zwischen den Gezeiten führen zur Ausbildung einer Linsen- oder Wechselschichtung (Abbildungen 6-14c und 6-15c), bestehend aus Sand und Schlick (Ton und Silt). Eine Linsenschichtung zeichnet sich durch einen relativ geringen Sandanteil aus; deshalb bilden sich isolierte Sandlinsen. Die Wechselschichtung besteht aus sich abwechselnden Lagen von Sand und Schlick, wobei der Sandanteil in Richtung Meer und damit zum Sandwatt immer größer wird. Des Weiteren führen wühlende Organismen im Schlickwatt zu starker Bioturbation, welche häufig eine vollständige Destratifizierung der Sedimente zur Folge hat.

Ein wichtiges morphologisches Merkmal des Intertidals bilden die Priele, welche im Schlickwatt entstehen und ein Netzwerk von verzweigten, relativ seichten Wasserarmen bilden, die sich zu einem mehrere Meter tiefen Hauptkanal vereinigen (Abbildung 6-12). Die seichten Verzweigungen liegen bei Ebbe häufig trocken, während die Hauptarme immer von Wasser bedeckt sind, auch bei Ebbe. In diesen Hauptkanälen bilden sich die bereits weiter oben erwähnten meterhohen subtidalen Großrippel aus Sanden, welche oft schräg-

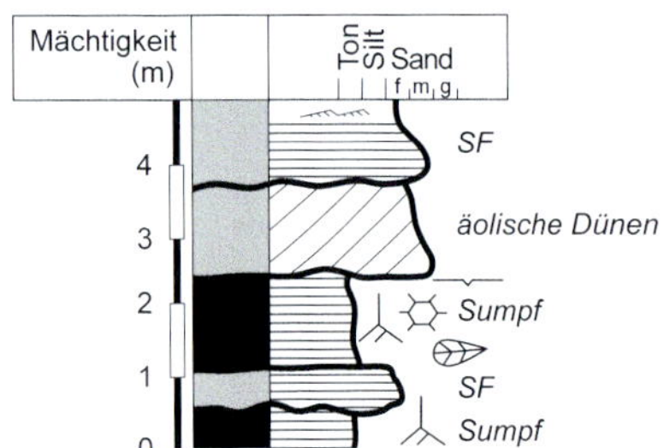

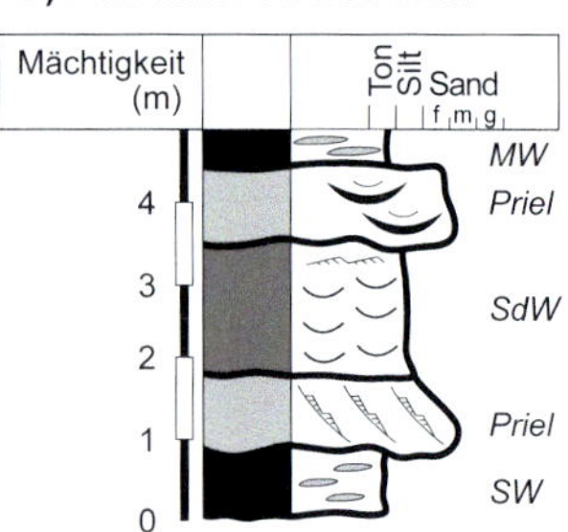

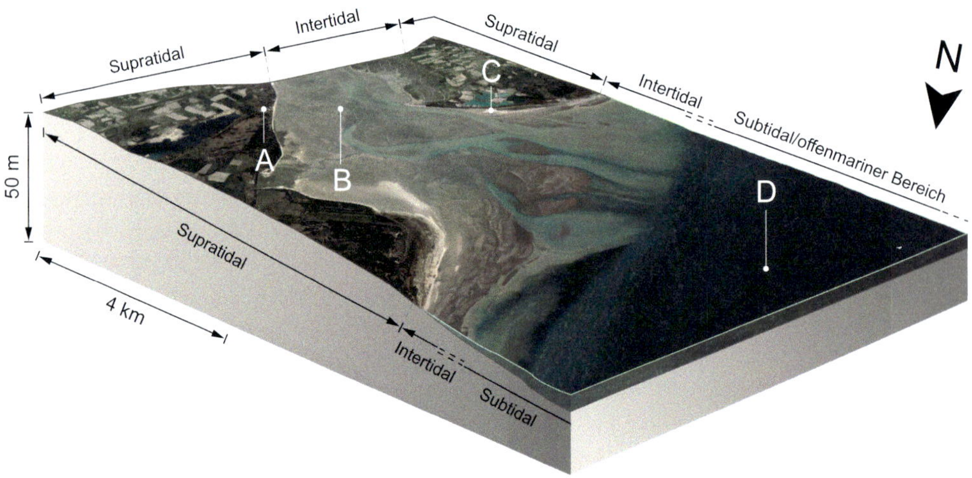

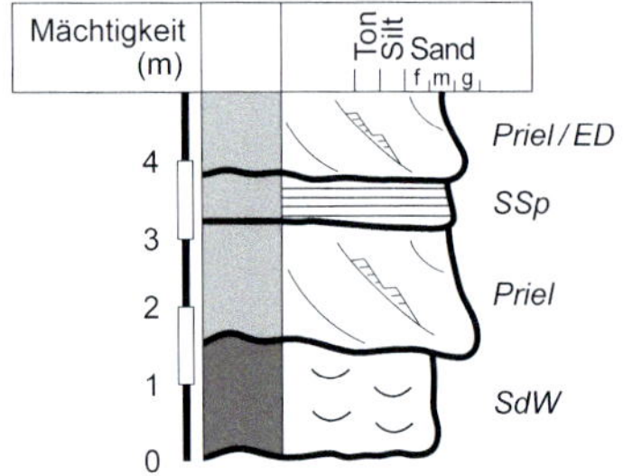

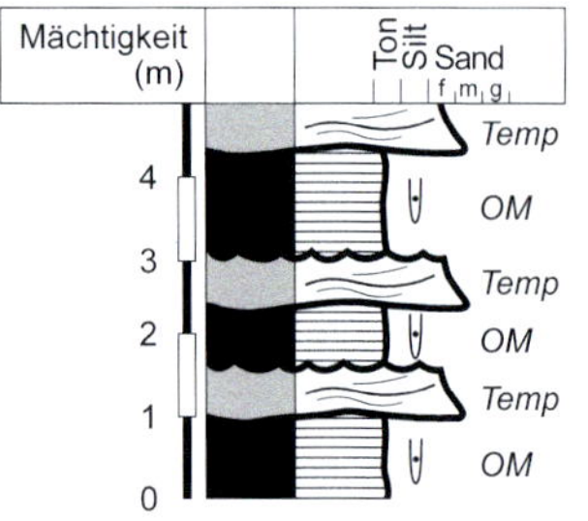

Abbildung 6-16: *Dreidimensionale Ansicht der gezeitendominierten Küste bei ca. 50°14'N / 1°33'E in Frankreich, Ärmelkanal (Satellitenaufnahme © Google) und sedimentologische Abfolgen, die erwartet werden, wenn in folgenden Bereichen eine Bohrung abgeteuft würde:* ***A)*** *Supratidaler Bereich,* ***B)*** *Oberes Watt,* ***C)*** *Unteres Watt und Strandbereich,* ***D)*** *Subtidaler Ablagerungsraum und Übergang ins offene Meer. f: feinkörnig; m: mittelkörnig; g: grobkörnig (s. Abbildung 1-3).*

Abbildung 6-16 (Fortsetzung): *Legende zu den sedimentologischen Profilen.*

oder auch kreuzgeschichtete Strukturen aufweisen (Abbildungen 6-14a und 6-15a sowie Profil B in Abbildung 6-16). Sind in Ausnahmefällen Ebb- und Flutströmungen gleich stark und erfolgt der Wechsel von Ebbe zu Flut zu schnell, als dass sich eine Ton- oder Schlicklage absetzen könnte, wird eine Fiederschichtung gebildet (‚herring-bone cross-stratification'; Abbildungen 6-14d und 6-15d). Bei dieser Struktur sind die Schrägschichtungsleeblätter entgegengesetzt orientiert, was die bipolare Strömung der Gezeitenprozesse widerspiegelt.

Im Supratidal: terrestrische Prozesse

Den Abschluss der gezeitendominierten Küste bildet das Supratidal, welches in der Regel trocken liegt (Abbildung 6-12 sowie Bereich A in Abbildung 6-16) und nur durch Sturmwellen und Springfluten benetzt wird. Dabei werden Sande – häufig in der Suspension – in sedimentgesättigten Wassermassen in den supratidalen Bereich verfrachtet. Hochenergetische Stürme können dabei zur Bildung einer erosiven Basis führen. Lagert sich die Sedimentfracht schnell ab, dann bilden sich massige Sande. Schießt das Wasser dagegen im oberen Fließregime ins Supratidal, dann werden parallellaminierte Lagen gebildet (Profil A in Abbildung 6-16). Bei abklingendem Sturm können sich zudem normal gradierte Lagen aus Feinsanden ablagern, welche oft von Ton und Siltpartikeln abgedeckt werden. Daran anschließend entsteht ein sumpfiges Milieu, worin das Pflanzenwachstum angeregt wird. Die Pflanzen durchwurzeln die abgelagerten Sedimente, welche dadurch entschichtet werden (Destratifizierung). Schließlich säumen häufig äolische Dünen den Übergang vom oberen Intertidal ins Supratidal. Diese sind schräg- und kreuzgeschichtet und weisen Merkmale auf, welche für Ablagerungen äolischer Sedimente charakteristisch sind (Kapitel 5.7).

6.3.4 Wichtigste Sedimentstrukturen, die auf Gezeitenprozesse zurückgeführt werden

Gezeitenströmungen bilden sich durch das Wechselspiel von Flut und Ebbe. Die daraus resultierenden Strömungen verlaufen oft in entgegengesetzter Richtung und sind somit bipolar orientiert. Flut- und Ebbströmungen sind stark genug, dass schräg- und kreuzgeschichtete Sande entstehen (Abbildungen 6-14a und 6-14d). Zwischen den Sandschichten liegen häufig millimeter- bis zentimeterdünne Lagen aus Schlick (Silt und Ton). Diese kommen zustande, wenn die Flut ihren Höchststand oder die Ebbe ihren Tiefststand erreicht. Während dieser Zeit liegen keine Strömungen vor, und die Suspensionsfracht kann sich deshalb als Silt- und Tonlage absetzen (Abbildungen 6-14b und 6-14c, sowie Detail B in Abbildung 6-14a). Die Kombination aus schräg- oder kreuzgeschichteten Sanden mit dünnen, zum Teil isolierten Schlicklagen weist somit auf das Wechselspiel von Gezeitenströmungen und Stagnation hin und bildet die charakteristischen Sedimentabfolgen einer gezeitendominierten Küste.

Falls der Übergang von der Ebbe zur Flut (und umgekehrt) relativ schnell verläuft und beide Strömungen gleich stark sind und sich deshalb keine Schlicklage bildet, dann kann eine Abfolge von Sanden entstehen, deren Schrägschichtungen gegenläufig orientiert sind. Es entsteht die sogenannte Fiederschichtung (‚herring-bone cross-stratification'; Abbildung 6-14d), welche Rückschlüsse auf den bipolaren Sedimenttransport zulässt. Schließlich können ungleich starke Ebb- und Flutströmungen zur Bildung von Kleinrippeln führen, welche schräge Sandlagen von Großrippeln überlagern (Detail A in Abbildung 6-14a). Diese Kleinrippel zeichnen eine schwache, subdominante Strömung auf, welche der stärkeren Hauptströmung entgegengesetzt ist. Großrippel, deren Leeblätter von Kleinrippeln überlagert sind, werden generell im Subtidal und damit in den tieferen Bereichen eines Priels oder auch auf einem Ebbdelta gebildet (Abbildung 6-12).

6.4 Flussdominierte Küste und Bildung eines Deltas

6.4.1 Einführung und Prozesse

Wenn Flüsse in das offene Meer (oder auch in einen See) und somit in eine mehr oder weniger stehende Wassersäule münden, lagern sie ihre Bodenfracht unmittelbar bei der Flussmündung ab. Dabei bildet sich ein Sedimentkörper, welcher in Richtung Meer wächst und typischerweise die Form eines Dreiecks hat – das Delta (Abbildung 1-1).

→

Abbildung 6-17: *Satellitenaufnahmen von den drei Deltatypen (Satellitenbilder © Landsat/Copernicus). Die weißen Kreise mit dem Kreuz markieren Stellen, für welche ein schematisches sedimentologisches Profil in Abbildung 6-19 erstellt ist für den Fall, dass an dieser Stelle eine Bohrung abgeteuft wird.*
a) *Flussdominiertes Nil-Delta bei ca. 31°00'N / 31°16'E.*
b) *Wellendominiertes Rhône-Delta bei ca. 43°21'N / 4°48'E.*
c) *Gezeitendominiertes Ganges-Brahmaputra-Delta bei ca. 22°13'N / 89°28'E.*

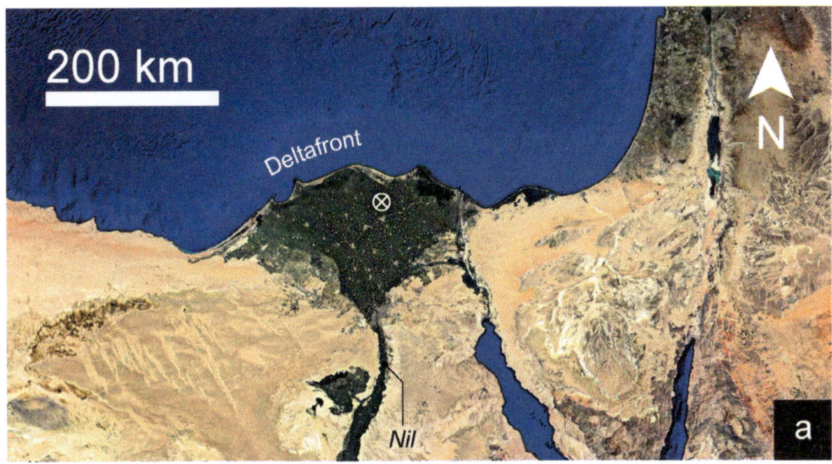
200 km
N
Deltafront
Nil
a

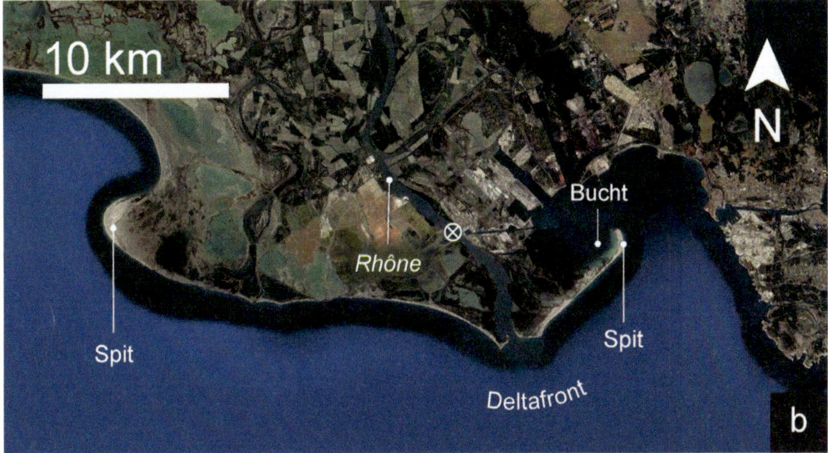
10 km
N
Bucht
Rhône
Spit
Spit
Deltafront
b

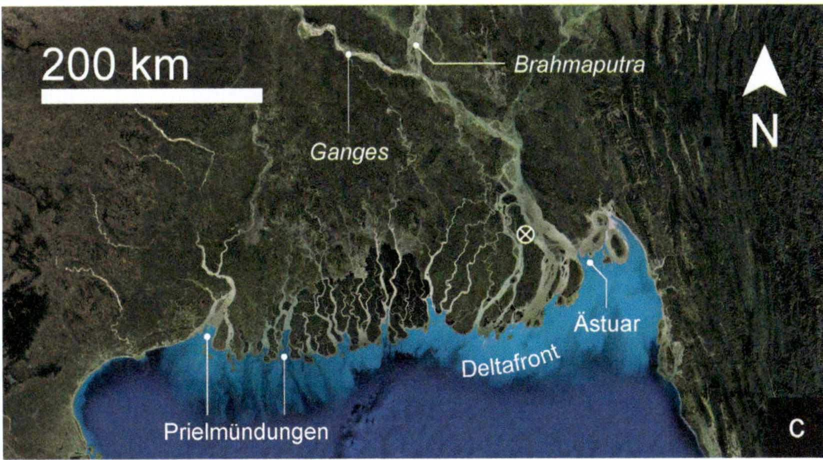
200 km
Brahmaputra
N
Ganges
Ästuar
Deltafront
Prielmündungen
c

Dieser Begriff ist vom griechischen Buchstaben ‚Delta' Δ abgeleitet, da Δ an die Form eines Deltakörpers aus der Vogelperspektive erinnert. Ein Delta bildet sich folglich dann, wenn der Sedimenteintrag durch einen Fluss größer ist als die Sedimentumlagerung durch Wellen und Gezeiten. Je nach Art und Sedimentfracht des Flusses umfassen Deltaablagerungen das gesamte Körngrößenspektrum von Ton bis Kies.

Es gibt verschiedenste Faktoren, die zur Bildung oder auch zur Abtragung und Modifikation eines Deltas beitragen. In erster Linie sind dies der Wasserfluss und der Sedimenteintrag durch einen Fluss. Von großer Bedeutung für die morphologische Ausprägung eines Deltas sind aber auch der Wellengang, die Gezeitenströmungen und der Tidenhub. Aufgrund dieser Faktoren kann – ähnlich wie bei der Gliederung einer Küste – eine Dreiteilung in fluss-, wellen- und gezeitendominierte Deltas vorgenommen werden.

Beim flussdominierten Delta oder dem fluvialdominierten Delta ist die eingetragene Sedimentmenge um ein Vielfaches größer als die Sedimentumlagerung durch Wellen- und Gezeitenprozesse. Als Folge davon verlagert sich das Delta sukzessive in Richtung Meer – wir sprechen dann von einer Progradation des Deltas. Ein passendes rezentes Beispiel bildet das Mississippi-Delta in den USA oder das als ‚Original-Delta' bezeichnete Nil-Delta in Ägypten (Abbildung 6-17a).

Bei einem wellendominierten Delta wird die Sedimentfracht, die durch den Fluss ins Meer getragen wird, durch starken Wellengang umgelagert und seitlich abtransportiert. Die Deltafront wird dadurch geglättet, und es bilden sich ‚Spits' und Buchten. Das Rhône-Delta am Mittelmeer ist ein passendes modernes Beispiel (Abbildung 6-17b).

Starke Gezeitenströmungen und ein hoher Tidenhub führen zur Bildung eines gezeitendominierten Deltas. Die Deltafront wird dabei durch Gezeitenprozesse verändert. Es bilden sich Ästuare und Priele, die senkrecht zur Küste verlaufen. Diese bieten also Hinweise auf einen bidirektionalen Wasser- und Sedimenttransport. Die Deltafront wirkt dadurch stark zerfranst. Das Ganges-Brahmaputra-Delta in der Bengalischen Bucht ist ein zutreffendes modernes Beispiel eines gezeitendominierten Deltas (Abbildung 6-17c).

6.4.2 Allgemeiner Aufbau und Verlagerung eines Deltas

Trotz der verschiedenen Prozesse, welche in den drei Delta-Typen wirksam sind, haben alle einen mehr oder weniger gemeinsamen Aufbau, welcher hier anhand eines Querschnittes durch ein Delta parallel zur Fließrichtung erläutert wird (Abbildung 6-18).

Der relativ flache, küstennahe Bereich wird als Deltaebene (oder ‚Deltatop', Abbildung 6-18a) bezeichnet. Deren Morphologie wird von fluviatilen und terrestrischen Prozessen gestaltet. Die Sedimente, die auf der Deltaebene abgelagert werden, bilden die Deckschichten des Deltas (auf Englisch ‚topsets' oder ‚topset beds', Abbildung 6-18b). Dieser Bereich stellt den Übergang vom terrestrischen, fluviatilen Bereich zum eigentlichen Delta dar. Hier bilden Sedimente von Rinnengürteln typische Ablagerungen (Kapitel 5). Diese werden durch Uferwälle und die Überschwemmungsebene seitlich gesäumt. Hochenergetische Ereignisse können zur Bildung von Durchbruchsfächern führen. Zudem entstehen in den Überschwemmungsebenen oft kleinere Tümpel und Seen. In diesen wird das Pflanzenwachstum angeregt, weshalb dort eine Kohlebildung möglich ist (s. Kapitel 1.8.1). Die klassische dreieckige Form des Deltas ist schlussendlich das Resultat der lateralen radialen Verlagerung des Flusslaufs bei kontinuierlicher Ablagerung der mitgeführten Sedimentfracht (z.B. das Nil-Delta, Abbildung 6-17a).

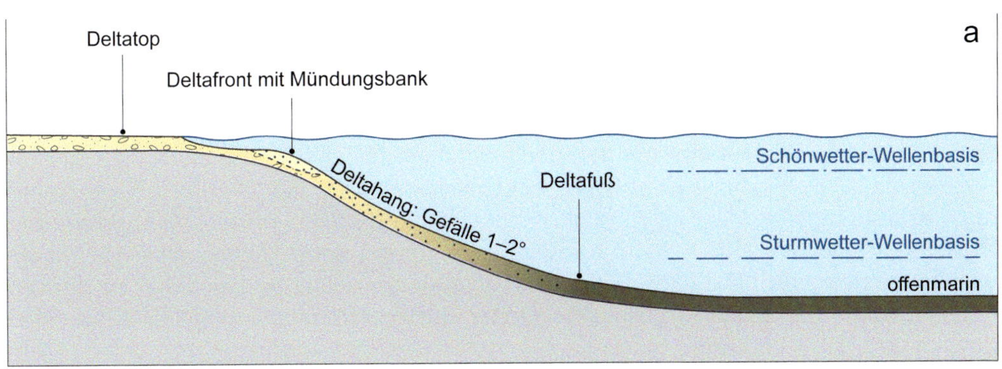

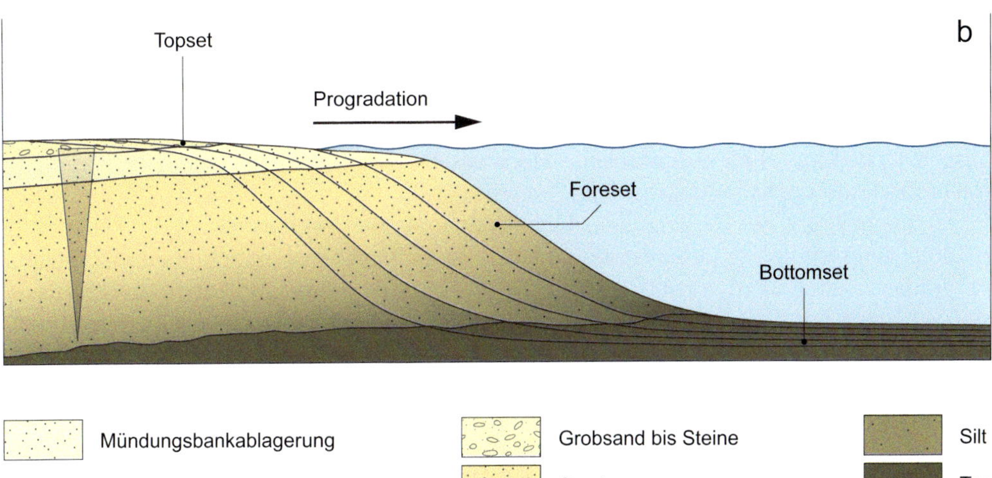

Abbildung 6-18: *Schematischer Querschnitt durch ein Delta vom Deltatop zum Deltahang, Deltafuß und schließlich zum offenmarinen Bereich. Dieser liegt im äußeren Schelfbereich in einer Wassertiefe von etwa 200 Meter (Abbildung 6-1) und damit unterhalb der Sturmwellenbasis.* ***a)*** *Schematische Darstellung der Ablagerungsräume, und* ***b)*** *schematische Darstellung der sedimentären Abfolge, die sich bildet, wenn sich das Delta ins Meer vorbaut (Progradation). Dabei wird eine sedimentäre Sequenz aufgezeichnet, welche gegen das Dach hin flachmariner (‚shallowing-upward', Dreieck) und grobklastischer sowie dickbankiger wird (‚coarsening- and thickening-upward'). Modifiziert nach Nichols (2009).*

Die Flussmündung bildet den äußersten Rand eines Deltas – die Deltafront (Abbildungen 6-17 und 6-18a). Dort wird die Fließgeschwindigkeit des Flusses abrupt reduziert, weil das fließende Wasser auf eine stehende Wassersäule trifft. Als Folge davon setzt sich die Bodenfracht in Form einer Mündungsbank unmittelbar unterhalb der Flussmündung ab (Abbildung 6-18a). Diese Bank liegt meistens unter der Meeresoberfläche und kann deshalb von Satelliten aus nicht beobachtet werden. Die Sedimente der Mündungsbank sind meistens schräggeschichtet und bilden damit die Fließrichtung des Flusses ab. Die Mündungsbank kann – je nach Wellengang und Gezeitenströmungen – verändert werden. Auf dem weiter meerwärts/seewärts anschließenden Deltahang (Abbildung 6-18a) lagert sich die Suspensionsfracht des Flusses ab. Dabei setzt sich zunächst die gröbere Siltfracht ab, und mit zunehmender Distanz zur Mündung kommen schließlich auch die Tonpartikel zur Ablagerung. Der Deltahang weist häufig ein Gefälle von 1–2° auf. Dieser Ablagerungsbereich ist also so flach, dass im Aufschluss die schräg und flach einfallende Lagerung der Deltahang-Schichten (auf Englisch ‚foresets' oder ‚foreset beds', Abbildung 6-18b) kaum wahrgenommen wird. Die feinste Sedimentfracht (Ton) erreicht den Deltafuß im distalen Bereich. Dieser bildet den Abschluss des Deltas und liegt im relativ ruhigen offenmarinen Bereich unterhalb der Sturmwellenbasis. Die restliche Suspensionsfracht setzt sich langsam auf dem Meeresgrund ab und bildet millimeterdünne, parallellaminierte Lagen aus Ton, welche als Bodenschichten (auf Englisch ‚bottomsets' oder ‚bottomset beds') bezeichnet werden (Abbildung 6-18b).

Trotz der flachen Lagerung (1–2°, s. Text oben und Abbildung 6-18a) können bereits abgelagerte Schichten auf dem Deltahang und im Bereich der Mündungsbank instabil werden und als Rutschungen zu gleiten beginnen. Daraus entwickeln sich Trübeströme, welche gröberes Material von der Deltafront in den Bereich des Deltafußes (Trübeströme und Turbidite, siehe Kapitel 7) verfrachten. Solche Rutschungen werden häufig durch Erdbeben ausgelöst oder entstehen während eines Hochwassers, wenn der Fluss eine hohe Sedimentfracht führt und die Mündungsbank dadurch übersteilt und instabil wird.

Häufig geht mit der Bildung eines Deltas auch dessen Progradation einher (Abbildung 6-18b). Dabei handelt es sich um eine Verlagerung der Deltafront in Richtung Meer. Bei der Progradation überlagern ‚topset'- und ‚foreset'-Ablagerungen die distal gelegenen ‚bottomset' Schichten des Deltafußes und des offenmarinen Bereichs. Daraus resultiert eine nach oben hin gröber und dicker werdende Sequenz. Zudem werden die Sedimente gegen das Dach hin in zunehmend seichteren Meerestiefen abgelagert (Abbildung 6-18b). Gängiger sind dafür die englischen Begriffe ‚coarsening- and thickening-upward' Sequenz, und mit Bezug auf die abnehmende Wassertiefe auch ‚shallowing-upward' Sequenz.

6.4.3 *Sedimentologische Abfolge eines fluss-, wellen- und gezeitendominierten Deltas*

Die sedimentologische Abfolgen der drei Deltatypen – flussdominiert, wellendominiert, gezeitendominiert – sowie die ‚coarsening- and thickening-upward' und ‚shallowing-upward' Sequenzen, die sich als Folge der Deltaprogradation bilden, unterscheiden sich insbesondere in der sedimentologischen Ausbildung der Mündungsbank-Sedimente und zum Teil auch der Deckschichten (‚topset beds'). Die Deltahang- (‚foreset beds'), Deltafuß- und offenmarinen Ablagerungen (‚bottomset beds') sind weitgehend ähnlich ausgebildet.

Beim flussdominierten Delta widerspiegeln die Deckschichten das Geflecht von Flussrinnen auf der Deltaebene, welche trogförmig kreuzgeschichtete Sand- und Kiesablagerungen mit basalen Erosivkontakten bilden (s. auch Kapitel 5.3.1). Hochwasser auf der Deltaebene können zu einem Durchbruch des Uferwalls (Avulsion) führen. Diese bilden Durchbruchsfächer mit massig strukturierten oder invers gradierten Sanden (s. auch Kapitel 5.3.3). Im Mündungs- oder Frontalbereich des Deltas entstehen Mündungsbänke aus schräggeschichteten Sanden, welche die kontinuierliche meerwärts gerichtete Strömung des Flusses ab-

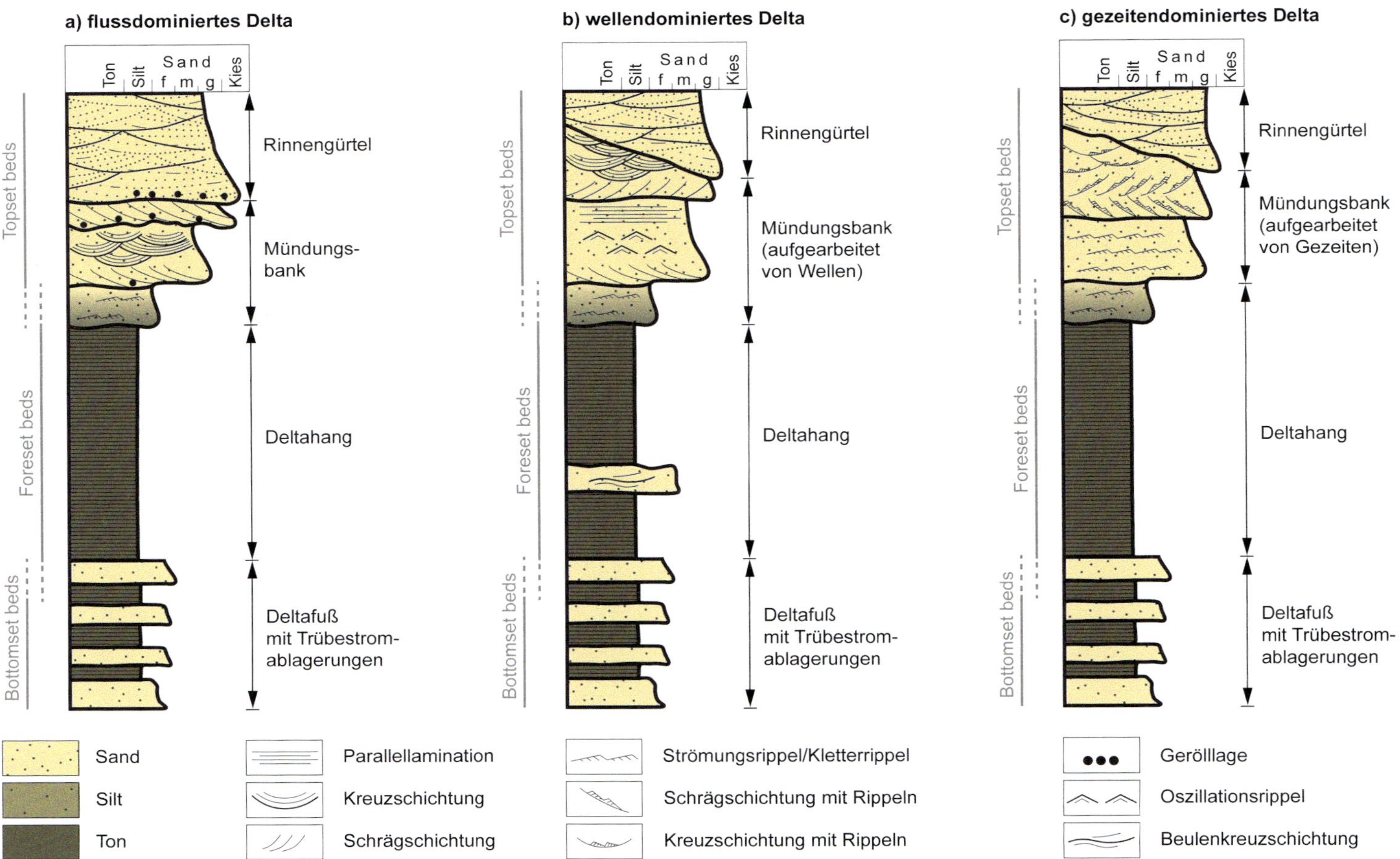

***Abbildung 6-19:** Schematische Darstellung der sedimentären Sequenzen, die erwartet werden, wenn **a)** im Nil-Delta, **b)** im Rhône-Delta, und **c)** im Ganges-Brahmaputra-Delta eine Bohrung abgeteuft wird (weiße Kreise mit Kreuz in Abbildung 6-17). Die Profile sind je etwa 200 Meter mächtig. f: feinkörnig; m: mittelkörnig; g: grobkörnig (s. Abbildung 1-3).*

bilden (Abbildung 6-19a). Der daran anschließende Deltahang besteht aus feinkörnigem Sand sowie Silt- und Tonpartikeln, wobei letztere aus der Suspension abgelagert werden und somit feine Laminae bilden. Bei einem schnellen Ausfallen aus der Suspensionswolke und einer leichten Strömung können Kletterrippel aus Silt entstehen (Abbildung 4-14c). Die Sedimente des Deltafußes sind charakterisiert durch eine Wechsellagerung von Ton/Silt und Sanden, wobei letztere durch Trübeströme (Kapitel 7) vom Mündungsbereich zum Deltafuß verfrachtet werden.

Bei einem wellendominierten Delta werden die Sande auf der Mündungsbank durch den starken Wellengang umgelagert, an das Festland angeschweißt oder durch Küstenlängsströmungen zu Spits umgeformt. In einem vertikalen Profil (Abbildung 6-19b) fallen deshalb die modifizierten Mündungsbanksedimente auf. So werden die für eine Mündungsbank typischen schräggeschichteten Sande durch parallellaminierte Strandsedimente abgelöst. Die Deckschicht- oder ‚Topset'-Ablagerungen bestehen wiederum aus kreuzgeschichteten kiesigen Sanden der Flussrinne sowie aus Sedimenten der Überschwemmungsebene (s. auch Kapitel 5.3). Die distaler, also entfernter gelegenen ‚Foreset'-oder Deltahang-Ablagerungen bestehen aus Ton- und Siltpartikeln, welche sich aus der Suspension auf den Grund absetzen. Hier kann ein schnelles Ausfallen von Silt in Kombination mit leichter Strömung zur Bildung von Kletterrippeln führen. Der Deltafuß besteht aus einer Wechsellagerung von Sanden und Ton/Silt-Lagen, wobei die Sande durch Trübeströme hineingeschwemmt werden.

Beim gezeitendominierten Delta lagern Gezeitenströmungen die Sande der Mündungsbank in zwei entgegengesetzte Richtungen um. Die Ausbildung der Deltafront wechselt von der klassischen Dreieckform zu einer Morphologie, welche durch langgezogene Sandbänke oder stark von Wasser durchzogene Inselgruppen charakterisiert ist. Im Bereich der Mündungsbank bilden sich deshalb Sedimentkörper mit diagnostischen Hinweisen für das Wirken von Gezeiten. Dabei handelt es sich insbesondere um Schrägschichtungen aus Sand. Deren Leeblätter werden oft von Strömungsrippeln überlagert, welche einen (subdominanten) Transport in die entgegengesetzte Richtung aufzeichnen (Abbildungen 6-14a und 6-19c). Zudem werden die Schräg- und Kreuzschichtungslaminae aus Sand häufig von einer feinen Schlammschicht (Ton/Silt) überlagert, welche Hinweise auf eine Staulage zwischen Ebbe und Flut liefert (Kapitel 6.3). Zuweilen bildet sich auch eine Fiederschichtung mit entgegengesetzt einfallenden Laminae, wenn Flut- und Ebbströmungen gleich stark sind (Abbildung 6-14d). Die Sedimente der Deltaebene (‚topset beds') dokumentieren Ablagerungsmechanismen von fluvatilen Prozessen (Kapitel 5.3). Zudem sind oft auch Sedimentstrukturen ersichtlich, die sich auf einem Watt bilden (Linsen- und Flaserschichtungen, Abbildungen 6-14b und 6-14c). Der Deltahang sowie der Deltafuß sind ähnlich wie die beiden anderen Deltatypen aufgebaut und bestehen aus feinkörnigem Sand sowie Silt- und Tonpartikeln, wobei sich letztere wiederum aus der Suspension absetzen und millimeterdünne, parallellaminierte Lagen bilden. Kletterrippel aus Silt sind oft auch anzutreffen. Charakteristisch für den Deltafuß sind wiederum die sandigen Ablagerungen von Trübeströmen (siehe Kapitel 7).

6.4.4 Zusammenfassung: Wichtigste Charakteristika von Deltas

Generell bilden Flüsse, die in ein Meer (oder einen See) münden, ein Delta. Wir unterscheiden zwischen fluss-, wellen- und gezeitendominierten Deltas, welche in ihrem Aufbau ähnlich sind. Kleinere Nuancen in den Ablagerungen lassen jedoch eine Zuweisung auf einen der drei Typen zu. Rezente Beispiele zeigen, dass die Form der Mündung sowie der Küstenverlauf in der Nähe des Deltas diagnostische Hinweise geben, um den Deltatyp zu bestimmen. Ist eine meerwärts gerichtete Mündung ersichtlich und lässt sich die dreieckförmige Deltageometrie bereits von weitem erblicken, dann handelt es sich mit großer Wahrscheinlichkeit um ein flussdominiertes Delta (Abbildung 6-17a). In sedimentologischen Profilen untermauern gut ausgebildete schräggeschichtete Sande (oder auch Kiese) der Mündungsbank die Zuweisung auf ein flussdominiertes Delta. Diese schräggeschichteten Sande sind oft durch fluviatile Sedimente überlagert (Abbildung 6-19a). Wirken die Mündungsbereiche jedoch abgeplattet und geglättet und bilden sich Spits (Abbildung 6-17b), dann wird die Form des Deltas sehr wahrscheinlich durch Wellen verändert. Entsprechend ist in sedimentologischen Profilen mit parallellaminierten Sanden zu rechnen. Rinnensedimente sowie Ablagerungen der Überschwemmungsebene oder Durchbruchsfächer, welche die parallellaminierten Sande der Mündungsbank überlagern (Abbildung 6-19b), sind wiederum Hinweise auf Prozesse in Flussrinnen.

Wenn das Delta durch Inseln und Sandbänke gegliedert wird, welche in die Länge gestreckt und quer zum Küstenverlauf orientiert sind (Abbildung 6-17c), dann handelt es sich mit großer Wahrscheinlichkeit um ein gezeitendominiertes Delta. Typische Sedimentstrukturen sind schräggeschichtete Sande, deren Leeblätter von Strömungsrippeln und einer Schlammschicht überlagert sind (Abbildung 6-19c). Hin und wieder werden auch Fiederschichtungen gebildet. Rinnenfüllungen sowie terrestrische Ablagerungen werden im Bereich der Deltaebene abgelagert.

Sehr schöne Beispiele klastischer Sedimentabfolgen, welche im flachen Meer unter dem Einfluss der Gezeiten und Wellen sowie auf einem Delta abgelagert wurden, finden wir in der Oberen Meeresmolasse (Miozän) entlang des Alpenrandes zwischen Savoyen und Bayern (Keller, 1989) sowie in der Elbtal-Gruppe (Oberkreide) in Sachsen (Wilmsen und Niebuhr, 2014). Dort sind diese Sedimente großzügig aufgeschlossen, und die pittoresken Sedimentstrukturen überraschen das Publikum immer wieder aufs Neue.

s.w/21 Forschungsschiff

7 Trübeströme und Turbidite

7.1 Geomorphologische und sedimentologische Übersicht

Im Kapitel 6 haben wir uns den Ablagerungsräumen auf dem Schelf gewidmet. Dort wird das Sediment weitgehend durch Flüsse eingetragen. Ein Großteil des zugeführten Materials wird durch Wellengang und Gezeitenströmungen entlang der Küste um- und anschließend abgelagert. Strömungen im offenen Meer, wie zum Beispiel der Golfstrom, starke Gezeitenströmungen im Ärmelkanal und in der Nordsee oder auch in der Taiwan- oder Formosastraße und starke Sturmereignisse führen dann zur weiteren Verfrachtung des Sediments von der Küste zum äußeren Schelf bis hin zur Schelfkante. Von dort gelangt ein Teil des Sediments zum Kontinentalfuß und schließlich in die Tiefsee-Ebene (Abbildung 1-1).

Die Schelfkante (Abbildung 7-1) und der anschließende Kontinentalhang bilden dabei den Ausgangspunkt dieser zweiten Prozesskette. Dort ist das submarine, also untermeerische Gelände von Schluchten (Canyons), Narben und tiefen Furchen durchzogen. Das sind Hinweise darauf, dass auch am Meeresgrund Abtragungs- und Umlagerungsprozesse stattfinden. Dabei handelt es sich einerseits um submarine Rutschungen entlang steiler Flanken (Kapitel 7.2). Andererseits fließen in den Furchen und Canyons submarine Strömungen (Kapitel 7.3). Diese führen Sedimentpartikel als Boden- und Suspensionsfracht, was die Strömung trüb erscheinen lässt. Wir nennen diese Strömungen deshalb auch Trübeströme. Wegen ihrer Sedimentfracht haben sie zudem eine höhere Dichte als das Umgebungswasser. Deshalb werden sie auch als Dichteströme bezeichnet. Diese fließen zur Tiefsee-Ebene, wo die Sedimentfracht als Turbidit abgelagert wird. Auf der Tiefsee-Ebene münden die Trübeströme in submarinen Schuttfächern, welche aus Rinnen, Uferwällen und zungenförmigen Loben bestehen (Abbildung 1-1 und Kapitel 7.5).

Die Entdeckung der Trübeströme geht auf einen Kabelbruch im Jahre 1929 zurück. Damals waren am 18. November zahlreiche Telefonverbindungen entlang des nordamerikanischen Kontinents nach einem Erdbeben unterbrochen. Es stellte sich heraus, dass dieses Erdbeben eine größere submarine Rutschung ausgelöst hatte. Daraus bildeten sich dann mehrere Trübeströme. Diese führten offenbar zur Kappung der Kabel und damit zur Unterbrechung der Telekommunikationsverbindungen.

Die ersten Abschnitte dieses Kapitels fokussieren sich auf Trübeströme, ihre Auslösemechanismen sowie ihre Fließ- und Ablagerungsprozesse (Kapitel 7.2 bis 7.4). Es folgt die Charakterisierung der sedimentologischen Ablagerungen sowohl im Maßstab des Aufschlusses als auch auf der Skala längerer Profile (s. auch Abbildung 1-14 für unterschiedliche Maßstäbe in den sedimentologischen Abfolgen und Kapitel 7.5). Schließlich wird ein Bild über die

***Kapitelbild** 7: Forschungsschiff (Stefan Werthmüller, 2021).*

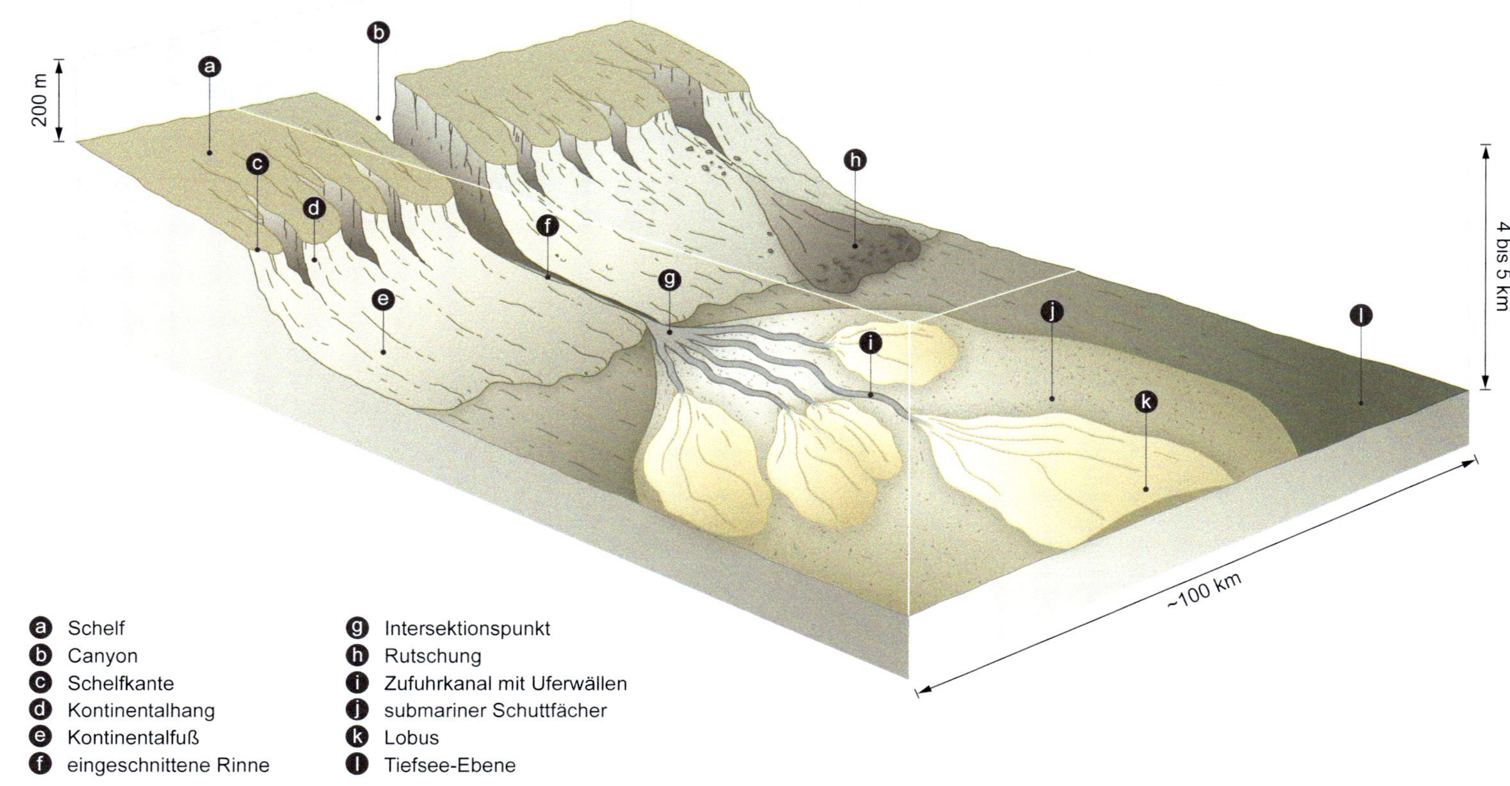

Abbildung 7-1: *Übergang vom Schelf zur Tiefsee-Ebene. Die Schelfkante ist von Schluchten und Tälern durchzogen, den sogenannten Canyons. In diesen fließen Trübeströme zur Tiefsee-Ebene, wo sie submarine Schuttfächer bilden. Häufig werden am steilen Kontinentalhang Rutschungen ausgelöst, welche sich zu Trübeströmen weiterentwickeln können.*

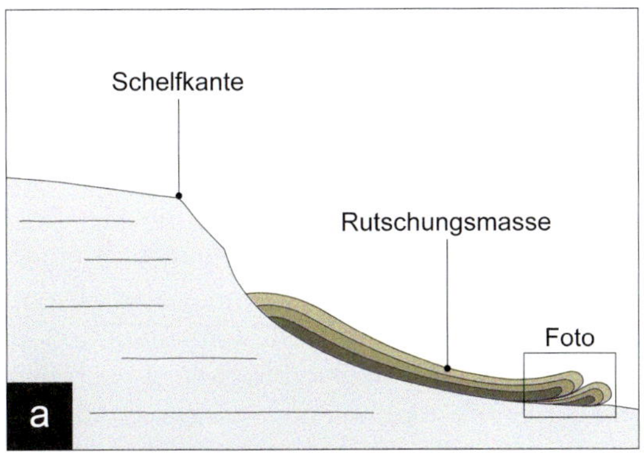

Abbildung 7-2: *Rutschung vom Kontinentalhang zum Kontinentalfuß.* ***a)*** *Das steile Gelände am Kontinentalhang führt dazu, dass Schichten zu gleiten beginnen. Es entsteht eine submarine Rutschung (modifiziert nach Reineck und Singh, 1980).* ***b)*** *Am Fuß der Rutschung wird die Gleitmasse in mehrere enge, isoklinale Falten gelegt (Foto: Ebro Becken in der Nähe von Roda, Spanien).*

hohe sedimentäre Dynamik dieser Prozesse entworfen (Kapitel 7.6), und es wird gezeigt, wie diese in Sedimenten identifizierbar sind.

7.2 Rutschungen am Kontinentalhang und die Bildung von submarinen Schuttschürzen am Kontinentalfuß

Aus der relativ steilen Flanke des Kontinentalhangs mit einem Durchschnittsgefälle von ca. 3° lösen sich Rutschungen unterschiedlicher Größenordnungen. Diese kommen am Kontinentalfuß zur Ablagerung. Damit entsteht ein gradueller und geglätteter topographischer Übergang vom Kontinentalhang zur Tiefsee-Ebene (Abbildung 7-1). Der Unterschied zu den analogen Prozessen im Gebirge (Kapitel 3.2) besteht darin, dass der Meeresgrund aus geologischen Schichten besteht, deren Porenräume weitgehend wassergesättigt sind. Ein hoher Wassergehalt reduziert die Festigkeit des Untergrunds und erhöht deshalb die Wahrscheinlichkeit, dass Rutschungen ausgelöst werden. Zudem ist das relative Gewicht des

Rutschungsmaterials im Meer ca. 40% geringer als auf dem Festland, weil im Wasser Auftriebskräfte wirken. Diese Abschätzung von 40% ergibt sich aus dem Verhältnis zwischen der Dichte des Wassers und der Gesteinspartikel in der Rutschung. Trotz der signifikanten Unterschiede in den physikalischen Eigenschaften besteht eine große Ähnlichkeit zwischen den Rutschungsmassen am Kontinentalfuß und am Gebirgsrand. So werden durch solche Prozesse (z.B. Abbildungen 3-5, 3-6c, 3-7 und 3-8) an beiden Orten weitgehend Brekzien gebildet. Diese bestehen aus eckigen Komponenten und einer sedimentären Matrix aus Silt- und Tonpartikeln. Werden Komponenten und Matrix gleichzeitig transportiert und abgelagert (was im submarinen Bereich am häufigsten vorkommt), dann entsteht meistens eine matrixgestützte Brekzie. Werden einzelne Blöcke erst nach dem Sturzprozess mit Silt und Ton zugedeckt, dann wird ein komponentengestütztes Gefüge (z.B. Abbildung 3-4) mit einer Matrix zwischen den eckigen Komponenten gebildet.

Die geneigte Topographie des Kontinentalhangs führt häufig auch zum Abgleiten ganzer Schichtpakete (Abbildung 7-2a). Solche submarine Rutschungen werden auch als ‚Slumps' bezeichnet. Die Sedimentschichten rutschen dabei entlang einer Gleitebene den Kontinentalhang hinunter und kommen auf dem Kontinentalfuß zur Ablagerung. Dort wird die Gleitmasse mehrmals aufeinandergeschoben und in sehr enge, isoklinale Falten gelegt (Abbildung 7-2b).

7.3 Trübeströme: Entstehung, Transport und Ablagerung

7.3.1 Entstehung

Trübeströme – oder auch Dichteströme – kommen als kontinuierliche und episodische, d.h. kurzzeitig auftretende Prozesse vor. Kontinuierliche Ströme treten insbesondere bei einem Delta unmittelbar unterhalb der Flussmündung auf, wenn die Suspensionsfracht und ein Teil der Bodenfracht eines Flusses wegen ihrer relativ hohen Dichte als Sediment-Wasser-gemisch auf den Grund sinkt und als hyperpyknaler Strom (Kapitel 5.6.2) bis in größere Tiefen fließt. Dabei werden Rippel unterschiedlicher Größe gebildet. Diese haben allerdings ein relativ geringes Erhaltungspotential, weil sie von den selteneren, episodischen Trübeströmen überfahren und dabei meistens abgetragen werden. Diese episodischen Ströme verfrachten viel Sediment in sehr kurzer Zeit. Sie haben deshalb eine hohe kinetische Energie und damit auch ein hohes Erosionspotential. Derartige Trübeströme werden ausgelöst, wenn locker gelagertes Material am Kontinentalhang oder auch an den Flanken entlang der Canyons zu gleiten beginnt. Solche Rutschungen werden meistens durch Erschütterungen des Untergrunds ausgelöst, welche durch Erdbeben und starke Stürme verursacht werden. Der Gleitprozess verursacht dabei Vibrations- und Schwingungsbewegungen in der Rutschung. Dadurch wird der Porenwasserdruck erhöht, was zur Verflüssigung – oder auch Thixotropie – der Rutschungsmasse führt. Diese zu Beginn noch zähflüssige Masse bildet dann den Anfang eines Trübestroms, welcher als Sediment-Wasser-Gemisch den Kontinentalhang hinunterströmt und in der Tiefsee-Ebene abgelagert wird.

Episodische Trübeströme haben ihren Ursprung aber auch an der Front eines Deltas (Abbildung 6-18a). Dort kann ein Erdbeben oder auch ein verstärkter Sedimenteintrag durch einen Fluss (z.B. als Folge der Gletscherschmelze im Sommer oder starker Niederschläge mit flutartigem Anstieg des Flusspegels) dazu führen, dass die Deltafront instabil wird und zu gleiten beginnt. Daraus kann sich dann ein Trübestrom entwickeln (s. auch Kapitel 6.4.2).

7.3.2 *Trübeströme hoher und geringer Dichte*

Der Sedimenttransport in einem Trübestrom erfolgt entweder als Sediment-Wassergemisch in der Suspension oder als Bodenfracht am Grund. Dementsprechend hat der Strom eine geringe oder eine hohe Dichte. Dies ist auch der Grund, wieso wir von einem Trübestrom geringer oder hoher Dichte sprechen. In den meisten Trübeströmen kommen aber beide Transportarten vor, so dass wir Trübeströme geringer und hoher Dichte als Endglieder betrachten.

Trübeströme geringer Dichte setzen sich vorwiegend aus Mittel- und Feinsand- sowie Silt- und Tonpartikeln zusammen, welche durch die starken Turbulenzen fast vollständig mit dem Umgebungswasser durchmischt und so weitgehend in der Schwebe gehalten werden. Die starken Turbulenzen in der Suspensionswolke verhindern also eine Ablagerung der gröberen Sedimente während der Transportphase. In solchen Strömen beträgt die Sedimentkonzentration weniger als 20% (Shanmugam, 2000), und der Anteil der grobkörnigen Fracht (Grobsand bis wenig Kies) ist vernachlässigbar klein (Allen, 1997). Der Transport dieser Partikel erfolgt gleitend und rollend, und zwar als zentimeterdünne Lage an der Basis des Trübestroms. Im Gegensatz dazu ist das Material in einem Strom hoher Dichte nur partiell mit Wasser durchmischt. Damit ist die Sedimentkonzentration deutlich höher (bis zu 45%) als in Trübeströmen geringer Dichte; sie kann bei hochkonzentrierten Strömen bis zu 60% betragen (Shanmugam, 2000). Solche Ströme enthalten zudem eine relativ hohe Konzentration an grobkörnigem Material (20–30% Kies und Grobsand), welches relativ schwer ist und deshalb rollend und gleitend am Grund als Bodenfracht transportiert wird.

7.3.3 *Anatomie eines Trübestroms*

Während der Transportphase (Kapitel 7.4) wird ein Trübestrom in drei Bereiche unterteilt: den Trübestromkopf, den Trübestromkörper und den Trübestromschwanz (Abbildung 7-3). Der Kopfbereich ist von hohen Turbulenzen geprägt. Diese entstehen hauptsächlich wegen der Reibung zwischen dem Sediment-Wasser-Gemisch und dem Umgebungswasser. Ein Effekt dieser Reibung ist die Bildung von Wasserwalzen, worin die Wasserteilchen und die Sedimentpartikel rückwärts rotieren (Abbildung 7-3). Dieser Prozess führt dazu, dass der Trübestromkopf etwa doppelt so dick wird wie der Trübestromkörper. Aus dem Kopfbereich entwickelt sich dann ein Trübestrom geringer Dichte.

Der mittlere Abschnitt eines Trübestroms, der Trübestromkörper, besitzt eine höhere Geschwindigkeit als der Kopfbereich ($V_{Körper} \approx 1{,}25 \cdot V_{Kopf}$). Die Fließgeschwindigkeit im mittleren Abschnitt kann dabei hoch genug sein, um den Strom ins obere Fließregime zu führen (Kapitel 4.1.3). Wegen der hohen Geschwindigkeit holt der Trübestromkörper den Kopfbereich immer wieder ein. Er wird dann allerdings aufgrund der Reibung mit dem Umgebungswasser abgebremst (Abbildung 7-3). Im basalen Bereich des Trübestromkörpers rollen und gleiten die Sedimentpartikel als Bodenfracht. Daraus entwickelt sich dann meistens ein Trübestrom hoher Dichte. Die relativ großen Scherkräfte, die mit diesen Roll- und Gleitprozessen verbunden sind, führen zudem zur stellenweisen Abtragung des Untergrunds (Abbildung 7-3). Im Dach des Trübestromkörpers fließt dagegen das feinkörnigere Material in der Suspension. Es trennt sich sukzessive von der Basis und vereinigt sich anschließend mit dem Sediment im Trübestromkopf zu einem Trübestrom geringer Dichte.

Der hintere Bereich eines Trübestroms, der Trübestromschwanz (Abbildung 7-3), hat nur noch eine geringe Dicke. Dort ist das Sediment zunehmend stärker mit dem Umgebungs-

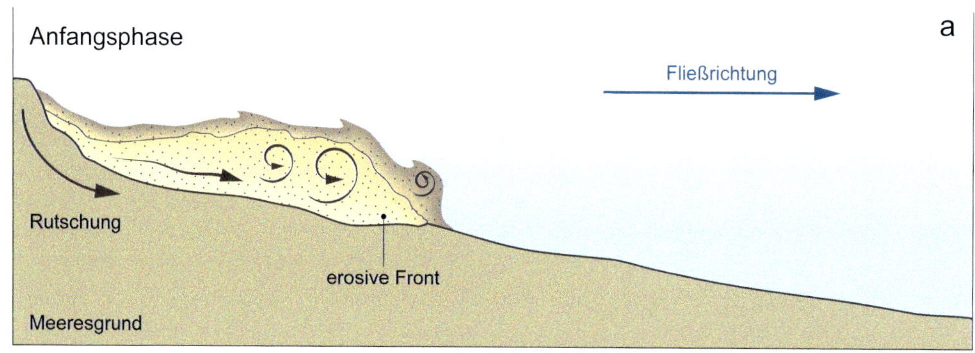

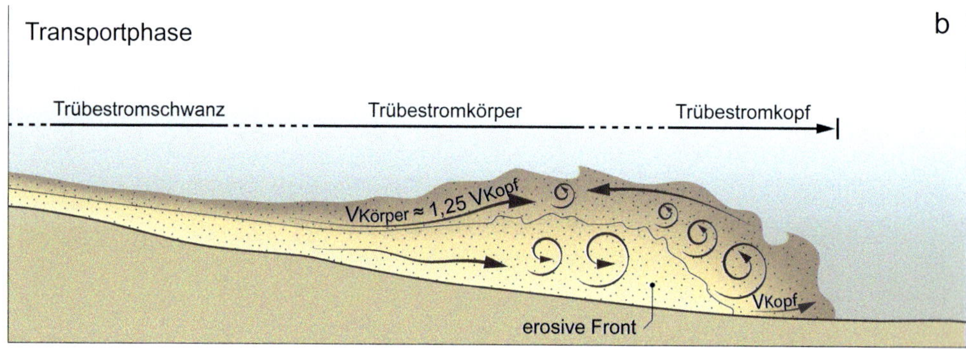

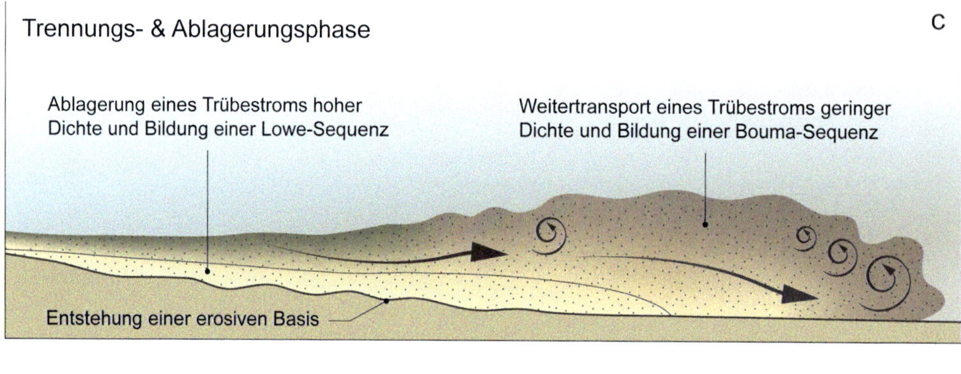

Abbildung 7-3: *Entwicklung eines Trübestroms.* ***a)*** *Anfangsphase: Ein Trübestrom beginnt meistens mit einer Rutschung.* ***b)*** *Transportphase: Der Trübestrom kann in den Trübestromkopf, -körper und -schwanz unterteilt werden.* ***c)*** *Trennungs- und Ablagerungsphase: Boden- und Suspensionsfracht trennen sich. Die Bodenfracht bleibt liegen, und die Suspensionsfracht fließt zum Lobensystem weiter. Modifiziert nach Allen (1997).*

wasser durchmischt, je weiter hinten man sich im Schwanzbereich befindet. Als Folge davon nehmen die Dichte und die Geschwindigkeit des Stroms mit größerer Entfernung zum Kopfbereich ab. Deshalb setzt sich das Material im Trübestromschwanz relativ langsam und kontinuierlich als dünne und feinkörnige Lage auf dem Grund ab, sobald die Strömung zum Erliegen kommt.

7.4 Dynamische Entwicklung eines Trübestroms

Ein Trübestrom durchläuft meistens drei bis vier Entwicklungsstadien, welche wir als Anfangsphase, Transportphase sowie als Trennungs- und Ablagerungsphase bezeichnen. Meistens entwickelt sich ein Trübestrom aus einer Rutschung. Der Strom hat in der Anfangsphase eine hohe Sedimentkonzentration und einen relativ geringen Wassergehalt. Diese physikalischen Eigenschaften entsprechen einem Strom hoher Dichte. In dieser Anfangsphase (Abbildung 7-3a) nehmen die Fließgeschwindigkeit und damit die Vibrationsbewegungen im Trübestrom sukzessive zu. Damit verbunden ist eine Zunahme der Turbulenzen im Trübestromkopf, was zur weiteren Verflüssigung des Sediment-Wasser-Gemischs führt (Transportphase; Abbildung 7-3b). Dabei entfalten Trübeströme vor allem am steilen Kontinentalhang und im Canyon eine große erosive Wirkung. Dort können sie wegen des steilen Gefälles eine Geschwindigkeit von bis zu 20 m/s erreichen (Sequeiros et al., 2018), was mit sehr hohen Turbulenzen verbunden ist. Diese ermöglichen, dass während der Transportphase die gesamte Sedimentfracht in der Schwebe, also in der Suspension gehalten wird. Es entsteht ein Trübestrom geringer Dichte, ohne dass Boden- und Suspensionsfracht voneinander getrennt werden, d.h. Trübeströme mit derart hohen Geschwindigkeiten erfahren keine Trennungsphase (Abbildung 7-3c). Diese Trübeströme geringer Dichte fließen dann bis über hundert Kilometer weit in die Tiefsee-Ebene. Dort lagern sie ihre Sedimentfracht als zungenförmige Loben ab und bilden so Schicht für Schicht einen submarinen Schuttfächer (Abbildung 7-1).

Bleibt aber eine starke Beschleunigung aus und ist die Fließgeschwindigkeit während der Transportphase deshalb gering oder ist das Material grobkörnig oder zähflüssig (z.B. aufgrund geringen Wassergehalts im Sediment), dann wird nur ein Teil des Stroms in die Suspension geführt. Dies hat dann zur Folge, dass sich die Suspensionswolke im Frontalbereich von der gröberen Bodenfracht trennt (Trennungsphase, Abbildung 7-3c). Die Bodenfracht setzt sich nach kürzerem Transport als Trübestrom hoher Dichte ab. Die Suspensionswolke bewegt sich weiter als Trübestrom geringer Dichte zur Tiefsee-Ebene und kommt erst später auf den Loben zur Ablagerung (Ablagerungsphase, s. auch Abschnitt oben und Abbildung 7-3c).

7.4.1 Ablagerung von Trübeströmen und Bildung von Turbiditen

Die Ablagerungen von Trübeströmen werden als Turbidite bezeichnet (abgeleitet vom Englischen ‚turbidity' oder ‚turbid' für *Trübung* respektive *trübe*, bezogen auf das sedimentgesättigte und somit trübe Wasser). Die Verwendung der Begriffe Trübestrom (engl. ‚turbidity current') für den Transport- und Ablagerungsprozess und Turbidit (engl. ‚turbidite') für das Ablagerungsprodukt sollte strikt eingehalten werden, um Verwechslungen zu vermeiden (z.B. Sanders, 1965; Middleton and Hampton, 1973; Shanmugam, 2000).

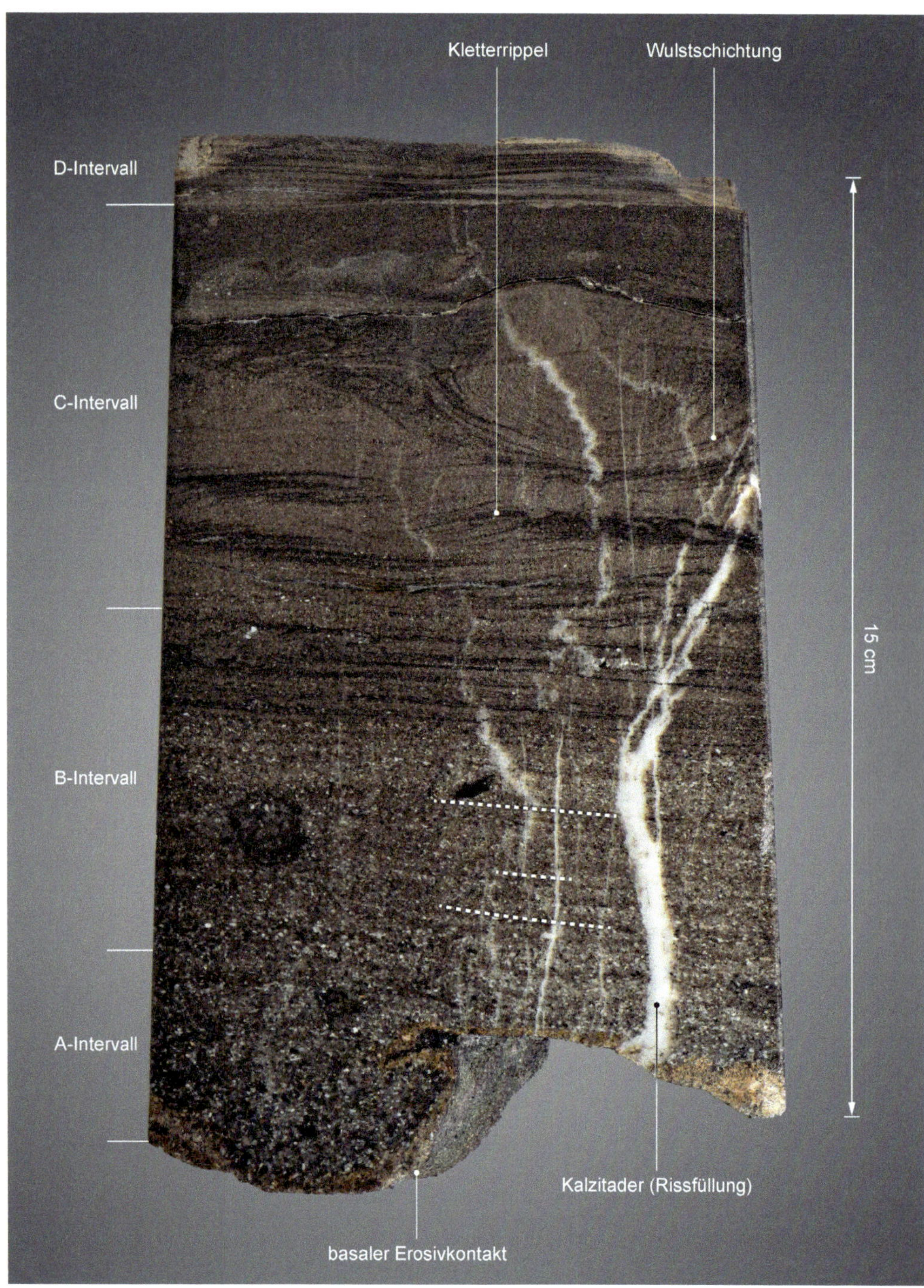

Abbildung 7-4: *Ablagerung eines Trübestroms geringer Dichte mit den Intervallen A bis D. Das tonige E-Intervall ist abgebrochen und deshalb nicht erhalten geblieben. Der Riss und die Kalzitfüllung bildeten sich nach der Ablagerung und Verfestigung des Sediments.*

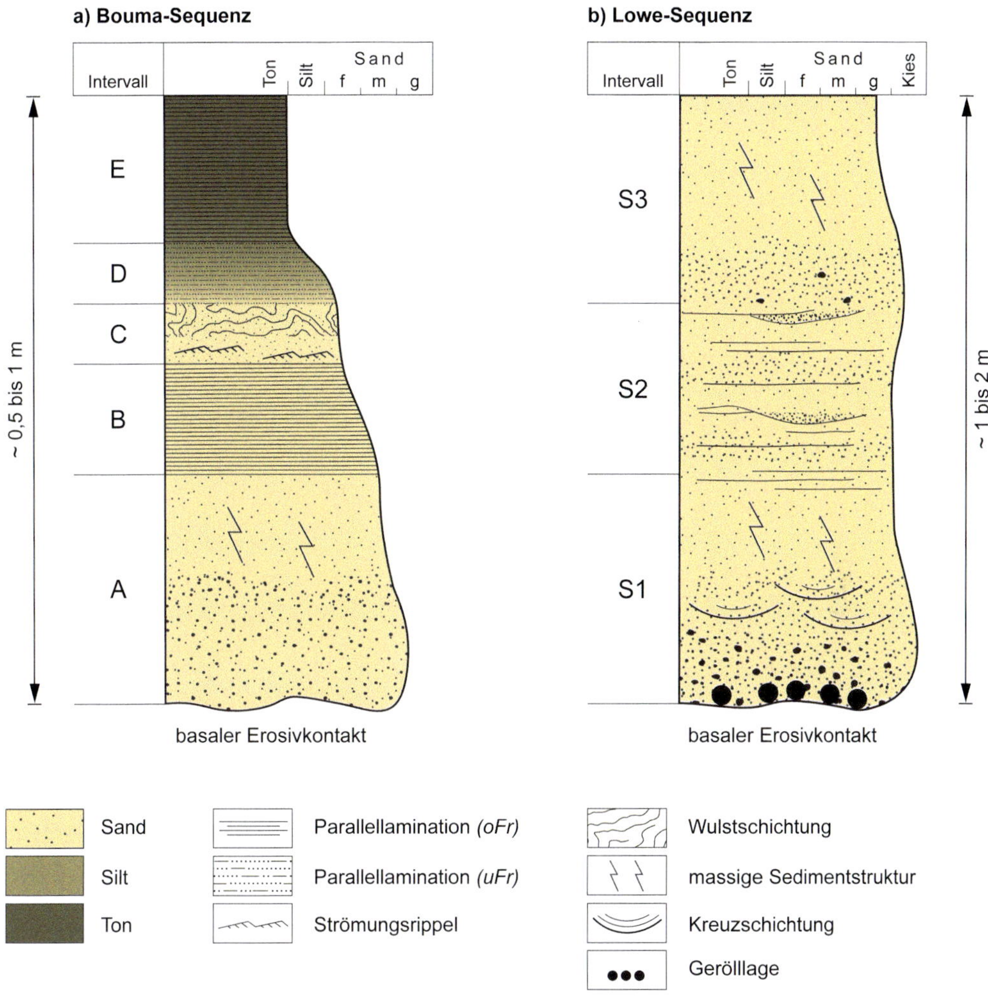

Abbildung 7-5: *Idealisierte Sequenzen von Turbiditen.* ***a)*** *Bouma-Sequenz, gebildet aus einem Trübestrom geringer Dichte (Bouma, 1962) und* ***b)*** *Lowe-Sequenz, welche sich aus einem Trübestrom hoher Dichte bildet (Lowe, 1982). Das S3-Intervall einer Lowe-Sequenz kann dem A-Intervall von Bouma (1962) entsprechen. oFr: oberes Fließregime; uFr: unteres Fließregime. ; f: feinkörnig; m: mittelkörnig; g: grobkörnig (s. Abbildung 1-3).*

Turbidite haben im Generellen eine erosive Basis (Abbildung 7-4). Dies ist auf die starke Abtragung des Untergrunds durch die Bodenfracht zurückzuführen (Abbildung 7-3). Die Ablagerung eines Trübestroms führt dann zur Ausbildung einer charakteristischen Abfolge sedimentärer Strukturen, welche eine abnehmende Fließgeschwindigkeit aufzeichnen. Dabei stellt die klassische Bouma-Sequenz (nach Arnold H. Bouma, 1962) wohl die bekannteste Abfolge dar. Sie entsteht bei der Ablagerung eines Trübestroms geringer Dichte (Abbildung 7-5a). Ein Trübestrom hoher Dichte dagegen bildet eine Lowe-Sequenz (nach Donald R. Lowe, 1982).

Bouma-Sequenz: Ablagerung eines Trübestroms geringer Dichte

Bei Trübeströmen geringer Dichte erfolgt der Sedimenttransport weitgehend in der Suspension, und das Sediment wird dabei (mit Ausnahme einer dünnen Lage an der Basis) nahezu vollständig mit Wasser durchmischt. Dementsprechend besteht ein Großteil des Materials aus mittel- bis feinkörnigen Sandkörnern sowie Silt- und Tonpartikeln. Die idealisierte Ablagerungssequenz eines solchen Turbidits wird als Bouma-Sequenz bezeichnet und wird in die 5 Intervalle A bis E unterteilt, welche insgesamt eine Dicke – oder auch Mächtigkeit – von einigen Zentimetern bis zu maximal 1,5 Meter erreichen können. Die klassische Bouma-Sequenz folgt meistens auf einen basalen Erosivkontakt und beginnt mit dem A-Intervall (Abbildungen 7-4 und 7-5a). Wenn bei der Ablagerung die Fließgeschwindigkeit sukzessive abnimmt und die Sedimentation deshalb kontinuierlich erfolgt, dann wird eine normal gradierte Abfolge mit vereinzelten Kiesgeröllen und wenig Grobsand an der Basis und mittelkörnigem Sand im Dach des A-Intervalls gebildet. Erfolgt die Ablagerung des grobkörnigen Gemischs aus Kies bis Mittelsand jedoch schnell, dann wird das A-Intervall massig ausgebildet. Vereinzelte Kiesgerölle sind dann gleichmäßig im A-Intervall verteilt. Oft finden wir an der Basis des A-Intervalls Tonklasten (engl. ‚rip-up clasts'), welche durch Erosion unter dem Trübestrom entstehen (Abbildung 7-3). Das darauffolgende B-Intervall besteht aus parallellaminierten mittel- bis feinkörnigen Sanden, welche im oberen Fließregime (Kapitel 4.1.3) abgelagert werden. Das C-Intervall setzt sich aus Strömungsrippeln (Feinsand bis Silt) sowie bei hohen Sedimentationsraten und einem hohen Siltanteil aus Kletterrippeln zusammen. Oft zeigt das C-Intervall ebenfalls Hinweise auf post-sedimentäre Verformungen (s. auch Kapitel 7.4.2). Dabei handelt es sich um wulstartige Entwässerungsstrukturen, welche auch als Konvolutstrukturen oder Wulstschichtungen bezeichnet werden. Das Intervall mit Strömungs- und Kletterrippeln wird von parallellaminierten Silt- und Tonpartikeln des D-Intervalls überlagert. Im Gegensatz zum B-Intervall wird die Parallellamination des D-Intervalls im unteren Fließregime gebildet. Dieses Intervall widerspiegelt damit ein nahezu laminares Fließen des Trübestroms. Den Abschluss der Sedimentationsabfolge bildet das tonige E-Intervall, welches aus der Feinstfracht des Trübestroms (Ton) besteht. Darüber folgen die sogenannten offenmarinen, also pelagischen Sedimente in graduellem Kontakt. Dabei handelt es sich ebenfalls um ein Sediment mit Partikeln in der Tongröße. Diese pelagischen Sedimente bestehen einerseits aus Staubpartikeln, welche vom Wind auf das offene Meer geweht werden. Andererseits tragen auch mikroskopisch kleine Schalen aus Kalzit oder Opal (amorphes SiO_2) zur Bildung pelagischer Sedimente bei. Diese Schalen werden vom planktischen Zoo- (z.B. Foraminiferen) und Phytoplankton (z.B. Radiolarien, Coccolithophoriden) gebildet (s. auch Kapitel 8), welche an der Meeresoberfläche schweben. Nach dem Absterben dieser Organismen sinken die Schalen zusammen mit terrestrischem Staub auf den Meeresgrund und tragen so zur Bildung der offenmarinen Sedimente bei. Im Gelände erscheint das E-Intervall des Turbidits dunkelgrau, da es sich ja um die Ablagerung der Tonpartikel im Trübestrom handelt. Die Fragmente der kieseligen und kalkigen Schalen in den pelagischen Sedimenten geben der Schicht dagegen eine weißgraue Farbe. Deshalb können die Tonschichten des E-Intervalls von den ebenfalls feinkörnigen pelagischen Sedimenten mit Hilfe der Farbe und des Fossilinhalts im Gelände unterschieden werden. Dazu braucht es allerdings eine Lupe, denn sonst können die Schalenfragmente (sie erscheinen als kleine Punkte unter der Lupe) nicht erkannt werden.

Wenn bei einer Bouma-Sequenz das A- oder auch das B-Intervall fehlt, dann wird die entsprechende Schicht als ‚base-missing' Turbidit bezeichnet, da die entsprechende Basis eben nicht vorhanden ist. Um die Beschreibung der Bouma-Turbidite zu vereinfachen, können die Abkürzungen B_{A-E} (*B* für Bouma) für eine vollständige Bouma-Sequenz beziehungsweise B_{B-E}, B_{C-E} und B_{D-E} für ‚base-missing' Turbidite verwendet werden.

Lowe-Sequenz: Ablagerung eines Trübestroms hoher Dichte

Bei Trübeströmen hoher Dichte erfolgt der Sedimenttransport weitgehend als Bodenfracht, und das Sediment ist nur partiell mit Wasser durchmischt. Dementsprechend besteht ein Großteil des Materials aus grobkörnigen Komponenten (Kies und Grobsand). Die Lowe-Sequenz (Lowe, 1982) umfasst dabei eine idealisierte Abfolge von 3 Intervallen (S1-S3; *S* für Sandstein aufgrund des höheren Sandanteils; Abbildung 7-5b), welche durch einen Trübestrom hoher Dichte gebildet wird. Das unterste Intervall (S1) besteht aus einer normal gradierten Kies- und Grobsandlage. Darin sind schräg- und kreuzgeschichtete Elemente aus Grobsand und zum Teil auch aus Kies, sowie parallellaminierte Sandlagen (Grob- bis Mittelsand) vereinzelt eingeschaltet, aber das Gefüge ist weitgehend massig. Die Sedimente des S1-Intervalls wurden somit rollend und gleitend als Bodenfracht transportiert. Das darauffolgende S2-Intervall umfasst eine invers gradierte Lage aus Mittel- bis Grobsand. Parallellaminierte Sandlagen treten vermehrt auf. Die Strukturen des S2-Intervalls dokumentieren daher eine zunehmende Strömungsgeschwindigkeit und eine stärkere Durchmischung mit Wasser im Dach des Trübestroms. Parallellaminationen von Mittel- bis Grobsanden deuten zudem darauf hin, dass die Strömung zum Teil auch das obere Fließregime erreicht. Das oberste Intervall (S3) setzt sich aus massigen bis normal gradierten Sanden zusammen (Mittel- bis Grobsand) und widerspiegelt eine schnelle Ablagerung der Bodenfracht. Nach Lowe (1982) kann das S3-Intervall auch dem A-Intervall einer Bouma-Sequenz entsprechen. Fairerweise müssen wir erwähnen, dass die drei unterschiedlichen Intervalle im Gelände kaum voneinander unterschieden werden können. Deshalb sprechen wir meistens nur von einer Lowe-Sequenz oder einem Lowe-Turbidit ohne weitere Spezifizierung. Falls eine Differenzierung möglich ist, dann könnten die Abkürzungen L_{S3} für einen Lowe-Turbidit mit der Sequenz S3, oder L_{S1-S3} für einen vollständigen Lowe-Turbidit verwendet werden.

In der Literatur werden oft auch die von Lowe eingeführten T_{A-E} Intervalle für die Beschreibung einer Bouma-Sequenz verwendet. Dabei steht *T* für ‚traction', das heißt für den Transport als Bodenfracht (Lowe, 1982). Da aber das Material der Bouma-Turbidite weitgehend als Suspensionsfracht transportiert wurde, ist die Bezeichnung ‚traction' eher nicht angebracht, so dass wir vom Gebrauch der T_{A-E}-Nomenklatur abraten. Als Alternative schlagen wir vor, die Abkürzungen B_{A-E} (*B* für Bouma) für die entsprechenden Intervalle einer Bouma-Sequenz zu verwenden (s. auch oben).

7.4.2 *Weitere Sedimentstrukturen*

Sohlmarken und Spurenfossilien

Wie in Kapitel 7.3.3 und 7.4 bereits erwähnt, führt das Rollen und insbesondere das Gleiten der Sedimentkörner an der Basis des Trübestroms zur Abtragung des Untergrunds. Es entstehen entweder rillenartige oder kolkartige Erosionsstrukturen. Diese werden in der englischsprachigen Literatur auch als ‚groove casts' (rillenartige Strukturen) oder als ‚flute casts' (kolkartige Strukturen) bezeichnet. Die kolkartigen Vertiefungen sind asymmetrisch. So wird der tiefe, enge Bereich des Erosionskolks in Fließrichtung flacher und breiter. Lagert sich das

Sediment im Trübestrom nach dem Erosionsprozess ab, dann wird die Erosionsform mit Sand gefüllt und so als Abguss aufgezeichnet. Diese Erosionshinweise erscheinen deshalb auf der

***Abbildung 7-6: a)** Sicht auf Fließstrukturen, welche sich auf der Unterseite eines Turbidits befinden (Foto © A. Matter), und Kultivierungsstrukturen, welche als **b)** Paleodictyon (Taiwan) und **c)** Zoophycos (Alpen, Foto © B. L. Epprecht) bezeichnet werden.*

Basisfläche eines Turbidits als Negativformen (Abbildung 7-6a) und werden als Sohlmarken bezeichnet. Handelt es sich dabei um die kolkartigen Strukturen, dann kann aus der Asymmetrie des Abgusses auf die Transportrichtung geschlossen werden (Abbildung 7-6a).

Trübeströme verfrachten häufig Material vom flacheren, nährstoffreichen Meer in die Tiefsee, wo das Nahrungsangebot für die Fauna gering ist. Deshalb durchwühlen im tiefen Meer insbesondere Würmer das frisch abgelagerte Sediment auf der Suche nach Nahrung. Diese Wühlspuren werden im Sediment als Spurenfossilien aufgezeichnet. Ein Beispiel dafür sind Kultivierungsspuren wie das Paleodictyon, eine wabenförmigen Struk-

Abbildung 7-7: *Verformung der Sedimente nach ihrer Ablagerung.* ***a)*** *Konvolut- oder Wulstschichtung; Blick schief auf einen Sandstein in der Oberen Meeresmolasse (Foto © A. Matter).* ***b)*** *Brotlaibstrukturen (oder ‚ball-and-pillow Strukturen) in der Unteren Meeresmolasse der Zentralschweiz. Die Schichten sind auf dem Foto nach rechts gekippt.*

tur, welche in feinkörnigen Turbiditen häufig gefunden wird (Abbildung 7-6b). Weit verbreitet ist ebenfalls Zoophycos (Abbildung 7-6c). Dabei handelt sich um spiralförmige Spuren, welche von Organismen beim Durchwühlen des feinkörnigen Sediments hinterlassen werden.

Post-sedimentäre Deformation

Trübeströme sind dynamische und sehr aktive Prozesse, was zur Folge hat, dass die frisch abgelagerten Sedimente häufig instabil sind und verformt werden – wir sprechen in diesem Fall von post-sedimentärer Deformation. Charakteristische Verformungen des frisch abgelagerten Sediments sind kleinmaßstäbliche Konvolutstrukturen (Abbildung 7-7a) sowie großmaßstäbliche Sackungsstrukturen (Abbildung 7-7b). Diese entstehen, wenn Wasser aus den noch unverfestigten Sedimenten entweicht. Ursachen für eine Entwässerung von Schichten sind meistens fortlaufende, schnelle Sedimentation und damit kontinuierliche Zunahme der Last auf die soeben abgelagerten, wassergesättigten Sedimente. Weitere Ursachen sind Erdbeben und starke Stürme, denn sie können zur Erschütterung des Meeresgrunds führen. Dabei wird der Porenwasserdruck im Sediment so stark erhöht, dass Wasser aus den Ablagerungen zu entweichen beginnt und das Sediment verflüssigt wird (Thixotropie). Bei der Entwässerung verlieren die Sedimente ihr ursprüngliches Gefüge. Sie beginnen zu gleiten, und ursprünglich schräg- und horizontalgeschichtete Lagen werden in enge Falten gelegt. Ist die verfaltete Schicht wenige Zentimeter dünn, dann wird eine wulstartige Struktur gebildet. Deshalb werden die entsprechenden Formen auch als Wulst- oder Konvolutstrukturen bezeichnet (Abbildung 7-7a). Ist die verfaltete Schicht mehrere Dezimeter dick, dann treten die Scharniere dieser Gleitfalten als langgezogene, gerundete Strukturen in Erscheinung, welche einer französischen Baguette ziemlich ähnlich sind. Sinkt dagegen die Sandschicht bei der Entwässerung in die darunterliegende Tonschicht ein, dann nimmt sie eine sphäroidale Form an (Abbildung 7-7b), welche einem Brotlaib oder auch einem Kissen gleicht. Solche Sackungsstrukturen werden deshalb auch als Brotlaibstrukturen oder allenfalls als ‚ball-and-pillow' Strukturen bezeichnet.

7.5 Großmaßstäbliche Ablagerungsräume: Vom Canyon zum submarinen Schuttfächer

7.5.1 Im Canyon

Wie bereits erwähnt, stellen Canyons wichtige Lieferkanäle für Trübeströme dar. Diese Schluchten sind oft mehrere hundert Meter tief (200–600 m) und einige Kilometer breit (2–10 km). Submarine Canyons können also mit einer Schlucht auf dem Festland verglichen werden, zum Beispiel mit dem Grand Canyon in den USA. Mit zunehmender Distanz von der Schelfkante bis zum Kontinentalfuß ändert sich die Morphologie solcher Canyons. Unmittelbar unterhalb der Schelfkante weisen sie einen V-förmigen Querschnitt auf, welcher durch Tiefenerosion erzeugt wird. Gegen den Kontinentalfuß ändert sich die Canyon-Morphologie zu einem U-förmigen Querschnitt, denn die Tiefenerosion wird von seitlicher Abtragung der Canyonflanken abgelöst. Dort leiten breite Kanäle den Trübestrom zudem auf den submarinen Schuttfächer.

7.5.2 *Auf dem submarinen Schuttfächer*

Ein submariner Schuttfächer wird in drei Bereiche gegliedert: den oberen, den mittleren und den unteren Fächer (Abbildung 7-8). Der obere Fächer beginnt beim Intersektionspunkt. Der Hauptkanal durchschneidet dort den Kontinentalfuß und trifft auf die Tiefsee-Ebene, wo er sich in ein Netzwerk von mehreren kleineren Rinnen verzweigt. Diese werden durch Uferwälle und die Überflutungsebene seitlich gesäumt, ähnlich wie in einer Auenlandschaft auf dem Festland (Kapitel 5). Die Rinnensysteme enden in lobenförmigen, unkanalisierten Ablagerungsbereichen, welche dem mittleren Schuttfächer zugeordnet werden. Der daran anschließende distale Bereich – der untere Fächer – bildet schließlich den Abschluss des submarinen Fächers (Abbildung 7-8).

Proximaler Bereich: Der obere Fächer

Der obere Fächer besteht weitgehend aus Kanälen, in welchen die Trübeströme zum Lobensystem fließen. Handelt es sich beim Trübestrom um einen kontinuierlich fließenden hyperpyknalen Strom, dann werden Rippel unterschiedlicher Größe (meistens handelt es sich um Großrippel) am Grund der Kanäle gebildet. Diese haben allerdings ein geringes Erhaltungspotential, da sie von episodisch auftretenden Trübeströmen wieder abgetragen werden. Handelt es sich dabei um einen Trübestrom hoher Dichte, dann kommt es sehr oft vor, dass die Bodenfracht des Stroms bereits im Kanalsystem zur Ablagerung kommt. Im Kanal selbst werden deshalb meistens Lowe-Sequenzen gebildet (Abbildung 7-5b). Diese haben eine erosive Basis und sind meistens massig strukturiert. Schrägschichtungen und Parallellaminationen kommen vereinzelt vor. Ist der Trübestrom sehr grobkörnig und ist das Sediment kaum mit Wasser gemischt, dann kommen vereinzelt auch matrixgestützte Brekzien zur Ablagerung. Ist das Fördervolumen innerhalb einer Rinne sehr hoch, dann bilden sich oft amalgamierte, d.h. stockwerkartige Abfolgen von Rinnenablagerungen (Profil A in Abbildung 7-8).

Die Suspensionswolke im Dach des Trübestroms (Abbildung 7-3) kann dagegen über die Ufer treten und so den Kanal als Überflutungsmaterial seitlich verlassen. Unmittelbar neben dem Kanal setzt sich das feinkörnige Material, bestehend aus Feinsand und Silt, als Uferwälle ab. Dabei werden zentimeterdicke Lagen aus Strömungs- und Kletterrippeln gebildet. Diese feinkörnigen Turbidite bestehen somit aus wenigen Zentimeter dünnen $B_{C\text{-}E}$-Intervallen einer Bouma-Sequenz (Profil B in Abbildung 7-8 und Abbildung 7-9). Sie haben damit die Eigenschaften eines Trübestroms geringer Dichte. Auf der Überschwemmungsebene, welche seitlich an die Uferwälle grenzt, werden Silt- und Tonpartikel und damit der feinstkörnige Anteil des Überflutungsmaterials abgelagert. Dies führt zur Bildung von $B_{D\text{-}E}$-Intervallen.

Das Sediment-Wassergemisch im Kopf des Trübestroms fließt in der Suspension zum mittleren Fächer. Die Sedimentfracht verteilt sich dort auf den flachen Loben und bildet bei der Ablagerung die klassischen und meistens vollständigen Bouma-Sequenzen.

Intermediärer Bereich: Der mittlere Fächer

Der mittlere Fächer beginnt mit dem Lobensystem. Dorthin fließen einerseits hyperpyknale Strömungen und bilden Strömungsrippel unterschiedlicher Größe, bestehend aus Sand mit Kreuz- und Schrägschichtungen. Andererseits schießen auch Trübeströme geringer Dichte durch das Kanalnetz zu den Loben und tragen die Rippel der hyperpyknalen Strömungen wieder ab. Wie oben bereits erwähnt, stammen diese Trübeströme häufig aus der

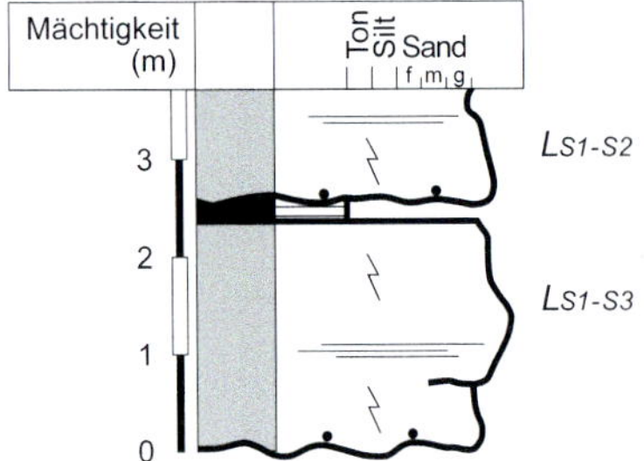

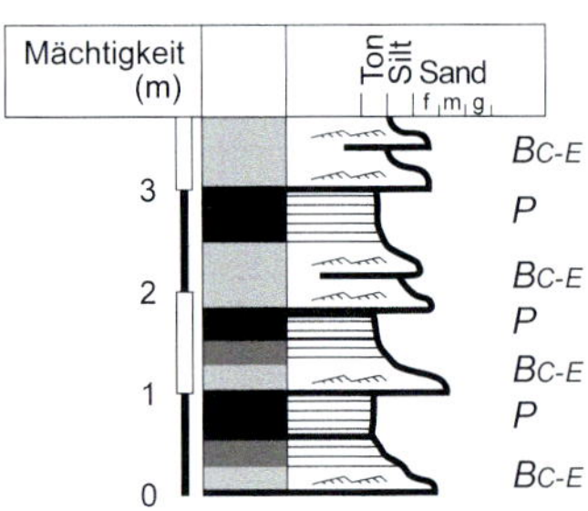

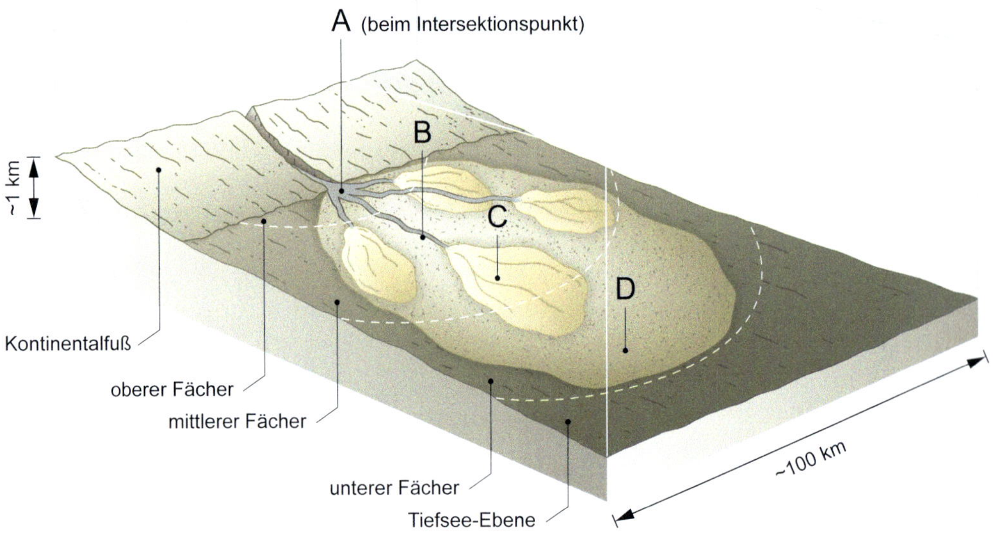

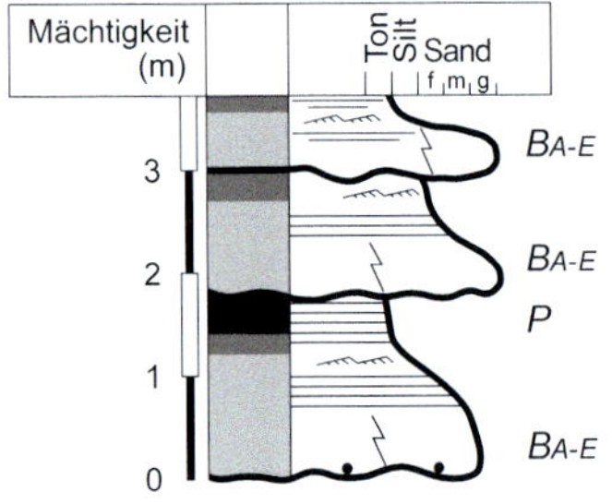

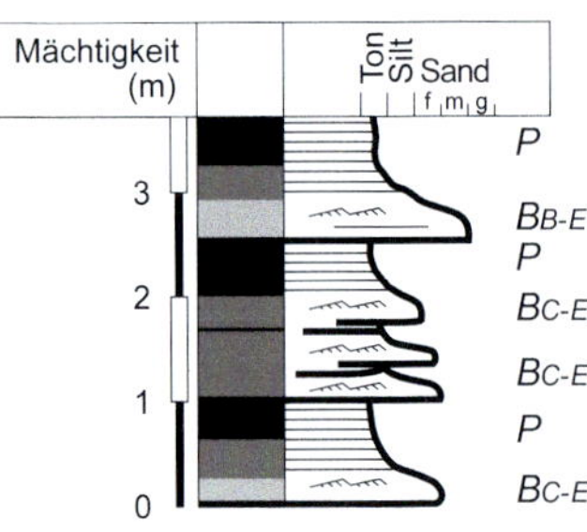

Abbildung 7-8: *Skizze eines submarinen Schuttfächers mit oberen, mittleren und unteren Fächern, und repräsentative sedimentologische Abfolgen, die zu erwarten wären, wenn wir ca. 4 Meter tiefe Bohrungen abteufen würden. f: feinkörnig; m: mittelkörnig; g: grobkörnig (s. Abbildung 1-3).*

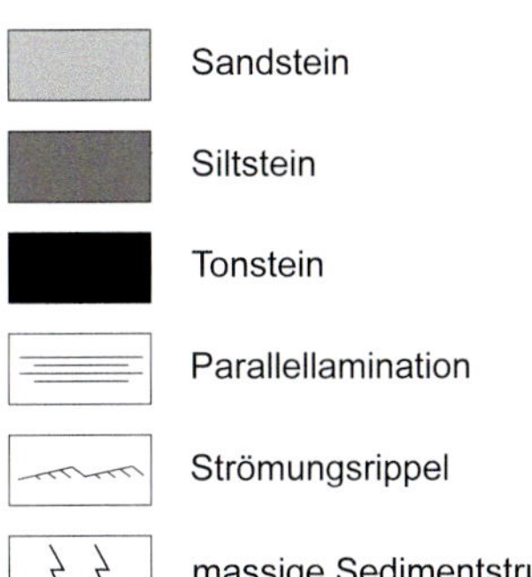

Ablagerungen:

B_{A-E}	Bouma-Turbidit mit den Intervallen A-E
L_{S1-S3}	Lowe-Turbidit mit den Intervallen S1-S3
P	pelagische Sedimente

Abbildung 7-8 (Fortsetzung): *Legende zu den sedimentologischen Profilen.*

Abbildung 7-9: *Wechsellagerung von 2 Meter dicken, grobsandigen Turbiditen mit basalen Erosivkontakten, zentimeterdünnen feinsandigen Turbiditen und Tonsteinen. Bei den grobsandigen Ablagerungen mit basalen Erosivkontakten handelt es sich um Lowe-Sequenzen und deshalb um Rinnenfüllungen. Die dünneren feinsandigen Turbidite bestehen aus ‚base-missing' Bouma-Sequenzen (B_{C-E}-Turbidite). Dabei könnte es sich um Ablagerungen auf der Überschwemmungsebene handeln. Die Tonsteine mit den D-E-Intervallen ergänzen diese Interpretation. Weil in der Sequenz Rinnenablagerungen auftreten, dürfte es sich hier um Ablagerungen auf einem oberen Fächer handeln. Das Foto stammt vom Gurnigelflysch bei ca. 46°43'N / 7°18'E. Siehe Abbildung 7-5 für Illustration der Intervalle.*

Suspensionswolke im Trübestromkopf. Auf den Loben breiten sich die Trübeströme seitlich aus. Sie werden dabei abgebremst und verlieren kinetische Energie. Hier kommt es deshalb zur Ablagerung des volumenmäßig größten Anteils der Sedimentfracht. Im oberen Bereich der Loben werden Turbidite mit einer vollständigen Bouma-Sequenz gebildet (B_{A-E}-Intervalle, Profil C in Abbildung 7-8). Die Turbidite haben meistens eine planare bis leicht erosive Basis, und das A-Intervall ist dort am dicksten ausgebildet und beträgt > 50% der gesamten Turbidit-Schicht. Fließen die Trübeströme weiter zum unteren Rand der Loben, dann werden die Sedimente des A-Intervalls mit zunehmender Transportdistanz kontinuierlich dünner, oder sie können sogar fehlen. Deshalb können im unteren Bereich der Loben ‚base-missing' Turbidite mit den B_{B-E}-Intervallen abgelagert werden.

Distaler Bereich: Unterer Fächer

Den Abschluss eines submarinen Fächers bildet der distale untere Fächer. Der Wechsel vom mittleren zum unteren Fächer verläuft dabei graduell. Im unteren Fächer kommen lediglich die feinstkörnigen Bestandteile des Trübestroms zur Ablagerung. Es bilden sich deshalb nur noch ‚base-missing' Turbidite mit den B_{D-E} und B_{C-E}-Intervallen (Profil D in Abbildung 7-8). Turbidite mit den B_{C-E}-Intervallen kommen allerdings am häufigsten vor. Gegen den Randbereich wird dann der relative Anteil der Sedimente aus dem offenmarinen Bereich (Tonpartikel sowie Schalen planktischer Organismen, Kapitel 7.4.1 und 8) sukzessive bedeutender.

Hin und wieder können jedoch auch größere Trübeströme den unteren Fächer erreichen. Dabei entstehen neue Zufuhrkanäle, welche nur während kurzer Zeit aktiv sind. An deren Ende werden Loben gebildet, wo vollständige Bouma-Turbidite mit den B_{A-E}-Intervallen abgelagert werden. Solche distale Loben auf dem unteren Fächer werden auch als ‚Suprafan'-Loben bezeichnet.

Der distale Rand des unteren Fächers markiert das Ende der gesamten Transportkette klastischer Sedimentpartikel vom Gebirge ins Meer und leitet auf die offene Tiefsee-Ebene über. Dort findet in großer Entfernung von den Kontinenten die ruhige und sehr langsame Sedimentation der pelagischen Partikel statt (Kapitel 8).

7.5.3 Bildung mächtiger Wechsellagerungen auf dem submarinen Schuttfächer

Einzelne Turbidite sind einige Zentimeter (Abbildung 7-4) bis wenige Meter mächtig. Sie bilden allerdings Schuttfächer, welche über hundert Meter dick sind und eine Fläche von mehreren hundert Quadratkilometern einnehmen. Im Gelände äußern sich diese Dimensionen in einer mächtigen Wechsellagerung aus Sand- und Tonsteinen (Abbildung 7-10). Dabei entspricht jede Sandsteinschicht der Ablagerung eines einzigen Trübestroms. Um festzustellen, ob es sich dabei um Trübeströme einer hohen oder einer geringen Dichte handelt, müssen die Sandsteinschichten im Detail untersucht werden. Liegen dabei Lowe-Sequenzen vor, dann handelt es sich um Bodenfrachtablagerungen, was auf Trübeströme hoher Dichte schließen lässt. Bestehen die Sandsteinschichten dagegen weitgehend aus Bouma-Sequenzen, dann handelt es sich um Ablagerungen der Suspensionsfracht. Dort erfolgte der Sedimenttransport also in Trübeströmen geringer Dichte.

Die Tonsteinschichten dagegen wurden von der feinstkörnigen Fracht der Trübeströme gebildet. Ein hoher Anteil in den Tonsteinen besteht zudem aus terrestrischen Staubparti-

Abbildung 7-10: *Mehr als hundert Meter mächtige Wechsellagerung von Sand- und Tonsteinen im Apennin (Italien). Jede Sandsteinschicht entspricht dabei der Ablagerung eines Trübestroms (Foto © A. Matter).*

keln sowie Fragmenten von Schalen planktischer Organismen auf der Meeresoberfläche. Damit haben die Tonsteinschichten zwei unterschiedliche Sedimentquellen: den äußeren Schelf und den Kontinentalhang mit neritischer, also küstennaher Fauna, wo Trübeströme entstehen, sowie das offene Meer mit pelagischen, also küstenfernen Organismen und Staub (Kapitel 8). Deshalb werden die Tonintervalle auch auf den Fossilinhalt hin untersucht. Damit wird bestimmt, welcher Anteil der Tonsteine vom Kontinentalschelf bzw. vom offenen Meer stammt.

7.6 Dynamik eines submarinen Schuttfächers und Bildung von Sequenzen

Die Dynamik submariner Schuttfächer wird hauptsächlich von der Häufigkeit und der Größe der Trübeströme und damit von der Zufuhr klastischer Sedimentpartikel gesteuert. Ist das Fördervolumen von Sedimentpartikeln sehr hoch, dann verlagert sich der Schuttfächer in distale Bereiche – wir sprechen dann von einer Progradation. Bei diesem Prozess werden alte und distale Schuttfächerablagerungen von jungen und proximalen Sedimenten über-

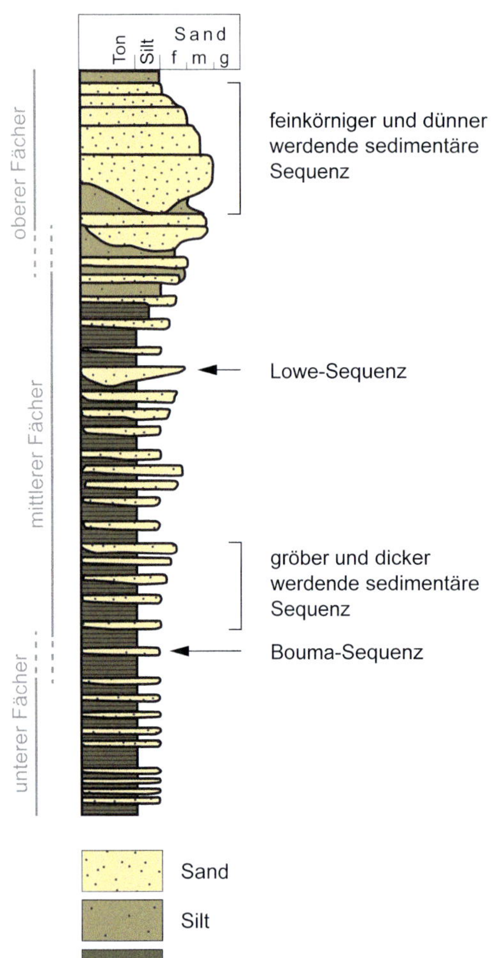

Abbildung 7-11: *Schematische Darstellung einer Turbiditabfolge mit Sequenzen unterschiedlicher Größenordnungen. Die Abfolge ist etwa 150 Meter dick und zeigt eine großmaßstäbliche, nach oben hin gröber und dicker werdende sedimentäre Sequenz. Modifiziert nach Reineck und Singh (1980). f: feinkörnig; m: mittelkörnig; g: grobkörnig (s. Abbildung 1-3).*

lagert und eingebettet. Dabei kommen zum Beispiel Sedimente des oberen und mittleren Fächers auf Ablagerungen des unteren Fächers zu liegen. Dies hat zur Folge, dass dicke und grobkörnige Schichten (Sedimente des oberen und mittleren Fächers) auf dünnen und feinkörnigen Sedimenten (Sedimente des unteren Fächers) abgelagert werden. Daraus resultiert eine nach oben hin gröber und dicker werdende sedimentäre Sequenz (engl. ‚coarsening- and thickening-upward sequence'; Abbildung 7-11). Nimmt jedoch das Fördervolumen von Sediment ab, dann zieht sich der Schuttfächer mit dem Lobensystem zum Kontinentalfuß und damit zum proximalen Bereich zurück – wir sprechen dann von einer Retrogradation. In einer sedimentologischen Abfolge wird eine Retrogradation als Sequenz von Schichten aufgezeichnet, welche nach oben feinkörniger und dünner werden (engl. ‚fining- and thinning-upward sequence').

Pro- und Retrogradation-Sequenzen kommen in unterschiedlichen Größenordnungen vor. Diese Skalenabhängigkeit der sedimentären Sequenzen wurde insbesondere bei Turbiditabfolgen im Detail untersucht. Ein einziger Trübestrom bildet dabei eine Bouma-

oder Lowe-Sequenz (Abbildung 7-11), welche wir in diesem Kontext als eine Sequenz mit der kleinsten Ordnung definieren. Eine ca. 10 bis 20 Meter dicke Abfolge entsteht, wenn Kanäle und damit auch Loben sich seitlich verlagern. So kann z.B. eine bis zu 20 Meter mächtige sedimentäre Sequenz entstehen, in welcher die Sandsteinbänke nach oben gröber und dicker werden (Abbildung 7-11). Eine solche Abfolge betrachten wir als Sequenz zweiter Ordnung. Verschiebt sich dagegen ein gesamter Schuttfächer in distale Bereiche, dann entsteht eine Sequenz mit der größten Ordnung (z.B. eine nach oben hin gröber und dicker werdende Sequenz von Sandsteinbänken wie im gesamten Profil in Abbildung 7-11), welche mehr als hundert Meter mächtig sein kann.

Die Bildung einer Sequenz, welche über hundert Meter dick ist, hat meistens eine externe Ursache. Dabei kann es sich um tektonische Prozesse, klimatische Veränderungen oder auch um einen Anstieg oder ein Absinken des globalen Meeresspiegels handeln. Solche Sequenzen mit einer externen Kontrolle werden als Allo-Sequenzen bezeichnet. Im Gegensatz dazu wird die Bildung von Auto-Sequenzen durch lokale und deshalb interne Mechanismen und Umstände gesteuert. Die Verstopfung einer Rinne durch einen Trübestrom hoher Dichte ist ein Beispiel dafür. Wenn nämlich der darauffolgende Trübestrom den Sedimentpfropfen im Kanal nicht abtragen kann, dann schwappt der Strom über die Ufer und bildet einen neuen Kanal und damit auch einen neuen Lobus. Dort wird in der sedimentologischen Abfolge eine kleinmaßstäbliche Sequenz gebildet, in welcher die Schichten nach oben dicker und grobkörniger werden. Im Gegensatz dazu wird zum alten Lobus immer weniger Sediment verfrachtet. Deshalb werden dort die Schichten nach oben dünner und feinkörniger.

Zusammenfassend kann gesagt werden, dass sowohl externe wie auch interne Einwirkungen zu einer Progradation oder Retrogradation der submarinen Schuttfächer und Lobensysteme führen können. Dabei bilden sich Allo- oder auch Auto-Sequenzen. Eine entsprechende Interpretation ist erst dann möglich, wenn Turbiditabfolgen sowohl im Detail als auch in größeren Skalen untersucht werden.

7.7 Radiale und axiale Transportsysteme

In den vorangehenden Kapiteln sind wir davon ausgegangen, dass die Tiefsee-Ebene flach ist und dass die Trübeströme sich deshalb in alle Richtungen ausbreiten können und so einen radial gefächerten Sedimentkörper bilden – den submarinen Schuttfächer. Allerdings ist die Situation an den meisten Orten komplizierter. Abbildung 7-12 illustriert ein solches Beispiel. Wir sehen die Westküste vor Kanada (55°58'N / 138°10'W) mit dem Schelfbereich, der anschließenden Schelfkante, dem Kontinentalhang, dem Kontinentalfuß und der Tiefsee-Ebene. Wir erkennen, dass der Kontinentalfuß aus radialen Schuttfächern mit einem Radius zwischen 20 und 40 Kilometern besteht (Abbildung 7-12a), welche zudem einen graduellen Übergang zur Tiefsee-Ebene bilden. Diese ist allerdings nicht flach, sondern hat mehrere kleine Hügel. Wir sehen ebenfalls ein System von Kanälen. Diese queren den Kontinentalfuß und die Tiefsee-Ebene als tief eingeschnittene Furchen bis zum Intersektionspunkt, welcher ca. 220 Kilometer westlich der Schelfkante liegt. Weil die Kanäle oberhalb des Intersektionspunkts senkrecht zum Verlauf der Schelfkante orientiert sind, sprechen wir von einer transversalen Orientierung. Wieso die transversalen Kanäle in die Tiefsee-Ebene eingeschnitten sind, ist nicht klar. Da es sich bei der Westküste Nordamerikas um einen aktiven Kontinentalrand handelt (s. auch Abbildung 1-1), ist es naheliegend

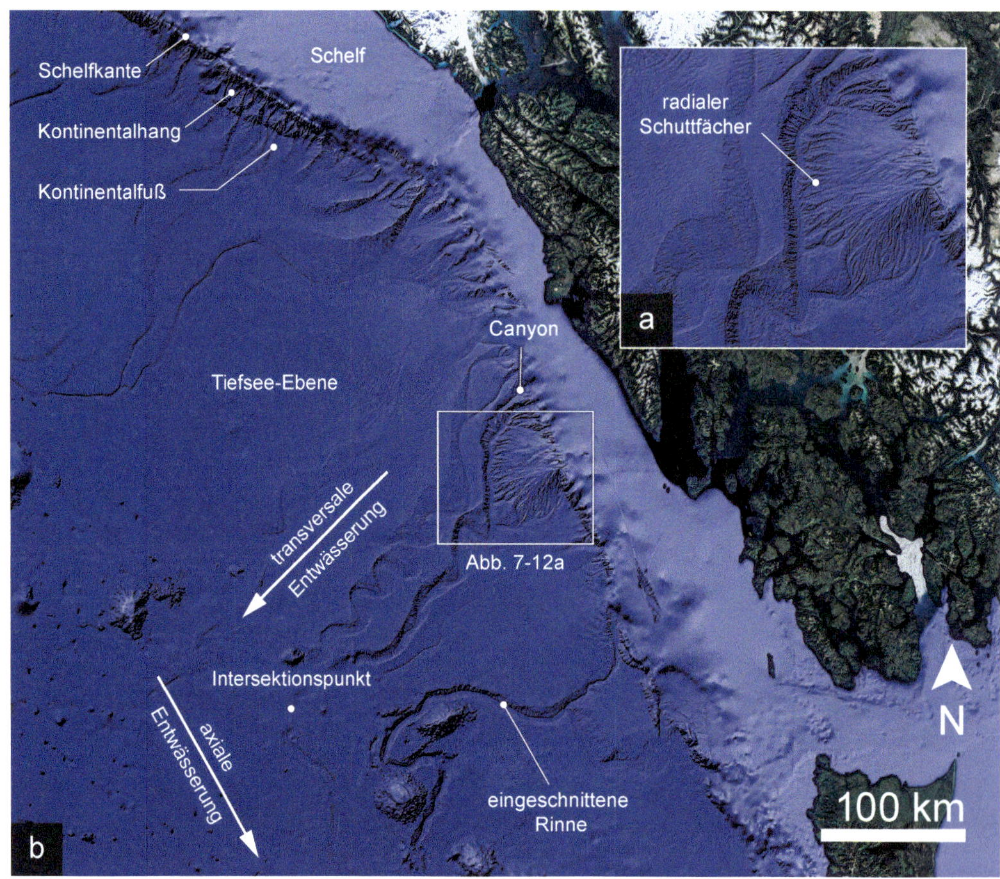

Abbildung 7-12: *Geomorphologie und komplexe Ablagerungssysteme am Rand einer Subduktionszone bei Kanada.* ***a)*** *Der Kontinentalfuß wird von transversalen, kleineren Schuttfächern gebildet.* ***b)*** *Größere Kanäle durchschneiden den Kontinentalfuß und einen ca. 200 Kilometer breiten Streifen der Tiefsee-Ebene in tief eingeschnittenen Furchen. Unterhalb des Intersektionspunkts münden die Kanäle in Loben, welche eine axiale Ausrichtung haben. Das Bild (© Google, Landsat/ Copernicus) zeigt die Situation bei ca. 55°58′N / 138°10′W.*

anzunehmen, dass der > 200 Kilometer breite Streifen durch die tektonischen Prozesse gehoben wird. Die Hebung führt dann dazu, dass die Trübeströme in die Tiefe erodieren und so die transversalen Kanäle tiefer zu liegen kommen als die Umgebung. Abbildung 7-12b zeigt ebenfalls, dass die transversalen Rinnen unterhalb des Intersektionspunkts in einem axialen Transportsystem enden. Axiale Kanalsysteme entstehen, wenn die Tiefsee-Ebene parallel zum Verlauf des Kontinentalhangs geneigt ist. Zudem ist erkennbar, dass die Trübeströme im nördlichen Bildausschnitt nach Westen fließen. Dagegen erfolgt der Sedimenttransport im südlichen Bildausschnitt (axiale Entwässerung) senkrecht dazu, also nach Süden. Dieses Beispiel zeigt, dass Schuttfächer verschiedene Geometrien annehmen können und die Transportrichtungen der Turbidite sehr unterschiedlich sind.

Anglerfisch
S.W/21

8 Auf der Tiefsee-Ebene

Trübeströme verfrachten klastische Sedimentpartikel von einem Delta oder auch von der Schelfkante zur Tiefsee-Ebene, wo sie auf submarinen Schuttfächern als Turbidite abgelagert werden. Da das Festland und der Festlandsockel, also der Schelf (Kapitel 6.1), aus kontinentaler Kruste bestehen, ist das Material der Turbidite meistens kontinentaler Herkunft. Der Untergrund der Tiefsee-Ebene ist dagegen aus ozeanischer Kruste aufgebaut. Deshalb können Trübeströme als Prozesse verstanden werden, welche, sedimentologisch gesehen, die kontinentale mit der ozeanischen Platte verknüpfen (Abbildung 1-1). Je nach Sedimenteintrag säumen die Schuttfächer den Kontinentalhang über eine laterale Erstreckung von mehreren hundert bis tausend Kilometern (Kapitel 7). In größerer Entfernung wird der klastische Sedimenteintrag vom Kontinent ins Meer sukzessive geringer. Dies hat zur Folge, dass das Ablagerungsvolumen von Sedimentpartikeln aus dem offenen Meer mengenmäßig bedeutender wird, und so entstehen dann pelagische oder auch offenmarine Sedimente.

Bei pelagischen Sedimenten handelt es sich einerseits um Ablagerungen von klastischen Partikeln, welche an der Meeresoberfläche in Suspension schweben, bevor sie auf den Meeresgrund sinken. Dies sind insbesondere Staubpartikel, welche vom Festland her durch starke Winde auf das offene Meer geweht werden, oder auch vulkanische Asche (Kapitel 3.3). Andererseits tragen auch mikroskopisch kleine Schalen von Organismen zur Bildung von pelagischen Sedimentpartikeln bei. Diese Mikroorganismen schweben als Plankton (vom griechischen ‚πλαγκτόν': das Umhertreibende) passiv im Meer umher, oder sie leben als Benthos (vom griechischen ‚βένθος': die Tiefe) direkt auf (epibenthisch) oder in den obersten Schichten (endobenthisch) auf dem Meeresgrund. Das tierische Plankton nennen wir Zooplankton und das pflanzliche Phytoplankton. Analogerweise bezeichnen wir das tierische Benthos als Zoobenthos (z.B. benthische Foraminiferen) und das pflanzliche Benthos als Phytobenthos (z.B. benthische Diatomeen).

Nach dem Absterben der planktisch lebenden Organismen sinken deren Schalen und der Staub auf den Meeresgrund und bilden dort zusammen mit den Schalen der abgestorbenen benthischen Organismen die pelagischen Sedimente. In Abhängigkeit von der Zusammensetzung sowie der Distanz zum Kontinentalrand wird dieses offenmarine Sediment deshalb als Tiefseeton, Mikrit, Kieselkalk, Hornstein oder auch als Radiolarit bezeichnet.

Die globale Verteilung der pelagischen Sedimente hängt aber nicht nur von der Distanz zu den Kontinenten ab, sondern insbesondere auch von der Meerestiefe, den globalen Meeresströmungen und der Topographie des Meeresbodens. Der Meeresgrund ist keineswegs nur flach, sondern weist stellenweise auch eine gebirgige Topographie auf. Größere

***Kapitelbild 8:** Anglerfisch, Tiefsee-Ebene (Stefan Werthmüller, 2021).*

submarine Gebirgszüge mit einem Relief von mindestens 2000 Metern sind dabei die mittelozeanischen Rücken. Dabei handelt es sich um Zonen, wo die ozeanischen Platten auseinanderdriften (Spreizungszone) und basisches Magma aus der Tiefe auf den Meeresgrund strömt. Dies führt zu einer positiven Wärmeanomalie auf beiden Seiten der Spreizungszone und damit zu einer Anhebung der neu gebildeten Kruste in geringere Meerestiefen. Die Sedimente auf diesen submarinen Gebirgszügen und den angrenzenden tieferen Bereichen sind aber unterschiedlich, weil das Meerwasser eine vertikale, tiefenabhängige Schichtung aufweist. Diese Schichtung hängt wiederum von den globalen Meeresströmungen ab.

Die Art der pelagischen Sedimente hängt jedoch in erster Linie von der mineralogischen Zusammensetzung der klastischen Tonpartikel sowie vom Anteil der mikroskopisch kleinen Bioklasten (Bruchstücke von Organismen) ab. Deshalb erfolgt in einem ersten Teil (Kapitel 8.1) eine mineralogische und biologische Charakterisierung der pelagischen Sedimentpartikel. Weil die Verteilung dieser Partikel von der Meerestiefe und den Meeresströmungen bestimmt wird, bietet Kapitel 8.2 eine Übersicht über die globale Meereszirkulation. In diesem Zusammenhang wird die Tiefenabhängigkeit der pelagischen Sedimentation besprochen. Schließlich folgt in Kapitel 8.3 eine Übersicht über die globale Verteilung der Sedimente auf der Tiefsee-Ebene.

8.1 Die pelagischen Sedimente

8.1.1 Tiefseeton

Der Tiefseeton besteht, wie es der Name schon sagt, hauptsächlich aus Tonpartikeln (s. Abbildung 1-3 für Korngrößenklassifikation). Damit handelt es sich um ein klastisches Sediment (Kapitel 1.3.1) mit Körnern unterschiedlicher Herkunft, aber alle stammen vom Festland und werden durch Winde als Staub auf die Meeresoberfläche verfrachtet. Sie sinken von dort auf den Meeresgrund und bilden so den Tiefseeton. Bei den Partikeln handelt es sich einerseits um Quarz- und Feldspatkörner und andererseits auch um Tonminerale. Je nach Art der Verwitterung auf dem Festland bestehen die Tonminerale aus Smektit- und Illitpartikeln, wenn der Staub aus Zonen mit gemäßigtem Klima stammt. Wenn der Wind aus einem tropischen Klimagürtel weht, dann werden Kaolinitminerale als Staub ins Meer verfrachtet. Zusätzlich tragen auch mikroskopisch kleine Hämatit- und Limonitkörner (Eisenoxid- und Eisenhydroxidpartikel) zur Bildung der Tiefseetone bei, insbesondere wenn der Staubeintrag aus ariden Gebieten erfolgt (Abbildung 2-6). Diese eisenhaltigen Minerale führen dann zur Rotfärbung der Tiefseetone. Eine weitere wichtige Sedimentquelle bilden Vulkanausbrüche. Diese befördern große Volumina von Asche mehrere Kilometer hoch in die Atmosphäre, wo die feinkörnigen Aschepartikel (Kapitel 3.3) über größere Distanzen rund um den Globus verteilt und so auch aufs Meer verfrachtet werden. Die Aschepartikel sinken schließlich auf den Meeresgrund und tragen so zur Bildung der Tiefseetone bei.

8.1.2 Kalkiger Tiefseeschlamm und Bildung von Mikrit

Wenn der Anteil an kalkigen Sedimentpartikeln die Zusammensetzung der pelagischen Sedimente dominiert, dann wird das Gestein als Mikrit oder auch als Kreide bezeichnet. Der

Abbildung 8-1: *Beispiele von planktischen und benthischen Foraminiferen. Die angegebenen Maßstäbe entsprechen dem Durchmesser der Gehäuse. sp. (vom Latein 'species'): Abkürzung, die in der Biologie und Paläontologie verwendet wird, wenn die Art nicht weiter bestimmt werden kann. Mit freundlicher Genehmigung für die Verwendung von Herrn Professor K. Hausmann, FU Berlin. Die Arten wurden freundlicherweise von Dr. U. Menkveld-Gfeller, Naturhistorisches Museum Bern, bestimmt.*

Begriff Kreide sollte allerdings nur für leicht oder kaum zementierte Kalksteine verwendet werden und darf nicht mit dem gleichnamigen System, d.h. der Kreide als Zeitintervall zwischen 145 und 66 Millionen Jahre vor heute, verwechselt werden. Die Bildung der pelagischen Kalkpartikel erfolgt insbesondere durch Zoo- und Phytoplankton und zum Teil auch durch mikroskopisch kleine benthische Organismen (Abbildungen 8-1 und 8-2).

Foraminiferen

Foraminiferen, oder auch Kammerlinge, sind eukaryotische Lebewesen mit einem Zellkern und einer oder mehreren Kammern (Abbildung 8-1). Bisher sind 40 000 fossile und etwa

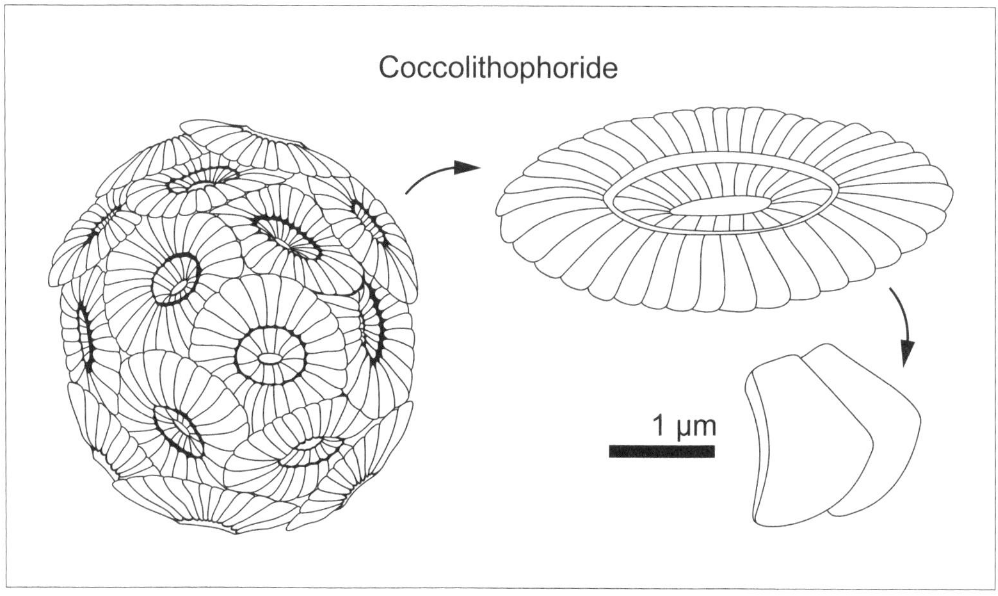

***Abbildung 8-2:** Eine Coccolithophoride, hier am Beispiel des Coccolithus pelagicus, besteht aus verschiedenen Komponenten. Beim Absterben der Alge werden die einzelnen mikroskopisch kleinen Kalkplättchen frei und tragen zur Bildung des Kalkschlamms bei. Nach Pfiffner et al. (2015).*

10 000 rezente Arten beschrieben worden. Viele rezente Arten leben im Meer als Zoobenthos auf dem Schelf oder als Zooplankton in den obersten Schichten des Meerwassers. In Abhängigkeit von der Lebensweise (benthisch oder planktisch) variiert auch die Größe der Foraminiferen. Benthische Formen haben mehrheitlich einen Durchmesser zwischen 0,2 und 0,5 mm, aber einige Formen können über 10 cm groß werden. Die planktischen Organismen dagegen sind viel kleiner und haben einen Durchmesser, welcher sogar 0,05 mm unterschreiten kann. Obwohl planktische Foraminiferen mit deutlich weniger Arten vorkommen als benthische Formen, bilden sie wegen ihrer großen räumlichen und massenhaften Verbreitung eine geologisch bedeutende Gruppe. Ihre Schalen sind deshalb wichtige Bestandteile in pelagischen Sedimenten.

Die Kammern der meisten Foraminiferen sind perforiert und bestehen aus Kalzit. Bei mehrkammerigen Formen sind unterschiedliche Kammeranordnungen möglich. Am einfachsten ist der Bau der uniserialen Foraminiferen, bei denen die eine Kammer auf die nächste folgt und so ein Gehäuse mit einer einfachen Geometrie entsteht. Bilden die Kammern zwei zueinander versetzte Reihen, dann handelt es sich um einen biserialen Bau. Komplizierter ist ein triserialer Bau, weil drei Reihen zueinander versetzt angeordnet sind und so eine dreidimensionale Geometrie entsteht. Die Kammern können zusätzlich auch schraubenförmig angeordnet sein (trochospiral), was die Formenvielfalt weiter bereichert (Röttger, 2001).

Bei den planktischen Foraminiferen, welche der Gattung Globigerina zugeordnet werden, sind die kugeligen Kammern meistens triserial angeordnet (Abbildung 8-1). Sie schweben in den obersten 10 bis 50 Metern im Meerwasser, können aber auch in Tiefen bis zu 800 Metern vorkommen (Anand et al., 2003). Globigerine Foraminiferen kommen sowohl in Gewässern der nördlichen Hemisphäre als auch der äquatorialen Zonen vor, wo sie besonders stark verbreitet sind. Wegen ihrer großen räumlichen Verbreitung sind planktische Foraminiferen bedeutende Bildner von Kalkpartikeln, und deshalb sind diese Organismen auch für die Bildung pelagischer Sedimente von großer Bedeutung.

Planktische Foraminiferen werden auch verwendet, um eine Gesteinsschicht altersmäßig einzuordnen. So sind die Formen aus der Kreidezeit generell durch diskoidale Schalen charakterisiert. Die äußeren Kammern haben zudem unter dem Mikroskop deutlich erkennbare Kiele (Abbildung 8-1). Ein solches Merkmal kann zum Beispiel auch bei Globrotalia beobachtet werden. An der Kreide-Tertiär-Grenze werden diese größeren Formen durch die kleineren Globigerinen abgelöst, welche runde Formen und kugelige Kammern haben. Benthische Foraminiferen werden dagegen häufig für ökologische Studien verwendet, weil die Verteilung der Arten am Meeresgrund und insbesondere im Schelfbereich sehr stark von der Zusammensetzung des Sediments sowie den Eigenschaften des Meerwassers abhängt (Temperatur, Salinität, Spurenelemente, Trübung).

Im Gestein können planktische Foraminiferen nur mit einer hochauflösenden Lupe (mindestens zehnfache Vergrößerung) erkannt und bestimmt werden. Dabei erscheinen die Schalen als millimeterkleine runde Strukturen. Unter dem Mikroskop kann auch die Anordnung der Kammern gut beobachtet und beschrieben werden.

Coccolithophoriden

Bei den Coccolithophoriden handelt es sich um einzellige Algen. Sie werden deshalb dem Phytoplankton zugeordnet. Bei diesen Formen ist der Zellköper von einer kugeligen Schale umschlossen, welche aus mehreren runden Plättchen, den Coccosphären (Abbildung 8-2), besteht. Die Coccosphären ihrerseits setzen sich aus radial angeordneten Lamellen oder Kalkplättchen, den Coccolithen, zusammen. Diese sind zum Teil kleiner als 0,001 mm und können deshalb nur mit einem hochauflösenden Rasterelektronenmikroskop beobachtet werden. Diese mikroskopisch kleinen Lamellen sind auf der Tiefsee-Ebene wichtige Bestandteile eines Kalkschlamms und tragen zu einem bedeutenden Ausmaß zur Bildung pelagischer Mikrite bei.

8.1.3 Kieseliger Tiefseeschlamm

Bei der Bildung von kieseligem Tiefseeschlamm sind Organismen mit kieseligen Schalen (z.B. planktische Radiolarien und Diatomeen) und stützendem Skelett (z.B. benthische Hornkieselschwämme mit kieseligen Nadeln) von großer Bedeutung. Nach dem Absterben dieser Organismen zersetzt sich die organische Masse. Die kieseligen, d.h. aus SiO_2 bestehenden Schalen und Nadeln (Spiculum, Plural Spicula, vom Lateinischen ‚Spiculum': kleine Spitze) bleiben aber erhalten und vermischen sich auf dem Meeresgrund mit dem tonigen, zum Teil auch kalkigen Schlamm. Es entsteht ein Gestein mit mikrokristallinen Quarzkomponenten, welches beim Anschlagen mit dem Sedimentologiehammer splittrig bricht und den Hammer auch ritzt. In den nachfolgenden Abschnitten werden die wichtigsten Organismen mit kieseligen Schalen und Skeletten behandelt.

Radiolarien

Radiolarien, oder auch Strahlentierchen, bilden eine Gruppe von einzelligen Lebewesen und werden dem Zooplankton zugeordnet. Die Organismen haben einen Zellkern sowie

Abbildung 8-3: *Beispiele von Radiolarien. Einzelne Formen sind ca. 0,5 mm groß. Mit freundlicher Genehmigung für die Verwendung von Herrn Professor K. Hausmann, FU Berlin.*

ein Binnenskelett, welches aus amorphem SiO_2 (Opal) aufgebaut ist. Die Skelette haben entweder eine kugelige oder eine flache, runde Form sowie Stacheln, die ebenfalls aus Opal bestehen (Abbildung 8-3). Einzelne Organismen enthalten Grünalgen als Symbionten, welche durch ihre Photosynthese die Energieversorgung für die Radiolarien ermöglichen. Deshalb leben diese Organismen meistens im obersten, lichtdurchfluteten Bereich des Meerwassers (euphotische Zone). Nach dem Absterben sinken die Radiolarien auf den Meeresgrund. Dabei werden die organischen Bestandteile zersetzt, und auf dem Meeresboden bleiben meistens nur noch die kieseligen Gehäuse übrig. Diese reichern sich zu einem oft grauschwarzen, häufig aber auch rötlichen oder grünlichen Kieselschlamm an. Dieser besteht weitgehend aus Radiolariengehäusen und vereinzelten Schalen von planktischen Foraminiferen und anderen Organismen. Wird eine Kieselschlammschicht von weiterem Schlamm zugedeckt, dann nimmt der Druck in der Schicht zu. Als Folge davon erfährt die amorphe SiO_2-Verbindung eine diagenetische Rekristallisation zu mikrokristallinem Quarz. Das aus diesem Prozess entstehende Gestein wird im Gelände je nach Farbe und Kalkgehalt als Kieselkalk, Hornstein oder Radiolarit bezeichnet.

Diatomeen

Bei den Diatomeen handelt es sich um einzellige Kieselalgen, welche dem Phytoplankton zugeordnet werden. Sie leben vorwiegend planktisch in der lichtdurchfluteten Zone im Meer. Einige Arten leben aber auch als benthische Organismen auf Wasserpflanzen und Steinen,

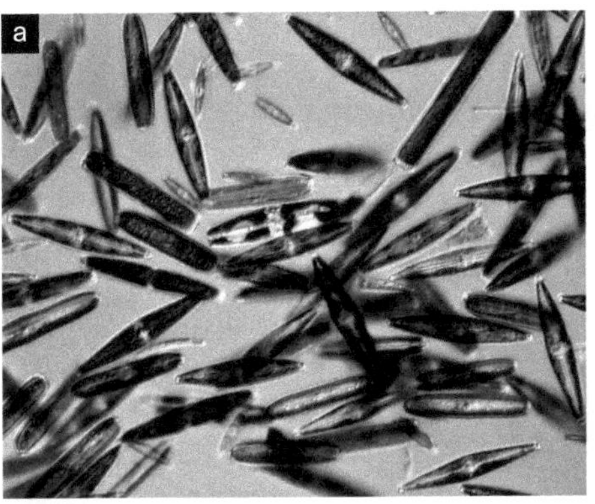

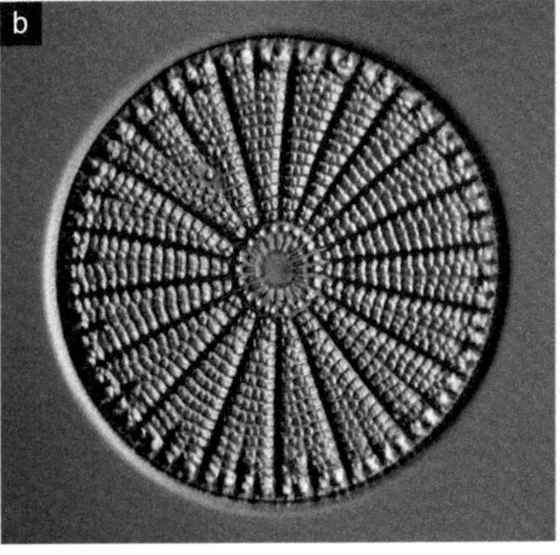

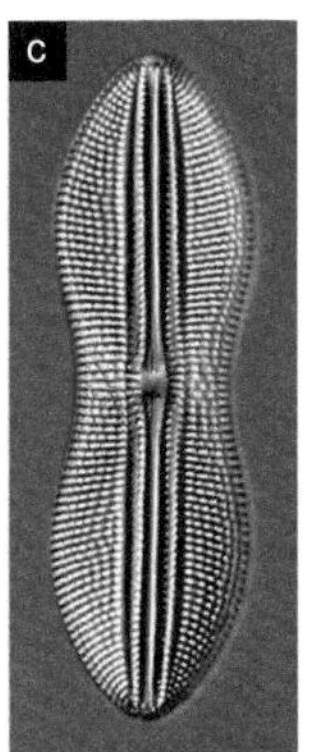

***Abbildung 8-4:** Beispiele von Diatomeen. **a)** Mehrere Organismen unter dem Mikroskop (Länge einer Form ca. 0,1 mm), **b)** Äquatorialschnitt (Durchmesser ca. 0,1 mm), und **c)** Axialschnitt durch eine einzelne Form (Querschnitt ca. 0,01 mm). Mit freundlicher Genehmigung für die Verwendung von Herrn Professor K. Hausmann, FU Berlin.*

und wiederum andere Arten kommen im Süßwasser vor. Allen Lebensformen ist aber gemeinsam, dass sie auf Licht angewiesen sind, damit Photosynthese überhaupt möglich ist.

Im Meer bilden die Kieselalgen (Diatomeen) die Hauptbestandteile der planktischen Organismen. Sie sind die wichtigsten primären Produzenten von organischen Stoffen und bilden deshalb einen wichtigen Bestandteil in der Nahrungskette: Nahrung für Fische, Krebse und andere Organismen. Diatomeen sind wegen ihrer großen Menge und weiten Verbreitung ebenfalls wichtig für die Abgabe von freiem Sauerstoff (Photosynthese) in den Ozean und somit in die Atmosphäre. Sterben die Kieselalgen ab, dann bleiben meistens nur ihre kieseligen Schalen übrig, denn das organische Material wird weitgehend zersetzt. Schalen von Diatomeen sind dank ihrer linsenförmigen und spiegelsymmetrischen Geometrie unter dem Rasterelektronenmikroskop relativ einfach zu erkennen (Abbildung 8-4).

Silicoflagellaten

Bei den Silicoflagellaten, oder auch den Dictyochaceen, handelt es sich um einzellige planktische Grünalgen, also um Phytoplankton. Diese Algen haben ein Skelett aus amorphem SiO_2. Einzelne Algen erreichen eine Größe von ca. 0,02 mm. Sie sind deshalb zu klein, als dass sie mit der Lupe im Gestein identifiziert werden könnten. Das Skelett umschließt die Zelle und ist nicht von einer Membran umgeben, so dass die Alge unter dem Rasterelektronenmikroskop nackt wirkt. Das Skelett selbst hat eine quaderförmige Gestalt. Darum können die eher sperrig wirkenden Skelette der Silicoflagellaten relativ gut von den runden Formen der Radiolarien und Foraminiferen unterschieden werden (s. Abbildungen 8-6a und 8-6b).

Hornkieselschwämme

Hornkieselschwämme gehören zur Gruppe der Schwämme. Dabei handelt es sich um mehrzellige, sessile Tiere (Abbildung 8-5a). Schwämme kommen sowohl im Süßwasser als auch im Meerwasser vor. Die meisten Arten sind jedoch ans Meerwasser gebunden. Dort leben sie als benthische Organismen in nahezu allen Meerestiefen. Schwämme haben keine Muskel-, Nerven- und Sinneszellen. Trotzdem sind sie so aufgebaut, dass Verdauung, die Bildung von Skelettelementen sowie eine getrenntgeschlechtliche Vermehrung möglich sind. Die Skelettelemente selbst bestehen aus Nadeln (Abbildung 8-5b), den Spicula (Einzahl Spiculum), und dem Spongin. Das ist ein Strukturprotein, welches poröse sowie plastisch verformbare organische Materialien aufbaut. Spongin hat deshalb gute Saugeigenschaften und eignet sich zum Reinigen und Trocknen von Oberflächen unterschiedlicher Beschaffenheit. Die Schwammnadeln selbst sind entweder kalkig oder kieselig, aber am meisten kommen Schwämme mit kieseligen Nadeln vor (Hornkieselschwämme). Diese Nadeln können mehrere Millimeter lang sein und haben einen zentralen Hohlkanal (Abbildung 8-6b). Sie sind unter dem Mikroskop und zum Teil auch mit der Lupe im Gestein erkennbar. Stirbt ein Schwamm ab, dann zersetzt sich das Spongin, aber die kieseligen Nädelchen bleiben erhalten und werden im Schlamm eingebettet. Daraus entsteht dann meistens ein Kieselkalk.

8.1.4 Zusammenfassung

Die Ablagerung der Schalenfragmente von planktischen und zum Teil auch benthischen Organismen auf der Tiefsee-Ebene führt zusammen mit dem Staub vom Festland zur Bildung von Tiefseeschlamm. Unter dem Elektronenmikroskop lassen sich die Tonpartikel und

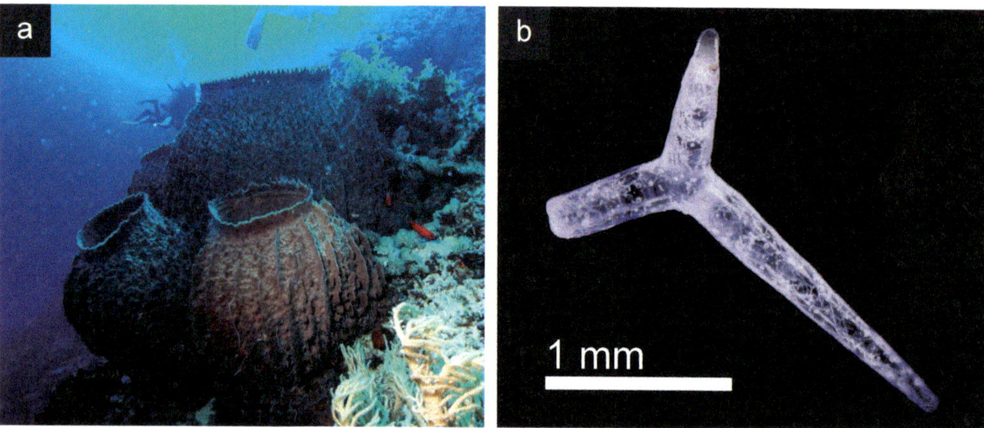

Abbildung 8-5: ***a)*** *Sessiler Hornkieselschwamm, oder auch Hornschwamm (Foto © A. Kok).* ***b)*** *Nahaufnahme einer kieseligen Schwammnadel aus Kroatien, welche auch als Spiculum bezeichnet wird. Mit freundlicher Genehmigung für die Verwendung von Herrn J. Miesmer, Graz.*

Abbildung 8-6: *Trümmerhaufen, weitgehend bestehend aus Schalen von kalkigen und kieseligen planktischen Organismen, aufgenommen mit einem Rasterelektronenmikroskop (herzliches Dankeschön für die Fotos an Herrn A. Matter). Diese bilden den Schlamm auf dem Meeresgrund.*
a) *Kieseliger Kalkschlamm, bestehend aus kalkigen Schalen von Foraminiferen sowie kieseligen Schalenfragmenten von Silicoflagellaten.*
b) *Kieselschlamm, bestehend aus Fragmenten von Radiolarien und Silicoflagellaten. Die Nadeln mit einem zentralen Hohlkanal stammen von Hornkieselschwämmen.*
c) *Kalkschlamm, bestehend aus Fragmenten von Coccolithophoriden.*

a
Silicoflagellata
Foraminifera
Radiolaria
0,6 mm

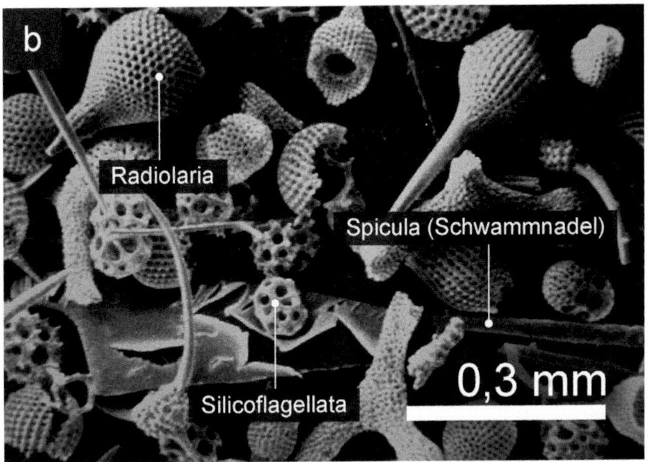
b
Radiolaria
Spicula (Schwammnadel)
Silicoflagellata
0,3 mm

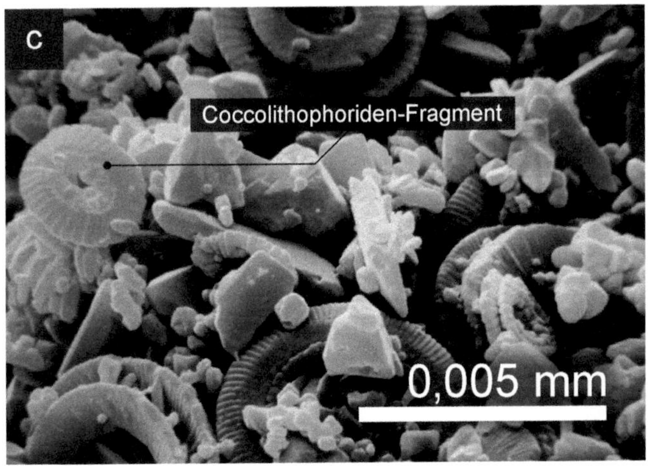
c
Coccolithophoriden-Fragment
0,005 mm

insbesondere die Schalen der verschiedenen Organismen relativ gut erkennen, auch wenn die Erhaltung des Materials fragmentarisch ist (Abbildung 8-6). Die kalkigen und kieseligen Schalen und Schwammnadeln sind dann aber doch zu klein, als dass sie im Gestein mit der Lupe erkannt werden könnten. Im Gelände erfolgt die Namensgebung der pelagischen Sedimentgesteine deshalb häufig auf Grund der Farbe, des Kalkgehaltes und der Gesteinshärte (Abbildung 8-7). Hat das Gestein eine weißlich-gelbe Farbe, reagiert es beim Träufeln mit verdünnter Salzsäure durch starkes Brausen und sind einzelne planktische Foraminiferen sogar mit der Lupe deutlich erkennbar, dann kann man davon ausgehen, dass es sich beim Mikrit um einen pelagischen, zu Stein gewordenen Kalkschlamm handelt. Wenn das Gestein eine dunkelgrau-braun bis schwarze Farbe hat, massig wirkt, den Sedimentologiehammer ritzt und beim Träufeln mit verdünnter Salzsäure durch starkes Brausen reagiert, dann wird es als Kieselkalk bezeichnet. Ein solches Gestein entsteht aus einem Kalkschlamm mit kieseligen Schalen und hat mit großer Wahrscheinlichkeit einen relativ hohen Anteil an kieseligen Schwammnadeln. Ist die Konzentration von kieseligen Komponenten im Schlammgestein sehr hoch, dann erhält die Bruchfläche einen glasigen Glanz und eine gelblichgraue bis hellgraue Farbe. In diesem Fall sprechen wir von einem Hornstein oder einem ‚chert' im Englischen. Sind Fragmente von Radiolarien und Silicoflagellaten mengenmäßig am meisten vertreten und kommen kalkige und tonige Schalenfragmente kaum oder untergeordnet vor,

FARBE	PARTIKEL UND FOSSILIEN	REAKTION MIT HCl*	WEITERES	GESTEIN
weißlich-gelblich	planktische Foraminiferen	starkes Brausen	homogene Matrix	Mikrit
dunkel-grau-braun bis schwarz	evtl. einzelne Schwammnadeln	starkes Brausen	wirkt massig; ritzt Hammer	Kieselkalk
gelblich-grau bis hellgrau	hoher Anteil an Schwammnadeln	schwaches bis kein Brausen	Bruchfläche mit glasigem Glanz; ritzt Hammer	Hornstein (‚chert')
rötlich bis grünlich	hoher Anteil an Radiolarien und Silicoflagellaten, hoher Anteil an tonigen Partikeln, geringer Anteil an kalkigen Schalen-fragmenten	schwaches bis kein Brausen	ritzt Hammer	Radiolarit

*verdünnte Salzsäure (HCl)

Abbildung 8-7: *Tabellarische Zusammenstellung der wichtigsten Eigenschaften pelagischer Sedimente.*

dann bezeichnen wir das frisch abgelagerte Sediment als Kieselschlamm. Aus diesem entsteht das Gestein, welches wir im Gelände als Radiolarit ansprechen. Ein solches Gestein hat meistens eine rote oder grünliche Farbe.

8.2 Marine Strömungen und Nährstoffzirkulation

Die Verteilung der planktischen Organismen an der Meeresoberfläche hängt vom Nahrungsangebot und den Wassertemperaturen ab. Beide Parameter werden aber insbesondere von der Zirkulation des Meerwassers bestimmt, welche wiederum von den großräumigen Windsystemen und dem Temperaturgefälle zwischen dem Äquatorial- und Polarbereich gesteuert wird. Die daraus resultierenden Meeresströmungen bestimmen nicht nur die ökologischen Bedingungen an der Meeresoberfläche, sondern auch die Temperaturverteilung des Meerwassers in der Tiefe. Dies hat dann wiederum einen Einfluss auf die Verteilung der Sedimente am Meeresgrund. In den nachfolgenden Kapiteln werden diese Zusammenhänge und insbesondere die Konsequenzen für die Bildung der pelagischen Sedimente dargestellt.

8.2.1 Die thermohaline Zirkulation

Die thermohaline Zirkulation des Meerwassers, das globale Förderband, entsteht als Folge der unterschiedlichen Dichteverteilung des Ozeanwassers (Abbildung 8-8). Kaltes und salziges Wasser ist dichter als kühles und weniger salzhaltiges Wasser und sinkt deshalb auf den Grund. Dadurch entsteht ein Sog, und dieser verursacht eine Strömung im Meerwasser. Die thermohaline Zirkulation wird folglich durch Änderungen in der Temperatur (‚thermo') und des Salzgehaltes (‚halin') des Meerwassers gesteuert. Obwohl die Details dieser Mechanismen nicht vollständig geklärt sind, geht man davon aus, dass diese Prozesse im Golfstrom insbesondere beim südlichen Zipfel von Grönland wirksam sind.

Der Golfstrom selbst entsteht in der Karibik. Von dort aus führt er relativ warmes Oberflächenwasser zur Westküste der britischen Inseln und schließlich zur südlichen Küste Grönlands (Abbildung 8-8). Die Strömung kann dabei eine Geschwindigkeit von 1,5 m/s erreichen (Andres et al., 2020). Bei der Strömung nach Norden und insbesondere im Kontakt mit dem Eis in der Nähe des Nordpols wird das Wasser abgekühlt. Es erhält dadurch eine höhere Dichte und sinkt unmittelbar südlich von Grönland auf den Meeresgrund. Von dort aus fließt es als langsamer Strom zum Äquator zurück. Damit entsteht im Atlantik eine Schichtung des Meerwassers: An der Meeresoberfläche sind die Wassertemperaturen relativ warm, in der Tiefe dagegen ist das Wasser kühl, und es hat Temperaturen, welche mit den Gewässern bei Grönland verglichen werden können. Dieser kalte Tiefenstrom fließt dann weiter zum Südatlantik und von dort in den Indischen Ozean. Dort steigt das kalte Wasser wieder zur Oberfläche empor und strömt in die entgegengesetzte Richtung, so dass der Kreislauf geschlossen und die Massenbilanz ausgeglichen wird.

In der Nähe der Arktis fließt allerdings der thermohaline Strom ein Stück weit zusammen mit dem antarktischen Zirkumpolarstrom im Uhrzeigersinn (Abbildung 8-8). Im Gegensatz zur thermohalinen Zirkulation wird die Strömung rund um die Arktis durch starke globale Winde angetrieben. Weil dieser Zirkumpolarstrom eine direkte Verbindung zum Atlantischen, Pazifischen und Indischen Ozean hat, ermöglicht er den Austausch von Nährstoffen und Sedimenten zwischen den Weltmeeren. Diese kalte Meeresströmung sorgt aber auch dafür, dass warme Wassermassen von der Antarktis weitgehend ferngehalten werden, was

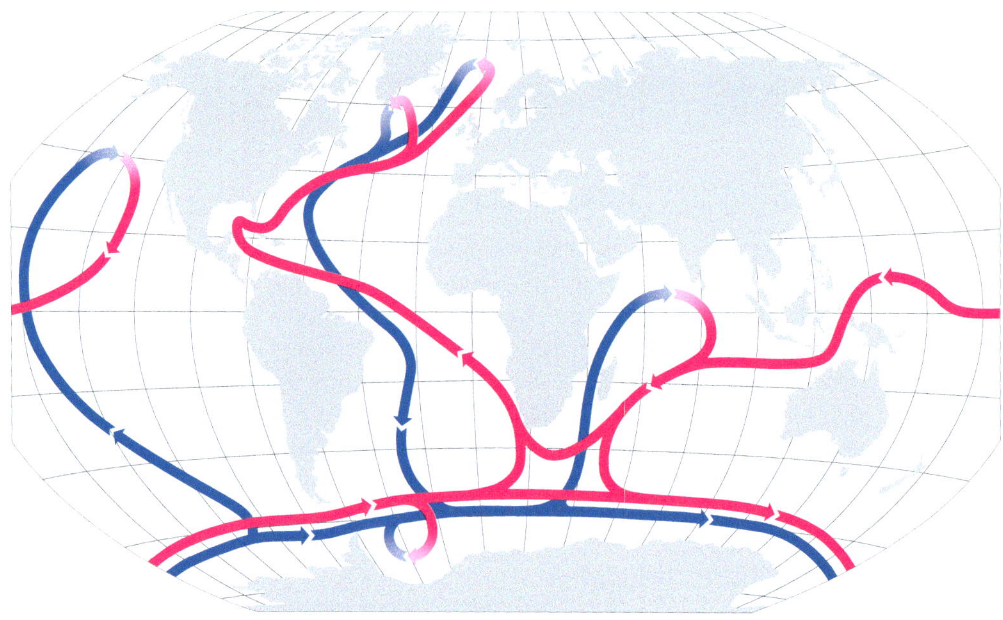

Abbildung 8-8: *Die thermohaline Zirkulation des Meerwassers oder auch das globale Förderband. Es entsteht als Folge der unterschiedlichen Dichteverteilung des Wassers. Rot entspricht der Oberflächenströmung, und blau stellt die Tiefenströmung dar. Modifiziert nach einer Vorlage von Robert Simmon, NASA.*

die Erhaltung des antarktischen Eisschildes begünstigt. Im Gegensatz zu den Eismassen am Nordpol sind die Gletscher der Antarktis der globalen Erwärmung deshalb weniger stark ausgesetzt.

8.2.2 Die Kalk-Kompensationstiefe (CCD)

Die thermohaline Zirkulation und die Lösungseigenschaften von CO_2 erklären nun, wieso das Meerwasser in größerer Wassertiefe relativ kalt und an gelöstem CO_2 untersättigt ist und diese Umstände schließlich zur Auflösung von Kalkschalen im tiefen Wasser führen. Die Tiefenlage, bei der diese Kalk-Untersättigung beginnt, wird als Kalk-Kompensationstiefe bezeichnet (CCD, abgeleitet aus dem Englischen für ‚carbonate compensation depth'). Sie liegt zur Zeit in einer Meerestiefe von ca. 4500 Metern (Abbildung 8-9). Sinken nun kalkige Schalen von abgestorbenen Foraminiferen und Coccolithophoriden unter die CCD, dann werden sie sukzessive aufgelöst und erreichen den Meeresgrund nicht. Liegt der Meeresboden aber oberhalb der CCD, dann werden dort kalkige Schalenfragmente als Kalkschlamm abgelagert, und aus den Schalenfragmenten entsteht dann ein Mikrit. Zur Zeit ragen die mittelozeanischen Rücken über die CCD heraus, so dass rund um diesen submarinen Gebirgszug Kalkschlamm abgelagert wird. Die Tiefsee-Ebene, die seitlich daran anschließt, liegt aber unterhalb dieser Kompensationstiefe (Abbildung 8-9). Weil kalkige Schalenfragmente von Foraminiferen und Coccolithophoriden unterhalb der CCD aufgelöst werden,

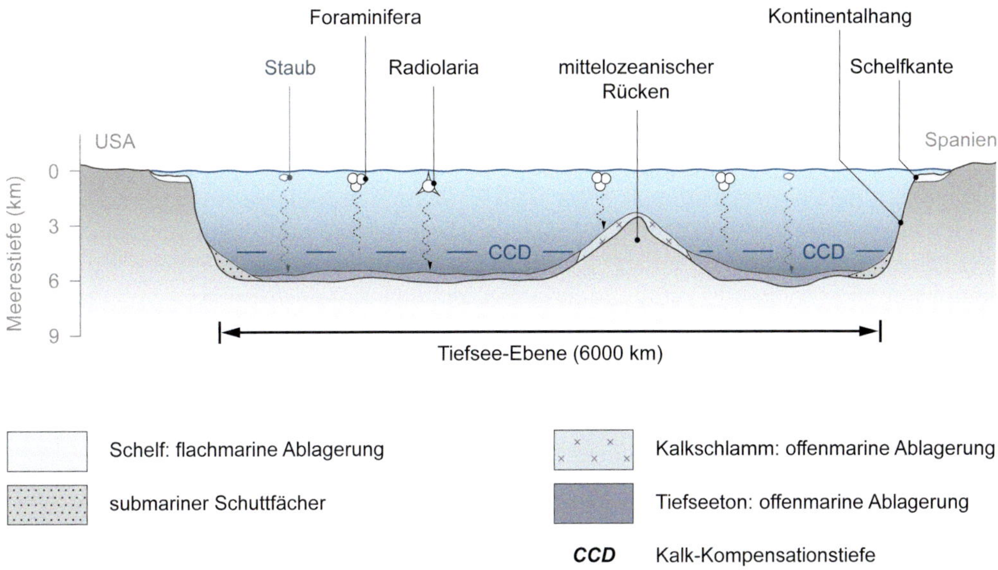

Abbildung 8-9: *Verteilung der Sedimente im Atlantischen Ozean und Bedeutung der CCD (carbonate compensation depth). Tiefe der CCD nach Bickert (2009).*

erreichen sie den Meeresgrund in dieser Tiefe nicht, und es reichern sich dort deshalb nur Schalenfragmente von kieseligen planktischen Organsimen an. Dazu kommen Staubpartikel, die durch Winde von den Kontinenten auf die Meeresoberfläche geweht werden und dann von dort auf den Grund sinken. Unterhalb der CCD bilden sich deshalb Tiefseetone oder Radiolarite, je nachdem, wie hoch der Anteil kieseliger Schalen im Gestein ist.

Die Existenz einer CCD hängt in erster Linie von der Löslichkeit von CO_2 im Wasser ab. Diese ist im kühlen Wasser bedeutend größer als im warmen Wasser. So können bei einer Wassertemperatur von 0 °C insgesamt 3,3 g CO_2 pro Liter Wasser gelöst werden. Ist das Wasser dagegen 20 °C warm, dann beträgt die Löslichkeit nur noch die Hälfte, also 1,7 g CO_2 pro Liter Wasser. Ein weiterer Parameter ist der Umgebungsdruck, welcher die Löslichkeit von CO_2 im Wasser bestimmt. So kann Wasser unter hohem Druck eine größere Menge CO_2 lösen als unter geringem Druck. Diese physikalischen Eigenschaften beeinflussen nun zusammen mit der thermohalinen Wasserzirkulation, in welcher Wassertiefe die CCD liegt. So ist im Äquatorialbereich das Meerwasser an der Oberfläche weitgehend an CO_2 gesättigt und auch relativ warm. Wegen der hohen CO_2-Sättigung des Wassers werden dort die Kalkschalen der planktischen Organismen nicht aufgelöst. Der Golfstrom führt nun warmes Wasser mit einer hohen CO_2-Sättigung nach Norden zum Polarkreis. Dort kühlt es ab und sinkt wegen seiner höheren Dichte auf den Grund. Mit zunehmendem Druck und kühleren Temperaturen steigt aber das Potential, weiteres CO_2 im Meerwasser zu lösen. Deshalb wird das Wasser, welches an der Meeresoberfläche an CO_2 weitgehend gesättigt ist, beim Absinken in größere Wassertiefen sukzessive an CO_2 untersättigt. Damit steigt auch das Potential, Kalkschalen im Wasser aufzulösen. Es bildet sich deshalb eine CCD, welche das obere, an CO_2 gesättigte und relativ warme Meerwasser von den unteren, kühleren, an CO_2 untersättigten Wassermassen trennt. Damit sind, wie bereits erwähnt, die Voraussetzungen gegeben, dass kalkige Schalen pelagischer Organismen im tiefen, kühlen Wasser aufgelöst werden können.

8.2.3 *Ablandige Winde und Bildung einer Auftriebsströmung (‚upwelling')*

Luftströme, die vom Festland aufs Meer wehen, werden als ablandige Winde oder Landwinde bezeichnet. Wehen ablandige Winde entlang eines Küstenstreifens während nahezu des ganzen Jahres, dann kann dies eine sekundäre Strömung im Meer verursachen. Dabei induzieren die Landwinde auf der Meeresoberfläche eine Wasserströmung von der Küste zum offenen Meer. Daraus entsteht in der Tiefe eine Sogwirkung, was zur Folge hat, dass kaltes Meerwasser von der Tiefsee-Ebene entlang des Kontinentalrandes zur Oberfläche aufsteigt (Abbildung 8-10). Dabei handelt es sich um eine Auftriebsströmung oder auch um ein ‚upwelling' in der englischsprachigen Literatur. Ideale Bedingungen, welche die Bildung von Auftriebsströmungen begünstigen, finden wir im Westwindgürtel nördlich und südlich der Polarkreise sowie im äquatorialen Bereich zwischen den Wendekreisen, wo Nordost- und Südost-Passatwinde wehen. In den Breitengraden rund um den Äquator entsteht deshalb auf der Westseite der Kontinente eine Auftriebsströmung. In den Westwindgürteln nördlich und südlich davon ist es gerade umgekehrt. Dort wehen ablandige Winde auf der Ostseite der Kontinente, und dort entstehen dann auch die Auftriebsströmungen.

Das Meerwasser aus der Tiefe ist nicht nur relativ kalt, es ist auch sehr reich an Nitraten und Phosphaten. Diese Verbindungen entstehen, wenn planktische Organsimen nach dem Absterben auf dem Meeresgrund zersetzt werden. Durch die Auftriebsströmungen gelangen die so gebildeten Nährstoffe, also Nitrate und Phosphate, von der Tiefsee an die Meeresoberfläche und tragen dort zur Düngung des Wassers bei, was das Algenwachstum und die Bildung von Algenblüten fördert. Davon profitieren schließlich Fische, Krebse und andere Lebewesen, die sich wegen des hohen Nahrungsangebotes zu großen Populationen vermehren. Küstenstreifen mit einer Auftriebsströmung sind deshalb reich an einer Vielfalt von Organismen im Meer und zählen nicht zuletzt deshalb zu den begehrten Fischfanggebieten.

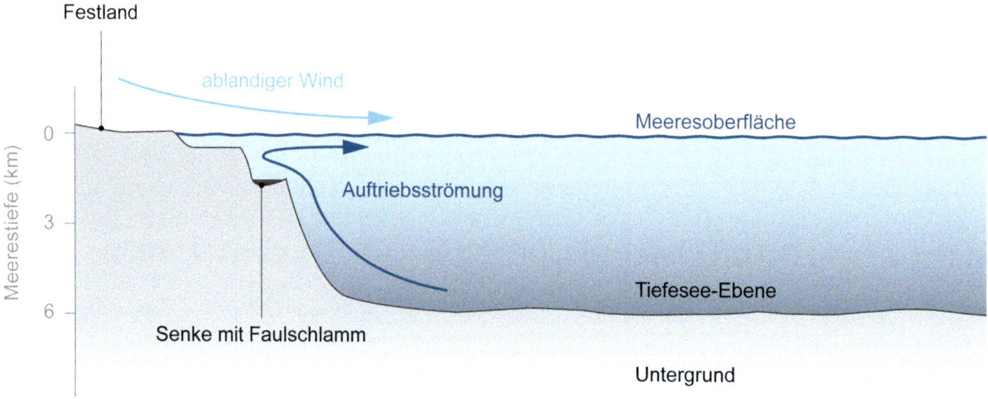

Abbildung 8-10: *Ablandige Winde, Auftriebsströmung und Bildung von Faulschlamm.*

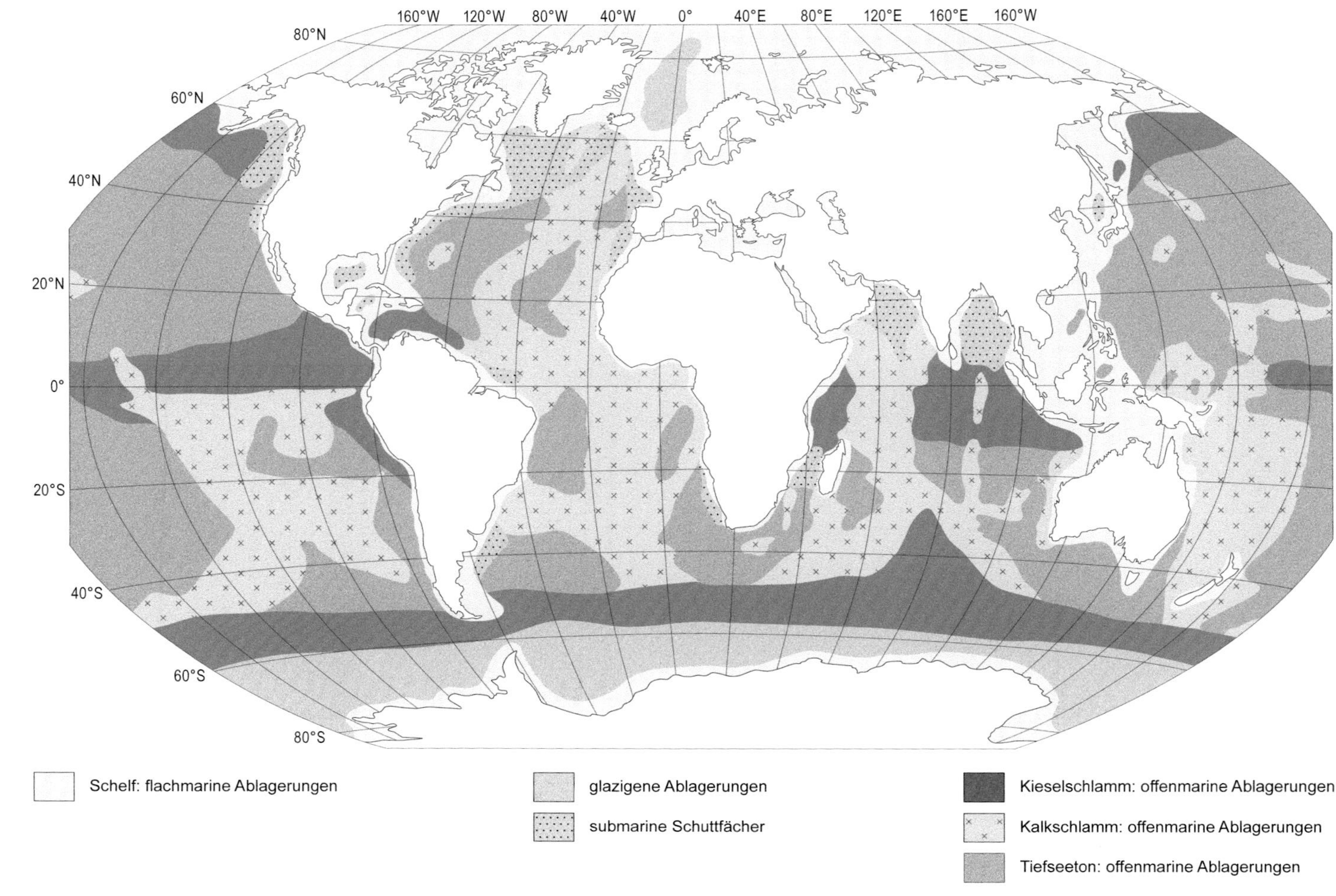

Abbildung 8-11: *Verteilung der Sedimente im Meer und auf der Tiefsee-Ebene. Modifiziert nach Tucker und Wright (1990).*

Ist allerdings die Biomassen-Produktion an der Meeresoberfläche wegen dieser Auftriebsströmungen sehr groß, dann entsteht viel organisches Material, welches sich am Meeresgrund wieder ansammelt und dort zur Bildung von Faulschlamm beiträgt. Dies ist insbesondere dort der Fall, wo der Meeresgrund ein submarines, talförmiges Becken bildet, welches von der Auftriebsströmung weitgehend abgeschirmt ist (Abbildung 8-10). Deshalb findet in diesen Senken keine Wasserzirkulation statt, und die Zufuhr von frischem Meerwasser bleibt weitgehend aus. Damit wird auch die Versorgung mit Sauerstoff unterbunden, was zur Bildung von euxinischen, also sauerstoffarmen bis sauerstofffreien Verhältnissen führt (vom lateinischen Namen ‚Pontus Euxinus' für das Schwarze Meer abgeleitet). Als Folge davon hört die Zersetzung des organischen Materials auf, und die organischen Bestandteile entwickeln sich zusammen mit den anorganischen, tonigen Partikeln zu einem Faulschlamm. Darin nimmt die Konzentration von Schwefelwasserstoff (H_2S) sukzessive zu, was die bakteriologische Reduktion von Sulfat $[SO_4]^{2-}$ und damit die Bildung von Eisensulfiden (FeS, FeS_2) begünstigt. Diese Prozesse führen schließlich dazu, dass bei fortschreitender Diagenese aus dem Faulschlamm ein öliges und damit dunkles pelitisches Gestein entsteht (Abbildung 1-3), welches als Schwarzpelit bezeichnet wird. Solche Gesteine sind dann häufig auch die Muttergesteine von Erdöl- und Erdgaslagerstätten.

8.3 Globale Verteilung der Sedimente auf der Tiefsee-Ebene

Auf der Tiefsee-Ebene werden hauptsächlich Partikel abgelagert, welche von der Wasseroberfläche auf den Meeresgrund sinken und dort den Tiefseeschlamm bilden. Die Art des Materials, welches schließlich auf den Tiefsee-Ebenen ankommt, hängt aber nicht nur von der Primärproduktion kalkiger und kieseliger Schalen an der Meeresoberfläche sowie vom Staubeintrag ab, sondern auch von der CO_2-Sättigung und damit der Tiefe des Meerwassers (s. Kapitel 8.2.2). Entlang mittelozeanischer Rücken und dort, wo die Konzentration planktischer Foraminiferen und Coccolithophoriden im Meerwasser sehr hoch ist, bildet sich auf dem Meeresboden ein Kalkschlamm (Abbildung 8-11). Entlang dieser Rücken ist die Ablagerung von Kalkschlamm deshalb möglich, weil diese ozeanischen Gebirge in der Regel über die CCD herausragen und so die Kalkpartikel beim Sinken auf den Meeresgrund nicht aufgelöst werden (Abbildung 8-9). Des Weiteren führt eine große Vermehrung des kalkigen Planktons an der Meeresoberfläche dazu, dass nach dem Absterben der Organismen größere Mengen kalkiger Schalen zum Meeresgrund sinken und dadurch die CCD in tiefere Bereiche verschoben wird.

Wo der Meeresboden unterhalb der CCD liegt, besteht das Sediment auf dem Meeresgrund weitgehend aus Tiefseeton und damit aus Staub und vulkanischer Asche (Abbildung 8-11). Diese Sedimentpartikel stammen vom Festland und werden durch Winde aufs Meer verfrachtet. Wo das Meerwasser eher kühl ist, also in der Nähe der Polarkreise oder entlang von Küsten mit starker Auftriebsströmung (Kapitel 8.2.3), vermehren sich planktische Organismen mit kieseligen Schalen außergewöhnlich stark. Auf dem Meeresgrund bildet sich deshalb ein Schlamm mit einem sehr hohen Anteil an kieseligen Komponenten und Schalenbruchstücken, so dass das Sediment als Kieselschlamm bezeichnet werden kann. Teilweise kann auch dort ein Faulschlamm und damit ein Schwarzpelit entstehen. Dies ist insbesondere im Bereich des Äquators zwischen den beiden Wendekreisen (also zwischen 23°S und 23°N) der Fall.

Zwischen den Polarkreisen und den Polen finden wir glazigene Ablagerungen. Diese stammen aus der letzten großen Eiszeit (LGM) vor etwa 20 000 Jahren vor heute, als Eismassen die Polarkappen über große Flächen bedeckten. Der durch Gletscher abgetragene Erosionsschutt wurde dabei von den Kontinenten ins angrenzende Meer verfrachtet.

Wo sich auf dem Festland ein Gebirgszug befindet, säumen im angrenzenden Meer submarine Schuttfächer mit klastischen Sedimenten die Kontinentalhänge. Diese Sedimente entstehen durch Erosion im Gebirge (Kapitel 3). Von dort transportieren Flüsse den Erosionsschutt ins flache Meer, und Trübeströme verfrachten ihn vom Schelf auf die submarinen Schuttfächer in der Tiefsee (Abbildung 1-1).

Stockhorn

9 Flachmarine Kalksteine

Kalksteine, oder auch Karbonatgesteine oder Kalkgesteine, bestehen weitgehend aus dem Mineral Kalzit oder Aragonit. Bei beiden Mineralen handelt es sich um eine Verbindung zwischen dem positiv geladenen Ca^{2+}-Kation und dem negativ geladenen CO_3^{2-}-Anion, dem sogenannten Karbonat-Ion, wobei bei Raumtemperatur das Kalzitmineral die stabile kristallographische Phase darstellt. Weit verbreitet ist ebenfalls das Karbonatmineral Dolomit mit der chemischen Formel $CaMg(CO_3)_2$, welches folglich aus den Ca^{2+}- und Mg^{2+}-Kationen und dem Karbonat-Ion besteht.

Kalksteine treten auf allen Kontinenten unseres Globus auf und bilden in Gebirgszügen oft scharfe und steile Felsklippen sowie bereits aus großer Distanz deutlich erkennbare Felsvorsprünge. So bestehen die steilen Wände der berühmten drei Zinnen im Südtirol aus einer Abfolge aus fein geschichteten und horizontal gelagerten Dolomit- und Kalksteinen. Andere Gebirgsgipfel, die ebenfalls aus Kalksteinen bestehen, deuten mit ihrem Namen bereits an, dass sie in einer Gebirgslandschaft eine herausragende Stellung einnehmen. Als Beispiele dienen hier das Stockhorn (2190 m ü.M.), das Seehore (2269 m ü.M.) und die Lobhörner (2566 m ü.M.) im Berner Oberland sowie das Kaisergebirge im Tirol (2344 m ü.M.) und die Zugspitze in Bayern (2962 m ü.M.). Sogar der wohl berühmteste und während langer Zeit am meisten gefürchtete Berg der Alpen, der Eiger (3967 m ü.M.) mit der spektakulären und ausgesetzten Nordwand, besteht fast nur aus dunklem, allerdings sehr splittrigem Kalkstein. Schließlich finden wir Kalkablagerungen auch auf dem höchsten Berg unseres Globus. So besteht der Gipfelbereich des Mt. Everest mit seiner Höhe von 8848 m ü.M. aus zwei Formationen, die in einem Schelfbereich abgelagert wurden und weitgehend aus Kalksteinen bestehen. Bekannt sind ebenfalls die mehr als hundert Meter mächtigen, flachmarinen und tropisch wirkenden Kalkschichten des ‚Urgoniens', welche in der Kreidezeit zwischen ca. 130 und 110 Millionen Jahren vor heute gebildet wurden. Die entsprechenden Kalkschichten bilden heute viele massige Felsformationen am Alpenrand, so zum Beispiel den Schrattenkalk im Berner Oberland oder auch die urgonischen Kalksteine im französischen Voralpengebirge. Kalksteine sind auch im Flachland weit verbreitet. So besteht der Untergrund Deutschlands (z.B. der Muschelkalk), Frankreichs und anderer europäischer Länder weitgehend aus Sedimentabfolgen mit zahlreichen Kalkschichten, die hauptsächlich während des Mesozoikums zwischen ungefähr 250 und 66 Millionen Jahren vor heute in einem flachen, tropischen und deshalb warmen Meer abgelagert wurden. Diese großräumige Verbreitung der Kalksteine erstaunt, wenn wir sie mit der räumlichen Verteilung der Ablagerungsbereiche vergleichen, wo heutzutage Kalksteine

Kapitelbild 9: *Stockhorn (Stefan Werthmüller, 2021).*

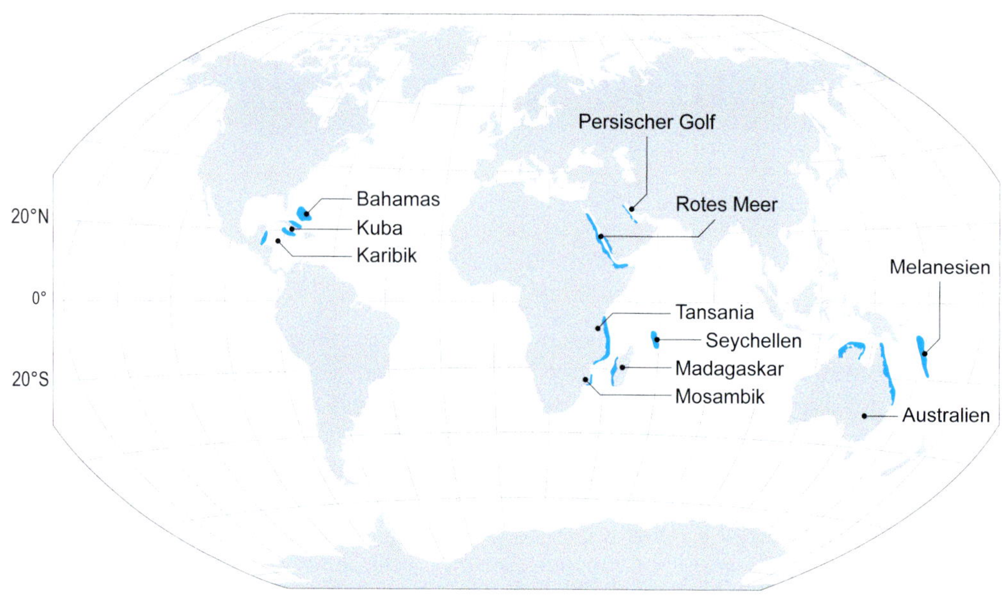

***Abbildung 9-1:** Globale Verteilung der heutigen Bildungsorte von Kalkablagerungen auf dem Schelf. Weil Kalkpartikel das Sonnenlicht türkisblau reflektieren, können Bereiche bedeutender Kalkproduktion auf den Satellitenbildern aufgrund der Farbe Türkis einfach bestimmt werden (s. Abbildung 9-12a).*

entstehen: Rezente, also heutige Kalkablagerungen werden lediglich in einem schmalen Saum auf dem Schelf oder dem Festlandsockel zwischen den Wendekreisen (23°S und 23°N) gebildet. Die entsprechenden Orte liegen auf den Bahamas-Inseln in der Karibik, auf dem Schelf entlang der Nord- und Nordostküste Australiens, im Westen Madagaskars, entlang der Küste von Tansania und Mosambik sowie entlang der Kontinentalränder im Roten Meer und an der Westküste im Persischen Golf (Abbildung 9-1). Mit der Verschiebung der kontinentalen Platten kann diese räumliche Beschränkung der Kalkablagerungsräume nicht erklärt werden, denn die europäische Kontinentalplatte lag während mindestens der letzten 150 Millionen Jahre, also auch während der Kreidezeit, deutlich nördlicher als 23°N. Wieso sich die heutige Verbreitung der Kalkablagerung auf einen lediglich schmalen Raum beschränkt, ist weitgehend ungeklärt. Wir vermuten allerdings, dass diese Entwicklung mit der sukzessiven Abkühlung der Atmosphäre während des Quartärs, welches die letzten 2,6 Millionen Jahre der Erdgeschichte umfasst, und mit dem ersten großen Vorrücken der Gletscher vor etwa 800 000 Jahren vor heute zusammenhängen könnte (s. auch Kapitel 11.4.3). Untersuchungen haben in der Tat gezeigt, dass ein kühles globales Klima zu einer stärkeren physikalischen Verwitterung im Gebirge (Kapitel 2.1) und damit zu größeren Einträgen klastischer Sedimentpartikel von den Kontinenten zu den Ozeanen geführt haben könnte (Abbildung 2-6, sowie Norton und Schlunegger, 2017). Weil ein starker Eintrag klastischer Sedimentpartikel ins Meer die Entstehung von Kalksteinen stark beeinträchtigt, könnte die Beschränkung der Kalkbildung auf die wenigen flachmarinen Bereiche zwischen den Wendekreisen mit der globalen Abkühlung der Atmosphäre während des Quartärs erklärt werden. Mit der räumlichen Einschränkung wird auch die Vielfalt der möglichen Kalk-Ablagerungsmilieus reduziert. Diese Umstände erschweren schließlich die Erforschung der Prozesse, die zur Bildung der Kalksteine führen. Der Vollständigkeit halber sei aber erwähnt, dass Kalkbildungen auch auf dem Schelf nördlich und südlich der Wendekreise vorkommen können (Bosence und Wilson, 2003). Ein sehr schönes Beispiel dafür ist das Kalkwasser-Korallenriff auf dem norwegischen Schelf (Sundahl et al., 2020). Allerdings fehlt dort (und auch an anderen Orten, wo Kalkwasserkorallen vorkommen) die Farbe Türkis auf den Satellitenbildern, so dass davon ausgegangen werden kann, dass in diesen Bereichen die Kalkbildung nicht auf großer Fläche erfolgt.

Wir lassen uns aber davon nicht abhalten und beginnen mit der Besprechung der chemischen und kristallographischen Eigenschaften der Karbonatminerale (Kapitel 9.1). Wir verwenden anschließend das Modell einer Kalkplattform, um die Bildung von Kalksteinen im Generellen zu beschreiben (Kapitel 9.2). In diesem Kapitel charakterisieren wir auch die wichtigsten Komponenten und Partikel, welche in einem Kalkstein vorkommen, und wir beschreiben, wie diese Körner entstehen und unter welchen Bedingungen sie abgelagert werden (Kapitel 9.3). Am landwärts gelegenen Rand einer Kalkplattform werden durch diagenetische Prozesse Dolomitminerale gebildet. Die entsprechenden Mechanismen werden in Kapitel 9.4 besprochen. Darauf folgt eine Charakterisierung der sedimentologischen Situation auf den Bahamas-Inseln sowie entlang der Ostküste Eritreas. In diesen Kalkfabriken – so werden Kalkablagerungsräume etwa auch bezeichnet – wirken starke Gezeitenströme und Wellenbewegungen. Sie können deshalb als Musterbeispiele für eine gezeitendominierte (Bahamas) beziehungsweise wellendominierte Kalkfabrik (Ostküste Eritreas) bezeichnet werden (Kapitel 9.5). Es folgt eine Beschreibung, wie eine Kalkplattform sich verändert, wenn der Eintrag klastischer Sedimentpartikel zunimmt (Kapitel 9.6). Wir schließen Kapitel 9 mit einer geometrischen Charakterisierung der Kalkablagerungsräume, wie sie auf dem europäischen Kontinent vor etwa hundert Millionen Jahren vorlagen (Kapitel 9.7).

9.1 Die Karbonatminerale und Kalkpartikel

9.1.1 Geochemie der Karbonatminerale

Wie in der Einleitung bereits erwähnt, bestehen Kalksteine weitgehend aus einer Verbindung zwischen dem Ca^{2+}-Kation und dem Karbonat-Ion CO_3^{2-}. Allerdings kann das Karbonat-Ion auch mit anderen zweiwertigen Kationen eine chemische Verbindung eingehen (Abbildung 9-2). Weit verbreitet ist zum Beispiel eine Verknüpfung mit Mg^{2+} (Magnesit), Fe^{2+} (Siderit), Mn^{2+} (Rhodochrosit) und Sr^{2+} (Strontianit). Wie in der Einleitung bereits erwähnt, bilden die Ca^{2+}- und Mg^{2+}-Kationen und das Karbonat-Ion CO_3^{2-} eine weitere wichtige gesteinsbildende Verbindung. Das so gebildete Mineral wird Dolomit genannt und hat die chemische Formel $CaMg(CO_3)_2$. Gesteinssequenzen mit Dolomitmineralen sind insbesondere im Südtirol weit verbreitet und bilden dort die hohen und steilen Felswände der Dolomiten.

Die Karbonatminerale kommen entweder in einer rhomboedrischen oder prismatischen kristallographischen Struktur vor. Den Ausschlag zu einer Struktur bildet der Radius des Kations. Ist der Ionenradius kleiner als ca. 0,110 nm, dann bildet sich ein rhomboedrisches Kristallgitter aus. Dies ist beim Magnesit, Siderit, Rhodochrosit und auch beim Kalzit und Dolomit der Fall. Ist dagegen der Ionenradius größer als 0,110 nm, dann gruppieren sich

KATION	IONENRADIUS (nm)	MINERAL	HABITUS
Ni	0,069	Gaspéit $NiCO_3$	trigonal oder rhomboedrisch
Mg	0,072	Magnesit $MgCO_3$	
Zn	0,074	Smithsonit $ZnCO_3$	
Co	0,075	Sphärokobaltit $CoCO_3$	
Fe	0,078	Siderit $FeCO_3$	
Mn	0,083	Rhodochrosit $MnCO_3$	
Ca	0,100	Kalzit $CaCO_3$	
Ca	0,118	Aragonit $CaCO_3$	orthorhombisch oder prismatisch
Sr	0,131	Strontianit $SrCO_3$	
Pb	0,135	Cerussit $PbCO_3$	
Ba	0,147	Witherit $BaCO_3$	

Abbildung 9-2: *Geochemische Zusammensetzung der wichtigsten Kalkminerale, Radien der zweiwertigen Kationen und kristallographischer Habitus. Nach Scoffin (1987).*

die entsprechenden Kationen mit dem Karbonat-Ion zu einer prismatischen Kristallstruktur (Abbildung 9-2). Strontianit ist zum Beispiel ein Karbonatmineral mit einem prismatischen kristallographischen Bau. Zu dieser Gruppe gehört aber auch das Mineral Aragonit, die metastabile (s. nächsten Abschnitt) Verbindung zwischen dem Ca^{2+}-Kation und dem Karbonat-Ion CO_3^{2-}. Offenbar hat der Ionenradius von Ca^{2+} eine kritische Größe, so dass aus der Verbindung zwischen diesem Kation und dem Karbonat-Ion sowohl eine rhomboedrische als auch eine prismatische Kristallstruktur entstehen kann. Die entsprechenden Minerale heißen dann Kalzit (rhomboedrische Kristallstruktur) und, wie bereits erwähnt, Aragonit (prismatische Kristallstruktur).

Obwohl Aragonit eigentlich eine höher energetische und kristallographisch instabilere Stufe darstellt als Kalzit und deshalb bei Raumtemperaturen metastabil ist, bilden die meisten Organismen eine Kalkschale aus Aragonit. Dazu gehören die meisten Muscheln, Schnecken, die sechsstrahligen Blumentiere oder Hexacorallia (die heutigen Korallen), Tintenfische (z.B. Nautilus) und andere hochentwickelte Organismen. Kalkschalen aus Kalzit finden wir dagegen in Austern, Rugosa (ausgestorbene Korallen aus dem Paläozoikum), sowie in den meisten einzelligen planktischen und benthischen Organismen (Foraminiferen, Coccolithophoriden, s. Kapitel 8). Nach dem Absterben der Lebewesen erfahren die Aragonitminerale häufig eine Rekristallisation zu Kalzit. Dabei gehen die ursprüngliche Schalenstruktur und viele Spurenelemente verloren, welche anfänglich in den Aragonitkristallen eingeschlossen waren. Zudem ändert sich beim Wechsel von Aragonit zu Kalzit die Zusammensetzung der Sauerstoff- und Kohlenstoffisotope im Karbonat-Ion – es findet also eine Isotopenfraktionierung statt. Diese Umstände erschweren die Verwendung der Kalkschalen für die Rekonstruktion des Klimas in der geologischen Vergangenheit, denn die

a) NOMENKLATUR NACH FOLK (1974)

PARTIKELTYP	BESCHREIBUNG	EINZELNE PARTIKEL MIT LUPE ERKENNBAR?	NAME DES KALKSTEINS, FALLS	
			KALKZEMENT IM PORENRAUM	KALKSCHLAMM IM PORENRAUM
Ooid	rundes Korn, zwiebelschalenförmiger Aufbau mit Nukleus	ja	Oosparit	Oomikrit
Intraklast	Kalkpartikel, häufig eckig oder kantengrundet	ja	Intrasparit	Intramikrit
Bioklast	Bruchschale von Schnecken, Muscheln und anderen Organismen	ja	Biosparit	Biomikrit
Pellet	Kotpille, häufig sehr klein und mikritisiert, dunkle Farbe	meistens nein	Pelsparit	Pelmikrit
Kalkschlamm	sehr feine kalkige Partikel, Lutit-Korngröße	nein	–	Mikrit
Korallengerüst	Kalkgerüst von Korallen bleibt erhalten	ja	Biolithit	Biolithit

b) NOMENKLATUR NACH DUNHAM (1962)

GEFÜGE	NAME DES KALKSTEINS
komponentengestütztes Gefüge und Kalkzement im Porenraum	Grainstone
komponentengestütztes Gefüge und Kalkschlamm im Porenraum	Packstone
Kalkpartikel (>10%) in matrixgestütztem Gefüge	Wackestone
Kalkschlamm mit wenig Kalkpartikeln (<10%)	Mudstone
Korallengerüst und andere organisch gebundene Strukturen	Boundstone

Abbildung 9-3: *Tabellarische Zusammenstellung der Nomenklatur für die Kalksteine nach **a)** Folk für die deutschsprachige Literatur und gemäß **b)** Dunham für die englischsprachige Verwendung.*

Verhältnisse von Kohlenstoff- und Sauerstoffisotopen im Karbonat-Ion (CO_3^{2-}) werden verwendet, um Informationen über die paläoökologischen Bedingungen in der geologischen Vergangenheit abzuleiten. Findet nun eine Rekristallisation und eine Isotopenfraktionierung statt, dann wird das ursprüngliche Isotopenverhältnis verändert.

9.1.2 Komponenten in Kalksteinen

Die Kalksteine wirken im Gelände häufig massig, homogen und meistens hellgrau. Bei näherer Betrachtung können wir jedoch Partikel unterschiedlicher Größe erkennen, welche dem Kalkstein eine Struktur geben. Dabei handelt es sich um Bioklasten, Intraklasten, Ooide, Pellets und um Kalkschlamm. Ist die Umlagerungsenergie im Ablagerungsraum sehr gering oder liegt sogar keine Gezeiten- oder Wellenströmung vor, dann wird der Kalkschlamm zusammen mit den Partikeln abgelagert. Es entsteht dann ein Gestein, welchem wir beim Namen den Begriff ‚Mikrit' anfügen, wie das zum Beispiel bei ‚Biomikrit' der Fall ist (Abbildungen 1-5 und 9-3). Wirken dagegen im Ablagerungsraum starke Wellenbewegungen oder Gezeitenströmungen, dann werden die Schlammpartikel weggespült. Es bleiben größere und mit bloßem Auge gut sichtbare Kalkpartikel übrig. Diese werden nach der Ablagerung mit einem Kalzitzement verkittet (Abbildung 1-6). Dieser Zement wird als Sparit bezeichnet und entsteht als diagenetischer Prozess (Kapitel 1.1) nach der Ablagerung. Der Name ‚Sparit' beschreibt die rhomboedrischen Spaltflächen, die manchmal bei den Zementmineralen erkannt werden können. Ein solcher Kalkstein kann im Gelände auch als spätiger Kalkstein bezeichnet werden. Liegt also eine Strömung im Ablagerungsraum vor, dann entsteht ein Oosparit oder auch ein Bio- oder Intrasparit (je nach Art und Zusammensetzung der Kalkpartikel, Abbildung 9-3). Sparitische Kalksteine bieten deshalb eindeutige Hinweise auf Wellengang und Gezeitenströmungen und damit auf ein hochenergetisches, flachmarines Ablagerungsmilieu. Für die Interpretation eines möglichen Ablagerungsraums sind deshalb zwei grundsätzlich unterschiedliche Beobachtungen entscheidend. Dabei handelt es sich erstens um die Art der Partikel (Bio- und Intraklasten, Ooide, Pellets), wovon wir eine Information über die Herkunft des Materials erhalten. Zweitens liefert die Art, wie die Kalkpartikel eingebettet sind (sparitischer oder mikritischer Kalkstein), einen wichtigen Anhaltspunkt, um die Stärke der Strömung im Ablagerungsraum und die Wassertiefe abzuschätzen. Die soeben erwähnte Nomenklatur stammt von Folk (1974) und ist in der deutschsprachigen Literatur weit verbreitet (s. auch Kapitel 1.3.4). Eine direkte Übersetzung in die englische Sprache existiert leider nicht. Dafür hat Dunham im Jahre 1962 ein eigenes Schema erstellt, welches für die Namengebung der Kalksteine in der englischsprachigen Fachliteratur verwendet werden kann (s. auch Kapitel 1.3.3).

Kalkschlamm

Aus einem Kalkschlamm wird ein Kalkstein, welchen wir als Mikrit bezeichnen. Der Begriff ‚Mikrit' ist eine Abkürzung für mikrokristalliner Kalkschlamm (auf Englisch ‚mud') und beschreibt bereits die mikroskopisch kleine Größe (< 0,002 mm, Lutit-Korngröße in Abbildung 1-3) der einzelnen Partikel. Im flachmarinen Ablagerungsbereich wird Kalkschlamm primär von Grünalgen gebildet. Diesbezüglich ist wohl Halimeda eine wichtige kalkschlammbildende Grünalge. Die Halimeda (Abbildung 9-4a) wächst im warmen, strömungsfreien und damit energiearmen Milieu. Einzelne Pflanzen sind einige Zentimeter bis über einen Meter

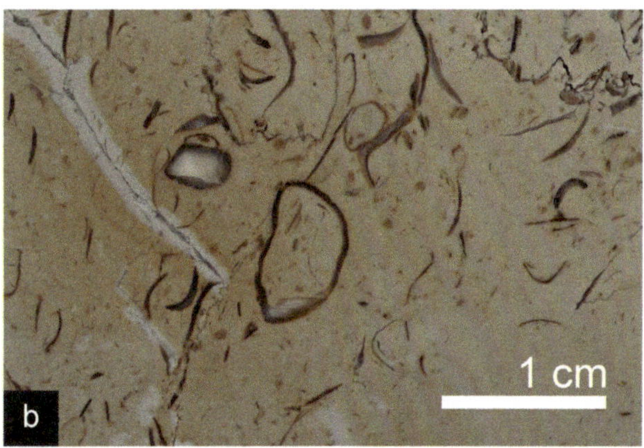

Abbildung 9-4: *Kalkschlamm und Entstehung eines Mikrits.* ***a)*** *Die Grünalge Halimeda enthält ein Gerüst aus mikroskopisch kleinen Aragonitnädelchen. Nach dem Absterben der Grünalgen bleiben diese als Kalkschlamm übrig. Foto © J. St. John.* ***b)*** *Aus dem Kalkschlamm entsteht ein mikritischer Kalkstein, hier am Beispiel eines Biomikrits (s. auch Abbildung 1-5). Das Handstück stammt aus dem Juragebirge.* ***c)*** *und* ***d)*** *Der Meeresgrund kann durch Würmer und andere Organismen durchwühlt werden. Dabei entstehen Wühlgänge, welche auf eine starke Bioturbation schließen lassen. Beispiel c) stammt aus den Klippendecken südlich von Bern, und Foto d) wurde in Wales aufgenommen. Beide zeigen je eine Aufsicht.*

groß. Die Grünalge besteht aus rundlichen Segmenten, welche ihrerseits aus feinen, mikroskopisch kleinen Aragonitnädelchen aufgebaut sind. Stirbt eine Halimeda-Grünalge, dann bleiben vor allem die Aragonitnädelchen übrig, welche sich zu einem Kalkschlamm anreichern (Abbildung 9-4a). Bei der anschließend einsetzenden Diagenese erfolgt meistens eine Rekristallisation zu Kalzit. Damit wachsen einzelne Nädelchen zu einem mikritischen Gestein zusammen (Abbildung 9-4b). Darin sind die einzelnen Halimeda-Nädelchen bei einer Betrachtung unter dem Mikroskop nicht mehr zu erkennen. Würmer und andere Organismen durchwühlen den Kalkschlamm bei ihrer Suche nach Nahrung (Bioturbation) und hinterlassen zum Teil deutlich erkennbare Wühlgänge (Abbildung 9-4c).

Pellets

Bei Pellets handelt es sich um Kotpillen von Fischen, Schnecken, Muscheln und anderen marinen Organismen. Die Pellet-Partikel setzen sich häufig aus Kalkschlamm und unverdautem organischem Material zusammen. Die dunkelbraune Tönung der Pellets ist ein Hinweis, dass organische Bestandteile darin vorhanden sind. Der hohe Anteil an Kalkschlamm entsteht dadurch, dass die Organismen beim Weiden ebenfalls Kalkpartikel vom Meeresboden oder anderen lebenden Organismen (z.B. Muscheln) abraspeln und schlucken. Die Kotpille enthält deshalb unverdauliche organische Stoffe und einen hohen Anteil an mikroskopisch kleinen Kalkpartikeln.

Pellets sind meistens kleiner als 0,1 mm und haben deshalb eine Korngröße, die sich im Siltbereich bewegt (Abbildung 1-3). Sie sind meistens zu klein, als dass sie mit der Lupe vom Kalkschlamm unterschieden werden könnten. Im Gelände wird deshalb ein entsprechendes Gestein meistens zuerst Mikrit benannt. Mit Hilfe eines Mikroskops ist es aber durchaus möglich, die einzelnen Kotpillen als sehr kleine, runde und dunkle Partikel zu erkennen. Je nachdem wird das Gestein dann als Pelmikrit (Pellet-Körner in einer mikritischen Matrix) oder Pelsparit (Pellet-Körner mit Kalzitzement im Porenraum) bezeichnet (Abbildung 9-3a).

Bioklasten

Bioklasten bestehen aus Bruchstücken von Schalen und Gehäusen, welche von Organismen gebildet wurden. Dabei handelt es sich also um Korallenbruchstücke, Teile von Muschel- und Schneckenschalen, Fragmente von Seeigelstacheln und -gehäusen und Bruchstücke von anderen sessilen sowie benthischen, mit bloßem Auge gut erkennbaren Formen (Makroformen). Die Zerkleinerung, Rundung und Umlagerung der Kalkschalen erfolgt meistens durch Wellen- und Gezeitenbewegungen. Werden die Schalenfragmente durch diese Strömungen in ein ruhiges Milieu wie zum Beispiel eine Lagune gespült, dann können sie dort im Kalkschlamm eingebettet werden. Aus Bioklasten entsteht deshalb je nach Energie im Ablagerungsraum ein Biomikrit (keine Energie, Abbildung 9-4b) oder ein Biosparit (hohe Energie).

Ooide und Pisoide

Bei Ooiden (aus dem Griechischen ‚ώόν' für Ei hergeleitet) handelt es sich um sphärische Körner (Abbildung 1-8), die hauptsächlich aus Kalk bestehen (Abbildung 9-5). Ooide sind meistens zwischen 0,067 und 2 mm groß, was der arenitischen Korngröße entspricht (Abbildung 1-3). Größere, also ruditische Partikel werden als Pisoide bezeichnet. Im Querschnitt und zum Teil auch mit der Lupe sind zwiebelschalige Wachstumsstrukturen sichtbar

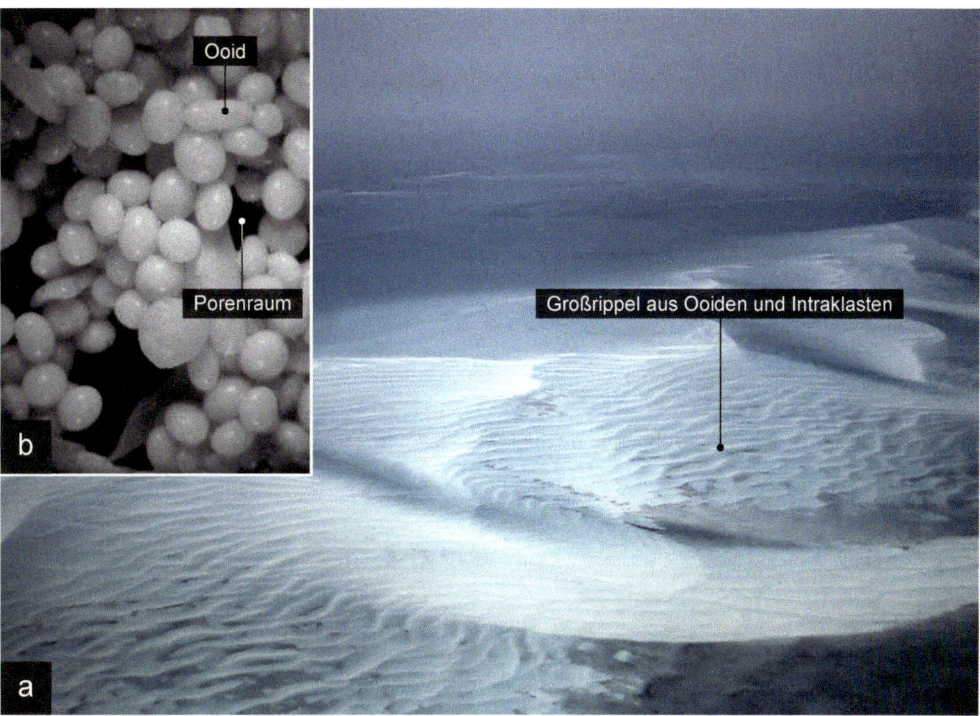

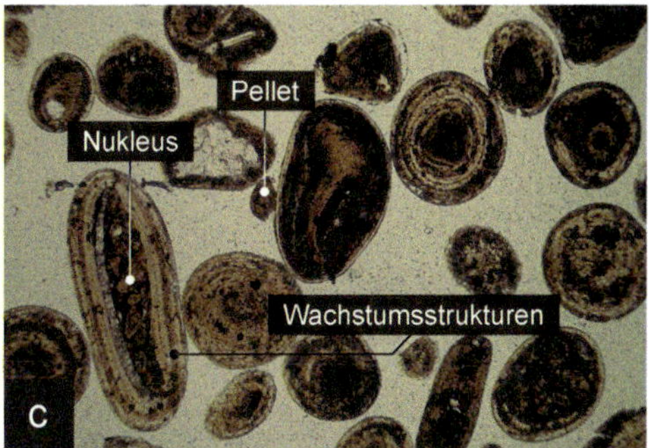

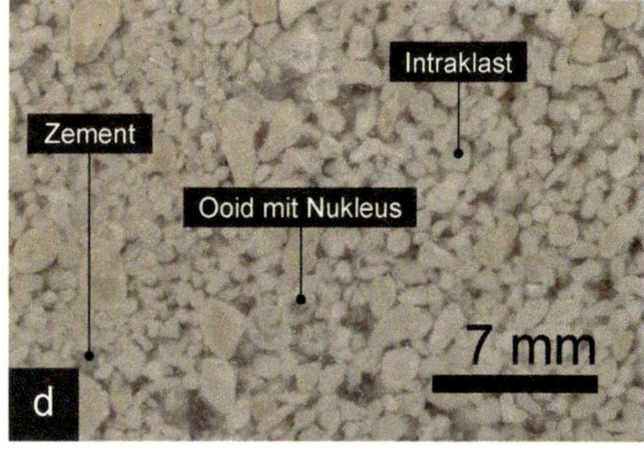

Abbildung 9-5: *Ooide und ihre Bildung.* ***a)*** *Großrippel, welcher weitgehend aus Ooiden besteht (das Foto stammt von der Bahamas-Plattform, s. auch Abbildung 9-12).* ***b)*** *Einzelne Körner sind zum Teil schon mit einem Kalzitzement miteinander verbunden. Der Porenraum ist aber noch weitgehend leer.* ***c)*** *Mikroskopische Betrachtung einzelner Ooidkörner mit Nukleus und Wachstumsstrukturen. Ein Korn ist etwa 1 mm groß. Bei den kleineren Körnern ohne erkennbare Struktur handelt es sich um Pellets (Fotos a, b und c: © A. Matter).* ***d)*** *Oo-Intrasparit, mit Ooiden, Intraklasten und Zement. Bei den Körnern ohne Nukleus handelt es sich vermutlich um Intraklasten (s. Abbildung 1-6).*

(Abbildung 9-5c). Dünne, weniger als 0,1 mm dicke Schichten lagern sich konzentrisch um ein kleines Kalkfragment, welches als Kern, oder Nukleus, für die Bildung eines Ooids diente (Abbildung 9-5c).

An der Bildung von Ooiden sind vor allem anorganische Prozesse beteiligt. Es ist allerdings noch nicht abschließend geklärt, ob beim Wachstum solcher Körner ebenfalls mikrobiologische, also organochemische Prozesse beteiligt sind. Das Meerwasser muss einerseits an Kalziumkarbonat gesättigt bis übersättigt sein, damit Kalk gefällt werden kann. Andererseits braucht es einen Partikel, welcher als Kristallisationskeim oder Nukleus dient und so die Kristallisation von $CaCO_3$ begünstigt. Beim Wachstum müssen die Partikel kontinuierlich bewegt und umgedreht werden, damit zehntelmillimeterdünne Lagen rund um den Nukleus gebildet werden können. So entstehen die sphärischen Ooide mit dem radial-konzentrischen, zwiebelschalenförmigen Aufbau. Ooide werden also dort gebildet, wo oszillierende Strömungen die Partikel kontinuierlich umdrehen. Dies ist meistens im flachen Meer oberhalb der Schönwetter-Wellenbasis der Fall (Kapitel 4.4.2), wo die Strömung relativ stark ist (Abbildung 9-5a). Es entsteht ein Gestein, welches wir dann als Oosparit ansprechen.

Allerdings werden auch oomikritsche Kalksteine in sedimentären Abfolgen aufgezeichnet. Eine Ablagerung von Kalkschlamm ist aber nur möglich, wenn im Ablagerungsraum keine Strömung vorliegt. Damit ein Oomikrit gebildet werden kann, müssen die runden Partikel zuerst in einem Bereich mit starker Strömung gebildet werden. Anschließend müssen sie z.B. durch Sturmwellen oder Springtiden von ihrem Bildungsort in eine geschützte Senke gespült werden, wo sie dann auf den schlammigen Grund sinken und in Kalkschlamm eingebettet werden.

Intraklasten

Bei Intraklasten (hergeleitet aus dem Latein für ‚innerhalb, am gleichen Ort') handelt es sich um Kalkpartikel, die durch Abtragung eines Kalksteins entstehen und am Ursprungsort wieder abgelagert werden. Die Abtragung des Untergrunds erfolgt meistens durch Sturmwellen oder Springtiden. Die Klasten sind unmittelbar nach ihrer Bildung sehr eckig bis eckig (Abbildung 1-8). Sie werden anschließend durch den Wellengang und die Gezeitenströmungen gerundet (Abbildung 9-5d). Weil bei der Bildung von Intraklasten meistens starke Strömungen vorkommen, entsteht aus diesen Partikeln häufig ein Intrasparit.

Onkoide

Bei Onkoiden handelt es sich um runde Kalkpartikel, deren Durchmesser mehrere Millimeter bis wenige Zentimeter beträgt. Im Querschnitt haben Onkoide eine blumenkohlartige Struktur mit millimeterdünnen Anwachssäumen, die unterschiedlich dick und zum Teil auch unregelmäßig angeordnet sind. Diese Säume bilden sich um einen Kern, welcher häufig aus einem Schalenfragment besteht. Die blumenkohlartige Struktur der Anwachssäume lässt vermuten, dass Onkoide einen biogenen Ursprung haben. Grünalgen und vermutlich auch Cyanobakterien tragen dabei zur Kalkbildung und zum organischen Wachstum bei. Solche Strukturen entstehen meistens in einem ruhigen Milieu, wo Muscheln und andere Lebewesen die Onkoide auf der Suche nach Nahrung regelmäßig umdrehen und so eine konzentrische Anordnung der Wachstumssäume ermöglichen. Onkoide sind deshalb meistens in einem Kalkschlamm eingebettet.

Peloide

In der Literatur findet man häufig auch den Begriff ‚Peloid'. Dabei handelt es sich um runde Körner unterschiedlicher Herkunft, welche aus Kalkschlamm bestehen. So kann zum Beispiel ein Ooid oder auch ein Intraklast nach der Bildung zu einem Schlammpartikel und damit zu einem Peloid verändert werden. Die Ursache, weshalb ein Kalkpartikel eine solche Veränderung erfahren kann, ist weitgehend ungeklärt. Man geht aber davon aus, dass (mikro)biologische Prozesse an dieser sekundären Veränderung eines Kalkkorns beteiligt sind (Scholle und Ulmer-Scholle, 2003).

Korallen

Korallen gehören zurzeit wohl zu den wichtigsten kalkbildenden Organismen. Dabei handelt es sich um sessile Nesseltiere, welche als Kolonien vorkommen und mit einzelligen Grünalgen, den Zooxanthellen, in Symbiose leben. Diese Grünalgen sind zur Photosynthese fähig und versorgen so die Nesseltiere mit Energie. Damit sind die Zooxanthellen direkt mit dem Stoffkreislauf der Nesseltiere verbunden, was zur Folge hat, dass Korallen auf Sonnenlicht angewiesen sind und deshalb in der photischen, also lichtdurchfluteten Zone leben.

Bei den Korallen unterscheiden wir zwischen Weich- und Steinkorallen (Abbildung 9-6a). Als Sedimentbildner sind vor allem Steinkorallen von Bedeutung, denn sie bilden ein kalkiges Skelett, welches dann als Stütze für die Korallenkolonie dient. Bei den heute noch lebenden Korallen sind die Hexacorallia oder die sechsstrahligen Blumentierchen am meisten verbreitet. Sie bilden ein Skelett aus Aragonit mit trichterförmigen Einbuchtungen (Abbildungen 9-6b bis 9-6e). Diese dienen dabei als Nische für ein individuelles Nesseltierchen, welches mit seinen Filamenten planktische Nahrung aus dem Meerwasser filtriert. Die Hexacorallia kommen seit der Trias auf unserem Globus vor. Die älteren Formen, die Rugosa und die Tabulata, waren im Paläozoikum weit verbreitet und bildeten ein Skelett aus Kalzit. Gegen Ende des Paläozoikums starben diese älteren Formen schließlich aus.

Sind die ökologischen Bedingungen günstig, dann entwickeln sich die Nesseltierchen prächtig und bilden große Korallenstöcke. Wachsen diese seitlich zusammen, dann entsteht ein Riff mit einer Vielfalt an ökologischen Nischen. Dabei sind die Korallen auf frisches, sauerstoffreiches Meerwasser mit einer offenmarinen Salinität (zwischen 34,5‰ im Pazifik und 35,4‰ im Atlantik) sowie auf Temperaturen über 20 °C angewiesen. Korallenriffe kommen heute deshalb nur zwischen den Wendekreisen vor. Hohe Phosphatkonzentrationen, Nitrate sowie eine hohe Suspensionsfracht im Meerwasser und insbesondere zu hohe Wassertemperaturen (globale Erwärmung!) können zum Absterben der filigranen Nesseltiere führen. Dies zeigt sich häufig in einer Bleichung der Korallenstöcke, denn wenn die Korallen absterben, geht die Lebensgrundlage für die Zooxanthellen verloren. Als Folge davon stellen die Grünalgen ihre Vermehrung ein und gehen zusammen mit den Nesseltieren zugrunde. Damit verschwindet der grün-braune Farbton, und die weiße Farbe des Kalkgerüsts wird deutlich sichtbar (Abbildung 9-6c).

Vereinzelte Korallenarten können auch im tiefen Meer sowie im kalten Wasser vorkommen (s. einleitender Abschnitt und Sundahl et al., 2020). Sie wachsen in diesem Milieu aber sehr langsam und sind kaum riffbildend. Im tiefen Wasser ist eine Symbiose mit Grünalgen natürlich nicht möglich. Dort stellen die Nesseltiere ihre Nährstoff- und Energieversorgung sicher, indem sie sich vom Zooplankton ernähren. Solche Formen sind aber deutlich weniger weit verbreitet als Warmwasserkorallen.

Sterben Korallen ab, dann bleibt meistens nur das kalkige Gerüst übrig, an dem die ursprüngliche Wuchsform allerdings noch erkennbar ist. Daraus entsteht ein Kalkstein, welchen wir als Biolithit bezeichnen (s. auch Kapitel 1.3.4). Weil diese Gesteinsart eine hohe Porosität hat, bietet sie einen guten Speicher für Gas und Erdöl. Biolithite sind deshalb häufig das Ziel bei der Suche nach flüssigen und gasförmigen fossilen Rohstoffen.

Abbildung 9-6: *Korallen und ihre Lebensformen (Fotos © J. St. John).* ***a)*** *Stein- und Weichkoralle.* ***b)*** *Hirnförmige Koralle mit Nesseltieren.* ***c)*** *Steinkorallen mit lebenden und abgestorbenen Nesseltieren.*

Abbildung 9-6 (Fortsetzung): d) *Gerüst eines Korallenstocks mit Furchen.* ***e)*** *Hexacorallia hinterlassen Gerüste mit einer drei- und sechsstrahligen Symmetrie. Die Furchen haben einen Durchmesser von ca. 1 bis 2 cm.*

Inkrustierende Grünalgen und Cyanobakterien

Schließlich werden Kalkausscheidungen am Meeresgrund auch von Cyanobakterien, welche ebenfalls als Blaugrünalgen bezeichnet werden, und von Grünalgen gebildet. Grünalgen überziehen den Meeresboden mit einer Kalzitkruste und bilden so Kalklagen mit einer nierenförmigen Oberfläche. Cyanobakterien dagegen fangen mit ihren Filamenten die Kalkschlammpartikel ein, die im Wasser schweben, und bilden so millimeterdünne wellige Lagen. Die Dicke der einzelnen Lagen kann stark variieren. Während die inkrustierenden Grünalgen auf offenmarines Meerwasser angewiesen sind, kommen Cyanobakterien auch im sehr warmen und salzhaltigen Wasser vor (s. Kapitel 9.2.5). Sowohl die Grünalgen als auch die Cynanobakterien enthalten Chlorophyll. Sie sind deshalb zur Photosynthese fähig und auf Sonnenlicht angewiesen. Beide Formen kommen daher nur in seichtem Wasser vor.

Stromatolithe

Die Cyanobakterien sind häufig auch in der Lage, größere Mengen Kalkschlamm einzufangen und dabei bis zu mehrere Dezimeter dicke Kalksteine zu bilden, welche als einzelne, zum Teil voneinander getrennte Kuppen und Säulen der Meeresoberfläche entgegenwachsen und bei Ebbe sogar aus dem Meer herausragen. Dabei handelt es sich um Stromatolithen (hergeleitet vom Altgriechischen στρῶμα ‚stroma', die Matte, die Deckschicht, oder auch Matratze). Die Stromatolithen sind also organogenen Ursprungs und haben, wie die Onkoide, eine lagige, zum Teil auch blumenkohlartige Internstruktur (s. auch Kapitel 9.2.6 und Abbildung 9-9a für Internstruktur).

9.2 Die Kalkplattform

Die Kalksteine werden ähnlich, wie die siliziklastischen Sedimente, in vielfältigen Ablagerungsbereichen gebildet. Allen Räumen ist aber gemeinsam, dass dort die biogene Produk-

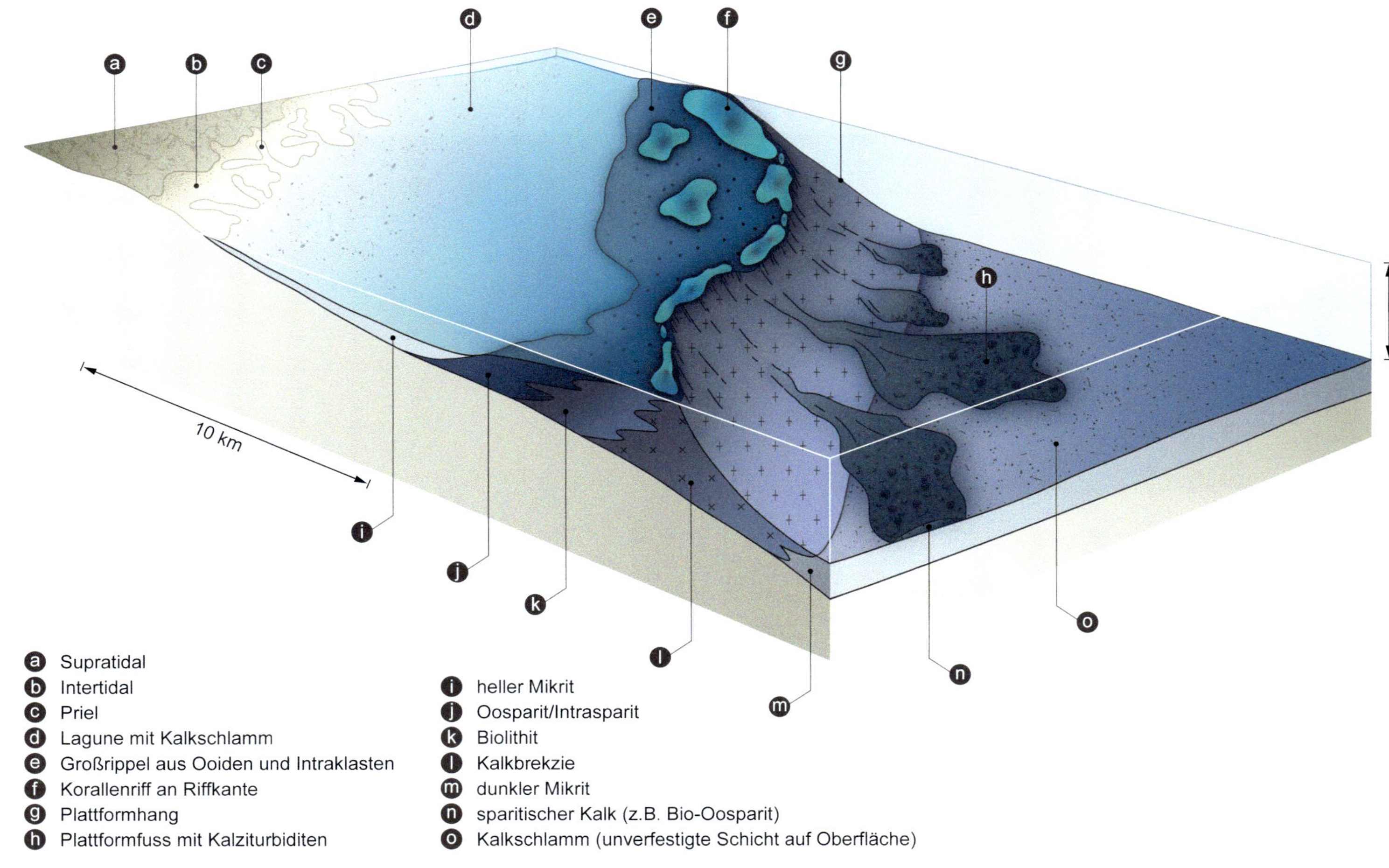

Abbildung 9-7: *Vereinfachtes Blockdiagramm einer Kalkplattform und der räumlichen Anordnung der wichtigsten Ablagerungsräume. Modifiziert nach Tucker und Wright (1990).*

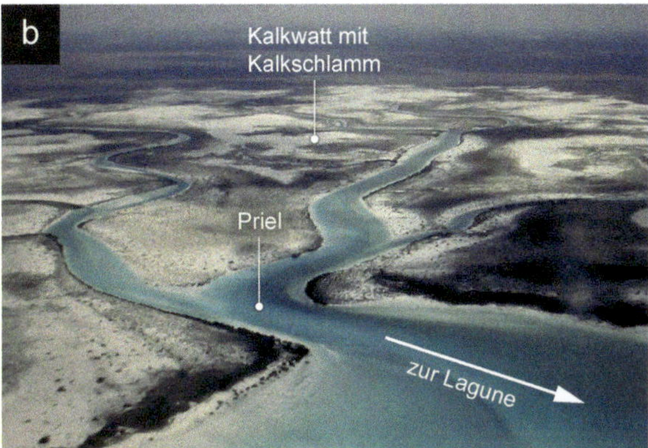

Abbildung 9-8: *Typische Strukturen und Ablagerungsbereiche auf einer Kalkplattform. Fotos © A. Matter von der Bahamas-Plattform (s. auch Abbildung 9-12).*
a) *Kalkriff mit Steinkorallen und Korallenschutt.*
b) *Blick von der Lagune aufs Kalkwatt. Dieses besteht aus Kalkschlamm, welcher in der Lagune gebildet wird und durch Gezeitenströmungen auf dem Watt verteilt wird.*
c) *Im oberen Intertidal ist die Verdunstung sehr hoch. Es bildet sich ein hypersalines Milieu, wo sich Cyanobakterien ansiedeln können und Salz gebildet wird.*

tion von Kalzit und Aragonit eine große Bedeutung einnimmt. Stimmen die ökologischen und geochemischen Bedingungen, dann läuft die Bildung von Kalkpartikeln und damit von Kalksteinen sehr schnell und effizient ab. Wie oben bereits erwähnt, können wir deshalb auch von einer Kalkfabrik sprechen. Dabei stellt die Kalkplattform (Abbildung 9-7) wohl das bekannteste Modell dar, wenn wir eine solche Kalkfabrik beschreiben und die unterschiedlichen Ablagerungsbereiche klassifizieren. Dabei handelt es sich um einen flachen Ablagerungsraum auf dem Schelf, worin Kalkpartikel gebildet, umgelagert und schließlich abgelagert werden. Eine solche Plattform hat eine scharfe, dem offenen Meer zugewandte Kante, den Plattformrand, sowie einen inneren, vom offenen Meer abgeschnürten und damit energiearmen Bereich, die Lagune. Dort bildet das Kalkwatt einen kontinuierlichen Übergang zum Festland.

9.2.1 Am Plattformrand: Wachstum von Korallen und Bildung eines Riffs

Eine hohe Dichte und Vielfalt an Korallen und Korallenkolonien sind wohl die charakteristischsten Kennzeichen eines Plattformrandes (Abbildung 9-7). Sind die ökologischen Bedingungen (offenmarine Salinität, frisches und sauberes Meerwasser, warme, aber nicht zu hohe Temperaturen, genügend Sonnenlicht) günstig, dann entwickeln sich die Korallen prächtig und üppig. Sie wachsen dem Licht entgegen und bilden Riffstrukturen, welche als relativ scharfe Kanten das offene Meer von der Lagune trennen (Abbildung 9-8a). Bei einem Riff handelt es sich um eine Erhebung, die vom Meeresboden gegen die Meeresoberfläche hin aufragt. Wird eine solche Erhebung von Korallen gebildet, dann sprechen wir eben von einem Korallenriff. Weil Korallen auf Licht, sauberes Wasser und auf eine offenmarine Salinität angewiesen sind, wachsen sie meistens auf der Luvseite eines Schelfs oder einer Insel. Auflandige Winde induzieren dort eine Strömung vom offenen Meer zum Korallenriff. Dadurch werden die Nesseltiere mit frischem und sauberem Meerwasser versorgt und zum Wachsen angeregt.

Die Morphologie der Korallenriffe ist geprägt durch zahlreiche Nischen und viele exponierte Sporne. Damit bieten sie eine Vielfalt an ökologischen Lebensräumen für eine große Anzahl sessiler (z.B. Moostierchen oder Bryozoa, Seepocken, Armfüßler oder Brachiopoden), halbsessiler (Muscheln), vagiler (Seesterne oder Echinodermen) und schwimmender (Nekton, z.B. Fische) sowie schwebender (Plankton, Kapitel 8) Organismen. Korallenriffe sind also charakterisiert durch eine sehr hohe Biodiversität. Dadurch, dass die Korallen dem Licht und dem frischen Meerwasser entgegenwachsen, führen sie zur Ausbildung einer morphologischen Schwelle.

9.2.2 Am Plattformfuß: Ablagerung von Brekzien und Kalziturbiditen

Ist der Wellengang sehr hoch oder liegt eine Sturmsituation vor, dann können einzelne Korallen brechen und durch die hohe Wellenenergie zertrümmert werden. Dadurch werden eckige Kalkkomponenten unterschiedlicher Größe gebildet, deren organische Herkunft aber immer noch erkannt werden kann. Diese Korallenfragmente werden zusammen mit anderem Kalkschutt am Fuß der Plattform als Kalkbrekzie abgelagert (Abbildung 9-7). Ein starker Wellengang kann am Rand der Kalkplattform auch einen Trübestrom auslösen. Das mitgeführte Material besteht dabei weitgehend aus Bioklasten, Ooiden und Intraklasten (Kapitel 9.1.2). Weil diese Ströme aus Kalkpartikeln bestehen, werden die daraus resultierenden Ablagerungen als Kalziturbidite bezeichnet. Schlamm fehlt weitgehend, da solch feinkörniges Material am Plattformrand wegen der generell starken Wellen- und Gezeitenströmungen kaum vorhanden ist. Im Gegensatz zu den Trübeströmen, welche an einer Schelfkante entstehen und zur Tiefsee-Ebene fließen (Kapitel 7), fehlt den Kalk-Trübeströmen also eine feinstkörnige (Lutit) Fraktion und damit auch eine kohäsive Komponente. Deshalb haben Kalziturbidite meistens eine massige Struktur, und sie sind häufig auch invers gradiert (Abbildung 1-7). Diese inverse Gradierung erklärt sich dadurch, dass größere Kalkpartikel sehr oft eine geringere Dichte haben als kleinere Komponenten. Diese umgekehrte Beziehung zwischen Korngröße und Korndichte ist auf die organische Herkunft vieler Kalkpartikel zurückzuführen, weil in den Schalen der Organsimen häufig Hohlräume und Kanäle vorkommen. Diese führen dazu, dass die Schalenfragmente im Meerwasser einen Auftrieb erfahren. Je größer nun die Partikel sind, umso höher ist der relative Anteil an solchen Hohlräumen. Größere Kalkpartikel haben deshalb häufig eine geringere Dichte als kleinere Partikel, und deshalb ist der Auftrieb bei den größeren Partikeln auch wirksamer.

9.2.3 Auf der Plattformschwelle: Bildung von Großrippeln

Durch das Wachstum der Korallen entsteht eine seichte Schwelle. Dort liegt der Meeresgrund oberhalb der Schönwetter-Wellenbasis (Kapitel 4.4.2), und der Schwellenbereich ist einer dauerhaften Strömung ausgesetzt. Lose herumliegende Kalkpartikel werden durch die starke Meeresströmung kontinuierlich umgelagert und dabei zerkleinert und gerundet. In diesem Schwellenbereich erfolgt ebenfalls die Bildung der Ooide. Gezeitenströmungen verfrachten nun diese runden Partikel zu Großrippeln (Abbildung 9-5a), welche intern kreuz- und schräggeschichtet sind. Solche Strukturen sind im Kalkstein, z.B. in einem Bio- oder Oosparit, oft noch deutlich erkennbar. Weil die Kalkkörner in der Regel größer als 1 mm sind, werden keine Rippel oder Kletterrippel gebildet (Abbildungen 4-15 und 4-16).

9.2.4 In der Lagune: Kalkschlamm mit Bioklasten und Onkoiden

Im Schwellenbereich erfolgt nicht nur die Bildung von runden Kalkkörnern, sondern dort wird die Fließgeschwindigkeit, hervorgerufen durch Wellengang oder Gezeitenströmungen, auch stark reduziert, so dass in der landwärts angrenzenden Lagune (Abbildung 9-7) keine oder nur eine sehr geringe Strömung vorkommt. Damit sind ideale Bedingungen geschaffen, dass Kalkschlamm abgelagert werden kann und ein mikritisches Gestein gebildet wird. Die Grünalge Halimeda (Abbildung 9-4a), welche in diesem abgeschnürten und damit geschützten Bereich sehr gut gedeiht, entpuppt sich dabei als wichtige Kalkschlamm-Bildnerin (Kapitel 9.1.2), denn sie zerfällt nach dem Absterben in mikroskopisch kleine Aragonitnädelchen, die dann zur Bildung des Kalkschlamms beitragen. In der Lagune leben auch zahlreiche Schnecken- und Muschelarten sowie Cyanobakterien und Grünalgen, welche die runde Oberfläche der Onkoide besiedeln und so zum weiteren Wachstum dieses kugeligen Kalkpartikels beitragen. Stürme und Springtiden führen zu starken Strömungen auf der Schwellenzone und verfrachten die runden Ooidkörner und Intraklasten vom seichten Bereich in die Lagune. Dort werden die Kalkkörner abgelagert und im Schlamm eingebettet. In der Lagune entstehen so Bio-, Oo-, Onkoid- und Intramikrite und damit eine große Vielfalt mikritischer Kalksteine. Werden Onkoide zu groß, als dass sie im Meer weiter gedreht werden, dann können sich aus diesen kugeligen Gebilden durchaus Stromatolithe entwickeln. Diese sind dann lagestabil und wachsen primär in die Höhe (s. auch Kapitel 9.1.2).

In Lagunen, aber auch im tieferen Meer unterhalb der Sturmwellenbasis (Kapitel 4.4.2) kann es auch zur Anhäufung von Kalkschlamm und damit zur Bildung von Schlammhügeln (‚mud mounds' in der englischen Nomenklatur) kommen. Diese entstehen, wenn schwache Strömungen den Kalkschlamm anhäufen oder wenn Algen und andere sedimentfangende (z.B. Bryozoa oder Moostierchen, Schwämme) und auch inkrustierende Organismen (z.B. Grünalgen) den Schlamm im Wasser binden und so die Bildung eines Schlammhügels ermöglichen.

9.2.5 Im Intertidal: Gezeiten und Umlagerung von Kalkschlamm in Prielen

Der Übergang von der Lagune zum Festland erfolgt auf einer Kalkplattform sehr häufig graduell und hängt insbesondere vom Tidenhub und dem Gefälle des Küstenstreifens ab. Ist der Tidenhub groß und das Gefälle flach, dann bildet sich ein breiter intertidaler Bereich aus, also ein Watt mit zahlreichen Prielen (s. auch Kapitel 6.3 und Abbildung 9-7). Ist der Tidenhub dagegen gering und der Küstenbereich relativ steil, dann ist das Watt schmal und die Lagune liegt nahe beim Festland.

Die Flutströmung trägt den Kalkschlamm von der Lagune aufs Watt. Die Priele dienen dabei als Korridore, worin die Sedimentpartikel von der Lagune zu den intertidalen Bereichen verfrachtet werden (Abbildung 9-8b). Darum besteht das Sediment in den Prielen und auf dem Watt weitgehend aus Kalkschlamm. Auf einem Kalkwatt sind die Lebensbedingungen, im Gegensatz zum intertidalen Bereich mit siliziklastischem Material (Kapitel 6.3), eher ungünstig. So führen hohe Lufttemperaturen – wir befinden uns im Bereich zwischen

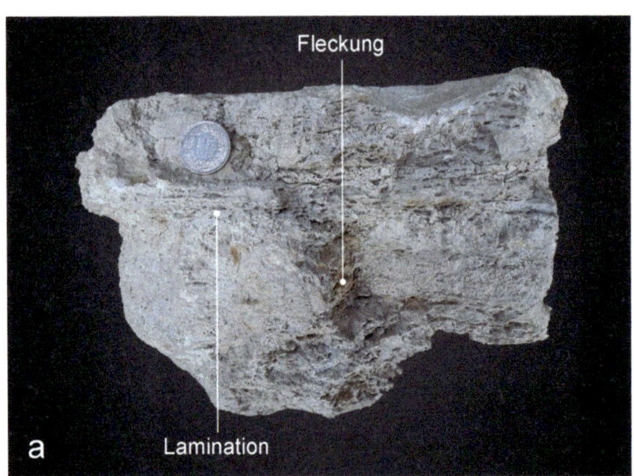

Abbildung 9-9: *Auf dem oberen Intertidal können sich Cyanobakterien oder Blaugrünalgen ansiedeln.* ***a)*** *Die Cyanobakterien binden mit ihren Filamenten den Kalkschlamm und führen zur Bildung einer Parallellamination mit Laminen unterschiedlicher Dicke. Nach dem Absterben der Cyanobakterien zersetzt sich das organische Material, und die Laminae aus Kalkschlamm bleiben als parallel bis wellig laminierter Mikrit zurück. Die Fleckung entstand als Folge beginnender Bodenbildung.* ***b)*** *Die Zersetzung der Cyanobakterien kann zur Bildung von Gasbläschen führen. Die Hohlräume werden anschliessend mit Kalzit gefüllt. Die so entstandene Struktur wird als fenestrales Gefüge bezeichnet. Beide Beispiele stammen aus dem Juragebirge.*

den Wendekreisen – zu einer starken Verdunstung des flachen Meerwassers und damit zu einem hohen Salzgehalt. Des Weiteren ist das Nahrungsangebot im Kalkschlamm eher gering. Dies führt dazu, dass sich im Kalkwatt nur wenige, allerdings sehr spezialisierte Organismen ansiedeln. Dort bilden sich deshalb mikritsche Kalksteine mit nur vereinzelt vorkommenden Bioklasten.

9.2.6 Vom Intertidal zum Supratidal: Bildung von Salz und Lebensraum für Cyanobakterien

Auf einer Kalkplattform ist der Bereich vom oberen Intertidal ins Supratidal durch eine starke Verdunstung von Meerwasser geprägt (Abbildung 9-7). Die relative Sättigung gelöster Kationen und Anionen nimmt dabei kontinuierlich zu, bis das Restwasser schließlich an gelösten Stoffen übersättigt ist. Dies führt zur Fällung von Verdunstungsmineralen, welche auch als Evaporitminerale bezeichnet werden (Kapitel 10). Dabei handelt es sich um Kalzit ($CaCO_3$), Gips ($Ca[SO_4]\cdot 2H_2O$) und insbesondere auch um Halit (NaCl), das Steinsalz. Die Evaporitminerale bilden sich dabei auf der Oberfläche, also auf dem Sediment selbst. In den obersten Metern des Untergrunds und damit im Sediment findet wegen der hohen Verdunstung zusätzlich ein kapillarer Aufstieg des Grundwassers statt. Dabei verdunstet das bereits sehr salzige Grundwasser auf seinem Weg zur Oberfläche. Dies hat zur Folge, dass Evaporitminerale auch im Porenraum des Sediments gebildet werden (s. auch Kapitel 10), was eine Zunahme des Sedimentvolumens in den obersten Schichten zur Folge hat. Da aber in der Breite kein freier Platz vorhanden ist, wölben sich die obersten Schichten auf. Dabei bilden sich polygonal angeordnete Sedimentschollen mit Wölbungen an den Rändern (Abbildung 9-8c). Ist das Wachstum der Evaporitminerale in den obersten Schichten sehr stark, dann brechen diese Wölbungen auf, und der Rand einer solchen Scholle schiebt sich wenige Zentimeter über die benachbarte Scholle. Die Struktur, die so entsteht, wird als Teepee-Struktur (seltener Tipi-Struktur) bezeichnet, da dessen dreieckförmiger Querschnitt an ein Tipi-Zelt erinnert (Abbildung 9-8c).

Im oberen Intertidal führen die Salzkrusten und der hohe Salzgehalt des Oberflächen- und Grundwassers zu einem lebensfeindlichen Milieu. Cyanobakterien, oder auch Blaugrünalgen, haben sich jedoch an eine solche Umgebung angepasst. Wie eine feine Algenmatte bedecken sie dort die salzige Oberfläche und strecken ihre feinen Filamente in die Höhe und wachsen dem Licht entgegen, denn die meisten Arten sind in der Lage, eine Photosynthese durchzuführen. Die Filamente binden dabei den Kalkschlamm, welcher im Wasser schwebt, zu feinen Lagen. So entsteht ein mikritischer Kalkstein mit einer mm-dünnen, häufig wellenförmigen Lamination (Abbildung 9-9a). Wird eine Abfolge von solchen Laminen bis zu mehrere Dezimeter dick, dann können sie Stromatolithe bilden (s. auch Kapitel 9.1.2). Sterben die Cyanobakterien ab, dann verrotten die organischen Bestandteile im Sediment zum Teil unter Luftabschluss. Im Kalkschlamm bilden sich deshalb millimeterkleine Bläschen, die mit Methan (CH_4) gefüllt sind. Im Gestein sind diese Gasbläschen als kleine runde Hohlräume erkennbar, welche nach der Blasenbildung mit Kalzit gefüllt wurden (Abbildung 9-9b). Die entsprechende Struktur wird als fenestrales Gefüge bezeichnet.

9.3 Ablagerungsräume auf einer Kalkplattform in der Übersicht

Abbildung 9-10 zeigt die wesentlichen sedimentologischen Elemente einer Kalkplattform. Am bedeutendsten sind wohl die Korallen, denn sie bilden den scharfen Rand, welcher

Abbildung 9-10: *Blockdiagramm einer Kalkplattform mit Verteilung der Ablagerungsräume. Fotos © A. Matter (a, b, d und e) sowie J. St. John (c).*

eine Kalkplattform gegen das offene Meer hin begrenzt. Korallen brauchen frisches, sauberes und warmes offenmarines Meerwasser mit guter Sauerstoffdurchmischung und wenig Suspension. Zu hohe Wassertemperaturen (globale Erwärmung!) führen aber zum Absterben der Nesseltiere. Sind die Bedingungen günstig, dann wachsen die Korallen dem Wellengang entgegen, und sie siedeln sich vorzugsweise auf der Luvseite eines Schelfs oder einer Insel an. Die Korallen können Riffstrukturen und damit eine Schwellenzone bilden und werden nach ihrem Absterben zu einem Biolithit aus Aragonit. Starker Wellengang kann zur Bildung von Riffschutt führen. Dieser lagert sich am Fuß des Korallenriffs zu Kalkbrekzien ab. Als Folge eines starken Wellengangs und insbesondere einer großen Gezeitenströmung werden oft größere Mengen von Kalkpartikeln von der Schwellenzone ins Meer verfrachtet. Die Partikel fließen dabei als Trübeströme zum Plattformfuß und werden dort als Kalziturbidite abgelagert. Es entstehen arenitische bis ruditische Kalksteine (meistens ein Oo-, Intra- oder Biosparit) mit einem Kalzitzement zwischen den Porenräumen (s. Abbildung 1-3 für Korngrößenklassifikation). Auf der Schwellenzone der Plattform führen Wellen- und Gezeitenströmungen zur Bildung von Ooiden, die sich zusammen mit den Bio- und Intraklasten in Großrippeln anreichern. Dabei werden schräg- und kreuzgeschichtete Oo-, Bio- und Intrasparite gebildet.

Auf der Leeseite der Plattformkante ist die Wellenenergie weitgehend gebrochen, so dass dort die Meeresströmungen sehr schwach sind und meistens nur noch im Zusammenhang mit Flut- und Ebbzyklen auftreten. In der Lagune kann sich deshalb Kalkschlamm ablagern. Dabei ist die Grünalge Halimeda für die Kalkschlammbildung maßgeblich verantwortlich. In einer Lagune entsteht somit ein mikritischer Kalkstein, also ein Mikrit, oder je nach Fossilinhalt auch ein Biomikrit. Landwärts bildet das Kalkwatt einen kontinuierlichen Übergang zum Festland. Das Watt selbst ist von Prielen durchzogen. Darin strömt das Wasser bei Flut auf die Wattoberfläche und bei Ebbe wieder zurück in die Lagune. Dabei wird Kalkschlamm von der Lagune in die Priele und auf die Wattoberfläche verfrachtet. Auf einem Kalkwatt entsteht deshalb meistens ein mikritischer Kalkstein (Abbildung 9-10).

Gegen das Festland hin schmiegt sich das obere Intertidal in einem schmalen Saum ans Supratidal an. Dort ist die Verdunstung von Meerwasser sehr hoch, so dass Kalzit, Gips und Halit aus dem Meerwasser als Evaporitminerale gefällt werden. Das Wachstum dieser Kristalle benötigt zusätzlichen Platz in den obersten Sedimentschichten. Als Folge davon entsteht dort ein Kompressionsdruck, was zur Folge hat, dass die oberste Lage in polygonale Schollen zerbricht. Diese wölben sich auf, und der Rand einer solchen Scholle schiebt sich wenige Zentimeter über die benachbarte Scholle (Abbildung 9-10). Die Struktur, die so entsteht, wird als Teepee-Struktur bezeichnet.

Im oberen Intertidal sind die Lebensbedingungen wegen der hohen Salinität sehr ungünstig. Deshalb finden wir dort kaum Schnecken, Muscheln und andere benthische Organismen. Eine Ausnahme bilden dabei die Blaugrünalgen oder auch die Cyanobakterien. Diese sind in der Lage, sich im oberen Intertidal trotz der widrigen ökologischen Umstände anzusiedeln und dort eigentliche Algenmatten zu bilden. Ihre Filamente binden den Kalkschlamm zu wellig laminierten Kalkschlammlagen, deren Aragonit- und Kalzitnädelchen im Untergrund häufig eine diagenetische Rekristallisation zu Dolomit erfahren (Kapitel 9.4). Im oberen Intertidal entsteht deshalb sehr oft eine Wechsellagerung aus knollig und lagig angeordneten Evaporitschichten, bestehend aus Kalzit-, Gips- und Halitaggregaten (s. auch Kapitel 10), und wellig laminierten Dolomitsteinen (s. nächstes Kapitel).

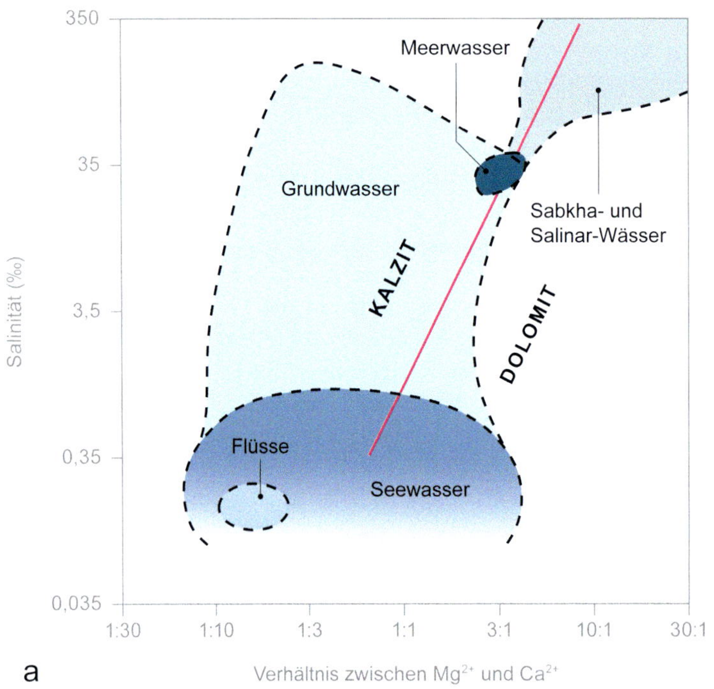

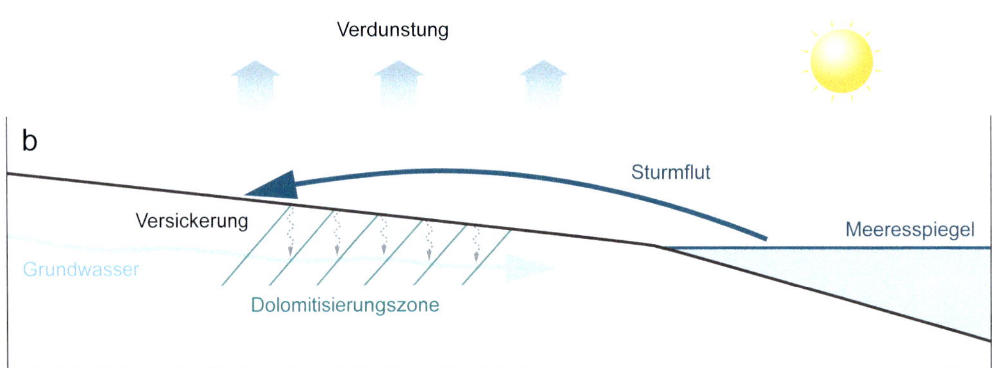

Abbildung 9-11: a) *Schematische Illustration, um die Dolomitbildung zu erklären. Das geochemische Stabilitätsfeld von Dolomitmineralen (rechts von der roten Linie) liegt vorwiegend außerhalb des Bereiches von natürlichen Wässern. Wird ein Teil Meerwasser oder Grundwasser mit einem Teil Sabkha-Wasser gemischt, dann entspricht die geochemische Zusammensetzung den Verhältnissen, unter denen Dolomitminerale geochemisch stabil sind. Bei der Berechnung der Ionenverhältnisse wurden die jeweiligen Konzentrationen in ppm verwendet.* ***b)*** *Situation im oberen Intertidal. Verdunstung von Meerwasser führt zur Bildung eines Sabkha-Wassers. Vermischt sich dieses mit Grundwasser oder dem Spritzwasser während Sturmfluten, dann entsteht eine Zusammensetzung, welche die Dolomitbildung ermöglicht. Diese erfolgt meistens in den obersten paar Dezimetern im Boden. a) und b) modifiziert nach Tucker und Wright (1990).*

9.4 Bildung von Dolomit zwischen dem oberen Intertidal und dem unteren Supratidal

Das Mineral Dolomit mit der chemischen Formel $CaMg(CO_3)_2$ ist neben dem Kalzit und dem Aragonit das wohl am weitesten verbreitete Karbonatmineral. So werden markante Gipfel in den Alpen wie zum Beispiel die Drei Zinnen in Südtirol oder der Wilde Kaiser in Tirol zu einem bedeutenden Teil aus dolomitischen Gesteinen aufgebaut. Im Gelände lässt sich ein Dolomitstein relativ einfach vom Kalkstein unterscheiden: Ein Dolomitstein reagiert nur verzögert, wenn das Gestein mit verdünnter Salzsäure beträufelt wird. Ein Kalkstein dagegen zeigt eine schnelle Reaktion, und die verdünnte Salzsäure braust auf der Gesteinsoberfläche sehr stark. Des Weiteren bricht ein Dolomitstein viel splittriger als ein Kalkstein, und die Farbe ist oft beige-gelblich. Im Gegensatz dazu wirken Kalkwände weiß und hell, und beim Anschlagen mit dem Sedimentologiehammer entsteht häufig eine muschelige Bruchfläche. Schließlich neigen Kalksteine wegen der hohen Löslichkeit von $CaCO_3$ im Wasser zur Karstbildung. Die Löslichkeit von Dolomit ist viel geringer als die von Kalzit und Aragonit, und deshalb bleibt die Entstehung von Karststrukturen und damit auch die Bildung eines Höhlensystems in Gebirgszügen mit Dolomitsteinen weitgehend aus.

Obwohl Dolomit als Gesteinsart in unseren Gebirgen weit verbreitet ist, kann seine Entstehung nicht auf primäre sedimentologische Prozesse zurückgeführt werden. Die Bildung von Dolomit ist vielmehr das Ergebnis eines sekundären, diagenetischen Prozesses (s. auch Kapitel 1.1), welcher geochemische Ursachen hat und als Dolomitisierung bezeichnet wird. Dolomitminerale entstehen, wenn in wässrigen Lösungen die Salinität entweder einen Wert von ca. 3,5 bis 35‰ übersteigt oder darin das Verhältnis zwischen Mg^{2+}- und Ca^{2+}-Ionen größer als ca. 3:1 ist (Abbildung 9-11a). Die meisten Gewässer erreichen aber diese Bedingungen kaum. Ausnahmen bilden Seen sowie Sabkha-Bereiche und zum Teil auch Abschnitte in Grundwasserströmen (Kapitel 10.2 und 10.3), wo die Verdunstung bereits weit vorangeschritten ist und so Sabkha- und Salinar-Wässer sowie Grundwässer mit einer hohen Salinität und/oder einem hohen Mg^{2+} zu Ca^{2+}-Verhältnis entstehen. In Wässern mit einer solchen Zusammensetzung sind allerdings sowohl Kalzit als auch Dolomit geochemisch stabil (Abbildung 9-11a), und deshalb können dort beide Minerale entstehen. Ideale Verhältnisse für die Bildung von Dolomitmineralen entstehen deshalb erst, wenn Sabkha- und Salinar-Wasser mit Meer- oder Grundwasser in einem 1:1-Verhältnis gemischt werden. Solche Mischungen finden wir im oberen Intertidal in einem schmalen Streifen, der häufig auch von Cyanobakterien besiedelt ist. Dort entsteht durch die starke Verdunstung ein Restwasser, welches in seiner chemischen Zusammensetzung einem Sabkha- oder Salinar-Wasser entspricht (Kapitel 10.2 und 10.3). Sickert dieses Wasser dann in den Untergrund und trifft es dort auf das Grundwasser vom Festland (Abbildung 9-11b), dann entsteht im Grundwasser die richtige chemische Zusammensetzung, die erlaubt, dass Dolomitminerale unmittelbar unter der Oberfläche gebildet werden können. Die Kalzit- und Aragonitminerale im Kalkschlamm erfahren dort deshalb eine diagenetische Rekristallisation zu Dolomit. Die gleichen Rekristallisationsprozesse laufen aber auch auf der Oberfläche ab, wenn Springtiden oder hoher Wellengang dazu führen, dass Meerwasser von der Lagune aufs obere Intertidal gespült wird (Spritzwasser, s. auch Kapitel 6.2.2) und dabei mit dem Sabkha-Wasser gemischt wird.

Dolomitsteine haben sehr häufig eine massige Struktur. In einigen Dolomitschichten wird aber auch eine wellige Lamination beobachtet, ähnlich wie in Abbildung 9-9a. Wie in Kapitel 9.2.6 bereits beschrieben, können Cyanobakterien im Sabkha-Milieu den Kalk-

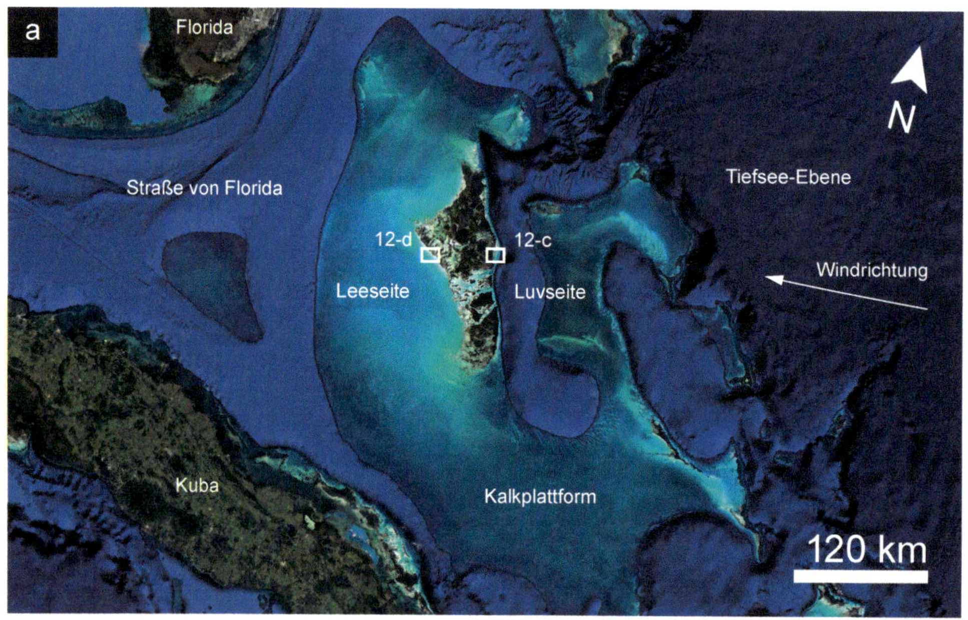

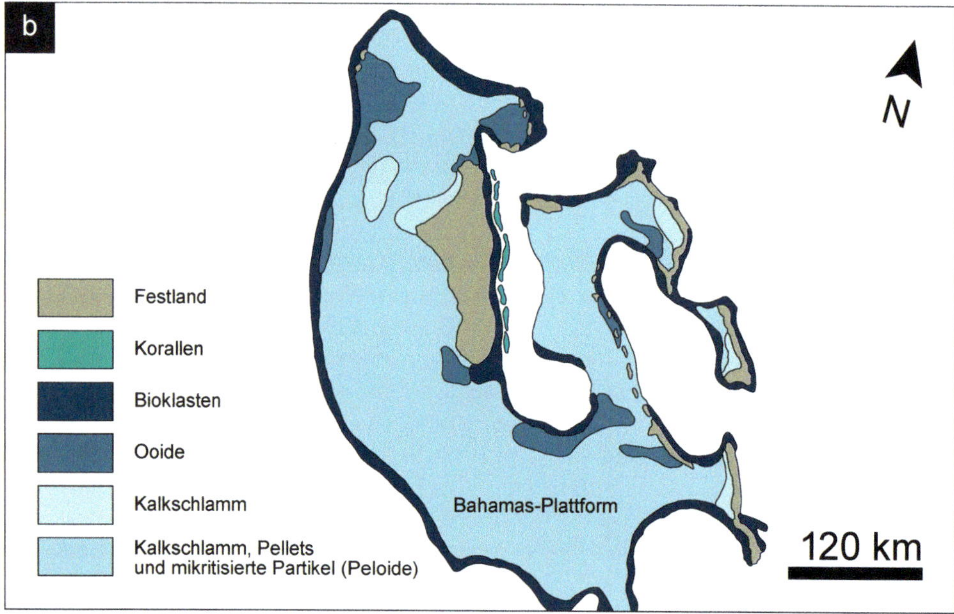

Abbildung 9-12: *Die Bahamas-Plattform bei ca. 24°30'N / 78°00'W.* ***a)*** *Übersicht mit dominanter Windrichtung, Luv- und Leeseite sowie Meeresstrassen, welche die Plattform umgeben (Satellitenbild © Landsat/Copernicus).* ***b)*** *Sedimentologische Karte mit der räumlichen Verteilung der wichtigsten Kalkpartikel. Je nach Saison können sich die Ablagerungsräume leicht verschieben. Deshalb gibt es Abweichungen zwischen Satellitenbild und Karte. Modifiziert nach Tucker und Wright (1990).*

Abbildung 9-12 (Fortsetzung): c) *Details von der Luvseite. Wir erkennen die Korallenstöcke an der grünlichen Farbe, die Großrippel an der Rillenstruktur sowie den Kalkschlamm in der Lagune. Dieser reflektiert das Sonnenlicht als türkisblaue Farbe (Satellitenbild © NOAA, US Navy).* ***d)*** *Details von der Leeseite (Satellitenbild © 2020 CNES/Airbus). Wir erkennen die Lagune mit dem Kalkschlamm, den Pellets und Peloiden, sowie die Priele und das Watt. Bei den schwarzgrünen Bereichen könnte es sich um Cyanobakterien bzw. Blaugrünalgen handeln. Bitte beachten, dass beide Begriffe dasselbe bezeichnen.*

schlamm binden und so millimeterdünne wellenförmige Laminae aus Aragonit- und Kalzitnädelchen bilden. Die Kalkminerale erfahren dann nach der Ablagerung sehr häufig eine Dolomitisierung. Die wellige Lamination bleibt bei diesem diagnetischen Prozess allerdings erhalten, und so weisen sehr viele Sequenzen aus Dolomitsteinen trotz des Rekristallisationsprozesses eine wellige Lamination auf.

9.5 Beispiele von Kalkplattformen

9.5.1 Die Bahamas als Beispiel für eine gezeitendominierte Kalkfabrik

Die Bahamas-Inseln in der Karibik und insbesondere die Kalkplattformen rund um diese Inselgruppe sind wohl die bestuntersuchten Kalkfabriken der Welt. Wir verwenden hier die Inselgruppe Andros (24°30′N / 78°00′W), um die Kalkbildung in einem Milieu mit starken Gezeitenströmungen und Wellengang zu illustrieren (Abbildung 9-12a). Starke Passatwinde aus östlicher Richtung führen zur Zufuhr von frischem und sauerstoffreichem Meerwasser auf der Ostseite (Luvseite) von Andros. Nicht von ungefähr siedeln sich deshalb dort Korallen an (Abbildung 9-12b), welche eine Vielzahl von ökologischen Nischen bieten. Starke Gezeitenströme, verbunden mit einem Tidenhub von mehr als einem Meter, führen zur Bildung von Großrippeln mit Ooiden auf der landwärtigen Seite der Korallenkolonien (Abbildungen 9-12b und 9-12c). In abgeschnürten, geschützten Bereichen befinden sich Lagunen sowohl auf der Luv- als auch auf der Leeseite dieser Plattform (Abbildungen 9-12c, 9-12d). Dort besteht der Meeresgrund weitgehend aus Kalkschlamm, welcher für die türkisblaue Reflexion des Sonnenlichts verantwortlich ist. Auf der Leeseite ist das Wasser in der Lagune zudem starken Salinitätsschwankungen ausgesetzt. Dort variiert der Salzgehalt zwischen 33‰ bis 37‰ im Winter und 37‰ bis 46‰ im Sommer (Tucker und Wright, 1990). Die Salinität insbesondere während der Sommermonate ist zu groß, als dass sich Korallen ansiedeln könnten. Dort tragen deshalb Grünalgen, Fische und Schnecken zur Schlamm-, Pellet- und zum Teil auch Peloidbildung bei, und so werden in der Lagune vorwiegend mikritische und pelmikritische Gesteine gebildet (Tucker und Wright, 1990). Der Übergang von der Lagune zum Innern der Insel ist von einem Kalkwatt geprägt, welches von mehreren Prielen durchzogen ist (Abbildung 9-12d). Diese ermöglichen den Wasseraustausch zwischen der Lagune und dem angrenzenden Kalkwatt. Im Übergang zum Supratidal finden wir Bereiche, welche das Sonnenlicht dunkelgrün bis schwarzblau reflektieren. Dabei dürfte es sich um Cyanobakterien oder Blaugrünalgen handeln, die sich in diesem seichten und sehr salzreichen Wasser ansiedeln. Wegen des relativ großen Tidenhubs und den deutlichen sedimentologischen Hinweisen für Gezeitenströmungen dienen die Bahamas als Beispiel für eine gezeitendominierte Kalkfabrik.

9.5.2 Die Westküste des Roten Meers als Beispiel für eine wellendominierte Kalkfabrik

Im Roten Meer beträgt der Unterschied zwischen Ebbe und Flut im Durchschnitt etwa 60 Zentimeter. Dieser ist groß genug, dass lokal ein Watt gebildet werden kann. Er ist aber auch hinreichend klein, dass sich Küstenstreifen bilden, welche primär durch den Wellengang geformt werden. Eine solche wellendominierte Küste finden wir entlang der Ostküste Eritreas bei 16°37′N / 39°08′E (Abbildung 9-13). Dort wehen auflandige Passatwinde aus nordöstlicher Richtung, was starke Wellen verursacht. Diese führen zu einem küstenparal-

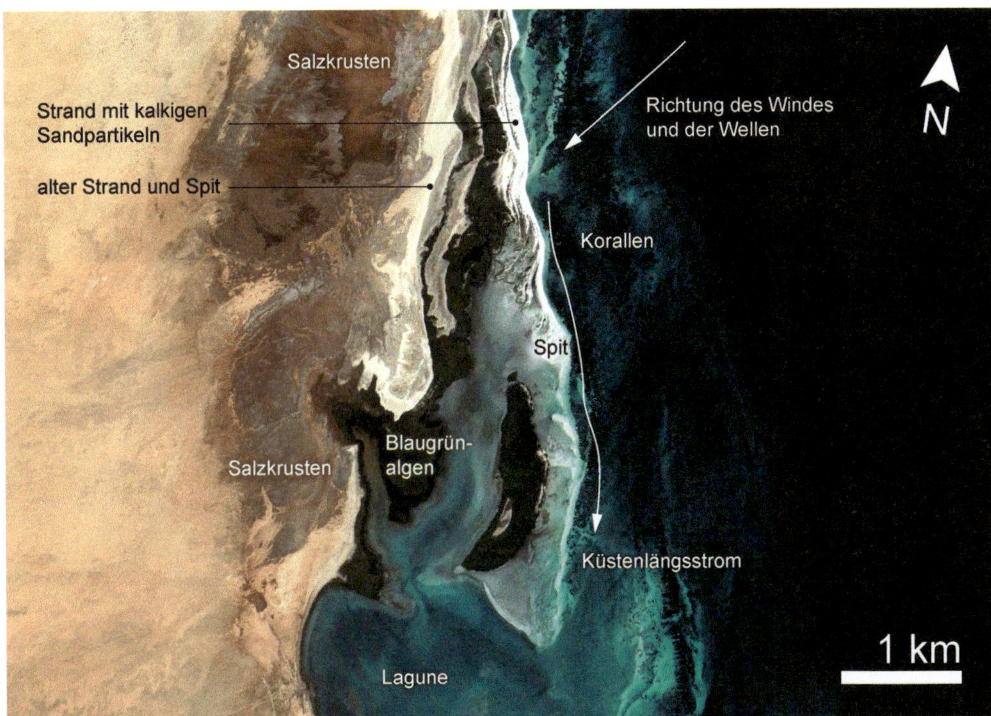

Abbildung 9-13: *Küste auf der Ostseite von Eritrea bei ca. 16°37'N / 39°08'E. Satellitenbild © 2020 Maxar Technologies.*

lelen, nach Süden gerichteten Transport der Kalkpartikel und damit zur Bildung von Spits (Kapitel 6.2.3). Die Sedimente am Strand und in den Spits entstehen als Folge dieses starken Wellengangs und bestehen aus arenitischen und zum Teil auch ruditischen Partikeln (s. Abbildung 1-3 für Korngrößenklassifikation). Deshalb wird dort je nach Art der Kalkpartikel ein Oo-, Bio- oder auch ein Intrasparit gebildet. Gegen das offene Meer hin schließt ein mehrere hundert Meter breiter Saum mit Korallen an, welche dort ideale ökologische Bedingungen für ein üppiges Wachstum finden.

Die Bildung von Spits führt dazu, dass gegen das Festland hin eine Bucht entsteht, welche wie eine Lagune vor dem Wellengang weitgehend geschützt ist (Abbildung 9-13). In diesem energiearmen Milieu wird Kalkschlamm abgelagert, und so kann dort ein mikritisches Gestein entstehen. Hypersaline Bereiche mit einem Salzgehalt von deutlich mehr als 35‰ säumen die geschützte Bucht gegen das Festland und werden von Blaugrünalgen oder auch Cyanobakterien besiedelt. Dort entstehen auch evaporitische Minerale (Kalzit, Gips, Halit), und im Untergrund dürfte wahrscheinlich eine diagenetische Rekristallisation von Kalzit und Aragonit zu Dolomit stattfinden (Dolomitisierung, s. auch Kapitel 9.4).

9.6 Karbonatplattform mit Eintrag klastischer Partikel vom Festland

Ist der Eintrag klastischer Sedimentpartikel vom Festland relativ hoch, dann siedeln sich keine Korallen an einer Schelfkante an, und es bildet sich auch keine Kalkfabrik. Dies ist insbesondere dann der Fall, wenn die Flüsse ein Gebirge entwässern und deshalb eine hohe Sedimentfracht mit sich führen (Abbildung 2-6) und so eine starke Trübung des Meerwassers verursachen. In flachen Gebieten und auf kleinen Kontinenten ist die Sedimentfracht in den Flüssen jedoch relativ gering, so dass sich im angrenzenden flachen Meer trotzdem eine Kalkplattform bilden kann. Eine solche Situation finden wir auf der Westseite von Mauritius bei 20°25′S, 57°20′E vor (Abbildung 9-14). Wir erkennen den klastischen Eintrag vom Festland her hauptsächlich an der Braunfärbung des Schlamms am Grund der Lagune. Dabei handelt es sich vorwiegend um kleine Quarz- und Feldspatkörner (Ton- bis Siltgröße, Abbildung 1-3) und um Tonminerale. Dort entsteht ein Gemisch aus Kalkschlamm und sehr feinkörnigen siliziklastischen Partikeln (Ton- und z.T. auch Siltgröße). Das daraus resultierende Gestein bezeichnen wir als Mergel. In Richtung zur offenen Lagune nimmt der Kalkanteil im Schlamm und damit auch die türkisblaue Farbe der Sonnenlichtreflexion sukzessive zu. Am Rande der Plattform finden wir westlich von der Wellenbrecherzone mehrere Quadratkilometer große Streifen mit Kolonien von Korallen, welche das Sonnenlicht dunkel- bis blaugrün reflektieren. Dort sind wir offenbar vom Festland zu weit entfernt, als

Abbildung 9-14: *Siliziklastische und kalkige Ablagerungsbereiche auf der Plattform am westlichen Rand von Mauritius bei ca. 20°25'S / 57°20'E (Satellitenbild © 2021 Maxar Technologies). Der Eintrag von Sediment vom Kontinent her (Quarz- und Feldspatkörner sowie Tonminerale) erfolgt durch Flüsse. Der Schlamm in der Lagune wird durch das klastische Sediment bräunlich gefärbt. Gegen das offene Meer hin nimmt die türkisblaue Farbe, also der Anteil von Kalkschlamm zu. Bei den braungrünen Flecken am westlichen Rand dürfte es sich um inkrustierende Grünalgen handeln.*

dass der Eintrag siliziklastischen Materials von der Insel das Korallenwachstum beeinträchtigen könnte. Am Rand des Festlands dagegen führt die Zufuhr klastischer Sedimentpartikel zur Bildung eines Ablagerungsraums, in welchem sowohl siliziklastische als auch kalkige Partikel abgelagert werden (Abbildung 9-14).

9.7 Epikontinentale Kalkplattform und Kalkrampe

Die Beispiele in diesem Kapitel zeigen sehr schön, dass die Kalkbildung zur Zeit hauptsächlich auf kleine Räume beschränkt ist und dass die Ablagerungsbereiche eine relativ einfache Geometrie aufweisen: eine Plattformkante, eine Lagune, je nach Tidenhub ein Kalkwatt und anschließend daran das Festland. Wie wir in der Einleitung bereits erwähnt haben, bildet die heutige Situation aus der Perspektive der Erdgeschichte eine Ausnahme, denn in der geologischen Vergangenheit waren Kalkfabriken räumlich sehr weit verbreitet. Das war insbesondere auch während der Oberkreide zwischen etwa 100 und 75 Millionen Jahre vor heute der Fall (Abbildung 9-15). Damals erreichte der globale Meeresspiegel einen Höchststand, die globalen Temperaturen waren sehr warm, und größere Gebirgszüge mit hoher Erosion existierten damals nicht, jedenfalls nicht auf dem europäischen Kontinent. Stattdessen waren weite Bereiche des europäischen Festlands von einem flachen Epikontinentalmeer geflutet. Wie es der Name schon andeutet, handelt es sich dabei um ein Meer, welches neben dem Schelf (Abbildung 1-1) auch weite Bereiche eines Kontinents und damit auch Teile des Flachlandes bedeckt. Die Wassertiefen bewegten sich damals zwischen wenigen Metern und einigen Zehnern von Metern. Am Rand der kontinentalen Platte war dieses Meer sogar bis einige Hundert Meter tief. In diesem weiträumigen Meer bildeten sich auf dem europäischen Kontinent mächtige Kalksequenzen. Diese bestehen aus Korallenriffen, Schlammhügeln (‚mud mounds' auf Englisch) und anderen Kalksteinen, die in Lagunen, tieferen Senken und auch flachen Übergängen zum Festland abgelagert wurden. Das Meer war von einer reichen Fauna besiedelt. Dort fanden Ammoniten, Belemniten, Seesterne, Krinoiden, Bryozonen, Seepocken, Brachiopoden, Muscheln, Schnecken, Fische, Schwämme und noch viele andere Organismen ideale Lebensbedingungen und hinterließen schließlich eine große Vielfalt an Fossilien.

Das Epikontinentalmeer der Kreidezeit kann wegen der Vielzahl der ökologischen Nischen, der facettenreichen Ausbildung der Ablagerungsräume und insbesondere auch wegen seiner schieren Größe kaum mit den kleinen Kalkplattformen von heute verglichen werden. Solche Kalkfabriken, welche sich sowohl auf dem Schelf als auch auf dem Kontinent bildeten, werden als epikontinentale oder epeirische Plattformen bezeichnet. Dort bildeten sich helle Mikrite mit Bioklasten sowie Oo-, Bio- und Intrasparite und Biolithite, bestehend aus Korallen. Gegen das Festland wurden Gipse, Salze und auch mächtige Dolomitabfolgen gebildet. Der Übergang von der epikontinentalen Kalkplattform in die Tiefsee, zum Beispiel in die Tethys am südlichen Rand des europäischen Kontinents, war häufig graduell und erfolgte als flache, gegen das tiefe Meer abfallende Rampe. Die vorwiegend mikritischen Kalksteine erhielten dabei mit zunehmender Wassertiefe eine sukzessiv dunklere Farbe, denn sie wurden vielerorts in lokalen, sauerstoffarmen Senken abgelagert. Dort bildete sich ein kieselig-kalkiger Faulschlamm (s. auch Kapitel 8.1.3 und 8.2.3), was die dunkle Farbe vieler Kieselkalkabfolgen erklären könnte. Dieser Wechsel zeigt sich sehr schön in den Kalksteinen der Alpen. Aus den hellen, flachmarinen und tropisch wirkenden Kalkschichten des ‚Urgoniens', welche in der Kreidezeit vor ca. 130 bis 110 Millionen

Jahren am Rand des europäischen Kontinents gebildet wurden und heute im Berner Oberland (Schrattenkalk) oder auch im französischen Voralpengebirge anstehen (urgonische Kalksteine), wurden sukzessive dunkelgraue bis schwarze Kieselkalk-Abfolgen, je näher sich der Ablagerungsraum beim tiefen Tethys-Meer befand.

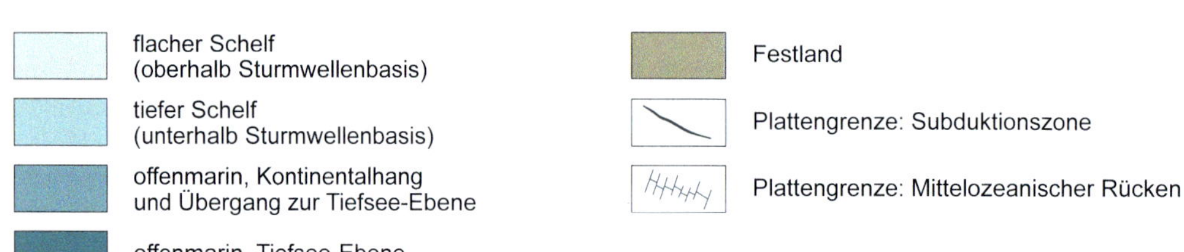

Abbildung 9-15: *Paläogeographische Situation während der Kreidezeit zwischen ca. 75 und 100 Millionen Jahren vor heute. Der weitaus größte Teil des europäischen Kontinents war von einem flachen Meer bedeckt. Umrisse von Landesgrenzen, wenn auch lückenhaft, dienen zur Orientierung. Modifiziert nach Deep Time Maps © Colorado Plateau Geosystems.*

Salzwüste

10 Evaporite: Wo Wasser verdunstet

Wir haben sicherlich alle bereits kleinere und größere Fehler beim Zubereiten von Speisen in der Küche begangen. Ein klassisches Missgeschick, das allerdings mit einem Hausbrand enden könnte, ist das vollständige Verdampfen von Wasser beim Kochen. Dabei bleibt auf dem Topfboden eine hartnäckige weiße Kruste übrig, welche kaum entfernt werden kann. Bei diesem wohl unbeabsichtigten und auch gefährlichen Experiment bilden wir die Prozesse ab, welche in der Natur weitverbreitet sind und insbesondere in ariden Landschaftsgürteln beobachtet werden können. Dort ist die Verdunstung von Wasser bedeutend größer als der Niederschlag, wenn wir die Jahresbilanzen beider Parameter vergleichen. Daraus resultiert eine negative Wasserbilanz, welche dazu führen kann, dass ein See vollständig austrocknet. Dabei werden die im Seewasser gelösten Kationen und Anionen als Salzminerale ausgefällt. Es entsteht zuerst eine Sole (wässrige Lösung von Salzen mit mindestens 14 g gelösten Stoffen pro Liter Wasser), anschließend ein Salzwassersee (ca. 200 g gelöste Stoffe pro Liter Wasser) und schließlich eine Salzpfanne, ein Salzsee oder ein Salar. Solche Prozesse sind auf der Hochebene der Zentralanden an drei Beispielen sehr schön erkennbar (Abbildung 10-1): Beim Lago Titicaca sind zum Beispiel die heutigen Niederschlagsmengen (200–500 mm Niederschlag pro Jahr) genügend groß, damit der See nicht versalzt. Weiter südlich liegt der Lago Poopó, ein ca. 1340 km^2 großer Salzwassersee, in dem wegen der großen Trockenheit ein bedeutender Anteil des Wassers bereits verdunstet ist. Noch weiter südlich sind die Niederschlagsmengen so gering, dass das Oberflächenwasser vollständig verdampft. Zurück bleibt ein ca. 10 000 km^2 großer Salzsee, welcher als Salar de Uyuni bezeichnet wird. Diese Salzpfanne besteht weitgehend aus Verdampfungs- oder Evaporitmineralen, die sich zu Evaporitgesteinen, Verdampfungsgesteinen oder chemischen Sedimenten angereichert haben (Kapitel 1.1). Evaporitgesteine entstehen also dort, wo die Verdunstung den Niederschlag deutlich übertrifft. Die wohl dramatischste Evaporitbildung fand allerdings gegen Ende des Messiniums vor etwa 5,3 Millionen Jahren vor heute statt, als das Mittelmeer teilweise oder vollständig austrocknete und dabei sehr mächtige Evaporit-Abfolgen gebildet wurden.

Dieses Kapitel widmet sich den Mineralen und Gesteinen, die beim Verdunsten von Wasser entstehen. Es beginnt mit einem Überblick über die wichtigsten Evaporitminerale (Kapitel 10.1). Anschließend folgt die Beschreibung der Ablagerungsbereiche, wo heute Evaporitminerale entstehen. Dabei handelt es sich insbesondere um randmarine Zonen (die Sabkha, Kapitel 10.2), und um abflusslose Seen in ariden Klimagürteln (Kapitel 10.3). Sogar ein Meer, in welchem der Austausch von Meerwasser mit den Ozeanen als Folge

Kapitelbild 10: *Salzwüste (Stefan Werthmüller, 2021).*

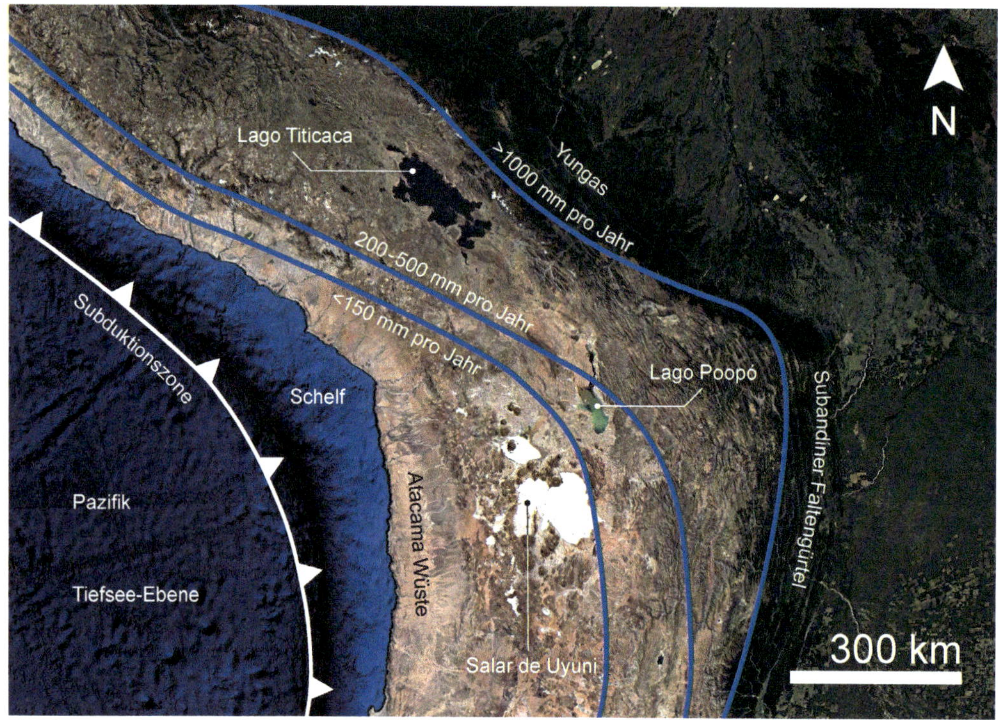

Abbildung 10-1: *Satellitenbild der Zentralanden mit durchschnittlicher jährlicher Niederschlagsmenge und den größeren Seen auf der Altiplano. Die jährliche Niederschlagsmenge rund um den Lago Titicaca ist groß genug, so dass dieser See keine Hinweise für eine Versalzung aufweist. Im Einzugsgebiet des Lago Poopó sind die jährlichen Niederschläge sehr gering, so dass dieser See bereits eine hohe Salinität hat. Im Salar de Uyuni ist das Wasser vollständig verdampft. Das Bild illustriert die Erdoberfläche bei ca. 19°'S / 71°W. Satellitenbild © Landsat/Copernicus.*

einer Verengung eingeschränkt ist, kann vollständig oder teilweise austrocknen, wenn die Wasserzufuhr für eine längere Zeit unterbrochen wird, zum Beispiel das Kaspische Meer, oder auch das Schwarze Meer und das Mittelmeer mit der Verengung bei Gibraltar. Diese Prozesse werden in Kapitel 10.4 beschrieben.

10.1 Die Evaporitminerale

Im Meerwasser bilden die Na^+-, Mg^{2+}-, K^+- und Ca^{2+}-Kationen und die Cl^--, $[SO_4]^{2-}$-, HCO_3^--, Br^--, F^--, $H_3SiO_4^-$-Anionen die wichtigsten gelösten Bestandteile (Abbildung 10-2). Beim Verdunsten von Meerwasser und Süßwasser entstehen deshalb vorwiegend Kalisalze (Abbildung 10-2) sowie Gips- ($CaSO_4{\cdot}2H_2O$) und Kalzitminerale ($CaCO_3$). Beim Verdunsten von Seewasser werden zudem sehr häufig borhaltige Verbindungen ausgefällt. Trocknet Gips weiter aus, dann entsteht daraus Anhydrit ($CaSO_4$, Kalziumsulfat). Die Kalisalze selbst umfassen eine Gruppe, welche aus verschiedenen Salzmineralen besteht. Dabei handelt es sich um Halit oder Steinsalz (NaCl), Sylvin (KCl), Carnallit ($KMgCl_3{\cdot}6H_2O$), Kainit ($KMg[SO_4]Cl{\cdot}3H_2O$) und Kieserit ($Mg[SO_4]{\cdot}H_2O$). Während Steinsalz meistens farblos ist, nehmen die Kalisalze eine

ION	SALZGEHALT IM MEERWASSER (‰)	SALZGEHALT IM TOTEN MEER (‰)
Na^+	10,56	34,74
Mg^{2+}	1,27	41,96
Ca^{2+}	0,40	15,8
K^+	0,38	7,56
Sr^{2+}	0,008	–
Cl^-	18,98	208,02
SO_4^{2-}	2,65	0,54
HCO_3^-	0,14	0,24
Br^-	0,065	5,92
F^-	0,0013	–
BO_3^{3-}	0,0045	–
$H_3SiO_4^-$	0,001	–

Abbildung 10-2: *Chemische Zusammensetzung des Meerwassers im offenen Meer und im Toten Meer. Das Tote Meer ist abflusslos, und dort verdunstet das Wasser, welches durch den Jordanfluss zugeführt wird. Im Verlaufe der Zeit haben sich deshalb unterschiedliche Anionen und Kationen angereichert, so dass das Wasser heute eine hohe Salinität aufweist. Die ‰-Angaben betreffen Gewichtsanteile, also Gramm pro Liter Wasser. Nach Reading (1978).*

rote bis hellbraune Farbe an. Diese Tönung wird durch Eisenoxid- und Eisenhydroxidminerale verursacht, welche als Spuren in den Salzmineralen vorkommen können.

Bei der Verdunstung des Meerwassers werden Kalzitminerale jedoch erst dann ausgefällt, wenn ca. 50% des Meerwassers verdampft ist (Abbildung 10-3). Sind zwischen 80% und 90% des Meerwassers verdunstet, dann beginnt die Ausfällung von $[SO_4]^{-2}$ und damit die Bildung von Gips. Bei weiterer Verdunstung setzt schließlich das Wachstum von Halit (NaCl) und Sylvin (KCl) ein. Das kaliumhaltige Salzmineral bildet sich allerdings erst dann, wenn mehr als 94% des Meerwassers verdunstet ist. Beim vollständigen Verdampfen von Meerwasser werden schließlich die Minerale Halit und Sylvin volumenmäßig am meisten gebildet (Abbildung 10-3). Der volumetrische Anteil von Gips und Kalzit zusammen beträgt lediglich 4%.

Beim Zufügen von Frischwasser erfolgt die Auflösung der Minerale gerade in der umgekehrten Reihenfolge: Zuerst geht das Mineral Sylvin in Lösung, und am Schluss werden Gips- und Kalzitkristalle im Wasser aufgelöst. Diese Sequenz der Ausfällung und Lösung führt schließlich zu einer charakteristischen Verteilung der Evaporitminerale in einem See: Weil das Seewasser zuerst am Strand und erst zuletzt in der Seemitte vollständig verdampft, werden die Evaporitminerale in einem Salzsee konzentrisch verteilt: Am Seerand sind die Kalzitminerale angereichert, während die Evaporite in der Seemitte aus einem hohen Anteil von Kalisalzen bestehen.

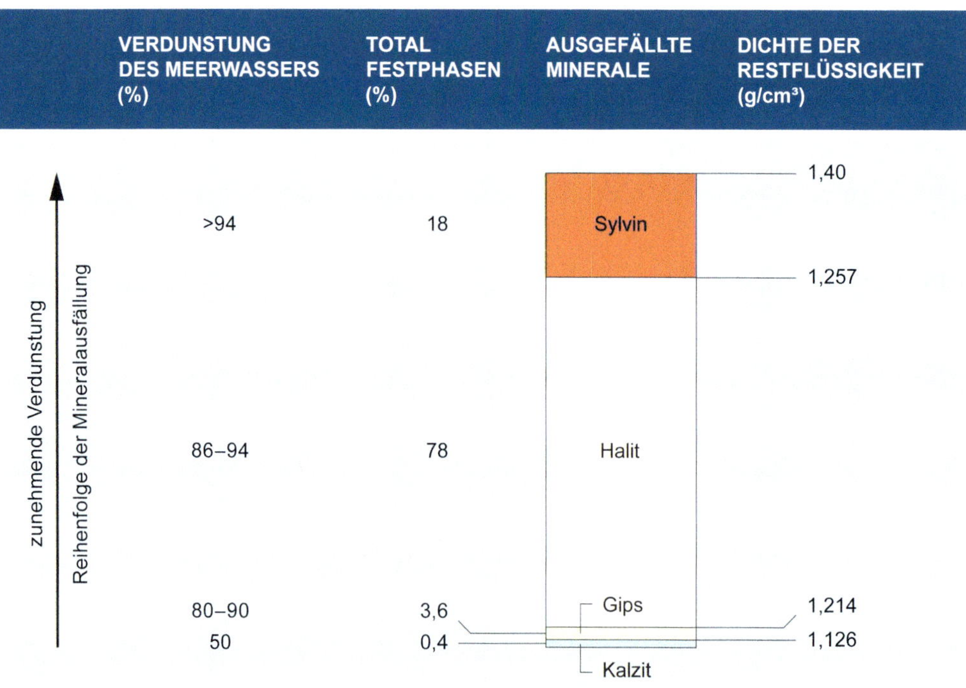

Abbildung 10-3: *Die Grafik illustriert die Reihenfolge, in welcher die unterschiedlichen Minerale ausgefällt werden, wenn Meerwasser sukzessive verdampft. Zuerst bilden sich Kalzitminerale, anschließend Gipskristalle und am Schluss Halit- und Sylvinminerale. Der volumenmäßige Anteil von Kalzit und Gips ist allerdings bescheiden (ca. 4%). Die Abbildung zeigt ebenfalls, dass die Dichte der Restflüssigkeit beim Verdampfen des Meerwassers kontinuierlich zunimmt. Nach Reading (1978).*

10.2 Meerwasser-Evaporite: Das Sabkha Modell

Wo das Klima sehr trocken und der Küstenstreifen flach ist, kann sich ein breiter supratidaler Bereich bilden, in welchem Evaporitminerale entstehen. Ein solcher Landschaftsstreifen wird als Sabkha bezeichnet (arabisch سبخة, hergeleitet vom Namen der Stadt El Sabkha in den Vereinigten Arabischen Emiraten; Abbildung 10-4 und Kapitel 9.4). Während Sturmfluten wird dort Meerwasser von der Lagune über die Algenmatten auf das Supratidal gespült, bleibt als seichte Pfützen liegen und verdunstet anschließend vollständig. Es bilden sich Evaporitminerale sowohl auf der Oberfläche als auch in den obersten Zentimetern im Boden, was zur Bildung von Teepee-Strukturen führen kann (Kapitel 9.2.6, Abbildungen 9-8c und 9-10). Im Boden kommen solche Evaporitminerale aber auch in einer Tiefe von bis zu 50 Zentimetern vor. Dort erfolgt die Ausfällung der Kationen und Anionen allerdings aus dem Grundwasser, welches im Boden aufsteigt und auf seinem Weg zur Oberfläche verdampft. Dieser kapillare Aufstieg wird insbesondere durch die trockene und heiße Luft in der Sabkha begünstigt, denn dort ist das Verdunstungspotential sehr hoch, was wiederum den Aufstieg des Grundwassers verstärkt (Abbildung 10-5). Zuerst bilden sich Kalzitknollen (Caliche, Kapitel 2.3) unmittelbar oberhalb des Grundwasserspiegels, also eher

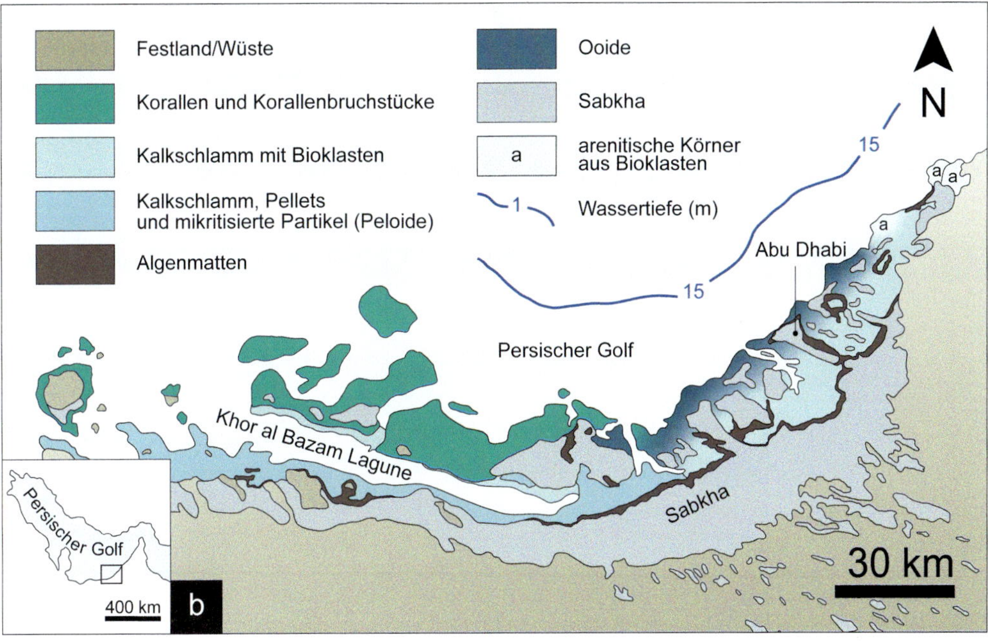

Abbildung 10-4: *Bildung von Evaporitmineralen rund um die Sabkha von Abu Dhabi bei ca. 24°9'N / 53°28'E.* ***a)*** *Satellitenbild (© Landsat/Copernicus) und* ***b)*** *sedimentologische Karte. Modifiziert nach Reading (1978).*

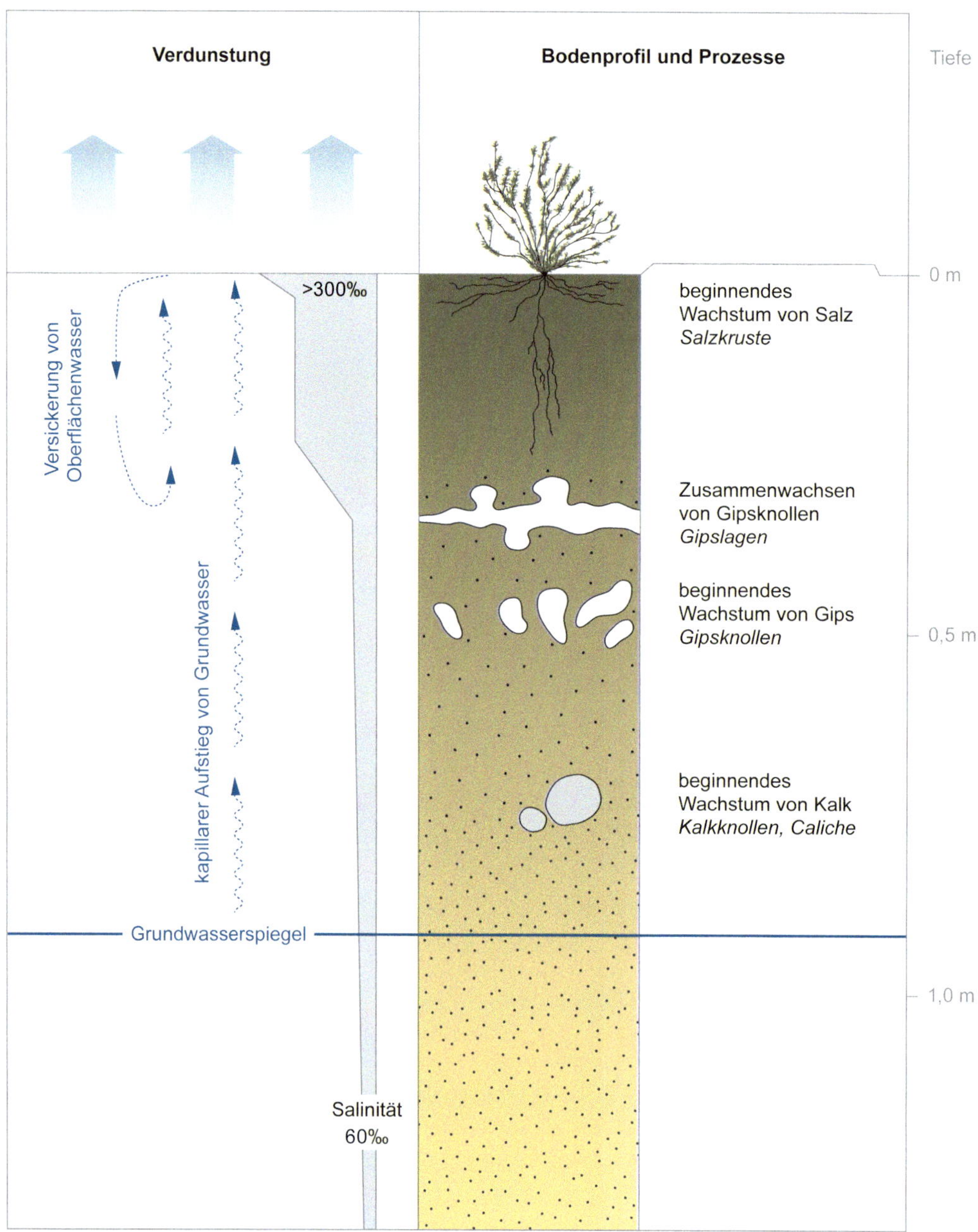

Abbildung 10-5: *Prozesse, welche im Boden im Bereich einer Sabkha ablaufen. Dort sind die Temperaturen hoch und die Luftfeuchtigkeit sehr gering, was den kapillaren Aufstieg von Grundwasser begünstigt. Dieses verdampft auf seinem Weg zur Oberfläche, was zur Ausfällung von Kalzit- und Gipsmineralen führt. Diese Kristalle reichern sich in Knollen und Lagen an. So bildet sich ein Gefüge, welches einem Maschendrahtzaun sehr ähnlich ist und deshalb als ‚chickenwire'-Struktur bezeichnet wird. Nach Reading (1978).*

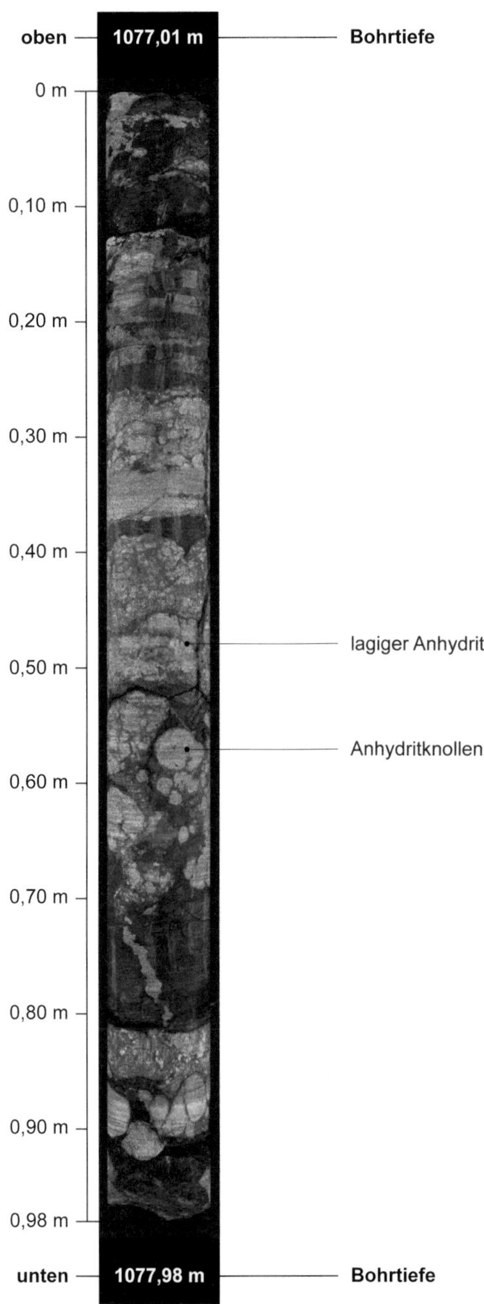

Abbildung 10-6: *Anhydritknollen in der Bänkerjoch-Formation (Gipskeuper, Trias), welche bei Bülach (Schweiz) in einer Tiefe von 1077 m angebohrt wurde. Foto © Nagra.*

in den tieferen Lagen des Sabkha-Bodens. Anschließend folgt die Ausfällung von Gips und Anhydrit. Diese Minerale können zum Teil nuss- bis faustgroß werden und ein Gefüge bilden, welches einem Maschendrahtzaun (z.B. um ein Hühnergehege) sehr ähnlich ist (Abbildung 10-6). Ein solches Gefüge wird in der Literatur deshalb auch als ‚chickenwire'-Struktur bezeichnet.

10.3 Kontinentale Evaporite

Auf einem Kontinent erfolgt die Bildung evaporitscher Sedimente ebenfalls in ariden Klimagürteln, und zwar meistens in einem abflusslosen See und entlang seiner Uferzone. Schöne Beispiele bieten die Basin and Range Provinz (Abbildung 10-7) in den südwestlichen Staaten der USA und im Norden Mexikos. Dieser Bereich ist durch mehrere N-S verlaufende Gebirgsrücken und seitlich daran angrenzende Täler mit abflusslosen Seen charakterisiert. Weitere Regionen mit ähnlichen Eigenschaften finden wir auf der Altiplano Boliviens und Chiles (z.B. der Salar de Uyuni, Abbildung 10-1) und am Ende des Jordantals. Dort befindet sich das Tote Meer, ein ca. 900 km^2 großer abflussloser Salzwassersee, dessen Oberfläche ca. 400 m unter dem Meeresspiegel liegt. Der Uferbereich des Toten Meeres bildet damit den tiefsten Festlandbereich der Erde. Während der Regenzeit – in der Basin and Range Provinz fällt der Regen während des Nordwinters und auf der Altiplano während des Südsommers – führen die sonst trockenen Flussläufe Wasser. Solche Rinnen mit einer ephemeren Wasserführung (Kapitel 5.5.5) werden auch als Wadi bezeichnet, weil sie meistens trocken sind und erst nach anhaltenden Regenfällen Wasser führen. Während der Regenzeit werden Stoffe, welche im Wasser gelöst sind, und klastische Sedimentpartikel aus dem Gebirge in die Talsenken gespült. Am Rand des Gebirges wird die Bodenfracht auf radialen Schuttfächern als Brekzien abgelagert. Die Lösungsfracht dagegen wird weiter zum abflusslosen See gespült, der im tiefsten Bereich der Talksenke liegt (Abbildung 10-8a). Während der Regenzeit enthält der See zum Teil Wasser, welches allerdings sehr salzhaltig ist. Während der Trockenzeit verdampft der Salzwassersee dann vollständig, und zurück bleibt ein Gemenge aus Evaportmineralen (Abbildungen 10-8a und 10-9). Dabei ist die Konzentration von Steinsalz und Sylvin in der Seemitte am größten, wo das Wasser erst am Schluss vollständig verdunstet. Dort führt die saisonal bedingte Lösung und Fällung von Anionen und Kationen zu einer sukzessiven Anreicherung von Na^+, K^+ und Cl^-. Dagegen werden am Seerand und im Uferbereich vorwiegend Gips und Kalzitminerale gebildet (Abbildung 10-8b). Evaporitminerale entstehen aber auch im Bereich der Schuttfächer. Dort führt das heiße und trockene Wetter während der Trockenzeit zum kapillaren Aufstieg von Grundwasser und damit zur Ausfällung von Kalzit-, Gips- und Anhydritmineralen im Porenraum der Sedimente (Abbildung 10-9). Diese Minerale akkumulieren im Verlaufe der Zeit zu Knollen und knaurigen Lagen (hergeleitet von ‚Knauer': Verhärtungen im Gestein) im Sediment (s. auch ‚chickenwire'-Struktur in Kapitel 10.2).

Abbildung 10-7: *Die Basin and Range Provinz in den USA bei 38°19′N /117°47′W. Tektonische Abschiebungen führen zur Bildung einer Grabenstruktur. Dort befindet sich im tiefsten Bereich ein abflussloser See, welcher im Sommer vollständig austrocknet. Darin ist schließlich dieser Salzsee entstanden. Satellitenbild © Landsat/Copernicus.*

Abbildung 10-8: *Das Death Valley (Kalifornien, USA) in der Basin and Range Provinz.* ***a)*** *Blick auf die Salzpfanne, welche sich im tiefsten Bereich des Tieflands befindet.* ***b)*** *Blick ins Gebirge und auf den Seerand.*

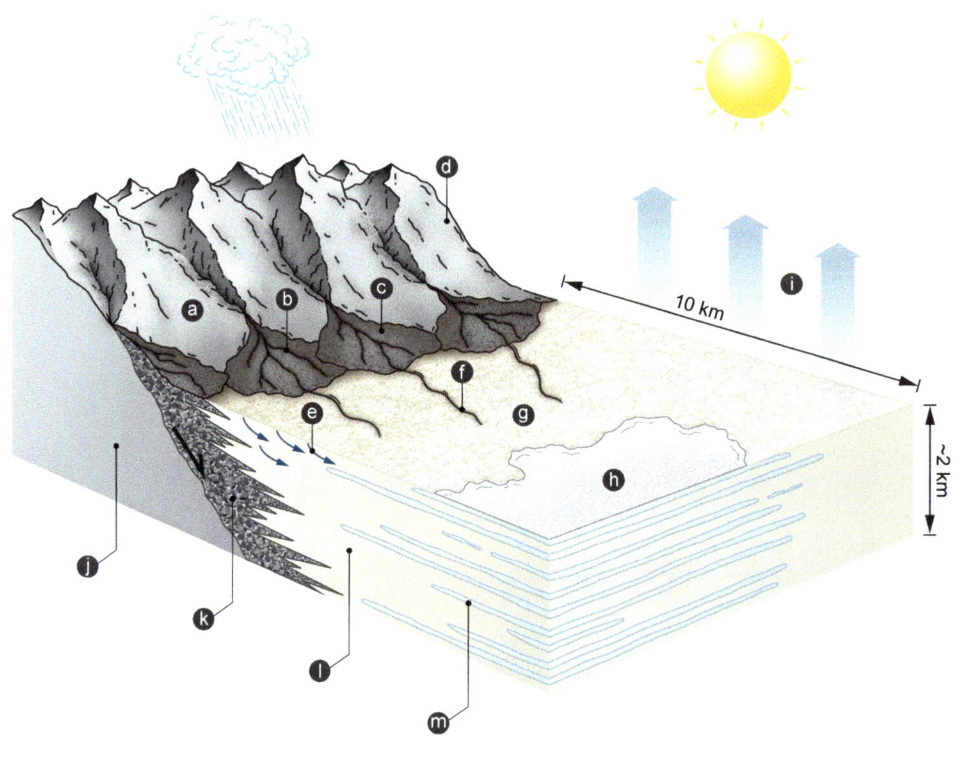

- a alte Abschiebungsfläche
- b ephemerer Fluss
- c Schuttfächer
- d Gebirge
- e Grundwasser
- f Rinne
- g Ebene
- h See während Regenzeit / Salzsee während Trockenzeit
- i starke Verdunstung
- j fester Fels
- k Brekzien
- l Sand und Silt mit Kalk- und Gipsknollen
- m Ton- und Evaporitlagen

***Abbildung 10-9:** Blockdiagramm, welches der Situation des Death Valleys entspricht. Das Tiefland mit der Ebene entsteht durch Abschiebung entlang einer Störung. Die Störungsfläche ist an der bügelbrettförmigen Form des Gebirgsrandes noch sichtbar. Im Gebirge werden durch physikalische und chemische Verwitterung einerseits klastische Sedimentpartikel und andererseits auch gelöste Stoffe gebildet. Diese werden während der Regenzeit aus dem Gebirge in das angrenzende Tiefland geschwemmt und dort als Brekzien am Gebirgsrand, als Sand- und Silt auf der Talebene und als Ton am Rand des abflusslosen Sees abgelagert. In der Seemitte sowie im Boden oberhalb des Grundwasserspiegels werden Evaporitminerale ausgefällt. Modifiziert nach Reading (1978).*

10.4 Offenmarine Evaporite

Die wohl mengenmässig bedeutendste Evaporitbildung fand gegen Ende des Messiniums vor etwa 5,3 Millionen Jahren statt, als in der Verengung von Gibraltar der Wasseraustausch zwischen dem Atlantik und dem Mittelmeer nachließ und als Folge davon das Mittelmeer sukzessive austrocknete. Warum es während des Messiniums zum Verschluss bei Gibraltar

Abbildung 10-10: *Zwillingskristalle von Gips. Ein solcher Habitus entsteht, wenn die Gipskristalle frei wachsen können, wie das zum Beispiel im Mittelmeer während des Messiniums der Fall war. Foto © A. Matter.*

kam, ist nicht vollständig geklärt (Garcia-Castellanos und Villaseñor, 2011). Viele Autorinnen und Autoren von Forschungsbeiträgen sehen allerdings eine Kombination von tektonischen Felsbewegungen und glazio-eustatischen Meeresspiegeländerungen als Hauptgründe. Die Verdunstung im mediterranen Bereich ist in der Tat so hoch, dass das Mittelmeer in etwa zehntausend Jahren austrocknen würde, wenn kein Wasser aus dem Atlantik nachflösse. Sind aber bereits 80% des Mittelmeerwassers verdunstet, dann beginnt die Ausfällung von Gips. Wenn wir davon ausgehen, dass das Mittelmeer stellenweise über 4000 Meter tief ist, dann bleibt bei einer solchen Verdunstung immer noch eine ca. 400 bis 800 Meter tiefe Wassersäule übrig. Die Evaporitminerale können sich folglich auf dem Meeresgrund im offenen Meer bilden. Dort wird ihr Wachstum räumlich nicht eingeschränkt, und keine Wellen zerstören die Kristalle. So liegen ideale Bedingungen vor, damit große Evaporitkristalle mit schönen Kristallzwillingen wachsen können (Abbildung 10-10), und dies war im Mittelmeer vermutlich während des Messiniums der Fall.

Forschung
5.4/21

11 Von der Lithofazies zur Sequenz- und Zyklostratigraphie

In den vorangehenden Kapiteln haben wir uns mit der Bildung und der Ablagerung von siliziklastischen und kalkigen Sedimentpartikeln befasst. Während längerer geologischer Zeiträume von Tausenden bis Millionen von Jahren bilden sich durch die Akkumulation solcher Partikel mehrere hundert Meter mächtige Sedimentabfolgen (Abbildung 1-14). Diese können einerseits nach lithologischen (Gesteinstyp) und sedimentologischen (Sedimentstrukturen) Kriterien beschrieben werden. Andererseits kann der Fokus bei der Beschreibung eines Schichtstapels auch auf dem Fossilinhalt liegen, oder eine Untersuchung zielt auf eine zeitliche Einordnung der Schichten ab. Bei allen Herangehensweisen wird das Ziel verfolgt, eine Schichtabfolge altersmäßig einzuordnen und hinsichtlich ihres Ablagerungsraums und dessen Entwicklung zu interpretieren. Dieses Kapitel beginnt deshalb mit der Beschreibung von Methoden, mit denen solche Sedimentabfolgen hinsichtlich sedimentologischer (Lithostratigraphie), paläontologischer (Biostratigraphie) und chronologischer Kriterien (Chrono- und Magnetostratigraphie) beschrieben werden können (Kapitel 11.1).

Die Bildung einer sedimentären Abfolge wird sehr häufig durch Veränderungen des Meeresniveaus gesteuert, denn bei steigendem und fallendem Meeresspiegel verschiebt sich die Lage der Küstenlinie und damit die Struktur und Textur des abgelagerten Sediments. Bei einem steigenden Meeresspiegel beobachten wir eine Transgression und die Bildung einer transgressiven Sedimentabfolge. Ein sinkender Meeresspiegel dagegen führt zu einer Regression und zur Bildung einer regressiven Abfolge (Kapitel 11.2). In diesem Kontext erweist sich die Unterteilung einer Sedimentabfolge in Parasequenzen und Sequenzen als hilfreiche Methode, um solche Entwicklungen in einem Sedimentstapel zu erkennen. Damit werden die Grundlagen geschaffen, um die sedimentäre Dynamik in einem Ablagerungsraum in Raum und Zeit zu rekonstruieren und die kontrollierenden Mechanismen zu interpretieren und identifizieren. Die entsprechenden Konzepte aus der Sequenzstratigraphie werden in Kapitel 11.3 eingeführt.

In einer Sedimentabfolge kann sich ein bestimmtes Sedimentationsmuster in regelmässigen Abständen wiederholen. Daraus entsteht eine Zyklizität, welche auf Gezeiten und saisonale sowie langperiodische Schwankungen der Sonneneinstrahlung zurückgeführt werden kann. Die Analyse, wie solche Mechanismen die Bildung von Sedimentabfolgen beeinflussen, ist Gegenstand einer zyklostratigraphischen Untersuchung. Die entsprechenden Konzepte werden in Kapitel 11.4 vorgestellt.

Kapitelbild 11: *Forschung (Stefan Werthmüller, 2021).*

11.1 Stratigraphie

11.1.1 Superposition, Konkordanz und Diskordanz

Der Begriff ‚Stratigraphie' setzt sich aus dem lateinischen Wort ‚stratum' (Schicht) und dem altgriechischen Begriff ‚γραφή' (Schrift) zusammen und bedeutet die Beschreibung von Schichten und Schichtabfolgen. Die Charakterisierung von Schichten und ihren Abfolgen basiert auf dem Prinzip der Superposition. Dieses wurde bereits im 17. Jahrhundert erkannt (Nicolaus Steno, 1669: De solido intra solidum naturaliter contento). Bei der Formulierung dieses Prinzips wurde von der Annahme ausgegangen, dass die Sedimente an der Basis generell älter sind als im Dach. Ist dies der Fall, dann liegen die Sedimente konkordant aufeinander (Abbildung 11-1a). Erfolgt aber die Sedimentakkumulation während eines Zeitintervalls von mehreren hunderttausend Jahren deutlich langsamer als vorher und danach, dann bildet sich ein Kondensationshorizont (Abbildung 11-1b). Obwohl ein solcher Horizont viel Zeit in einer dünnen Sedimentschicht aufzeichnet, wird er trotzdem noch als Teil einer konkordanten Sedimentabfolge betrachtet.

Ist die Ablagerung mit Unterbrüchen versehen, dann bilden sich Diskordanzen. Dies ist einerseits dann der Fall, wenn die Akkumulation von Sedimenten während einer längeren Zeitspanne von mehreren hunderttausend Jahren aussetzt. Es liegt dann eine Schichtlücke (Hiatus) vor. Andererseits kann eine Unterbrechung der Sedimentakkumulation mit einer Abtragung bereits abgelagerter Schichten verbunden sein. Setzt anschließend die Sedimentation wieder ein, dann trennt eine Erosionsdiskordanz den unteren und oberen Sedimentstapel voneinander ab. Auch in diesem Fall bildet sich ein Hiatus (Abbildung 11-1c). Schließlich kann eine bereits gebildete Sedimentabfolge gekippt, gefaltet, abgetragen und dann mit weiteren Sedimenten wieder überlagert werden. In diesem Fall bildet eine Winkeldiskordanz die Trennung zwischen der unteren gekippten und gefalteten Sedimentabfolge und dem oberen Sedimentstapel (Abbildungen 11-1d und 11-1e).

11.1.2 Lithostratigraphie, Lithofazies und sedimentäre Architekturelemente

Die Lithostratigraphie ist eine klassische Disziplin der Sedimentgeologie und fokussiert sich auf die lithologische Beschreibung von Schichtabfolgen (Abbildung 1-14). Dabei stellt eine einzelne Schicht die kleinste stratigraphische Einheit dar, welche in einer lithostratigraphischen Untersuchung erfasst wird. Diese kleinste Einheit wird auch als Lithofazies bezeichnet (Mehrzahl: Lithofazien; hergeleitet vom Latein für das 'Gesicht' der Gesteine im weitesten Sinne). Ein Lithofazies-Element zeichnet sich durch eine Lithologie (z.B. Sandstein), Korngröße, Farbe, Mineralbestand und Fossilinhalt aus und wird durch eine bestimmte sedimentologische Struktur charakterisiert. So ist zum Beispiel das Lithofazies-Element ${}_{(f\text{-}m)}S_P$ in den Abbildungen 11-2a und 11-2b ein fein- bis mittelkörniger Sandstein (Abkürzung: ${}_{(f\text{-}m)}S$), welcher parallellaminiert ist (Abkürzung: P). Ein anderes Beispiel ist das Lithofazies-Element mit der Abkürzung ${}_{m}S_W$. Dabei handelt es sich um einen mittelkörnigen Sandstein (Abkürzung: ${}_{m}S$), welcher wellig laminiert ist (Abkürzung: W).

Treten Lithofazies-Elemente in einer bestimmten Kombination auf, dann können sie zu Fazies-Assoziationen oder sedimentären Architekturelementen zusammengefasst werden. So bildet eine Abfolge aus mittelkörnigen, schräg- und kreuzgeschichteten Sandsteinen an der Basis (${}_{m}S_S$) und einem feinkörnigen Sandstein mit Oszillationsrippeln im Dach (${}_{f}S_O$) ein Sandriff (SR), welches ein wichtiger Baustein und damit ein Architekturelement einer wellendominierten Küste ist (Kapitel 6.2.3 und Abbildung 6-6). Ein anderes Beispiel ist eine Abfolge aus parallellaminierten und bioturbierten mittelkörnigen Sandsteinen (${}_{m}S_{P}$, ${}_{m}S_{B}$), welche zusammen im Architekturelement Surf- und Schwappzone (SSP) vorkommen (Abbildung 6-4).

Mehrere solche Bausteine werden anschließend zu großmaßstäblichen Ablagerungsbereichen zusammengefügt. So bestehen der Strandbereich und die Wellenbrecherzone aus vier Architekturelementen (Abbildungen 6-5 und 11-2b, sowie Kapitel 6.2.3). Dabei handelt es sich zum Beispiel um: Sedimente der Surf- und Schwappzone (SSP), Sandriffe (RF), Ablagerungen der Wellenbrecherzone (Wb) und Ripströmungsrinnen (Rp). Mit diesem Ansatz können sedimentologische Abfolgen und auch die Kurzprofile in Abbildung 11-2b hierarchisch gegliedert werden, was schließlich die Beschreibung und Interpretation der sedimentären Archive erleichtern sollte. In der gleichen Art und Weise werden auch die Kalksteine und Evaporite analysiert: Die kleinsten stratigraphischen Einheiten (Lithofazies-Elemente) werden zu sedimentären Architekturelementen zusammengefasst, welche dann die Ablagerungsräume einer Kalkplattform aufbauen (z.B. die Riffkante, die Lagune, das Kalkwatt und andere, s. auch Abbildungen 9-7 und 9-10).

11.1.3 Biostratigraphie

Bei einer biostratigraphischen Analyse von Sedimentabfolgen bilden Fossilien, die im Sediment eingebettet sind, zentrale Gegenstände der Untersuchung. Der Fossilinhalt einer Schicht liefert einerseits wichtige Informationen über die Ökologie im Ablagerungsraum zur Zeit, als das Sediment gebildet wurde. Solche Spuren von Leben werden deshalb als Faziesfossilien bezeichnet (s. Kapitel 11.1.2 für die Erklärung des Begriffs ‚Fazies'). Andererseits erlauben Schalen, Knochen und andere Reste von bestimmten Organismen eine relative zeitliche Einordnung des Sediments, in welchem diese Fossilien eingebettet sind. Solche Lebensspuren werden als Leitfossilien bezeichnet. Diese Art der Altersbestimmung basiert auf dem Leitfossilprinzip, wonach eine Lebensform oder eine Vergesellschaftung von Organismen im Verlaufe der Zeit von anderen Formen abgelöst und ersetzt wird. Wenn Leitfossilien aus einer Gesteinsabfolge verschwinden, erscheinen sie später nicht wieder. Dadurch unterscheiden sich die Leitfossilien von den Faziesfossilien, denn bestimmte ökologische Nischen können im Verlaufe der Erdgeschichte immer wieder auftreten.

11.1.4 Chrono- und Magnetostratigraphie

Die Analyse von Sedimentabfolgen hat oft zum Ziel, verschiedene Gesteinspakete zeitlich einzuordnen und miteinander zu verknüpfen. Während relative Datierungsansätze auf den Prinzipien der Superposition (11.1.1) sowie biostratigraphischen Konzepten beruhen (11.1.3), benötigt die absolute Datierung einer Schichtabfolge zusätzliche Methoden. Enthält eine Abfolge von Sedimenten eine oder mehrere Tufflagen (Kapitel 3.3.5) und treten in solchen Schichten primäre Zirkon- und Glimmerminerale auf, dann kann das Bildungsalter dieser Minerale mit Hilfe radiometrischer Datierungsmethoden bestimmt werden. Dieses Alter kann dann auf die Schichtabfolge übertragen werden, was eine chronostratigraphische Einordnung und damit die absolute Datierung der entsprechenden Sedimente ermöglicht. Eine solche chronologische Einordnung kann zusätzlich durch magnetostratigraphische Datierungen ergänzt werden. Dabei werden die Wechsel der magnetischen Polarität in einer

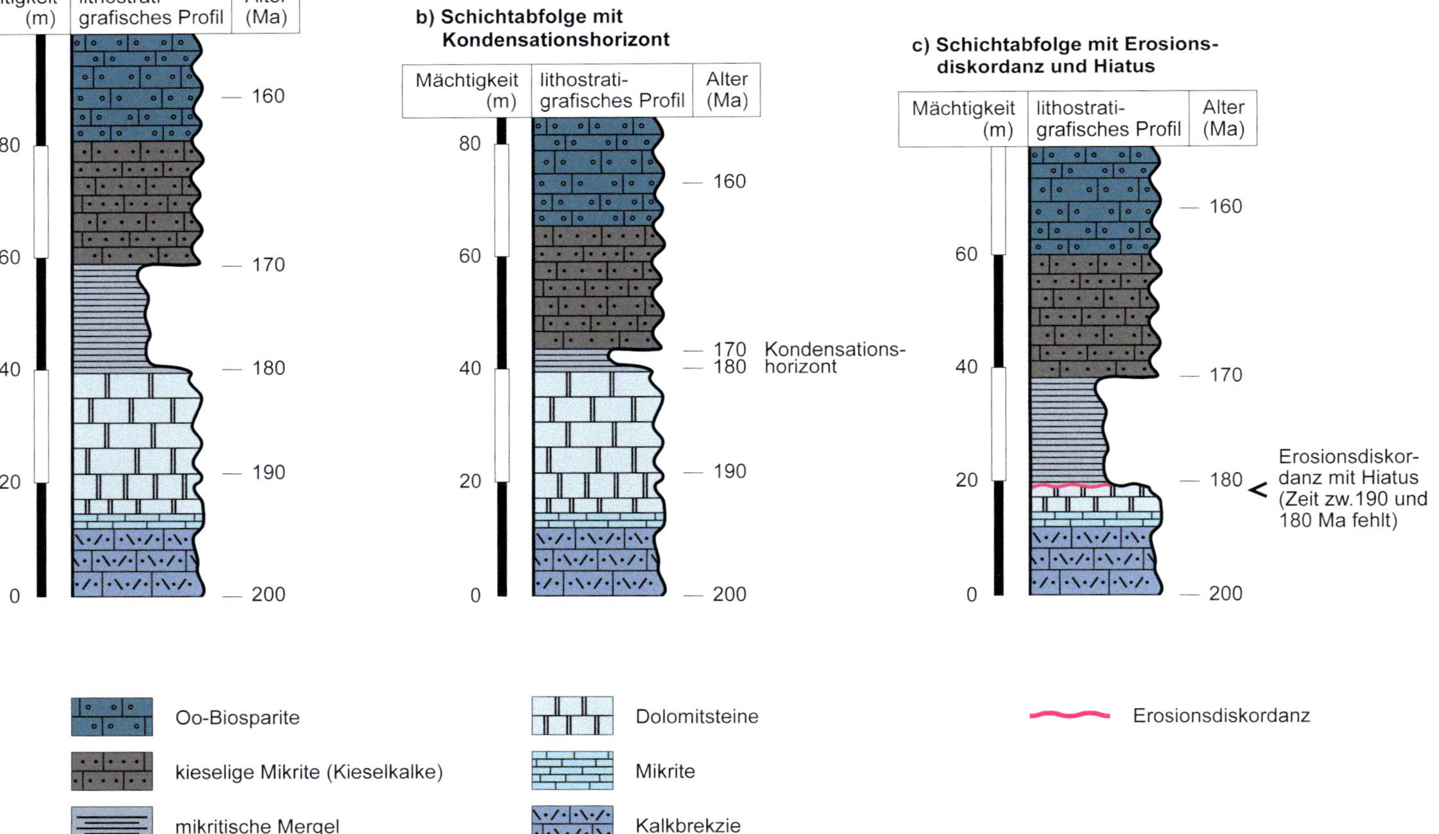

Abbildung 11-1: *Beispiele von konkordanten und diskordanten sedimentären Abfolgen. ‚Ma' ist eine Abkürzung für Megaannum und bedeutet ‚Millionen Jahre'.*

d) Beispiele von Winkeldiskordanzen, verbunden mit Hiatus

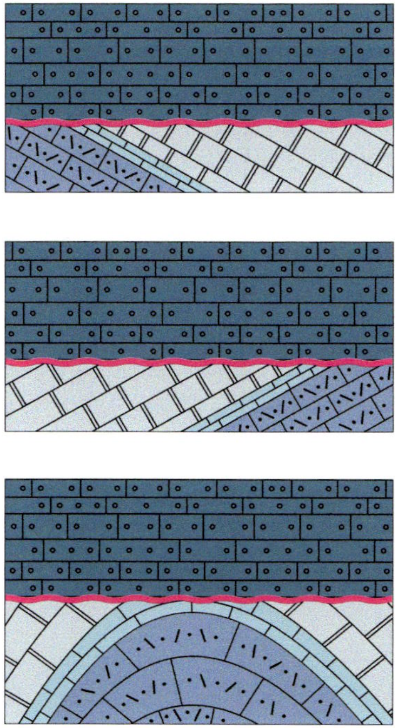

e) Winkeldiskordanz zwischen zwei Schichtabfolgen

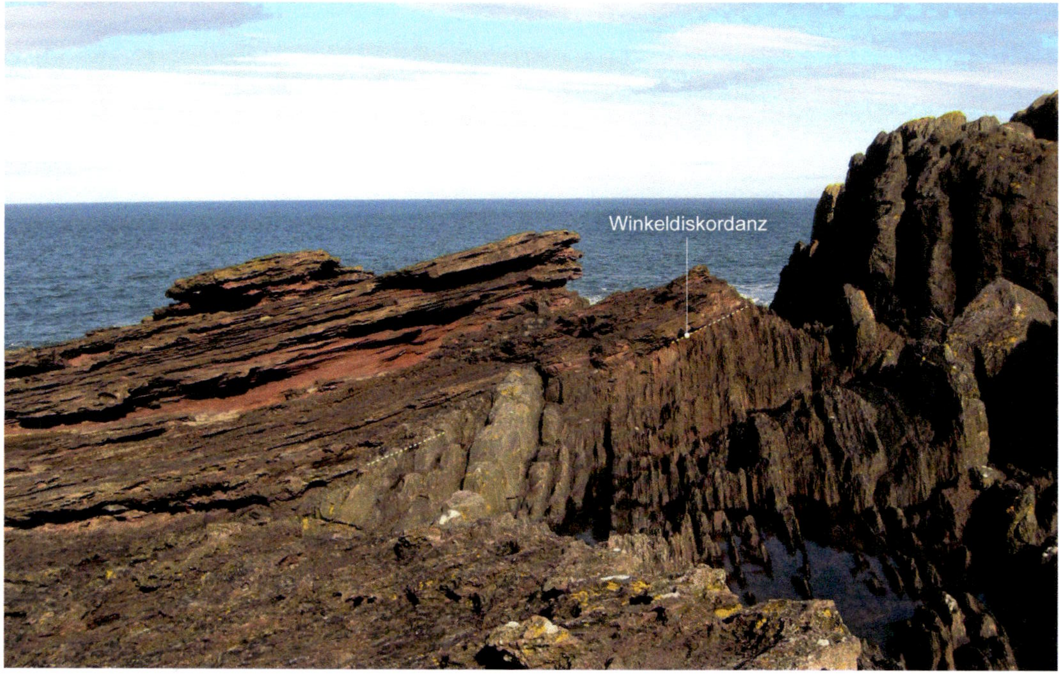

Abbildung 11-1 (Fortsetzung): *Beispiele von konkordanten und diskordanten sedimentären Abfolgen.* ***a)*** *Eine ungestörte Sedimentabfolge wird als konkordante Abfolge bezeichnet.* ***b)*** *Ein Kondensationshorizont ist immer noch Teil einer konkordanten Abfolge, aber er dokumentiert eine Zeit, während der die Sedimentakkumulation sehr langsam war.* ***c)*** *Werden soeben abgelagerte Sedimente abgetragen und setzt anschließend die Sedimentation wieder ein, entsteht eine Erosionsdiskordanz.* ***d)*** *Werden Schichten nach ihrer Ablagerung gekippt oder gefaltet und dabei abgetragen und folgt darauf eine weitere Akkumulation von Sediment, dann trennt eine Winkeldiskordanz die beiden Sedimentpakete. Diskordanzen umfassen also Zeitintervalle, während derer keine Sedimentarchive entstehen. Es liegt dann eine Schichtlücke vor (Hiatus).* ***e)*** *Winkeldiskordanz zwischen den steilstehenden Schichten aus dem Silur und den flach einfallenden roten Sandsteinen aus dem Devon beim Siccar Point in Schottland. Foto © Dave Souza via Wikimedia.commons.*

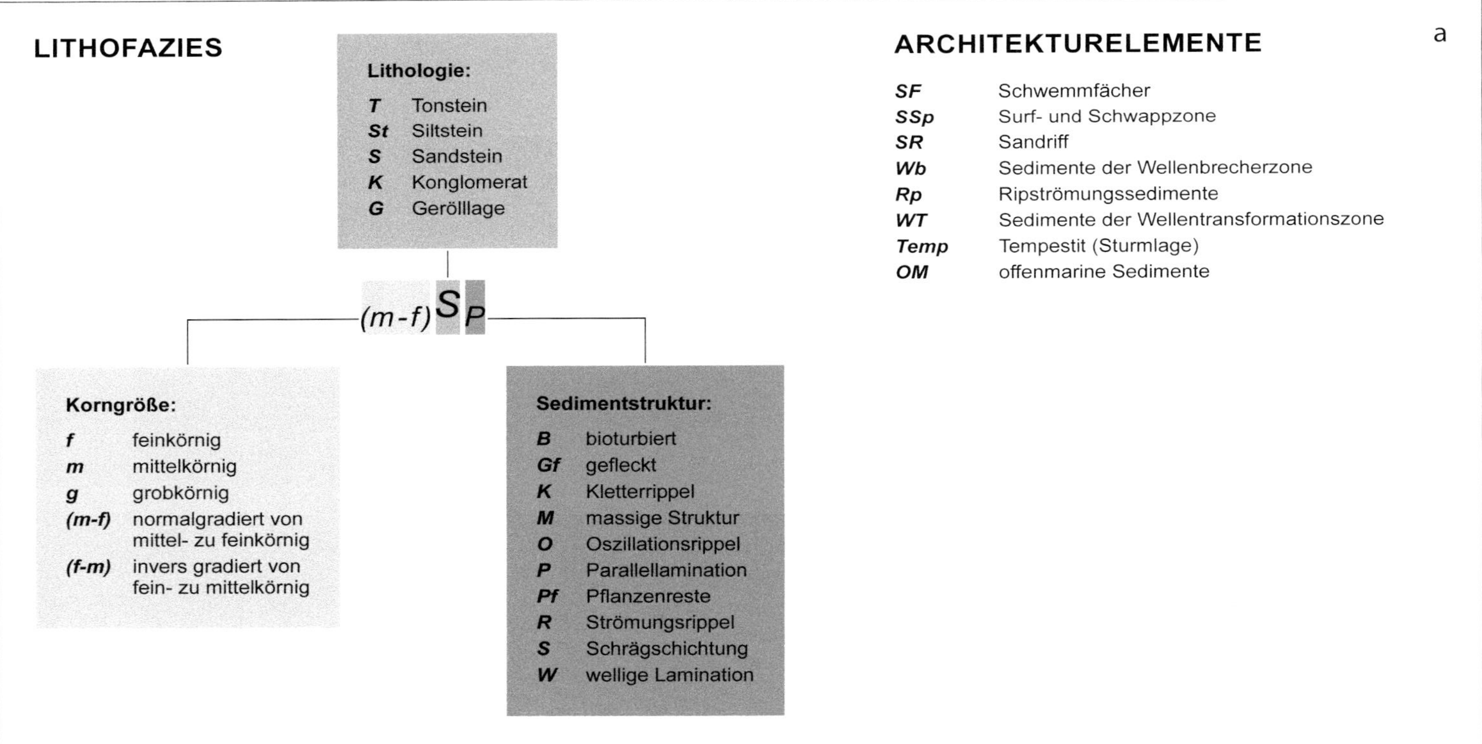

Abbildung 11-2: *Von der Lithofazies zur Interpretation der sedimentären Ablagerungsbereiche.* ***a)*** *Beispiel, wie Lithofazies-Elemente dargestellt und zu Architekturelementen gruppiert werden können. Bei der Definition einer Lithofazies werden Lithologie, Korngröße sowie Sedimentstrukturen berücksichtigt. Architekturelemente umfassen eine bestimmte Kombination von Lithofazies-Typen.* ***b)*** *Beispiel, wie die Sedimente einer wellendominierten Küste hinsichtlich Lithofazies-Typen, Architekturelementen und Ablagerungsbereichen kategorisiert werden können (s. auch Abbildungen 6-5 und 6-10). Für Erklärung der Symbole siehe Abbildung 6-10b. Bei einer Progradation einer wellendominierten Küste entsteht eine regressive Abfolge mit offenmarinen Sedimenten an der Basis. Diese werden von den Ablagerungen der Übergangs-, Wellentransformations- und Wellenbrecherzone überlagert. Die Sedimente des Strandbereichs bilden schließlich das Dach einer solchen regressiven Abfolge. Siehe Abbildung 1-3 für Korngrößenklassifikation.*

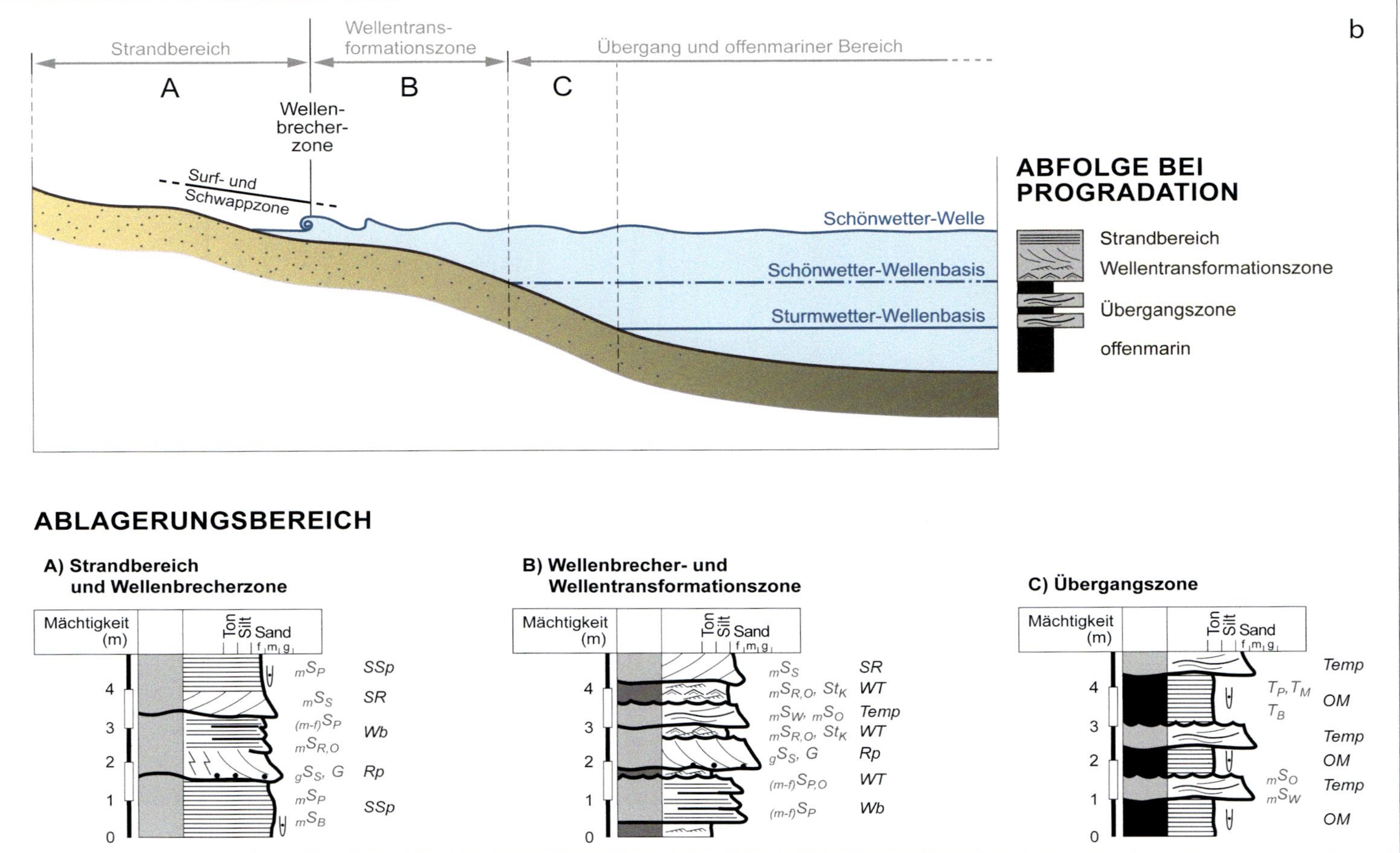

Abbildung 11-2 (Fortsetzung): *Von der Lithofazies zur Interpretation der sedimentären Ablagerungsbereiche. f: feinkörnig; m: mittelkörnig; g: grobkörnig (s. Abbildung 1-3).*

sedimentären Abfolge bestimmt und mit den bekannten Zeitpunkten der Änderungen des Erdmagnetfeldes korreliert. Auf diese Art und Weise können Schichtabfolgen altersmäßig absolut eingeordnet werden.

11.2 Transgression und Regression

11.2.1 Bildung regressiver und transgressiver Sedimentabfolgen

In flachmarinen Ablagerungsräumen, wie zum Beispiel am Strand, auf einem Delta oder auf einer Kalkplattform, werden Veränderungen in einer Abfolge von Sedimenten meistens durch die Verschiebung der Küstenlinie verursacht (z.B. Abbildung 6-18b). Bewegt sich diese in Richtung Festland und wird eine solche Verlagerung aus der Perspektive des Meeres beschrieben, dann spricht man von einer Transgression: Das Meer stößt aufs Festland vor (Abbildung 11-3a). Wird eine solche Verschiebung dagegen aus der Sicht der Ablagerungsräume charakterisiert, dann spricht man von einer Retrogradation: Die Küstenlinie und die Ablagerungsräume ziehen sich in Richtung Festland zurück. Bei diesem Prozess werden die Sedimente in einem kontinuierlich tiefer werdenden Meer abgelagert. Sie zeichnen im vertikalen Profil deshalb einen steigenden relativen Meeresspiegel auf und beschreiben so eine transgressive Abfolge. Es ist zu beachten, dass zwischen einem relativen und absoluten Meeresspiegel unterschieden werden muss. Beim relativen Meeresspiegel bezieht man sich auf den Pegelstand in einer örtlich beschränkten Umgebung. Im Gegensatz dazu beschreibt der absolute oder auch eustatische Meeresspiegel den Pegelstand des globalen Meeresspiegels (Haq et al., 1988).

Bewegt sich die Küstenlinie dagegen meerwärts, dann sprechen wir von einer Regression (Abbildung 11-3b). Dabei verlagert sich ein Strand, ein Delta oder eine Kalkplattform zum Meer hin und beschreibt so eine Progradation. In einem sedimentologischen Profil wird dabei eine regressive Abfolge aufgezeichnet: Die Sedimente werden gegen das Dach hin sukzessive flachmariner (s. auch Abbildung 11-2b mit dem Titel: Abfolge bei Progradation). Sie dokumentieren eine Abnahme des relativen Meeresspiegels. Eine Aggradation beschreibt schließlich die Situation, bei der Schicht für Schicht abgelagert wird, ohne dass die Ablagerungsräume ihre Position markant verändern.

11.2.2 Mechanismen, welche die Bildung transgressiver und regressiver Sedimentabfolgen steuern

Die Bildung sedimentärer Abfolgen wird weitgehend auf den Einfluss dreier Parameter zurückgeführt. Dabei handelt es sich um die Höhenlage des globalen oder eustatischen Meeresspiegels, die Absenkung des Untergrundes (Subsidenz) sowie die Zufuhr von Sedimentpartikeln in den Ablagerungsraum.

Veränderungen des eustatischen Meeresspiegels werden vorwiegend durch die Dynamik der Eismassen an den Polkappen gesteuert. Dabei werden während einer Kaltzeit größere Eisvolumina an den Polen gebildet, d.h. gebunden, was einen tiefen eustatischen Meeresspiegel zur Folge hat. Beginnt dieses Eis zu schmelzen, dann führt dies unweigerlich zu einem Anstieg des eustatischen Meeresspiegels. Bleiben nun die Sedimentzufuhr und die Lage des Untergrundes konstant, dann verursacht ein steigender eustatischer Meeresspiegel einen Vorstoß des Meeres aufs Festland (Transgression) und die Bildung einer transgressiven Sedi-

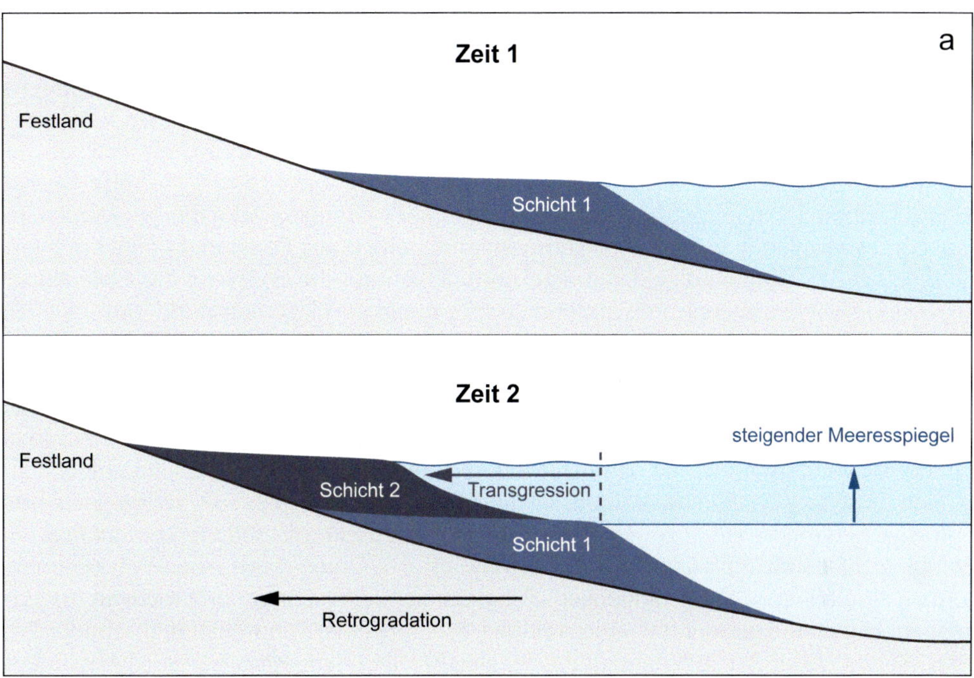

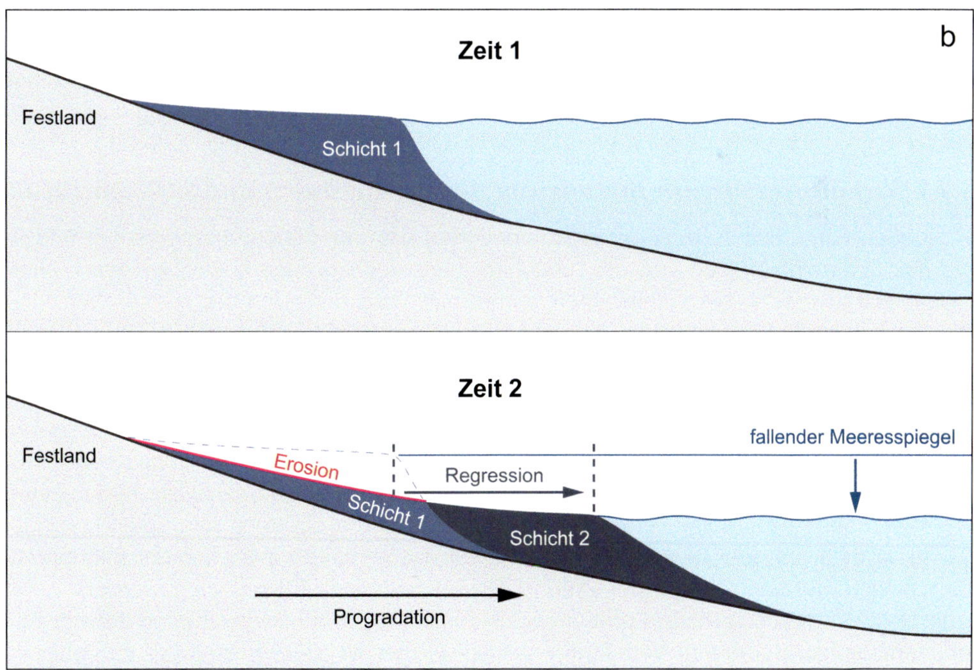

Abbildung 11-3: *Transgression, Regression und die Bildung von* ***a)*** *transgressiven und* ***b)*** *regressiven Sedimentabfolgen.*

mentabfolge (Abbildung 11-3a). Umgekehrt führt ein fallender globaler Meeresspiegel (ebenfalls bei gleicher Sedimentzufuhr und konstanter Lage des Untergrundes) zu einer Regression und damit zur Bildung einer regressiven Abfolge (Abbildung 11-3b). Ein fallender eustatischer Meeresspiegel hat zudem zur Folge, dass bereits abgelagerte Sedimente erodiert werden.

Eine Senkung des Untergrundes (Subsidenz) hat meistens tektonische Ursachen. Sie führt in der Regel zu einer Vergrößerung des Ablagerungsraums. Nimmt die Subsidenzrate zu und bleiben Sedimentproduktion und eustatischer Meeresspiegel dabei konstante Größen, dann verschieben sich die Ablagerungsräume in Richtung Festland. Es bildet sich eine transgressive Sedimentabfolge. Die umgekehrte Situation trifft ein, wenn die Absenkungsgeschwindigkeit des Untergrunds abnimmt oder wenn der Ablagerungsraum sogar eine Hebung erfährt (dieser Prozess wird seltener auch als negative Subsidenz bezeichnet). Dabei wird der Raum verkleinert, in dem sich die Sedimente ablagern könnten. Zudem können vorher abgelagerte Schichten über die Meeresoberfläche hinaus gehoben und dabei abgetragen werden. Eine solche Verkleinerung des Ablagerungsraums führt zu einer Progradation der Ablagerungsräume und damit zur Bildung einer regressiven Sedimentabfolge.

Eine Änderung der Sedimentzufuhr bildet die dritte Möglichkeit, eine transgressive oder regressive Sedimentabfolge zu erzeugen. Meistens aber wird die Sedimentproduktion und -zufuhr nicht durch die Hebung oder Absenkung des Untergrunds, sondern durch eine Kombination klimatischer Bedingungen (Temperatur, Niederschläge) und tektonischer Prozesse im Hinterland gesteuert (Gebirgsbildung, Hebung einer Landschaft und schnelle Erosion). Nimmt dabei die Sedimentzufuhr bei gleichbleibendem eustatischen Meeresspiegel und konstanter Subsidenzrate zu, dann führt dies zu einer Progradation der Ablagerungsräume und zur Bildung einer regressiven Sedimentabfolge. Umgekehrt verschieben sich die Ablagerungsräume in Richtung Festland (Retrogradation), wenn die Sedimentzufuhr (bei konstantem Meeresspiegel und gleicher Subsidenz) abnimmt. In einem sedimentologischen Profil wird folglich eine transgressive Sedimentabfolge aufgezeichnet.

11.2.3 Verhältnis zwischen Bildung von Ablagerungsraum und Sedimentzufuhr

Die soeben dargestellten Szenarien dokumentieren, dass die Bildung transgressiver und regressiver Sedimentabfolgen von drei unabhängigen Mechanismen kontrolliert wird. Diese Komplexität lässt sich aber vereinfachen, wenn man Veränderungen des eustatischen Meeresspiegels und der Subsidenzrate als eine gemeinsame Variable betrachtet, denn sowohl ein Anstieg des globalen Meeresspiegels als auch eine schnellere Absenkung des Untergrundes führen je zu einer Vergrößerung des verfügbaren Ablagerungsraumes (oder auch Akkommodationspotentials) und damit zur Bildung einer transgressiven Sedimentabfolge. Im Gegensatz dazu führt eine Zunahme der Sedimentzufuhr und -produktion zu einer schnelleren Verfüllung des verfügbaren Ablagerungsraumes, was eine Regression und damit die Bildung einer regressiven Sedimentabfolge verursachen kann. Aus diesen Gründen kann die Entstehung einer transgressiven oder regressiven Sequenz auf das Verhältnis zwischen der Bildungsrate von Ablagerungsraum (A) und der Zufuhrrate von Sediment (Q) reduziert werden (Abbildung 11-4). Ist dieses Verhältnis größer als eins ($A > Q$), dann bildet sich eine transgressive Sedimentabfolge. Bei einem Verhältnis, welches kleiner ist als eins ($A < Q$), entsteht eine regressive Sedimentabfolge. Halten sich beide Variablen die Waage ($A = Q$), dann verändern die Ablagerungsräume ihre Position nicht, und es bildet sich kein stratigraphischer Trend. Wir beobachten in diesem Fall eine Aggradation (s. auch Kapitel 11.2.1).

	BEWEGUNGSRICHTUNG		
	MEERWÄRTS	LANDWÄRTS	KEINE BEWEGUNG
VERLAGERUNG DER KÜSTENLINIE	Regression	Transgression	–
VERLAGERUNG DER ABLAGERUNGSKÖRPER	Progradation	Retrogradation	–
STRATIGRAPHISCHER TREND	regressive Abfolge	transgressive Abfolge	Aggradation
A/Q*	<1	>1	1

***A/Q:** Verhältnis zwischen (A) Bildungsrate von Ablagerungsraum und (Q) Zufuhr- und Bildungsrate von Sediment

Abbildung 11-4: *Tabellarische Zusammenstellung der Mechanismen, welche zur Bildung einer transgressiven und regressiven Sedimentabfolge führen.*

11.3 Sequenzstratigraphie

11.3.1 Bildung von ‚Systems Tracts'

Die klassische Sequenzstratigraphie geht auf die Arbeit von Vail et al. (1977) zurück und wurde insbesondere für die Untersuchung flachmariner Ablagerungsräume entwickelt. Deshalb werden die entsprechenden Konzepte anhand von Schichtabfolgen beschrieben, die auf einem Schelf gebildet werden (Abbildung 6-1). In diesem Kontext wird eine sedimentäre Abfolge, die als Folge einer Transgression und einer anschließenden Regression entsteht, als vollständige stratigraphische Sequenz bezeichnet. Diese setzt sich aus Parasequenzen (‚Systems Tracts') zusammen, welche einen hohen, fallenden, tiefen und steigenden Meeresspiegel aufzeichnen. Deshalb unterscheiden wir grundsätzlich zwischen vier verschiedenen Parasequenzen oder ‚Systems Tracts' (definiert nach Van Wagoner et al., 1988), welche in den nächsten beiden Abschnitten beschrieben werden.

Bei einem hohen Meerespiegel bildet sich der ‚Highstand Systems Tract' oder kurz der HST (Abbildung 11-5a), welcher einen progradierenden Charakter aufweist. Auf einen HST folgt meistens ein ‚Falling Stage Systems Tract' (FSST), welcher die Situation eines fallenden Meeresspiegels aufzeichnet (Abbildung 11-5b). Ein sinkender Meeresspiegel hat zur Folge, dass auf dem Festland Teile der HST-Sedimente abgetragen werden und die Ablagerungsräume weiter in Richtung Meer progradieren. Die Erosionsfläche, die dabei entsteht, wird als Sequenzgrenze oder ‚Sequence Boundary' (SB) bezeichnet. Anschließend folgt die Bildung des ‚Lowstand Systems Tract' (LST), also der Parasequenz, welche zuerst den tiefsten Pegelstand und unmittelbar danach den Beginn eines wieder steigenden Meeresspiegels aufzeichnet. Als Folge davon progradieren die LST-Ablagerungsräume zuerst weiter in Richtung Meer. Sobald der Pegel wieder leicht zu steigen beginnt, setzt auch auf dem Festland die Ablagerung von Sedimenten ein. Dort decken die LST-Sedimente die Erosionsfläche

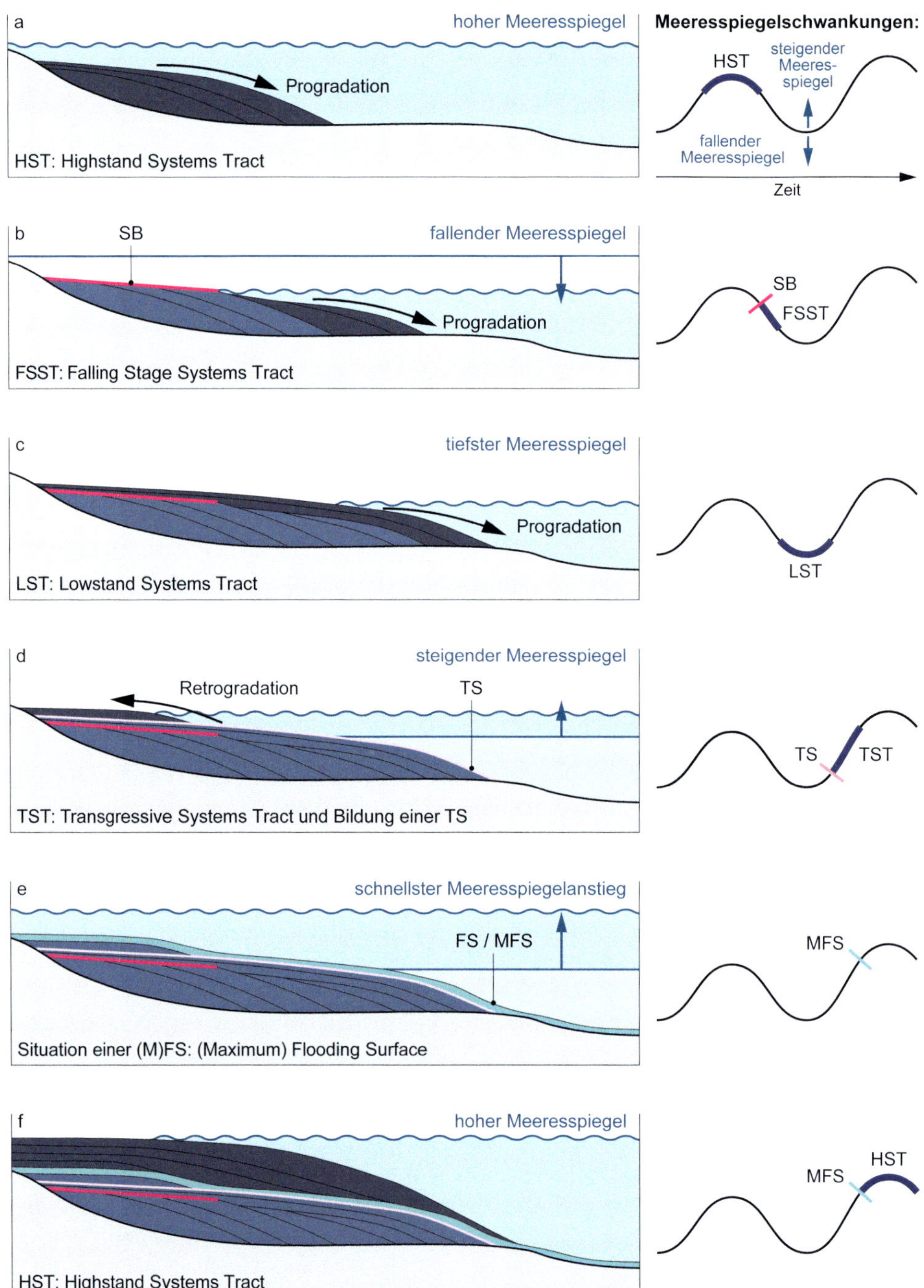

Abbildung 11-5: *Bildung von ‚Systems Tracts' bei* ***a)*** *hohem,* ***b)*** *fallendem,* ***c)*** *tiefem,* ***d)*** *steigendem,* ***e)*** *sehr schnell steigendem und anschließend wieder* ***f)*** *hohem Meeresspiegel.* ***e)*** *Zwischen dem steigenden und hohen Meeresspiegel entsteht eine Situation mit geringer Ablagerung (‚Maximum Flooding Surface').*

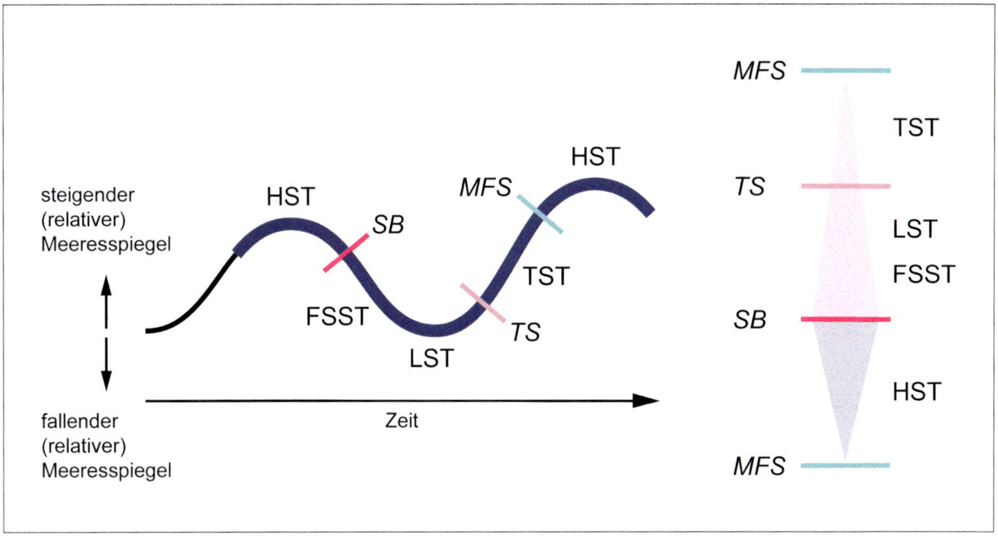

***Abbildung 11-6:** Darstellung einer sedimentären Sequenz mit Hilfe von Dreiecken. Während die Spitze eines solchen Dreiecks die MFS oder die FS markiert, beschreibt die Grundlinie die SB.*

und damit die SB zu (Abbildung 11-5c). Folglich trennt ein Hiatus die LST-Sedimente von den darunterliegenden HST-Ablagerungen, das heißt, dort fehlen die Ablagerungen des FSST.

Nach der Ablagerung der LST-Sedimente setzt eine Transgression ein. Sie ist ein Hinweis dafür, dass der Meeresspiegel wieder deutlich steigt. Als Folge davon wird der ‚Transgressive Systems Tract' (TST) gebildet, welcher diesen Meeresspiegelanstieg aufzeichnet (Abbildung 11-5d). Die TST-Sedimente liegen dabei auf einer sogenannten ‚Transgressive Surface' (TS). Weil bei der TST-Transgression der Meeresspiegel rasch ansteigt und die Sedimentproduktion mit dieser Geschwindigkeit häufig nicht mithalten kann (die Ursache dafür ist allerdings nicht geklärt), zeichnen die TST-Ablagerungen eine Retrogradation auf (Abbildung 11-5d). Dabei erreichen nur wenige Sedimentpartikel die Bereiche, wo vorher der ‚Lowstand Systems Tract' (LST) gebildet wurde. Dieser Zustand der geringen Sedimentproduktion hält auch an, während der Meeresspiegel am schnellsten steigt (Abbildung 11-5e). Es bildet sich ein Kondensationshorizont (Kapitel 11.1.1), welcher die ‚Transgressive Surface' insbesondere im offenen Meer überlagert (Abbildung 11-5e). Dieser Horizont wird auch als ‚Maximum Flooding Surface' (MFS) oder einfach ‚Flooding Surface' (FS) bezeichnet, weil er die Zeit während des schnellsten Meeresspiegelanstiegs aufzeichnet. Die entsprechenden Schichten werden meistens isochron, also zeitgleich abgelagert und treten häufig beckenweit auf. Sie erhalten deshalb einen Leitcharakter. Darauf folgt dann wieder die Ablagerung des HST (Abbildung 11-5f). Die Sedimentproduktion ist wieder schnell genug, so dass die Sedimentakkumulation mit dem Meeresspiegelanstieg mithalten kann und die Ablagerungsräume in Richtung Meer progradieren.

Abbildung 11-5 dokumentiert folglich, dass eine Sequenz aus Sedimentpaketen besteht, welche jeweils durch eine ‚Sequence Boundary' (SB) getrennt sind. Solche Sequenzen zeichnen wechselnde Meeresspiegelstände auf, was sich in der Bildung von Parasequenzen oder ‚Systems Tracts' äußert. Das Zeitintervall mit dem schnellsten Meeresspiegelanstieg wird durch einen Kondensationshorizont aufgezeichnet, welcher als ‚Maximum Flooding Surface' (MFS) oder ‚Flooding Surface' (FS) bezeichnet wird und oft einen Leitcharakter hat. In der Tat hat sich gezeigt, dass die MFS-Sedimente besser miteinander korreliert werden können als eine SB.

In der Literatur werden die Parasequenzen und Sequenzen häufig mit Hilfe von Dreiecken dargestellt. Während die Grundlinie eines solchen Dreiecks die SB darstellt, markiert die Spitze die MFS oder die FS (Abbildung 11-6). Dazwischen liegen die Sedimente der LSST, die TS (‚Transgressive Surface') und die Ablagerungen des TST. Entsprechend wird der Bereich zwischen der Spitze (MFS oder FS) und der Grundlinie des Dreiecks für die Darstellung der HST-Sedimente verwendet (Abbildung 11-6). Eine solche Einteilung der Sedimentpakete in ‚Systems Tracts' oder Parasequenzen kann sowohl für siliziklastische als auch für kalkige Ablagerungen durchgeführt werden.

11.3.2 Sedimentologische Abfolge von ‚Systems Tracts'

Eine Abfolge von Sedimenten, welche eine Sequenz bilden, sei in der Folge am Beispiel sowohl eines vertikalen sedimentologischen Profils als auch als Abfolge von Klinoformen dargestellt (Abbildung 11-7). Bei einer Kalkplattform umfasst eine ‚Klinoform' ein Paket von Kalkschichten, welche sich vom Kalkwatt über die Plattformkante bis zum Plattformfuß erstrecken und dabei eine sigmoidale oder bogenförmige Geometrie beschreiben. Ist der Ablagerungsraum ein Delta mit klastischem Sedimenteintrag, dann werden die ‚topset'-, ‚foreset'- und ‚bottomset'-Ablagerungen, welche zusammen eine sigmoidale Geometrie beschreiben (Abbildung 6-18b), zu einer solchen Klinoform zusammengefasst. Durch die Veränderung des Meeresspiegels entstehen charakteristische Winkelbeziehungen zwischen verschiedenen Schichtflächen, welche als ‚onlaps', ‚offlaps', ‚toplaps' und ‚downlaps' bezeichnet werden (Abbildung 11-7).

In unserem Beispiel verwenden wir die Meeresspiegelschwankungen in Abbildung 11-5 und analysieren die Schichtabfolge, die dabei im äußeren Bereich einer Kalkplattform gebildet wird. Dabei beginnen wir mit der Situation des Meeresspiegel-Hochstands. Während dieser Zeit verlagert sich die Plattformkante oder der Plattformrand in Richtung Meer (Progradation) und steigt zusammen mit dem Meeresspiegel an. Die Klinoformen (Abbildung 11-7a) beschreiben auf der landwärtigen Seite ein ‚onlap' (Anlagerung), bei dem Plattformrand ein ‚offlap' (Auseinanderfächern) und am Plattformfuß ein ‚downlap'. Ein solcher HST bildet eine sedimentäre Abfolge, welche mit offenmarinen Mergeln und mergeligen Mikriten beginnt, welche im Gelände häufig eine dunkelgraue Farbe aufweisen. Darüber folgen die Sedimente des Plattformhangs (Kalkbrekzie).

Beginnt der Meeresspiegel zu sinken, dann wird die landwärtige Seite der Plattform abgetragen – es bildet sich eine Erosionsfläche (SB). Parallel dazu verlagern sich die Ablagerungsräume gegen das Meer hin, und der Plattformrand sinkt zusammen mit dem Meerspiegel in tiefere Lagen (FSST-Sedimente). Die Klinoformen beschreiben beim Plattformrand ein ‚toplap' und am Plattformfuß ein ‚downlap'. Auf der landwärtigen Seite werden keine Sedimente abgelagert, und es wird deshalb auch kein ‚onlap' gebildet (Abbildung 11-7b). In einer vertikalen Abfolge trennt ein Hiatus oder eine Schichtlücke die HST-Ablagerungen von den darüber liegenden Sedimenten ab. Hat der Meeresspiegel den tiefsten Stand erreicht und beginnt wieder leicht zu steigen, dann bilden sich die LST-Sedimente.

Diese zeichnen eine Progradation auf, verbunden mit beginnender Sedimentation auf der Erosionsfläche. Im sedimentologischen Profil folgen auf den Hiatus die dolomitisierten Mikrite eines Kalkwatts und die Mikrite aus einer Lagune (Abbildung 11-7c).

Die darauffolgende Transgression führt zur raschen Retrogradation der Kalkplattform. Auf der landwärtigen Seite bilden die Klinoformen ‚onlap'-Geometrien (Abbildung 11-7d). Im Profil werden die dünnen Mikrit- und Dolomitschichten (LST) von offenmarinen Mergeln und mergeligen Mikriten überlagert. Diese zeichnen die Phase der schnellsten Retrogradation auf und bilden so die MFS (Abbildung 11-7e). Der Meeresspiegel erreicht darauf den Höchststand, und die Kalkplattform kann wieder gegen das Meer hin progradieren (HST, Abbildung 11-7f). Die Bildung einer vollständigen stratigraphischen Sequenz ist damit abgeschlossen.

Die schematische Darstellung in Abbildung 11-7 zeigt, dass die HST-Sedimente am mächtigsten sind. Dies kann insbesondere auf das Akkommodationspotential (Kapitel 11.2.3) zurückgeführt werden, welches während eines Meeresspiegelhochstands am größten ist. In einer sedimentären Sequenz haben die HST-Schichtstapel deshalb die höchste zeitliche Auflösung, und sie zeichnen die sedimentären Prozesse am vollständigsten auf.

11.3.3 Sequenzstratigraphische Analyse als Hilfsmittel zur Korrelation von Schichtsequenzen

Variationen des relativen Meeresspiegels und somit Anpassungen der Sedimentationsdynamik (Bildung transgressiver und regressiver Sedimentabfolgen) gehen schließlich auf Änderungen unterschiedlicher Kontrollmechanismen zurück (Abbildung 11-8). Dabei handelt es sich einerseits um den eustatischen Meeresspiegel und die Subsidenz, welche die Bildung des Akkommodationspotentials steuern, und andererseits um die Sedimentzufuhr (Kapitel 11.2.3). Diese Kontrollmechanismen haben unterschiedliche Ursachen und Zyklizitäten (also Wiederkehrperioden), und sie können sich über längere geologische Zeiträume unabhängig voneinander verändern. In diesem Sinne werden Wechsel in einer Sedimentabfolge und die Entstehung von Sequenzen als stratigraphische Antwort auf sich ändernde, meistens externe Kontrollmechanismen interpretiert. Dabei bilden sich Grenzflächen, wie zum Beispiel eine ‚Sequence Boundary' oder auch eine ‚Maximum Flooding Surface', welche einzelne Schichtpakete mit unterschiedlichem Stapelungsmuster voneinander trennen. Bei einer sequenzstratigraphischen Analyse werden also nicht primär Abfolgen miteinander verknüpft, welche dieselben lithologischen oder biologischen sowie paläontologischen Merkmale aufweisen, sondern Sequenzen und Parasequenzen, welche wahrscheinlich während derselben Bildungsphase und unter ähnlichen kontrollierenden Mechanismen entstanden sind. So hat sich gezeigt, dass Grenzflächen zwischen solchen Parasequenzen und Sequenzen über weite Distanzen verfolgt werden können, auch wenn die sedimentologischen Abfolgen oberhalb und unterhalb dieser Flächen auf den ersten Blick ganz unterschiedlich aufgebaut sind. Deshalb hat die sequenzstratigraphische Analyse von Sedimentabfolgen (d.h. die Unterteilung einer Schichtabfolge in Parasequenzen und Sequenzen) ein großes Potential, um sedimentäre Archive zeitlich miteinander zu korrelieren und um die kontrollierenden Parameter zu bestimmen (Haq et al., 1988).

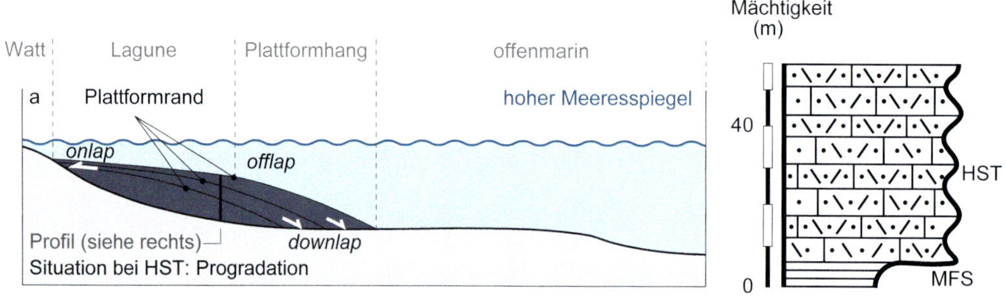

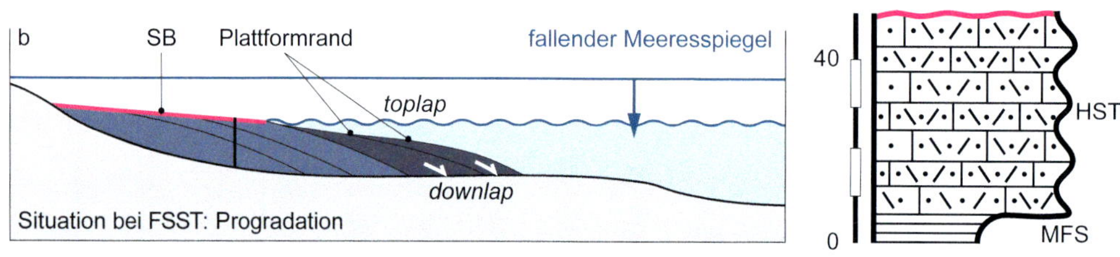

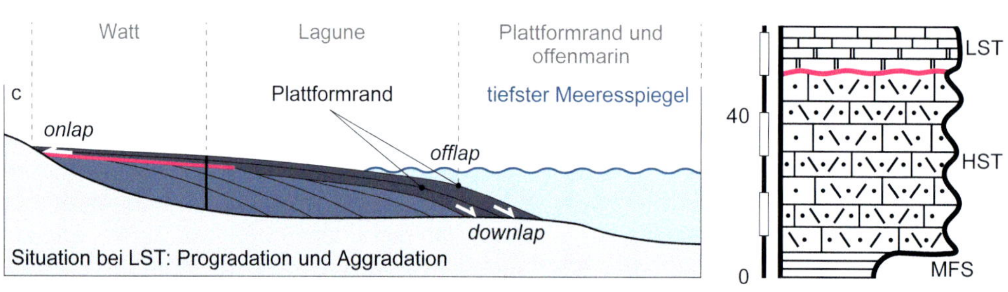

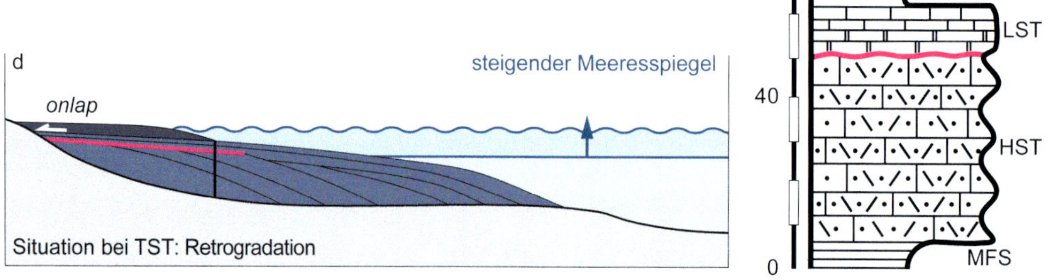

Abbildung 11-7: *Bildung von Klinoformen und stratigraphische Abfolge.*

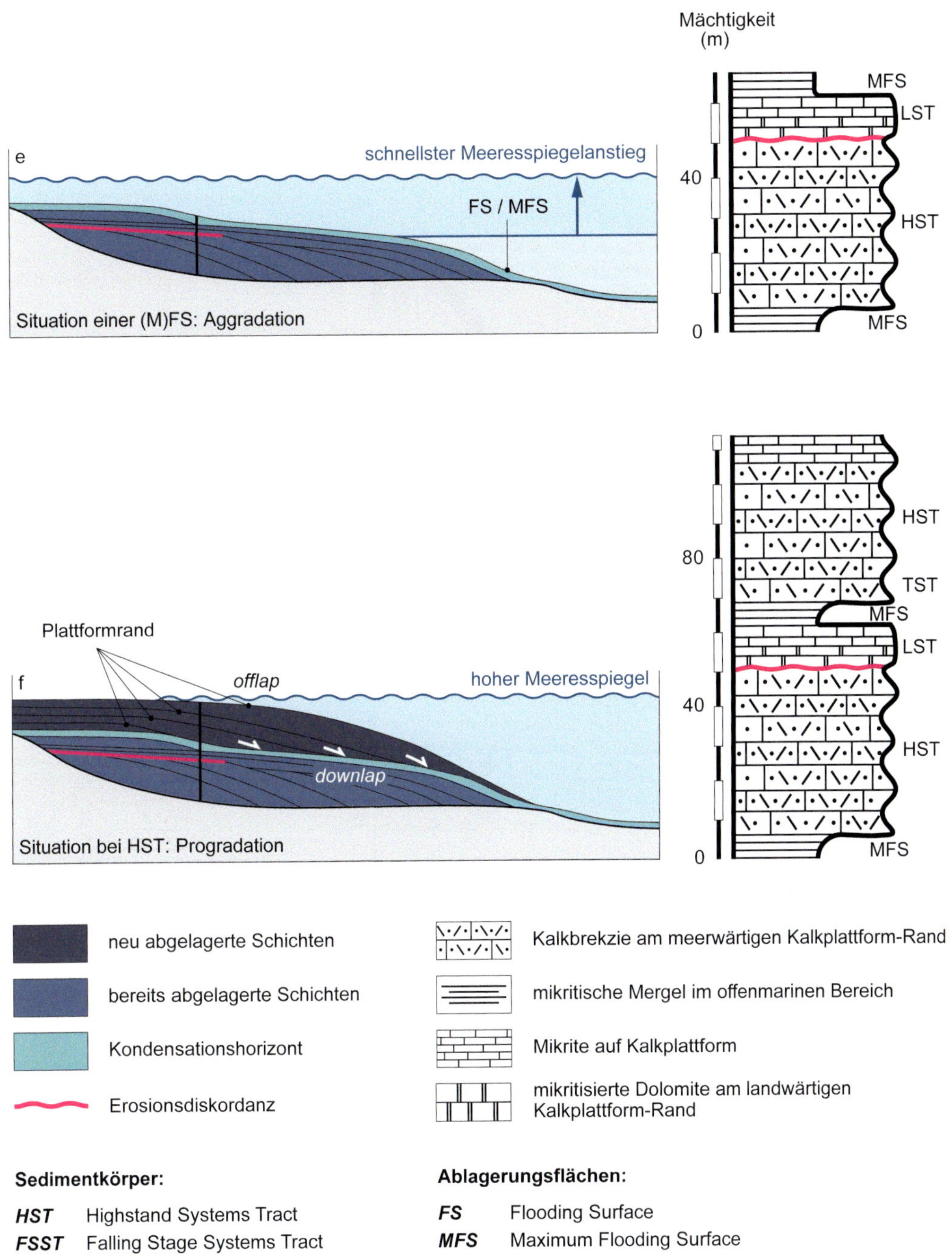

Sedimentkörper:

HST Highstand Systems Tract
FSST Falling Stage Systems Tract
LST Lowstand Systems Tract
TST Transgressive Systems Tract

Ablagerungsflächen:

FS Flooding Surface
MFS Maximum Flooding Surface
SB Sequence Boundary
TS Transgressive Surface

Abbildung 11-7 (Fortsetzung): *Bildung von Klinoformen und Abfolgen von Parasequenzen in sedimentologischen Profilen. Die Klinoformen und Sequenzen in **a)** bis **f)** bilden sich als Folge unterschiedlicher Meeresspiegelschwankungen (s. auch Abbildung 11-5).*

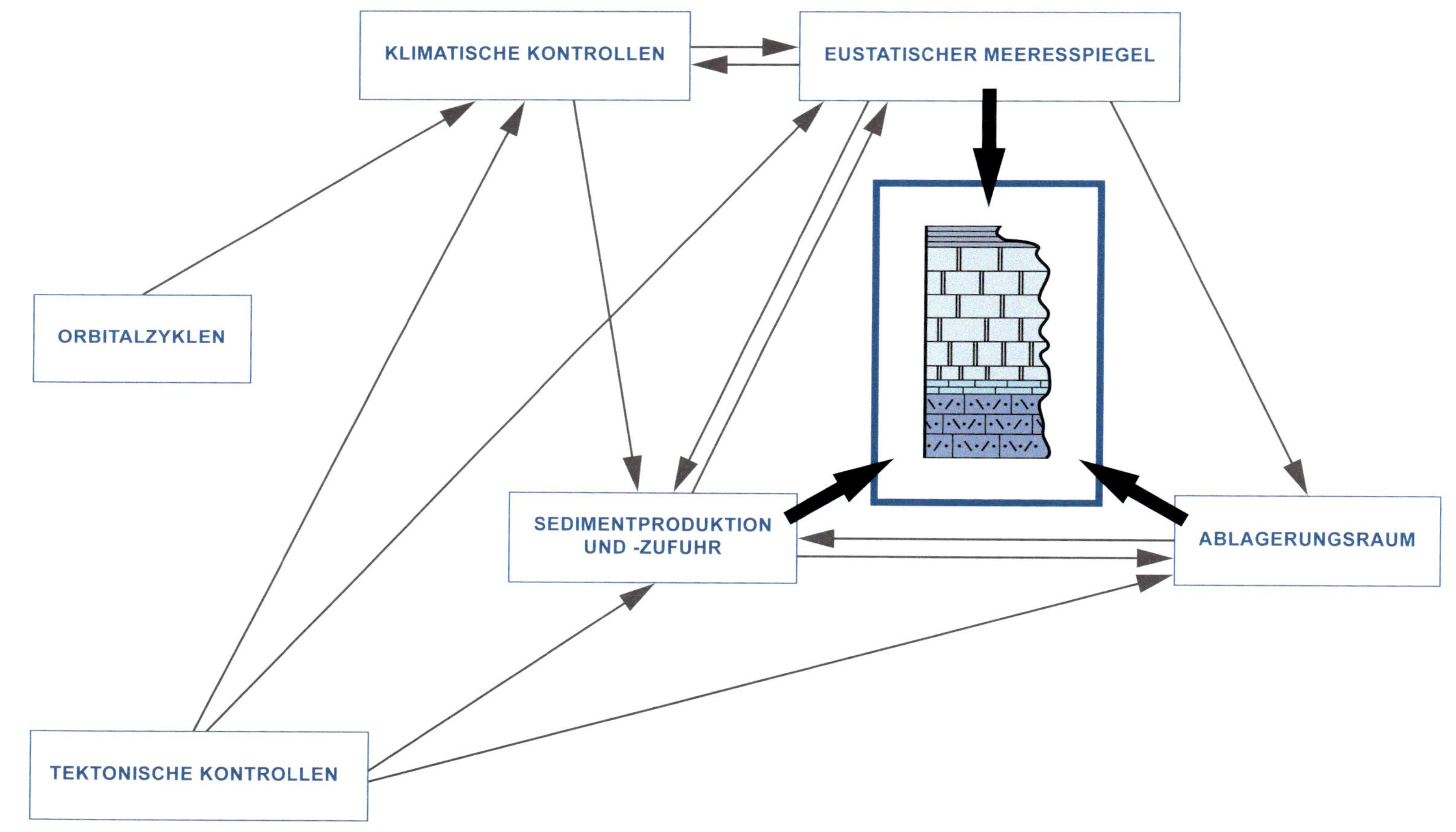

Abbildung 11-8: *Die Bildung sedimentärer Sequenzen geht auf eine komplexe Wechselwirkung unterschiedlicher tektonischer und klimatischer Kontrollmechanismen zurück.*

11.4 Zyklen und Zyklostratigraphie

11.4.1 Allozyklen und Autozyklen

In den vorangehenden Abschnitten haben wir gezeigt, dass die Bildung sedimentärer Sequenzen auf Änderungen in der Subsidenzrate, der Höhe des eustatischen Meeresspiegels und der Sedimentzufuhr zurückgeführt werden kann. Solche Veränderungen wirken auf verschiedenen Skalen und in unterschiedlichen Zeiträumen. Aus ihrer Kombination (Abbildung 11-8) resultiert ein komplexes Muster von wiederkehrenden Ablagerungsbedingungen. Es wird eine Schichtabfolge gebildet, in welcher bestimmte Schichten oder ein Muster von Schichtpaketen sich zyklisch wiederholen (Abbildung 11-9). Bei der zyklostratigraphischen Analyse eines Sedimentstapels (Abbildung 11-10) liegt der Fokus folglich auf der Erkennung solcher wiederkehrender Sedimentationsmuster. Wenn nun die Bildung einer Zyklizität auf externe und damit überregionale Mechanismen zurückgeführt werden kann, dann handelt es sich um eine Allozyklizität (Einsele, 1992). Weil Allozyklen sowohl durch geodynamische Prozesse als auch durch klimatische Bedingungen gesteuert werden, umfassen solche Zyklen deshalb das gesamte Spektrum möglicher Zeitintervalle von Stunden (Gezeiten-Zyklen), Monaten (Mondzyklen) sowie von mehreren tausend (Milanković-Zyklen) bis hundert Millionen Jahren (Wilson-Zyklen).

Eine Autozyklizität dagegen entsteht als Folge von lokalen Veränderungen im Ablagerungsraum selbst, die durch keine übergeordneten Prozesse gesteuert werden. Dabei kann es sich zum Beispiel um Änderungen in der Dynamik von Trübeströmen handeln, was zur Bildung eines neuen Lobensystems führen könnte (Kapitel 7.6). Autozyklen sind also unabhängig von großräumigen externen Einflüssen und darum auf einzelne Sub-Systeme eines Ablagerungsbereichs (Flusslauf, Kanäle auf submarinen Schuttfächern) begrenzt. Solche Systeme reagieren entsprechend schnell, wenn sich die lokalen Umstände verändern (Einsele et al., 1991). So kann die Verlagerung einer Rinne auf einem submarinen Schuttfächer bereits innerhalb weniger Jahrzehnte abgeschlossen sein.

11.4.2 Wilson-Zyklen, Milanković-Zyklen und Gezeitenzyklen

Aus einer geodynamischen Perspektive gesehen, spielt der Wilson-Zyklus (benannt nach John Tuzo Wilson, 1968) eine zentrale Rolle. Dieser Zyklus beschreibt den Kreislauf vom Auseinanderbrechen eines Kontinents bis hin zur Öffnung und folgenden Schließung eines Ozeanbeckens in einem Zeitraum von mehreren hundert Millionen Jahren. Beim Auseinanderbrechen eines Kontinents bildet sich unweigerlich ein Ablagerungsraum. Die Schließung eines Ozeanbeckens bewirkt dagegen genau das Gegenteil, denn sie führt zu einer Verkleinerung des Akkommodationspotentials. Eine Schichtabfolge kann deshalb kaum einen gesamten Wilson-Zyklus erfassen, doch ein Teil davon, zum Beispiel die Phase während der Öffnung eines Ozeans, wird häufig in den Sedimenten aufgezeichnet.

Die Bildung von Milanković-Zyklen (benannt nach Milutin Milanković, 1941) kann ebenfalls auf eine globale Ursache zurückgeführt werden. Dabei handelt es sich um zyklische Veränderungen der globalen Verteilung, mit der die Sonnenstrahlen auf die Erde eintreffen. Diese Verteilung hängt von der Laufbahn der Erde um die Sonne (Exzentrizität) ab. Zusätzlich beeinflussen die Neigung (Obliquität) und die Richtungsänderungen der Erdachse (Präzession) die Verteilung der Sonnenintensität auf der Erde. Die daraus resultierenden Milanković-Zyklen werden deshalb auch als Orbitalzyklen bezeichnet und haben

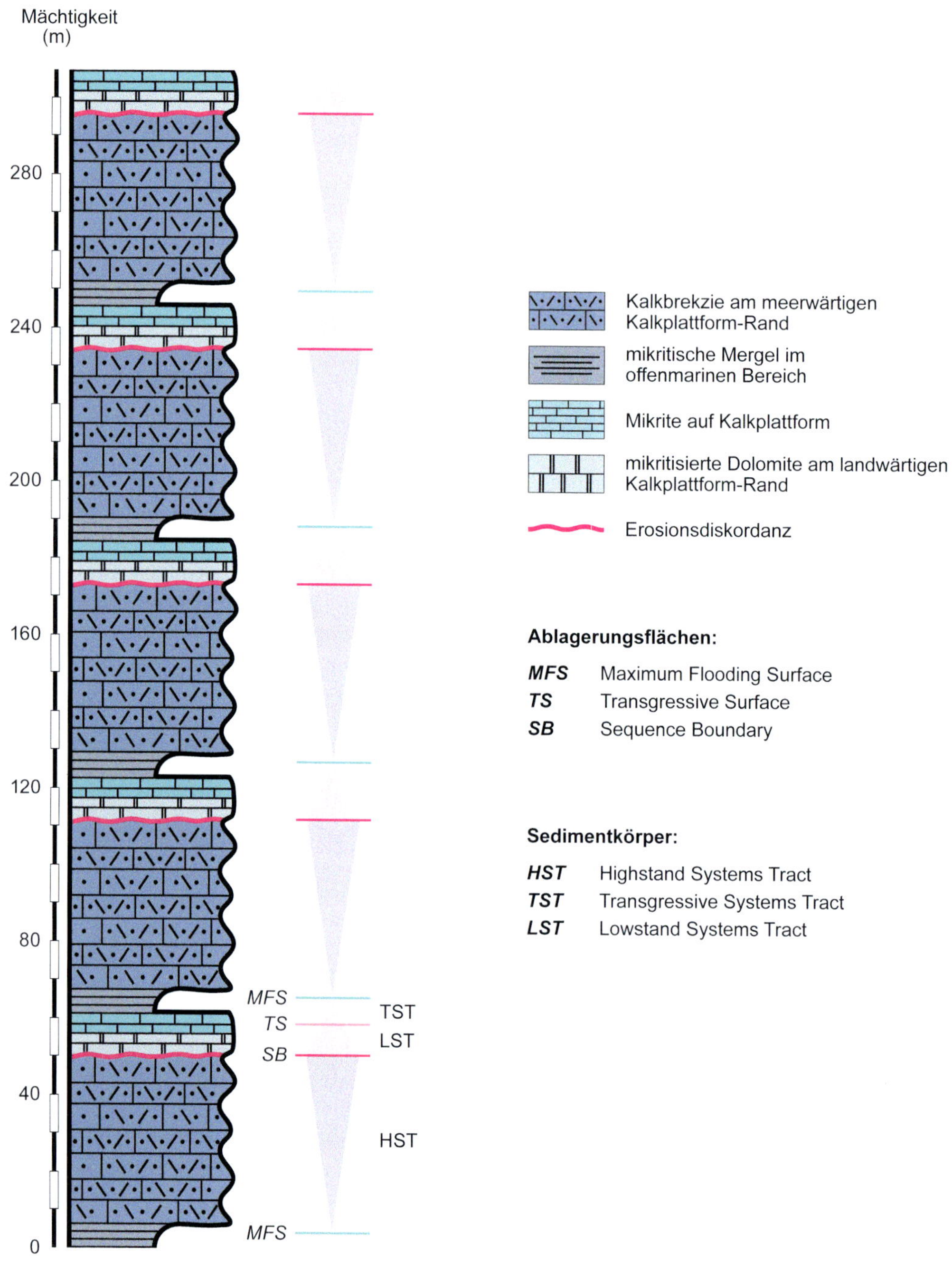

Abbildung 11-9: *Darstellung einer möglichen Zyklizität in einer Sedimentabfolge (s. auch Abbildung 11-7 für Erklärung, wie ein solcher Schichtstapel entstehen kann).*

Abbildung 11-10: *Schön ausgebildete Zyklizität von Kalkschichten, welche auf einem Kalkwatt gebildet wurden. Das Foto wurde auf dem Creux du Van im Juragebirge aufgenommen.*

unterschiedliche Wiederkehrperioden. Die Exzentrizität umfasst mit Perioden von 95 000, 125 000 und 405 000 Jahren die längsten Zeitintervalle, während die Obliquität eine Periode von rund 41 000 Jahren hat. Die Präzession weist mit ca. 19 000 und 24 000 Jahren die kürzeste Wiederkehrperiode auf. Weil diese orbitalen Veränderungen die Verteilung der Sonnenenergie auf der Erde beeinflussen, steuern sie das globale Klima und damit die Bildung von Sedimentpartikeln. Deshalb haben Milanković-Zyklen ein großes Potential, in den Sedimenten als zyklisch wiederkehrende Ablagerungen aufgezeichnet zu werden.

Die Sommer- und Wintermonate sind ebenfalls durch eine unterschiedliche Sonneneinstrahlung charakterisiert. Dies führt insbesondere in Seen zu einer saisonalen Zyklizität bei der Bildung von Sedimentpartikeln. Daraus resultieren Warven, welche als millimeterdünne Lagen die Unterschiede zwischen der Sommer- und Wintersedimentation aufzeichnen (Kapitel 5.6.3). Die kürzeste Zyklizität, welche in Sedimenten aufgezeichnet werden kann, haben allerdings die Gezeiten. Ebbe und Flut treten alle 12 Stunden auf, und Spring- sowie Nipptide können je zweimal pro Monat beobachtet werden (Kapitel 6.3.1). Der daraus resultierende Wechsel von Strömung und Stagnation des Meerwassers äußert sich in einer zyklischen Abfolge von Sandsteinschichten (Ebbe- oder Flutströmung) und dünnen Tonstein-Zwischenlagen (Stagnation des Meerwassers zwischen Ebbe- und Flutströmung, Kapitel 6.3.3 und Abbildung 6-14a).

11.4.3 Die Mittelpleistozäne Übergangsphase

Die Mittelpleistozäne Übergangsphase (in der englischen Sprache 'Mid-Pleistocene Transition', oder kurz MPT) beschreibt eine globale Klimawende während des Quartärs, als die Periodizität glazialer und interglazialer Zyklen wechselte. Diese Übergangsphase, die MPT, fand vor ca. 1,25–0,7 Ma vor heute statt und hatte eine Anpassung der Milanković-Zyklen zur Folge. So wechselten sich Kalt- und Warmphasen vor der MPT mit einer Periodizität von 41 000 Jahren ab. Entsprechend war die Zeit vor der MPT durch kurze glaziale Phasen mit kurzen Gletschern sowie dünnen Eiskappen auf der Nord- und Südhemisphäre geprägt. Nach der MPT nahmen die Temperaturunterschiede zwischen Warm- und Kaltzeiten deutlich zu, die Kaltzeiten dauerten länger, und die Zeitspanne zwischen den wärmsten und kältesten Phasen verlängerte sich auf hunderttausend Jahre. Dies führte zur Bildung großer Eisschilde in der nördlichen und südlichen Hemisphäre sowie dicker Gletscher, welche als Talgletscher vom Gebirge ins Flachland vorstießen (Abbildung 3-1).

Die Veränderung des globalen Klimas während des MPT kann in den Schelf- und Tiefseesedimenten nachgewiesen werden. Dazu werden Kohlen- und Sauerstoffisotope in den Kalzitschalen planktischer Foraminiferen (Kapitel 8.1.2) gemessen. Die Forschungsergebnisse lassen den Schluss zu, dass die MPT auf eine Abnahme der CO_2-Konzentration in der Atmosphäre zurückgeführt werden kann (Chalk et al., 2017). Das Vorrücken der Talgletscher in tiefere Lagen führte zudem zur Abtragung der Bodenflächen bis auf das Muttergestein, also bis auf den felsigen Grund (Kapitel 2.3). Darauf können Gletscher offenbar besser gleiten als auf einem Boden mit A-, B- und C-Horizonten, was das Vorrücken der Talgletscher ins Flachland zusätzlich begünstigte (Willeit et al., 2019). Es konnte ebenfalls gezeigt werden, dass während der Zeit nach der MPT die Zirkulation verschiedener Wasserschichten im Südpolarmeer abgeschwächt war, was zu einem niedrigen CO_2-Ausstoß aus dem Meerwasser führte (Hasenfratz et al., 2019). Die Ursachen, wieso es zur MPT kam, sind aber trotz dieser Ergebnisse noch nicht vollständig verstanden, und ihre Ergründung bedarf weiterer Untersuchungen.

Auch im Alpenraum hinterliess die MPT ihre Spuren. So begünstigte diese Klimawende das Wachstum der großen inneralpinen Gletscher. Diese begannen, in die Tiefe zu erodieren (Haeuselmann et al., 2009; Valla et al., 2011). Sie hinterließen im Gebirge die klassischen U-förmigen Täler (Abbildung 11-11) und im Flachland die Übertiefungen (Abbildung 3-1). Wegen der starken Tiefenerosion nahm die Bildung klastischer Sedimentpartikel im Gebirge und der Eintrag detritischen Materials ins Meer zu (Norton und Schlunegger, 2017). Der größere Eintrag klastischer Sedimente in die Weltmeere ist, neben der Abkühlung des globalen Klimas während der MPT, wahrscheinlich der wichtigste Grund, wieso heute die Bildung von Kalkpartikeln auf wenige flachmarine Bereiche zwischen den Wendekreisen beschränkt ist (Kapitel 9). Zudem führen größere Vereisungen auf dem Festland und an den Polkappen zu einem tieferen Meeresspiegel und damit zum Austrocknen großer Bereiche auf dem Schelf. Die Küstenlinie progradiert in Richtung Meer, was zu einem verstärkten Eintrag klastischen Materials in offenmarine Bereiche führt. Solche Zusammen-

Abbildung 11-11: *Die Entstehung des U-förmigen Lauterbrunnentals im Berner Oberland kann auf eine verstärkte glaziale Erosion nach der mittelpleistozänen Übergangsphase zurückgeführt werden. Foto © Ambroix, in Wikipedia.commons.*

hänge konnten zum Beispiel für das Mittelmeer (Lafosse et al., 2018) und das Japanische Meer nachgewiesen werden (Kitamura und Kawagoe, 2006).

Diese Beispiele verdeutlichen den Nutzen sequenz- und zyklostratigraphischer Analysen von Sedimentabfolgen. Globale Änderungen im Klima, wie zum Beispiel der Wechsel zu großen Temperaturschwankungen nach der MPT, werden in den Sedimenten sowohl auf dem Festland als auch im Schelfbereich und auf der Tiefsee-Ebene als Sequenzen und Zyklen aufgezeichnet. Diese bilden den Schlüssel, um Schichtabfolgen miteinander zu korrelieren und die Entwicklung der Ablagerungsräume und damit der Landschaften unseres Globus zu rekonstruieren.

Literaturverzeichnis

Ahnert, F. (2015). Einführung in die Geomorphologie. 5. Auflage. Stuttgart: Ulmer. https//doi.org/10.36198/9783838586274

Allen, P. A. (1997). Earth Surface Processes. Oxford: Blackwell Science Ltd.

Allen, P. A. & Hoffman, P. F. (2005). Extreme winds and waves in the aftermath of a Neoproterozoic glaciation. Nature, 433, 123–127. https://doi.org/10.1038/nature03176

Allen, P. A., Mange-Rajetky, A. & Matter, A. (1985). Dynamic palaeogeography of the open Burdigalian seaway, Swiss Molasse basin. Eclogae Geologicae Helvetiae, 78, 351–381.

Anand, P., Elderfield, H. & Conte, M. H. (2003). Calibration of Mg/Ca thermometry in planktonic foraminifera from a sediment trap time series. Paleoceanography, 18, 1050. https://doi.org/10.1029/2002PA000846

Andres, M., Donohue, K. A., Toole, J. M. (2020). The Gulf Stream's path and time-averaged velocity structure and transport at 68.5°W and 70.3°W. Deep Sea Research Part I: Oceanographic Research Papers, 156, 103179. https://doi.org/10.1016/j.dsr.2019.103179

Arche, A. (1983). Coarse-grained meander lobe deposits in the Jarama River, Madrid, Spain. In J. D. Collinson & J. Lewin (Eds.), Modern and ancient fluvial systems. International Association of Sedimentologists, Special Publication, 6, 313–321.

Bagnold, R. A. (1941). The physics of blown sand and desert dunes. New York: Wiley.

Bickert, T. (2009). Carbonate Compensation Depth. In V. Gornitz, (Ed.), Encyclopedia of Paleoclimatology and Ancient Environments. Encyclopedia of Earth Sciences Series. Dordrecht: Springer. https://doi.org/10.1007/978-1-4020-4411-3_33

Blair, T. C. & McPherson, J. G. (1994). Alluvial Fan Processes and Forms. In A. J. Parsons & A. D. Abrahams (Eds.), Geomorphology of Desert Environments. London: Chapman & Hall.

Bosence, D. W. J. & Wilson, R. C. L. (2003). Carbonate Depositional system. In: The Sedimentary Record of Sea-Level Changes. Cambridge: Cambridge University Press, 209–233.

Bouma, A. H. (1962). Sedimentology of Some Flysch Deposits. Amsterdam: Elsevier.

Bray, D. I. (1975). Representative discharges for gravel-bed rivers in Alberta, Canada. Journal of Hydrology, 27, 143–153. https://doi.org/10.1016/0022-1694(75)90103-1

Bryan, S. E. & Ernst, R. E. (2008). Revised definition of Large Igneous Provinces (LIPs). Earth-Science Reviews, 86, 175–202. https://doi.org/10.1016/j.earscirev.2007.08.008

Cas, R. A. F. & Wright, J. V. (1987). Volcanic Successions. Modern and Ancient. London, Boston, Sydney, Wellington: Allen & Unwin.

Chalk, Th. B., Hain, M. P., Foster, G. L., Rohling, E. J., Sexton, P. F., Badger, M. P. S., et al. (2017). Causes of ice age intensification across the MPT. Proceedings of the National Academy of Sciences, 114, 13114–13119. https://doi.org/10.1073/pnas.1702143114

Chanson, H. (2004). The Hydraulics of Open Channel Flow: An Introduction. Basic principles, sediment motion, hydraulic modelling, design of hydraulic structures. Second Edition. Amsterdam, Boston, Heidelberg, London, New York, Oxford, Paris, San Diego, San Francisco, Singapore, Sydney, Tokyo: Elsevier. ISBN: 0750659785

Connor, N. (2020). https://www.thermal-engineering.org/what-is-reynolds-number-definition/. Abgerufen am 15. Januar 2022.

Costa, J. E. (1984). Physical geomorphology of debris flows. In J. E. Costa & P. J. Fleischer (Eds.), Developments and applications of geomorphology. Berlin: Springer, 268–317.

Delunel, R., van der Beek, P. A., Carcaillet, J., Bourlès, D. L. & Valla, P. G. (2010). Frost-cracking control on catchment denudation rates: Insights from in situ produced ^{10}Be concentrations in stream sediments (Ecrins-Pelvoux massif, French Western Alps). Earth and Planetary Science Letters, 293, 72–83. https://doi.org/10.1016/j.epsl.2010.02.020

de Swart, H. E. & Yuan, B. (2019). Dynamics of offshore tidal sand ridges, a review. Environmental Fluid Mechanics, 19, 1047-1071. https://doi.org/10.1007/s10652-018-9630-8

Deutscher Wetterdienst. Wetter- und Klimalexikon: Windsee und Dünung. https://www.dwd.de/DE/service/lexikon/Functions/glossar.html?lv2=102936&lv3=586432. Abgerufen am 19. Juli 2023.

Dixon, J. L. & von Blanckenburg, F. (2012). Soils as pacemakers and limiters of global silicate weathering. Comptes Rendus Geoscience, 344, 597–609. https://doi.org/10.1016/j.crte.2012.10.012

Douillet, G. A., Sun, E. T.-H., Kueppers, U., Letort, J., Pacheco, D. A., Goldstein, F. et al. (2013). Sedimentology and geomorphology of the deposits from the August 2006 pyroclastic density currents at Tungurahua volcano, Ecuador. Bulletin of Volcanology, 75, 765. https://doi.org/10.1007/s00445-013-0765-7

Dunham, R. J. (1962). Classification of carbonate rocks according to depositional texture. In W. E. Ham (Ed.), Classification of Carbonate Rocks. AAPG, Memoir 1, 108–121.

Einsele, G. (1992). Sedimentary Basins. Evolution, Facies and Sediment Budget. Berlin, Heidelberg, New York, London, Paris, Tokyo, Hong Kong: Springer Verlag.

Einsele, G., Ricken, W. & Seilacher, A. (Eds.) (1991). Cycles and events in stratigraphy. Berlin, Heidelberg, New York, London, Paris, Tokyo, Hong Kong: Springer Verlag.

Engler, E. A. (2019) Testing the applicability of Zn isotopes as productivity indicators in lacustrine settings. Bern: Unpublizierte Master Arbeit, Universität Bern.

Ernst, R. E. & Youbi, N. (2017). How Large Igneous Provinces affect global climate, sometimes cause mass extinctions, and represent natural markers in the geological record. Palaeogeography, Palaeoclimatology, Palaeoecology, 478, 30-52. https://doi.org/10.1016/j.palaeo.2017.03.014

Fabbri, S. C., Büchi, M. W., Horstmeyer, H., Hilbe, M., Hübscher, C., Schmelzbach, C. et al. (2018). A subaquatic moraine complex in overdeepened Lake Thun (Switzerland) unravelling the deglaciation history of the Aare Glacier. Quaternary Science Reviews, 187, 62–79. https://doi.org/10.1016/j.quascirev.2018.03.010

Folk, R. L. (1974). Petrology of Sedimentary Rocks. University of Texas, Austin: Hemphill Publishing Co.

Freese, E., Köster, J. & Rullkötter, J. (2008). Origin and composition of organic matter in tidal flat sediments from the German Wadden Sea. Organic Geochemistry, 39, 820-829. https://doi.org/10.1016/j.orggeochem.2008.04.023

Füchtbauer, H. (1988). Sedimente und Sedimentgesteine, Sediment-Petrologie, Teil II. Stuttgart: Schweizerbart'sche Verlagsbuchhandlung.

Galloway, W. E. & Hobday, D. K. (1983). Terrigenous Clastic Depositional Systems. Applications to Petroleum, Coal, and Uranium Exploration. Berlin, Heidelberg, New York, London, Paris, Tokyo, Hong Kong: Springer Verlag.

Garcia-Castellanos, D. & Villaseñor, A. (2011). Messinian salinity crisis regulated by competing tectonics and erosion at the Gibraltar arc. Nature, 480, 359–363. https://doi.org/10.1038/nature10651

Garefalakis, P. & Schlunegger, F. (2018). Link between concentrations of sediment flux and deep crustal processes beneath the European Alps. Scientific Reports, 8, 183. https://doi.org/10.1038/-s41598-017-17182-8

Haeuselmann, P., Granger, D. E., Jeannin, P.-Y. & Lauritzen, S.-E. (2009). Abrupt glacial valley incision at 0.8 Ma dated from cave deposits in Switzerland. Geology, 35, 143–146. https://doi.org/10.1130/G23094A

Hales, T. C. & Roering, J. J. (2007). Climatic controls on frost cracking and implications for the evolution of bedrock landscapes. Journal of Geophysical Research, 112, F02033. https://doi.org/10.1029/2006JF000616

Haq, B. U., Hardenbol, J., Vail, P. R., Stover, L. E., Colin, J. P., Ioannides, N. S., et al. (1988). Mesozoic and Cenozoic Chronostratigraphy and Cycles of Sea-Level Change. In C. K. Wilgus, B. S. Hastings, H. Posamentier, J. Van Wagoner, C. A. Ross, G. Christopher & St. C. Kendall (Eds.), Sea-Level Changes: An Integrated Approach. SEPM Special Publication, 42, 71–108.

Harms, J. C., Southard, J. B., Spearing, D. R. & Walker, R. G. (1975). Depositional Environments as Interpreted from Primary Sedimentary Structures and Stratification Sequences. SEPM Short Course 2. Dallas (Texas).

Hasenfratz, A. P., Jaccard, S. L., Martinez-Garcia, A., Sigman, D. M., Hodell, D. A., Vance, D., et al. (2019). The residence time of Southern Ocean surface waters and the 100,000-year ice age cycle. Science, 363, 1080–1084. https://doi.org/10.1126/science.aat7067

Herman, F. & Champagnac, J.-D. (2015). Plio-Pleistocene increase of erosion rates in mountain belts in response to climate change. Terra Nova, 28, 2–10. https://doi.org/10.1111/ter.12186

Herman, F., Beyssac, O., Brughelli, M., Lane, S., Leprince, S., Adatte, T., et al. (2015). Erosion by an Alpine glacier. Science, 350, 193–195. https://doi.org/10.1126/science.aab2386

Hesp, P. A. & Hastings, K. (1998). Width, height and slope relationships and aerodynamic maintenance of barchans. Geomorphology, 22, 193–204. https://doi.org/10.1016/S0169-555X(97)00070-6

Homrighausen, R. (1979). Petrographische Untersuchungen an sandigen Gesteinen der Hörre-Zone (Rheinisches Schiefergebirge, Oberdevon-Unterkarbon). Abhandlungen der Großherzoglich Hessischen Geologischen Landesanstalt zu Darmstadt, 79.

Keller, B. (1989). Fazies und Stratigraphie der Oberen Meeresmolasse (Unteres Miozän) zwischen Napf und Bodensee. Bern: Unpublizierte PhD Dissertation, Universität Bern.

Kitamura, A. & Kawagoe, T. (2006). Eustatic sea-level change at the Mid-Pleistocene climate transition: new evidence from the shallow-marine sediment record of Japan. Quaternary Science Reviews, 25, 323–335. https://doi.org/10.1016/j.quascirev.2005.02.009

Korup, O., Densmore, A. L. & Schlunegger, F. (2010). The role of landslides in mountain range evolution. Geomorphology, 120, 77–90. https://doi.org/10.1016/j.geomorph.2009.09.017

Koster, E. H. (1978). Transverse ribs: their characteristics, origin and paleohydraulic significance. In A. D. Miall (Ed.), Fluvial sedimentology. Canadian Society of Petroleum Geologists, Memoir 5, 161–186.

Lafosse, M., Gorini, C., Le Roy, P., Alonso, B., d'Acremont, E., Ercilla, G., et al. (2018). Late Pleistocene-Holocene history of a tectonically active segment of the continental margin (Nekor basin, Western Mediterranean, Morocco). Marine and Petroleum Geology, 97, 370–389. https://doi.org/10.1016/j.marpetgeo.2018.07.022

Lowe, D. R. (1982). Sediment Gravity Flows: II. Depositional models with special reference to the deposits of high-density turbidity currents. Journal of Sedimentary Petrology, 52, 279–297.

McArdell, B. W., Bartelt, P. & Kowalski, J. (2007). Field observations of basal forces and fluid pore pressure in a debris flow. Geophysical Research Letters, 34, L07406. https://doi.org/10.1029/2006GL029183

Meyer-Peter, E. & Müller, R. (1948). Formulas for bedload transport. Proceedings of the 2nd meeting of the International Association for Hydro-Environment Engineering and Research, Stockholm, Sweden. Appendix 2, 39–64.

Miall, A. D. (1996). The Geology of Fluvial Deposits. New York: Springer Verlag.

Michell, J. H. (1893) XLIV. The highest waves in water. The London, Edinburgh, and Dublin Philosophical Magazine and Journal Of Science, 536, 430–437. https://doi.org/10.1080/14786449308620499

Middleton, G. V. & Hampton, M. A. (1973). Sediment gravity flows: Mechanics of flow and deposition. In G. V. Middleton & A. H. Bouma (Eds.), Turbidites and deep-water sedimentation. SEPM Short Course Notes, Pacific Section, Los Angeles.

Miller, M. C. & Komar, P. D. (1980). Oscillation sand ripples generated by laboratory apparatus. Journal of Sedimentary Research, 50, 173–182. https://doi.org/10.1306/212F799B-2B24-11D7-8648000102C1865D

Milliman, J. D. & Meade, R. H. (1983). World-Wide Delivery of River Sediment to the Oceans. Journal of Geology, 91, 1–21. https://doi.org/10.1086/628741

Nichols, G. (2009). Sedimentology and Stratigraphy. Oxford: Wiley-Blackwell.

Nishiyama, R., Ariga, A., Ariga, T., Lechmann, A., Mair, D., Pistillo, C., Scampoli, P, Valla, P. G., Vladymyrov, M., Ereditato, A. & Schlunegger, F. (2019). Bedrock sculpting under an active alpine glacier revealed from cosmic-ray muon radiography. Scientific Reports, 6970. https://doi.org/10.1038/s41598-019-43527-6

Norton, K. P. & Schlunegger, F. (2017). Lack of a weathering signal with increased Cenozoic erosion? Terra Nova, 29, 265–272. https://doi.org/10.1111/ter.12278

Petit, F. & Pauquet, A. (1998). Bankfull discharge recurrence interval in gravel-bed rivers. Earth Surface Processes and Lanforms, 22, 685–693. https://doi.org/10.1002/(SICI)1096-9837(199707)22:7<685::AID-ESP744>3.0.CO;2-J

Pierson, T. C. (1986). Flow behavior of channelized debris flows, Mount St. Helens, Washington. In A.D. Abrahams (Ed.), Hillslope processes, Binghamton geomorphology symposium 16. Routledge, Taylor & Francis: London, New York. https://doi.org/10.4324/9781003028840.

Pfiffner, O. A., Engi, M., Schlunegger, F., Mezger, K. & Diamond, L. (2015). Erdwissenschaften. Stuttgart: utb basics.

Pinet, P. R. (2012). Invitation to Oceanography. Burlington, MA: Jones & Bartlett Learning.

Platt, N. & Keller, B. (1992). Distal alluvial deposits in a foreland basin setting – the Lower Freshwater Molasse (Lower Miocene), Switzerland: sedimentology, architecture and palaeosols. Sedimentology, 39, 545–565. https://doi.org/10.1111/j.1365-3091.1992.tb02136.x

Preusser, F., Graf, H.R., Keller, O., Krayss, E., Schlüchter, C. (2011). Quaternary glaciation history of northern Switzerland. E&G Quaternary Science Journal, 60, 282–305. https://doi.org/10.3285/eg.60.2-3.06

Radebaugh, J., Sharma, P., Korteniemi, J. & Fitzsimmons, K. E. (2014). Longitudinal Dunes (or Linear Dunes). In: Encyclopedia of Planetary Landforms. Springer, New York, NY. https://doi.org/10.1007/978-1-4614-3134-3_460

Reading, H. G. (ed.) (1978). Sedimentary Environments and Facies. Oxford: Blackwell Scientific Publications. ISBN: 0632004355

Reineck, H. E. & Singh, I. B. (1980). Depositional Sedimentary Environments. Berlin, Heidelberg: Springer Verlag.

Röttger, R. (2001). Wörterbuch der Protozoologie. In W. Foissner (Ed.), Protozoological Monographs, 2. Aachen: Shaker Verlag.

Sanders, J. E. (1965). Primary sedimentary structures formed by turbidity currents and related resedimentation mechanisms. In G. V. Middleton (Ed.), Primary sedimentary structures and their hydrodynamic interpretation. SEPM Special Publication, 12, 192–219. https://doi.org/10.2110/pec.65.08.0192

Savi, S., Delunel, R. & Schlunegger, F. (2015). Efficiency of frost-cracking processes through space and time: An example from the eastern Italian Alps. Geomorphology, 232, 48–260. https://doi.org/10.1016/j.geomorph.2015.01.009

Scholle, A. & Ulmer-Scholle, D. S. (2003). A Color Guide to the Petrography of Carbonate Rocks: Grains, Textures, Porosity, Diagenesis. AAPG, Memoir 77, 1–486.

Schlüchter, C. (1997). Sedimente des Gletschers (Teil I). Bulletin für angewandte Geologie, 2, 99–112. https://doi.org/10.5169/seals-219964

Schlüchter, C. (2004). The Swiss glacial record – a schematic summary. In J. Ehlers & P. L. Gibbard (Eds.), Quaternary Glaciations. – Extent and Chronology: Part I: Europe. Amsterdam: Elsevier Science.

Schlunegger, F. & Garefalakis, P. (2018). Clast imbrication in coarse-grained mountain streams and stratigraphic archives as indicator of deposition in upper flow regime conditions. Earth Surface Dynamics, 6, 743-761. https://doi.org/10.5194/esurf-6-743-2018

Schlunegger, F., Delunel, R. & Garefalakis, P. (2020). Short communication: Field data reveal that the transport probability of clasts in Peruvian and Swiss streams mainly depends on the sorting of the grains. Earth Surface Dynamics, 8, 717–728. https://doi.org/10.5194/esurf-8-717-2020

Schumm, S. A. & Khan, H. R. (1972). Experimental study of channel patterns. Bulletin of the Geological Society of America, 83, 1755–1770. https://doi.org/10.1130/0016-7606(1972)83[1755:ESOCP]2.0.CO;2

Schumm, S. A. (1985). Patterns of alluvial rivers. Annual Review of Earth and Planetary Sciences, 13, 5–27. https://doi.org/10.1146/annurev.ea.13.050185.000253

Scoffin, T. P. (1987). An Introduction to Carbonate Sediments and Rocks. New York: Blackie & Son.

Sequeiros, O. C., Mosquera, R. & Pedocchi, F. (2018). Internal Structure of a Self-Accelerating Turbidity Current. Journal of Geophysical Research - Oceans, 123, 6260–6276. https://doi.org/10.1029/2018JC014061

Shanmugam, G. (2000). 50 years of the turbidite paradigm (1950s-1990s): deep-water processes and facies models - a critical perspective. Marine and Petroleum Geology, 17, 285–342. https://doi.org/10.1016/S0264-8172(99)00011-2

Smith, D. G. (1986). Anastomosing River Deposits, Sedimentation Rates and Basin Subsidence, Magdalena River, Northwestern Colombia, South America. Sedimentary Geology, 46, 177–196. https://doi.org/10.1016/0037-0738(86)90058-8

Southard, J. B. & Boguchwal, L. A. (1990). Bed configuration in steady unidirectional water flows; Part 2, Synthesis of flume data. Journal of Sedimentary Research, 60, 658–679. https://doi.org/10.1306/212F9241-2B24-11D7-8648000102C1865D

Steno, N. (1669). De solido intra solidum naturaliter contento. Dissertationis prodromus: Florence, Stella.

Stokes, G. G. (1851). On the effect of the internal friction of fluids on the motion of pendulums. Transactions of the Cambridge Philosophical Society, 2, 8–106.

Sundahl, H., Buhl-Mortensen, P. & Buhl-Mortensen, L. (2020). Distribution and Suitable Habitat of the Cold-Water Corals *Lophelia pertusa, Paragorgia arborea*, and *Primnoa resedaeformis* on the Norwegian Continental Shelf. Frontiers, 7 - 2020. https://doi.org/10.3389/fmars.2020.00213

Takaya, Y., Yasukawa, K., Kawasaki, T., Fujinaga, K., Ohta, J., Usui, Y., et al. (2018). The tremendous potential of deep-sea mud as a source of rare-earth elements. Scientific Reports, 8, 5763. https://doi.org/10.1038/s41598-018-23948-5

Trujillo, A. P. & Thurman, H. V. (2020). Essentials of Oceanography, 13th Edition. Upper Saddle River. New Jersey: Pearson Prentice Hall.

Tucker, G. E. & Slingerland, R. (1997). Drainage basin responses to climate change. Water Resources Research, 33, 2031–2047. https://doi.org/10.1029/97WR00409

Tucker, M. E. (1985). Einführung in die Sedimentpetrologie. Stuttgart: Enke Verlag.

Tucker, M. E. (1988). Techniques in Sedimentology. Oxford: Blackwell Science Ltd.

Tucker, M. E. & Wright, V. P. (1990). Carbonate Sedimentology. Oxford: Blackwell Science Ltd.

USGS United States Geological Survey. Pyroclastic flows. https://pubs.usgs.gov/gip/msh/pyroclastic.html. Abgerufen am 14. August 2023.

Vail, P. R., Mitchum, R. H. Jr. & Thompsom, S. III (1977). Seismic stratigraphy and global changes in sea level, Part 3: Relative changes in sea level from coastal onlap. In C. E. Clayton (Ed.), Seismic stratigraphy – Application to hydrocarbon exploration. AAPG, Memoir 26.

Valla, P. G., Shuster, D. L. & van der Beek, P. (2011). Significant increase in relief of the European Alps during mid-Pleistocene glaciations. Nature Geoscience, 4, 688–692. https://doi.org/10.1038/ngeo1242

Van Wagoner, J. C., Posamentier, H. W., Mitchum, R. M. J., Vail, P. R., Sarg, J. F., Loutit, T. S., et al. (1988). An overview of the fundamentals of sequence stratigraphy and key definitions. In C. K. Wilgus, B. S. Hastings, C. G. St. C. Kendall, H. W. Posamentier, C. A. Ross & J. C. Van Wagoner (Eds.), Sea-level changes: An integrated approach. SEPM Special Publication, 42, 39–45.

Willeit, M., Ganopolski, A., Calov, R. & Brovkin, V. (2019). Mid-Pleistocene transition in glacial cycles explained by declining CO_2 and regolith removal. Science Advances, 5, eaav773. https://doi.org/10.1126/sciadv.aav7337

Wilmsen, M. & Niebuhr, B. (2014). Die Kreide in Sachsen. Geologica Saxonia, 60, 3–12.

Wong, M. & Parker, G. (2006). Reanalysis and correction of bed-load relation of Meyer-Peter and Müller using their own database. Journal of Hydraulic Engineering, 132, 1159–1168. https://doi.org/10.1061/(ASCE)0733-9429(2006)132:11(1159)

Vertiefende Literatur

Kapitel 1: Kreislauf der Gesteine und Nomenklatorisches

Allen, P. A. & Allen, J. R. (2005). Basin analysis: Principles and applications, 2nd Edition. Oxford: Wiley-Blackwell Ltd. ISBN: 978-0-632-05207-3

Allen, P. A. (2017). Sediment Routing Systems: The Fate of Sediment from Source to Sink. Cambridge: Cambridge University Press. https://doi.org/10.1017/9781316135754

Füchtbauer, H. (1988). Sedimente und Sedimentgesteine, Sediment-Petrologie, Teil II. 4. Auflage. Stuttgart: Schweizerbart'sche Verlagsbuchhandlung. ISBN: 978-3-510-65138-2

Grotzinger, J. & Jordan, T. (2017). Press/Siever: Allgemeine Geologie. 7. Auflage. Berlin Heidelberg: Springer-Spektrum. https://doi.org/10.1007/978-3-662-48342-8

Reineck, H. E. & Singh, I. B. (1980). Depositional Sedimentary environments. 2nd Edition. Berlin, Heidelberg: Springer-Verlag. ISBN: 978-3-642-81498-3

Romans, B. W., Castelltort, S., Covault, J. A., Fildani, A. & Walsh, J. P. (2016). Environmental signal propagation in sedimentary systems across timescales. In J. P. Walsh, P. Wiberg & R. Aalto (Eds.), Source-to-sink systems: Sediment and solute transfer on the Earth surface. Earth-Science Reviews, 153, 7-29. https://doi.org/10.1016/j.earscirev.2015.07.012

Tucker, M. E. (1985). Einführung in die Sedimentpetrologie. 1. Auflage. Stuttgart: Enke Verlag. ISBN: 3-432-94781-X

Tucker, M. E. (1988). Techniques in Sedimentology. 1. Auflage. Oxford: Blackwell Science Ltd. ISBN: 0-632-01361-3

Walsh, J. P., Wiberg, P. L., Aalto, R., Nittrouer, C. A. & Kuehl, S. A. (2016). Source-to-sink research: economy of the Earth's surface and its strata. In J. P. Walsh, P. Wiberg & R. Aalto (Eds.), Source-to-sink systems: Sediment and solute transfer on the Earth surface. Earth-Science Reviews, 153, 1-6. https://dx.doi.org/10.1016/j.earscirev.2015.11.010

Kapitel 2: Entstehung von Sedimentpartikeln und Bodenbildung

Allen, P. A. (1997). Earth Surface Processes. 1st Edition. Oxford: Blackwell Science Ltd. https://doi.org/10.1002/9781444313574

Bland, W. & Rolls, D. (1998). Weathering: an introduction to the scientific principles. 1st Edition. Routledge, Taylor & Francis: London, New York. https://doi.org/10.4324/9781315824918

Blume, H. P., Brümmer, G. W., Horn, R., Kandeler, E., Kögel-Knabner, I., Kretzschmar, R., Stahr, K. & Wilke, B. M. (2010). Scheffer/Schachtschabel: Lehrbuch der Bodenkunde. 16. Auflage. Berlin Heidelberg: Springer-Spektrum. https://doi.org/10.1007/978-3-662-49960-3

Breemen, N. & Buurman, P. (2002). Soil Formation. 2nd Edition. Springer-Verlag: Berlin/Heidelberg. https://doi.org/10.1007/0-306-48163-4

Kapitel 3: Gletscher, Massenbewegungen und vulkanische Ausbrüche

Ahnert, F. (2015). Einführung in die Geomorphologie. 5. Auflage. Stuttgart: Ulmer. https://doi.org/10.36198/9783838586274

Baumhauer, R. & Winkler, S. (2014). Glazialgeomorphologie - Formung der Landoberfläche durch Gletscher. Stuttgart: Borntraeger. ISBN: 978-3-443-07151-6

Burbank, D. W. & Anderson, R. S. (2001). Tectonic Geomorphology. 2nd Edition. Oxford: Wiley-Blackwell. https://doi.org/10.1002/9781444345063

Fisher, R. V. & Schmincke, H.-U. (1984). Pyroclastic rocks. 1st Edition. Berlin, Heidelberg, New York, Tokyo: Spinger-Verlag. https://doi.org/10.1017/S0016756800031332

Oddsson, B. (1996). Instabile Hänge und Andere Risikorelevante Natürliche Prozesse. 1. Auflage. Basel: Monte Verità Birkhäuser Verlag. ISBN: 978-3-0348-9882-9

Schmincke, H.-U. (2013). Vulkanismus. 4. Auflage. Darmstadt: Wissenschaftliche Buchgesellschaft. ISBN: 978-3-86312-944-6

Takahashi, T. (2007). Debris flows – mechanics, prediction and countermeasures. 1st Edition. Routledge, Taylor & Francis: London, New York. https://doi.org/10.1201/9780203946282

Zimmermann, M. (1996). Murgänge erkennen und bewerten. In: Instabile Hänge und andere risikorelevante natürliche Prozesse. In B. Oddson (Ed.), Instabile Hänge und Andere Risikorelevante Natürliche Prozesse. 1. Auflage. Basel: Monte Verità. Birkhäuser Verlag. 183-196. https://doi.org/10.1007/978-3-0348-9042-7_15

Kapitel 4: Sedimenttransport durch Wasser

Allen, P. A. (1997). Earth Surface Processes. 1st Edition. Oxford: Blackwell Science Ltd. https://doi.org/10.1002/9781444313574

Julien, Y. P. (2018). River Mechanics. 2nd Edition. Cambridge University Press. https://doi.org/10.1017/9781316107072

Reineck, H. E. & Singh, I. B. (1980). Depositional Sedimentary environments. 2nd Edition. Berlin, Heidelberg: Springer-Verlag. https://doi.org/10.1016/0033-5894(81)90023-5

Simons, D. B. & Sentrük, F. (1992). Sediment transport technology – water and sediment dynamics. Littleton, Colorado: Water Resources Publications.

Yalin, M. S. (1992). River Mechanics. 1st Edition. Pergamon. ISBN: 9781483287294

Kapitel 5: Flüsse, Seen und äolische Dünenfelder

Allen, P. A. (1997). Earth Surface Processes. Oxford: Blackwell Science Ltd. 1st Edition. https://doi.org/10.1002/9781444313574

Galloway, W. E. & Hobday, D. K. (1983). Terrigenous Clastic Depositional Systems. Applications to Petroleum, Coal, and Uranium Exploration. 1st Edition. Berlin, Heidelberg, New York, London, Paris, Tokyo, Hong Kong: Springer-Verlag. https://doi.org/10.1017/S0016756800030272

Håkanson, L. & Jansson, M. (2002). Principles of Lake Sedimentology. Caldwell, New Jersey: The Blackburn Press. ISBN: 3642692761

Harvey, A. M., Mather, A. E. & Stokes, M. (2005). Alluvial Fans: Geomorphology, Sedimentology, Dynamics. 1st Edition. Geological Society, London, Special Publications, 251. ISBN: 1-86239-189-0

Lancaster, N. (2013). Climate change and aeolian processes. In J. F. Shroder (Ed.), Treatise on Geomorphology, 13, 132–151. https://doi.org/10.1016/B978-0-12-374739-6.00349-3

Miall, A. D. (1996). The Geology of Fluvial Deposits. Berlin Heidelberg: Springer-Verlag. https://doi.org/10.1007/978-3-662-03237-4

Nichols, G. (2009). Sedimentology and Stratigraphy. 2nd Edition. Oxford: Wiley-Blackwell. ISBN: 978-1-4051-3592-4

Parsons, A. J. & Abrahams, A. D. (2009). Geomorphology of Desert Environments. 2nd Edition. Dordrecht: Springer-Verlag. https://doi.org/10.1007/978-1-4020-5719-9

Kapitel 6: Ablagerungen im flachen Meer

Allen, P. A. (1997). Earth Surface Processes. 1st Edition. Oxford: Blackwell Science Ltd. https://doi.org/ 10.1002/9781444313574

Davis, R. A. (2012). Tidal Signatures and Their Preservation Potential in Stratigraphic Sequences. In R. Davis Jr. & R. Dalrymple (Eds.) Principles of Tidal Sedimentology. 1st Edition. Dordrecht: Springer. https://doi.org/10.1007/978-94-007-0123-6_3

Desjardin, P. R., Buatois, L. A. & Mángano, M. G. (2012). Tidal Flats and Subtidal Sand Bodies. In: Developments in Sedimentology, Knaust, D. & Bromley, R. G. (Eds.). 1st Edition. Elsevier, 529-561. https://doi.org/10.1016/B978-0-444-53813-0.00018-6

Li, M. Z., Sherwood, C. R. & Hill, P. R. (2012). Sediments, Morphology and Sedimentary Processes on Continental Shelves: Advances in Technologies, Research and Applications. Oxford: Wiley-Blackwell. ISBN: 978-1-444-35082-1

Malcherek, A. (2010). Gezeiten und Wellen – Die Hydromechanik der Küstengewässer. 1. Auflage. Wiesbaden: Vieweg und Teubner. https://doi.org/10.1007/978-3-8348-9764-0

Raichlen, F. (2012). Waves. Cambridge: The MIT Press. ISBN: 9780262518239

Kapitel 7: Trübeströme und Turbidite

Bouma, A. H., Normark, W. R., Barnes, N. E. (1985). Submarine Fans and Related Turbidite Systems. 1st Edition. New York: Springer-Verlag. https://doi.org/10.1007/978-1-4612-5114-9

Covault, J. A. (2011). Submarine Fans and Canyon-Channel Systems: A Review of Processes, Products, and Models. Nature Education Knowledge, 3, 4.

Kneller, B. C. (1978). Turbidites. In R. W. Fairbridge (Ed.). 1st Edition. Sedimentology. Encyclopedia of Earth Science. Berlin, Heidelberg: Springer. https://doi.org/10.1007/3-540-31079-7_245

Kneller, B. & Buckee, C. (2002). The structure and fluid mechanics of turbidity currents: a review of some recent studies and their geological implications. Sedimentology 47, 62-94. https://doi.org/10.1046/j.1365-3091.2000.047s1062.x

Mutti, E. (1992). Turbidite Sandstones. Agip, Istituto di geologia, Università di Parma.

Nichols, G. (2009). Sedimentology and Stratigraphy. 2nd Edition. Oxford: Wiley-Blackwell. ISBN: 978-1-4051-3592-4

Reineck, H. E. & Singh, I. B. (1980). Depositional Sedimentary Environments. 2nd Edition. Berlin, Heidelberg: Springer-Verlag. https://doi.org/10.1016/0033-5894(81)90023-5

Shanmugam, G. (2006). Deep-Water Processes and Facies Models: Implications for Sandstone Petroleum Reservoirs. Amsterdam: Elsevier, 5. ISBN: 978-0-444-52161-3

Kapitel 8: Auf der Tiefsee-Ebene

Anderson, O. R. (1983). Radiolaria. 1st Edition. New York: Springer-Verlag. https://doi.org/10.1007/978-1-4612-5536-9

Gray, J. S. (1984). Ökologie mariner Sedimente – eine Einführung. Übersetzt von H. Rumohr. Berlin, Heidelberg, New York, Tokyo: Springer-Verlag. ISBN: 9783540130376

Jones, R. W. (2014). Foraminifera and their applications. 1st Edition. Cambridge: The Cambridge University Press. ISBN: 9780521516105

Scholle, P. A. & Ulmer-Scholle, D. S. (2003). A Color Guide to the Petrography of Carbonate Rocks: Grains, textures, porosity, diagenesis. AAPG Memoir, 77. https://doi.org/10.1306/M77973

Kapitel 9: Flachmarine Kalksteine

Aronson, R. B. (2007). Geological Approaches to Coral Reef Ecology. 1st Edition. Berlin, Heidelberg, New York, Tokyo: Springer-Verlag. ISBN: 978-1-4419-2211-3

Flügel, E. (2010). Microfacies of Carbonate Rocks – Analysis, Interpretation and Applications. 2nd Edition. Berlin: Springer-Verlag. https://doi.org/10.1007/978-3-642-03796-2

Reading, H. G. (ed.) (1978). Sedimentary Environments and Facies. Oxford: Blackwell Scientific Publications. ISBN: 0632004355

Scholle, P. A. & Ulmer-Scholle, D. S. (2003). A Color Guide to the Petrography of Carbonate Rocks: Grains, textures, porosity, diagenesis. AAPG Memoir, 77. https://doi.org/10.1306/M77973

Tucker, M. E., & Wright, V. P. (1990). Carbonate Sedimentology. Oxford: Blackwell Science Ltd. https://doi.org/10.1002/9781444314175

Kapitel 10: Evaporite: Wo Wasser verdunstet

Warren, J. K. (1989). Evaporite Sedimentology. U.S. Department of Energy.

Warren, J. K. (2006). Evaporites – Sediments, Resources and Hydrocarbons. 1st Edition. Berlin, Heidelberg: Springer-Verlag. https://doi.org/10.1007/3-540-32344-9

Kapitel 11: Von der Lithofazies zur Sequenz- und Zyklostratigraphie

Boggs, S. Jr. (2011). Principles of Sedimentology and Stratigraphy. 5th Edition. Pearson Education, Inc. ISBN: 9780321643186

Miall, A. D. (2016). Stratigraphy: A Modern Synthesis. 2nd Edition. Springer Cham. https://doi.org/10.1007/978-3-319-24304-7

Nichols, G. (2009). Sedimentology and Stratigraphy. 2nd Edition. Oxford: Wiley-Blackwell. ISBN: 978-1-4051-3592-4

Catuneanu, O. (2022). Principles of Sequence Stratigraphy. 2nd Edition. Amsterdam: Elsevier Science. ISBN: 978044453353

Abkürzungsverzeichnis

Auflistung: Griechisch vor Latein, Groß vor Klein

Abkürzung	*Bedeutung*	*Einheit*
α	Neigungswinkel	Radiant (m/m)
γ	Rippelhöhe (vertikaler Abstand zwischen Rippelkamm und Rippeltrog)	m
λ	Kammabstand (z.B. eines Rippels)	m
μ	Dynamische Viskosität	Pa·s
π	Kreiszahl (3.14), mathematische Konstante; Verhältnis zwischen Kreisumfang und Kreisdurchmesser	–
ρ_s ; ρ_w	Dichte; s = Sediment (2700 kg/m^3) und w = Wasser (1000 kg/m^3)	kg/m^3
τ	Scherspannung	Pa = N/m^2
ϕ	Shields-Zahl	–
aq.	'aqueous'; wässrige Lösung	–
C_D	Reibungskoeffizient	–
c ; c_{krit}	Phasengeschwindigkeit; kritische Phasengeschwindigkeit	m/s
D	mittlere Korngröße, mittlerer Korndurchmesser	m
d	Durchmesser	m
F_A ; F_D ; F_G ; F_w	Auftriebskraft; Schleppkraft; Gravitationskraft; Reibungskraft	N (Newton)
Fr, uFr, oFr	Froude-Zahl, unteres Fließregime, oberes Fließregime	–
g	Gravitationsbeschleunigung	m/s^2
H	Wellenhöhe (Wasserwelle)	m
hS	hydraulischer Sprung	–
h; h_{krit}	Wassertiefe; kritische Wassertiefe	m
L	Wellenlänge	m
l	'liquid'; Flüssig(-keit)	–
n	Manning-Zahl	–
p, p_t	Druck, Totaldruck	Pa = N/m^2
Re	Reynolds-Zahl	–
S	Gefälle, Neigung	Radiant (m/m)
s	'solid'; Fest(-stoff)	–
v	Fließgeschwindigkeit	m/s
v_s	Sedimentationsgeschwindigkeit eines Korns	m/s
W	Periode	s
x	Referenzrichtung	m
y	Höhe; Mächtigkeit, Dicke in der Stratigraphie	m
z	Referenzhöhe	m

Stichwortverzeichnis

A

B

C

D

E

F

G

H

I

K

L

M

N

O

P

T

U

V

W

Z

Sedimentologie und Bodenkunde

Fachbücher